国家出版基金项目

“十三五”国家重点图书出版规划项目

“十四五”时期国家重点出版物出版专项规划项目

中国水电关键技术丛书

水电工程地球物理综合探测技术

高才坤　肖长安 等　著

·北京·

内 容 提 要

本书系国家出版基金项目《中国水电关键技术丛书》之一。全书共分为7章，第1章为绪论，介绍了水电工程地球物理探测技术的发展历史及现状，为全书总的概述；第2章介绍了水电工程中最新的地球物理探测方法、技术以及综合地球物理探测方法的相关概念，为本书的技术基础；第3章介绍了水电工程前期勘察中采用的地球物理探测方法与技术；第4章介绍了水电工程施工期工程质量检测的方法和技术；第5章介绍了水电工程运行期的检测关键技术，侧重于水下建筑物检测内容；第6章介绍了水电工程地球物理探测信息技术的应用；第7章为水电工程地球物理探测技术的总结和展望。

本书适用于水电水利工程勘察设计、施工、运营阶段从事地球物理探测和检测工作的技术人员，也可供其他行业的地球物理工作者和相关专业的大专院校师生参考。

图书在版编目（CIP）数据

水电工程地球物理综合探测技术 / 高才坤等著. -- 北京 : 中国水利水电出版社, 2023.10
（中国水电关键技术丛书）
ISBN 978-7-5226-1751-0

Ⅰ. ①水… Ⅱ. ①高… Ⅲ. ①水利水电工程－地球物理勘探 Ⅳ. ①TV698.1

中国国家版本馆CIP数据核字(2023)第156113号

书名	中国水电关键技术丛书 **水电工程地球物理综合探测技术** SHUIDIAN GONGCHENG DIQIU WULI ZONGHE TANCE JISHU
作者	高才坤 肖长安 等 著
出版发行	中国水利水电出版社 （北京市海淀区玉渊潭南路1号D座 100038） 网址：www.waterpub.com.cn E-mail：sales@mwr.gov.cn 电话：(010) 68545888（营销中心）
经售	北京科水图书销售有限公司 电话：(010) 68545874、63202643 全国各地新华书店和相关出版物销售网点
排版	中国水利水电出版社微机排版中心
印刷	北京印匠彩色印刷有限公司
规格	184mm×260mm 16开本 19.5印张 481千字
版次	2023年10月第1版 2023年10月第1次印刷
印数	0001—1500册
定价	**160.00**元

《中国水电关键技术丛书》编撰委员会

编 委 会 办 公 室

《中国水电关键技术丛书》组织单位

中国大坝工程学会
中国水力发电工程学会
水电水利规划设计总院
中国水利水电出版社

《水电工程地球物理综合探测技术》编写单位及编写人员名单

中国电建集团昆明勘测设计研究院有限公司：

高才坤　肖长安　张志清　唐　力　田连义　徐　辉　余灿林
李维耿　吴学明　何世聪　刘　杰　陈思宇　杜爱明　王时平
王　俊　王国滢　刘　成　陆　超　吴宗宇　彭　望　周梦樊
戴国强　付运祥

四川中水成勘院工程物探检测有限公司：

胡清龙　辛国平　范泯进　雷英成　廖　伟　孙红亮　丰　赟
唐友川　王羿磊

中国电建集团贵阳勘测设计研究院有限公司：

孙永清

长江地球物理探测（武汉）有限公司：

张建清　蔡加兴　熊永红

黄河勘测规划设计有限公司：

毋光荣　王旭明

北京市水利规划设计研究院：

林万顺　张琦伟

浙江大学：

徐义贤

贵州省水利水电勘测设计研究院有限公司：

谭天元

丛书序

历经70年发展，特别是改革开放40年，中国水电建设取得了举世瞩目的伟大成就，一批世界级的高坝大库在中国建成投产，水电工程技术取得新的突破和进展。在推动世界水电工程技术发展的历程中，世界各国都作出了自己的贡献，而中国，成为继欧美发达国家之后，21世纪世界水电工程技术的主要推动者和引领者。

截至2018年年底，中国水库大坝总数达9.8万座，水库总库容约9000亿m^3，水电装机容量达350GW。中国是世界上大坝数量最多、也是高坝数量最多的国家：60m以上的高坝近1000座，100m以上的高坝223座，200m以上的特高坝23座；千万千瓦级的特大型水电站4座，其中，三峡水电站装机容量22500MW，为世界第一大水电站。中国水电开发始终以促进国民经济发展和满足社会需求为动力，以战略规划和科技创新为引领，以科技成果工程化促进工程建设，突破了工程建设与管理中的一系列难题，实现了安全发展和绿色发展。中国水电工程在大江大河治理、防洪减灾、兴利惠民、促进国家经济社会发展方面发挥了不可替代的重要作用。

总结中国水电发展的成功经验，我认为，最为重要也是特别值得借鉴的有以下几个方面：一是需求导向与目标导向相结合，始终服务国家和区域经济社会的发展；二是科学规划河流梯级格局，合理利用水资源和水能资源；三是建立健全水电投资开发和建设管理体制，加快水电开发进程；四是依托重大工程，持续开展科学技术攻关，破解工程建设难题，降低工程风险；五是在妥善安置移民和保护生态的前提下，统筹兼顾各方利益，实现共商共建共享。

在水利部原任领导汪恕诚、张基尧的关心支持下，2016年，中国大坝工程学会、中国水力发电工程学会、水电水利规划设计总院、中国水利水电出版社联合发起编撰出版《中国水电关键技术丛书》，得到水电行业的积极响应，数百位工程实践经验丰富的学科带头人和专业技术负责人等水电科技工作者，基于自身专业研究成果和工程实践经验，精心选题，着手编撰水电工程技术成果总结。为高质量地完成编撰任务，参加丛书编撰的作者，投入极大热情，倾注大量心血，反复推敲打磨，精益求精，终使丛书各卷得以陆续出版，实属不易，难能可贵。

21世纪初叶，中国的水电开发成为推动世界水电快速发展的重要力量，形成了中国特色的水电工程技术，这是编撰丛书的缘由。丛书回顾了中国水电工程建设近30年所取得的成就，总结了大量科学研究成果和工程实践经验，基本概括了当前水电工程建设的最新技术发展。丛书具有以下特点：一是技术总结系统，既有历史视角的比较，又有国际视野的检视，体现了科学知识体系化的特征；二是内容丰富、翔实、实用，涉及专业多，原理、方法、技术路径和工程措施一应俱全；三是富于创新引导，对同一重大关键技术难题，存在多种可能的解决方案，并非唯一，要依据具体工程情况和面临的条件进行技术路径选择，深入论证，择优取舍；四是工程案例丰富，结合中国大型水电工程设计建设，给出了详细的技术参数，具有很强的参考价值；五是中国特色突出，贯彻科学发展观和新发展理念，总结了中国水电工程技术的最新理论和工程实践成果。

与世界上大多数发展中国家一样，中国面临着人口持续增长、经济社会发展不平衡和人民追求美好生活的迫切要求，而受全球气候变化和极端天气的影响，水资源短缺、自然灾害频发和能源电力供需的矛盾还将加剧。面对这一严峻形势，无论是从中国的发展来看，还是从全球的发展来看，修坝筑库、开发水电都将不可或缺，这是实现经济社会可持续发展的必然选择。

中国水电工程技术既是中国的，也是世界的。我相信，丛书的出版，为中国水电工作者，也为世界上的专家同仁，开启了一扇深入了解中国水电工程技术发展的窗口；通过分享工程技术与管理的先进成果，后发国家借鉴和吸取先行国家的经验与教训，可避免走弯路，加快水电开发进程，降低开发成本，实现战略赶超。从这个意义上讲，丛书的出版不仅能为当前和未来中国水电工程建设提供非常有价值的参考，也将为世界上发展中国家的河流开发建设提供重要启示和借鉴。

作为中国水电事业的建设者、奋斗者，见证了中国水电事业的蓬勃发展，我为中国水电工程的技术进步而骄傲，也为丛书的出版而高兴。希望丛书的出版还能够为加强工程技术国际交流与合作，推动“一带一路”沿线国家基础设施建设，促进水电工程技术取得新进展发挥积极作用。衷心感谢为此作出贡献的中国水电科技工作者，以及丛书的撰稿、审稿和编辑人员。

中国工程院院士 马洪琪

2019年10月

丛书前言

水电是全球公认并为世界大多数国家大力开发利用的清洁能源。水库大坝和水电开发在防范洪涝干旱灾害、开发利用水资源和水能资源、保护生态环境、促进人类文明进步和经济社会发展等方面起到了无可替代的重要作用。在中国，发展水电是调整能源结构、优化资源配置、发展低碳经济、节能减排和保护生态的关键措施。新中国成立后，特别是改革开放以来，中国水电建设迅猛发展，技术日新月异，已从水电小国、弱国，发展成为世界水电大国和强国，中国水电已经完成从“融入”到“引领”的历史性转变。

迄今，中国水电事业走过了70年的艰辛和辉煌历程，水电工程建设从“独立自主、自力更生”到“改革开放、引进吸收”，从“计划经济、国家投资”到“市场经济、企业投资”，从“水电安置性移民”到“水电开发性移民”，一系列改革开放政策和科学技术创新，极大地促进了中国水电事业的发展。不仅在高坝大库建设、大型水电站开发，而且在水电站运行管理、流域梯级联合调度等方面都取得了突破性进展，这些进步使中国水电工程建设和运行管理技术水平达到了一个新的高度。有鉴于此，中国大坝工程学会、中国水力发电工程学会、水电水利规划设计总院和中国水利水电出版社联合组织策划出版了《中国水电关键技术丛书》，力图总结提炼中国水电建设的先进技术、原创成果，打造立足水电科技前沿、传播水电高端知识、反映水电科技实力的精品力作，为开发建设和谐水电、助力推进中国水电“走出去”提供支撑和保障。

为切实做好丛书的编撰工作，2015年9月，四家组织策划单位成立了“丛书编撰工作启动筹备组”，经反复讨论与修改，征求行业各方面意见，草拟了丛书编撰工作大纲。2016年2月，《中国水电关键技术丛书》编撰委员会成立，水利部原部长、时任中国大坝协会（现为中国大坝工程学会）理事长汪恕诚，国务院南水北调工程建设委员会办公室原主任、时任中国水力发电工程学会理事长张基尧担任编委会主任，中国电力建设集团有限公司总工程师周建平、水电水利规划设计总院院长郑声安担任丛书主编。各分册编撰工作实行分册主编负责制。来自水电行业100余家企业、科研院所及高等院校等单位的500多位专家学者参与了丛书的编撰和审阅工作，丛书作者队伍和校审专家聚集了国内水电及相关专业最强撰稿阵容。这是当今新时代赋予水电工作者的一项重要历史使命，功在当代、利惠千秋。

丛书紧扣大坝建设和水电开发实际，以全新角度总结了中国水电工程技术及其管理创新的最新研究和实践成果。工程技术方面的内容涵盖河流开发规划，水库泥沙治理，工程地质勘测，高心墙土石坝、高面板堆石坝、混凝土重力坝、碾压混凝土坝建设，高坝水力学及泄洪消能，滑坡及高边坡治理，地质灾害防治，水工隧洞及大型地下洞室施工，深厚覆盖层地基处理，水电工程安全高效绿色施工，大型水轮发电机组制造安装，岩土工程数值分析等内容；管理创新方面的内容涵盖水电发展战略、生态环境保护、水库移民安置、水电建设管理、水电站运行管理、水电站群联合优化调度、国际河流开发、大坝安全管理、流域梯级安全管理和风险防控等内容。

丛书遵循的编撰原则为：一是科学性原则，即系统、科学地总结中国水电关键技术和管理创新成果，体现中国当前水电工程技术水平；二是权威性原则，即结构严谨，数据翔实，发挥各编写单位技术优势，遵照国家和行业标准，内容反映中国水电建设领域最具先进性和代表性的新技术、新工艺、新理念和新方法等，做到理论与实践相结合。

丛书分别入选“十三五”国家重点图书出版规划项目和国家出版基金项目，首批包括50余种。丛书是个开放性平台，随着中国水电工程技术的进步，一些成熟的关键技术专著也将陆续纳入丛书的出版范围。丛书的出版必将为中国水电工程技术及其管理创新的继续发展和长足进步提供理论与技术借鉴，也将为进一步攻克水电工程建设技术难题、开发绿色和谐水电提供技术支撑和保障。同时，在“一带一路”倡议下，丛书也必将切实为提升中国水电的国际影响力和竞争力，加快中国水电技术、标准、装备的国际化发挥重要作用。

在丛书编写过程中，得到了水利水电行业规划、设计、施工、科研、教学及业主等有关单位的大力支持和帮助，各分册编写人员反复讨论书稿内容，仔细核对相关数据，字斟句酌，殚精竭虑，付出了极大的心血，克服了诸多困难。在此，谨向所有关心、支持和参与编撰工作的领导、专家、科研人员和编辑出版人员表示诚挚的感谢，并诚恳欢迎广大读者给予批评指正。

《中国水电关键技术丛书》编撰委员会

2019年10月

前言

地球物理探测技术应用于中国水电工程最早开始于20世纪50年代初，经过60多年的发展，在方法技术种类、仪器硬件水平、数据处理精度、资料解释水平等方面都取得了巨大的进步。地球物理探测技术的应用范围也越来越广，探测任务从单一方法的坝基选址应用扩展到综合地质勘察、建（构）物质量检测、地质灾害调查、水下结构检测等，覆盖了水电工程从规划到退役的全生命周期。同时得益于电子技术、计算机技术和信号处理技术的飞速发展，工程地球物理探测技术得到了极大的丰富，相关技术在风能、潮汐能发电工程中也得到应用，并逐步扩展到水利、交通、市政等多个建设领域，水电工程地球物理探测技术在不断的更迭中走出了一条自己的发展之路。

为了总结水电工程目前最新的地球物理探测技术，本书从近阶段开展的水电工程前期勘察、施工期工程质量检测、运行期检测的典型工程案例出发，在全面梳理相关技术应用并提炼的基础上，最终完成本书。本书的案例包含了长江、黄河、金沙江、澜沧江、大渡河等众多流域的三峡、小浪底、小湾、古贤、大岗山、沙沱、蓝典桥等的大中小型水电站，所采用的都是目前最新的工程地球物理技术，包括地球物理综合探测技术、混凝土检测技术、水下检测技术、水电工程信息系统等，探测的内容包括：水电工程前期勘察中的覆盖层、地层、断层探测，不良地质体如滑坡体、岩溶探测，岩体完整性测试；水电工程施工期的岩体质量、灌浆效果、支护质量检测，超前预报和微震监测；水电工程运行期的水库渗漏、库区淤积、水工建筑物水下检测，以及水库诱发地震监测等。

本书共分为7章，各参编单位按照本单位所擅长的方法技术领域进行编写或提供素材，最后由主编单位进行统一整理、编写。在编写时，侧重于介绍新方法与新技术，常规方法的介绍则一律从简，各章内容在编写时均以工程实例作为载体，通过实际应用将各方法的现场工作、数据处理、资料解释等要点进行说明，其中大部分工程实例中包含了多种地球物理方法的综合应用，这也正是本书所表述的观点之一，即每一个工程项目的完成均需要考虑综合因素，采用多种地球物理手段进行综合探测或者检测，可以有效提高地球物理方法的可靠性和准确性。

本书并不是一本手册性质的工具书，所涉及的内容也并不包含水电工程地球物理探测技术的所有内容，全书更偏重于实际应用，对技术理论论述较少，因此提醒读者在阅读时注意，以便发挥本书最大的作用。本书既适用于从事水电工程行业的物探工程师，同时也是地质工程师和设计人员了解地球物理探测技术的工具，作为非水电行业的技术人员，也可以通过本书发现对自己行业有用的借鉴。

参与本书编写的人员大多是中国水电典型工程的参与者，他们拥有非常扎实的理论基础和丰富的工作经验，这是本书得以完成的基础。另外还有许多热心的技术人员在本书的编写过程中积极提供素材，在这里一并表示感谢。正是由于这么多水电工程技术人员的参与，才有了本书的问世，因此在这里再次感谢这些付出辛勤劳动的水电人们。

由于编者水平有限，书中难免有疏漏的地方，希望读者不吝赐教，发现问题及时与我们联系和沟通，以便我们及时订正和完善。

编者

2021 年 9 月

目录

丛书序

丛书前言

前言

第1章 绪论 …… 1

1.1 水电工程地球物理探测技术的发展历史 …… 2

1.2 水电工程地球物理探测技术的现状 …… 6

第2章 水电工程地球物理探测新技术 …… 15

2.1 地震折射层析成像法 …… 19

2.2 天然源面波法 …… 20

2.3 超声横波成像法 …… 23

2.4 微震监测技术 …… 25

2.5 洞室三维实景建模技术 …… 30

2.6 水下检测新技术 …… 33

2.6.1 水下声呐探测 …… 33

2.6.2 水下三维激光扫描 …… 40

2.6.3 浅地层剖面探测 …… 43

2.6.4 水下无人潜航器检查 …… 44

2.7 水电工程综合地球物理方法 …… 46

2.7.1 综合地球物理方法的提出 …… 46

2.7.2 综合地球物理方法的基本原则 …… 47

2.7.3 综合地球物理解释方法 …… 48

2.7.4 综合地球物理探测方法的实施 …… 49

第3章 综合地球物理勘察关键技术 …… 51

3.1 深厚覆盖层综合探测技术 …… 54

3.1.1 技术要点 …… 55

3.1.2 工程实例 …… 57

3.2 河流和阶地覆盖层综合探测技术 …… 65

3.2.1 技术要点 …… 65

3.2.2 工程实例 …… 70

3.3 隐伏构造探测技术 …… 77

3.3.1 技术要点 …… 77

3.3.2 工程实例 …… 78
3.4 乏信息条件下的岩体完整性评价新方法 …… 85
3.4.1 技术要点 …… 86
3.4.2 工程实例 …… 86
3.5 堆积体综合地球物理探测技术 …… 94
3.5.1 技术要点 …… 95
3.5.2 工程实例 …… 99
3.6 复杂岩溶综合探测技术 …… 103
3.6.1 技术要点 …… 104
3.6.2 工程实例 …… 105
第4章 施工期工程质量检测关键技术 …… 121
4.1 坝基岩体质量综合检测与评价 …… 122
4.1.1 技术要点 …… 123
4.1.2 工程实例 …… 125
4.2 高应力地区岩体松弛特征检测技术 …… 135
4.2.1 技术要点 …… 135
4.2.2 工程实例 …… 136
4.3 灌浆效果综合检测及评价 …… 141
4.3.1 技术要点 …… 141
4.3.2 工程实例 …… 143
4.4 地下空间综合检测技术 …… 150
4.4.1 技术要点 …… 150
4.4.2 工程实例 …… 154
4.5 坝体质量综合检测技术 …… 168
4.5.1 技术要点 …… 169
4.5.2 工程实例 …… 171
4.6 基于时频分析方法的锚杆检测技术 …… 185
4.6.1 技术要点 …… 185
4.6.2 工程实例 …… 186
第5章 运行期综合检测关键技术 …… 193
5.1 水工建筑物水下检测技术 …… 194
5.1.1 技术要点 …… 194
5.1.2 工程实例 …… 196
5.2 水库渗漏综合探测技术 …… 211
5.2.1 技术要点 …… 211
5.2.2 工程实例 …… 214
5.3 水库淤积地球物理探测技术 …… 222

5.3.1 技术要点 …… 223
5.3.2 工程实例 …… 223
5.4 水库地震监测技术 …… 233
5.4.1 技术要点 …… 234
5.4.2 工程实例 …… 239
第6章 水电工程地球物理信息技术应用 …… 247
6.1 概述 …… 248
6.1.1 地球物理信息技术发展 …… 248
6.1.2 信息技术在水电工程地球物理探测中的地位与作用 …… 248
6.2 地球物理信息技术 …… 249
6.2.1 地球物理数据特点 …… 249
6.2.2 地球物理信息化的流程 …… 249
6.2.3 GIS技术与地球物理 …… 250
6.2.4 水电工程地球物理信息化管理 …… 250
6.3 水电工程地球物理勘察数据三维地质建模与应用 …… 251
6.3.1 基于综合地球物理成果的三维建模与可视化 …… 251
6.3.2 基于3S与地球物理集成技术的三维地质模型系统 …… 254
6.3.3 工程实例 …… 259
6.4 水电工程施工期工程质量检测数据三维建模与分析应用 …… 266
6.4.1 施工工程质量检测数据三维建模 …… 266
6.4.2 工程实例 …… 267
6.5 水电工程运行期检测数据三维建模与分析应用 …… 274
6.5.1 运行期检测数据三维建模 …… 274
6.5.2 工程实例 …… 275
第7章 总结与展望 …… 281
7.1 地球物理探测技术在水电工程建设中的重要作用 …… 282
7.2 地球物理探测技术潜在的应用空间 …… 282
7.3 工程地球物理探测技术的发展方向 …… 283
参考文献 …… 286
索引 …… 288

第 1 章

绪论

工程地球物理探测是以地质体、建筑物等各类介质的物性差异为基础，通过观测各类地球物理场的变化规律，来查明目的体的规模、空间分布和物理属性特征的一种方便、快捷的技术手段。工程地球物理探测技术在各行业工程建设的各个阶段均发挥着十分重要的作用。在勘察阶段，作为高效的地质勘察手段，为设计人员提供关于地基、围岩、地质灾害等基础信息；在施工阶段，作为工程质量控制的手段，通过现场检测提供建筑物的结构尺寸、物性参数等信息，为施工质量评价提供依据，从而达到管控施工质量的目的；在运营阶段，通过定期的“健康”检查和针对具体问题的不定期检查，为工程健康评价提供依据。

水电工程地球物理探测技术（简称水电工程物探）是工程地球物理探测技术在水电工程建设领域的应用，其历史已有60多年，在技术发展过程中，既有工程地球物理探测技术的共性，也有和水电工程相适应的特殊性。

1.1 水电工程地球物理探测技术的发展历史

中国的工程地球物理探测技术最早始于1950年在北京官厅水库开展的电法勘测选址工作，水电行业的应用要稍晚一些，最早是在1954年，由燃料工业部水电总局勘测总队地质大队成立了第一支物探队，并于年底在官厅水库坝区开展了磁法探测断层的试验，接着在1955年，在北京西郊石景山模式口水电站用电磁测深法探测覆盖层厚度，至1956年，北京水电设计院已发展建立了包括电法、地震、重磁和测井在内的综合性物探队伍，从而拉开了水电系统开展工程物探工作的序幕。1958年前后，电力工业部各水力发电设计院和流域委院勘测设计院相继成立了物探队（组），水利部和电力部第一次合并为水利电力部，成立水利电力部北京勘测设计院物探队（以下简称北京院），包括7个电法分队、2个地震分队、1个测井组和1个重磁组。1958年之前，水电物探队伍主要集中在北京勘测设计院，每年由北京勘测设计院物探队派电法队到部属的其他院（如东北、上海、长沙、成都、昆明等院）完成物探工作；1958年后，各电法分队不再返回北京勘测设计院，直接调到各院，作为物探队伍的基础力量在各院生根发芽，逐渐发展壮大，这就是中国水电工程物探的开端[1-2]。

20世纪50年代末至60年代，是水电工程物探的起步和成长阶段，许多大型的水电站和水利枢纽，如三峡、隔河岩、五强溪、岩滩、大化、天生桥、二滩、鲁布革、小湾、龙羊峡、刘家峡、小浪底、丹江口、新安江、葛洲坝等工程建设的前期勘测都开展了物探工作，水电工程物探积累了一定的经验。但是这一阶段的物探方法相对比较单一，主要工作方法是电法和地震法，仪器比较原始和笨重，比如电法仪使用的是эπ-1电位计，地震仪采用的是仿苏51型电子管地震仪。

20世纪70年代，水电工程地球物理探测技术进一步发展，应用范围除大型工程外，扩大到一些中小型水电站，勘测阶段也涉及规划、可行性及初设阶段。1977年在汉口召开全国水利水电物探情报网第一次会议，第一届网长单位联合创刊《水利水电物探技术》。

20世纪80年代，随着我国进行改革开放，基本建设的不断加快，水电工程物探技术得到了巨大发展，水利电力部在这期间先后进口了一批处于先进水平的物探仪器装备给各部属设计院的物探队，使当时的水电物探装备大大领先于国内同行，如美制ES1210F信号增强型地震仪、1580地震仪、2390型电法仪、OYO3000、T400、3000系列综合测井仪。物探方法除原来的电法和地震法外，层析成像、探地雷达技术的出现进一步丰富了工程物探技术，声波、综合测井、放射性、磁法等方法和设备均有不同程度的提升，水电工程物探方法不仅应用在勘察中，在工程质量检测中也得到应用。

由于新仪器的引进，能开展的物探方法也随之增多，物探工作已遍及到诸如三峡、小浪底、向家坝、乌东德、彭水、水布垭、锦屏、龙羊峡、鲁布革、漫湾、小湾、大朝山、天生桥等大型电站的各设计阶段的地质勘测中。地震折射波法在此期间应用较多，在探测河床覆盖层厚度、断层构造破碎带、软弱夹层等方面，取得了较好的效果。

1981—1985年，国家"六五"科技攻关中，长江勘测技术研究所完成了"ZCD-50型小口径钻孔彩色电视系统"的研制。

1986年，全面开展三峡库区滑坡体探测，在这一时期开展了高密度电法的研究和应用工作，同时对电法勘探常规解释方法难以解释的资料采用"K剖面"解释，并取得了较好的成果。

1987年，漫湾水电站开工建设后开展了施工期工程物探质量检测工作，检测项目包括坝基岩体质量、混凝土浇筑质量、固结灌浆质量、帷幕灌浆质量等，主要的检测方法是超声波法。在漫湾水电站，首先应用数理统计法，建立了混凝土的强度与波速的关系曲线，形成了通过测试混凝土的波速值换算出混凝土强度的方法（这种方法后来在公路工程物探检测中也广泛使用），在帷幕灌浆质量检测中引进了孔斜检测技术并在该工程中大量使用。数年后，大朝山水电站开工后，除了坝基岩体质量、混凝土浇筑质量、固结灌浆质量、帷幕灌浆质量检测外，锚杆检测技术和探地雷达探测技术开始应用到边坡支护工程中的锚杆和喷射混凝土质量检测中。

1988年，钻孔无线电波透视技术应用于五里冲水库地下岩溶探测，取得了很好效果。

20世纪90年代至21世纪初，水电工程物探技术蓬勃发展，物探在前期勘察和建设期工程质量检测中应用十分广泛。常规的物探方法从设备到数据处理技术均有不同程度的进步，比如地震设备从90年代的S12型美国地震仪，到后来的多款国内地震仪的研发，如SE2404、WZG、SWS等，工程用的地震仪已经发展为采用数字检波器进行三维勘探的高分辨率地震仪，方法也从地震折射波法、地震反射波法发展到现在的人工源瑞雷面波法、天然源面波法、折射层析成像法、地震映像法、水上浅层剖面法等。电法方面，从常规的电测深法、电剖面法到90年代高密度电法开始逐渐被广泛应用，高密度电法也经历了从二维到三维、从长导线电缆到分布式电缆的发展，代表仪器有WDJD、WGMD、E60CN等系列电法仪。一些原来主要用于矿产深部勘探的电磁类方法如音频大地电磁测深法、瞬变电磁法从90年代开始在水电工程中得到应用，主要用于深大构造、深部地层的探测。各种CT技术应用更加广泛，除了作为勘察手段，在坝基岩体质量检测、坝体混凝土质量检测等方面应用也较多。其他如探地雷达、声波、钻孔摄像、钻孔弹模、锚杆检测等技术应用均较为普遍，先后在三峡、小浪底、糯扎渡、小湾、景洪、金安桥、阿海、梨园、观音岩、功果桥、黄登、里底等众多水电站得到广泛的应用。

1990年，引进弹性波层析成像（Computerized Tomography）技术，并先后在小湾、景洪、糯扎渡、金安桥、观音岩等大型水电工程中应用，不仅能在钻孔中进行，而且还能在平洞、坑道间进行测试。目前该项技术在工程质量检测中也被广泛采用，主要用于固结灌浆、帷幕灌浆以及岩溶回填灌浆质量检测等。

1992—2008年，小湾水电站左岸坝前堆积体探测是国家“九五”重点科技攻关项目300m级高拱坝枢纽设计关键技术研究课题中的子题（96-221-05-04-01）的工作内容，采用浅层地震反射波法、地震折射波法、面波法及探地雷达等综合物探方法，在小湾水电站左岸坝前堆积体的厚度、形态和规模的探查中取得了良好效果。

1994年，三峡工程正式开工建设，长江委物探队在工程施工期开展了综合工程质量检测工作，开展了“强度成长期大体积混凝土质量缺陷物探快速无损检测大型模型试验研究”项目，自主研究的锚杆锚固质量声波检测新技术被三峡工程率先采用并推广到其他工程；研发了以“二维复杂结构三角网射线追踪全局方法”“全耦合干孔声波测试探头”“水工岩锚注浆电测监控方法”“可调式钻孔成像仪的扶正补光装置”“发射扫描相控阵雷达”“超磁致伸缩声波发射换能器”等6项发明专利为核心的综合物探检测成套专利技术产品，实现了对水利水电工程中的建基面、锚杆、帷幕及固结灌浆、大体积混凝土质量的无损检测；建立了物探参数与被检测对象之间的响应关系，形成了工程质量隐蔽问题物探检测评价工程标准，如《中国长江三峡工程标准》等。

1994年12月，黄河水利委员会设计院物探总队在小浪底水电站工程1号导流洞采用地震波时距曲线法，沿洞壁做波速测试，1995年5—6月在坝基F236断层带开展弹性波CT探测，并在随后的坝基混凝土防渗墙施工质量检测中采用地震波CT和超声波CT进行检测，取得了较好的效果，开始了用弹性波CT技术结合少量钻孔检测防渗墙的检测模式。

1996年，采用地震折射波法在金沙江上江（原福海）水电站深厚覆盖层开展勘探，覆盖层厚达142m。

1999—2003年，随着小浪底水利枢纽工程的全面开工建设，结合施工研究了堆石体密度测定的附加质量法和防渗墙弹性波CT检测技术，先后在河北黄壁庄水库和黄河堤防推广应用。

2000年，开始开展音频大地电磁的地层、构造等地质体的深部探测，在索风营（图1.1-1）、两家人、古水等多个水电站进行应用。

2002年，采用声波垂直反射法（声波垂直映像）、探地雷达探测法以及热红外成像三种方法开展天生桥水电站大坝面板脱空检测，形成了综合物探方法进行大坝面板脱空检测的全套技术流程，检测精度大大提高（图1.1-2）。随后在我国云南龙马水电站、福建万安溪水电站及越南达门水库枢纽工程得到进一步的推广应用。

从2005年开始，包括声波测试、钻孔弹性模量测试、全孔壁数字成像、锚杆检测技

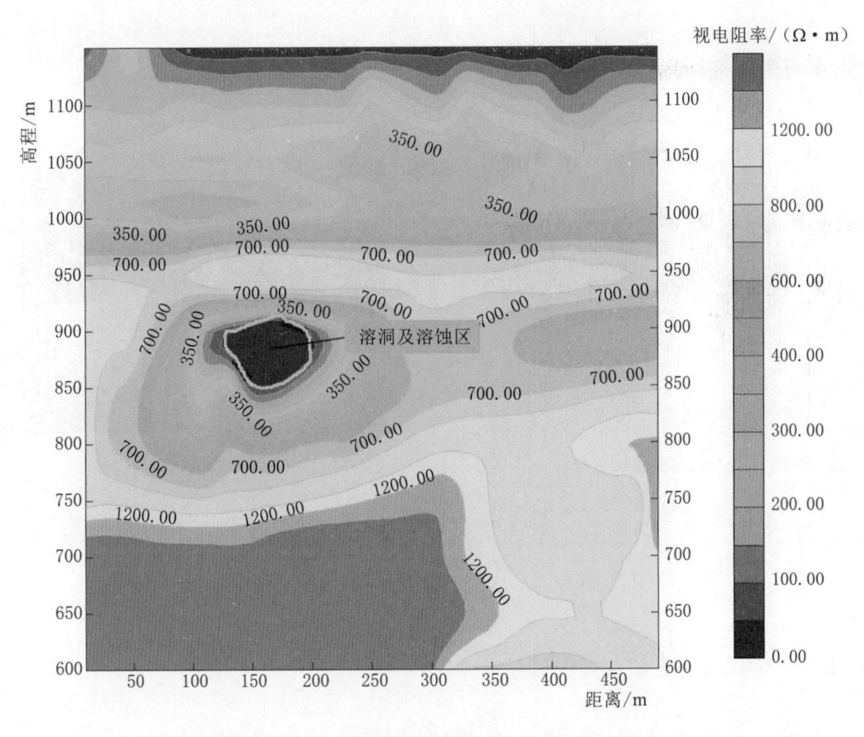

图 1.1-1 乌江索风营水电站库区罗古垭口测线音频大地电磁探测剖面图（2000 年 10 月）

术、探地雷达等在内的一系列水电站施工质量检测技术水平大幅提高，先后在古贤、糯扎渡、小湾、乌东德、构皮滩、景洪、金安桥、阿海、梨园、观音岩、功果桥、黄登、里底等众多水电站得到广泛的应用。

在技术进步的同时，水电工程地球物理行业也进行了一系列的技术总结，完成了多项标准和手册的编制工作，其中以《水电水利工程物探规程》（DL/T 5010—2005）、《工程

(a) 检测现场照片

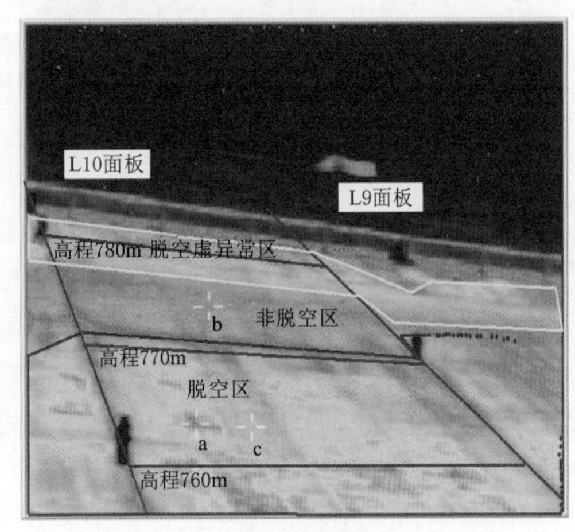

(b) 红外检测图像

图 1.1-2（一） 天生桥水电站面板脱空检测和资料图（2002 年）

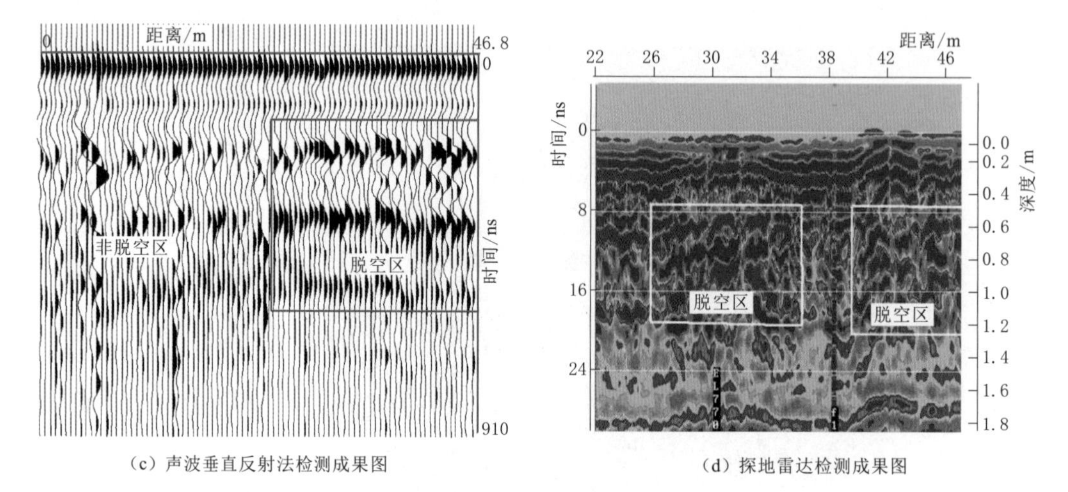

(c) 声波垂直反射法检测成果图　　(d) 探地雷达检测成果图

图 1.1-2（二） 天生桥水电站面板脱空探测和资料图（2002 年）

物探手册》（2011 年）为典型代表。

1.2 水电工程地球物理探测技术的现状

经过六十多年的发展，水电工程地球物理在技术、从业人员、装备和业务等方面都取得了巨大的发展，从业技术人员上万人，仪器设备几万套，是中国工程地球物理界重要的工程物探力量。水电工程地球物理主要探测内容见表 1.2-1。

表 1.2-1　　水电工程地球物理主要探测内容

水电工程阶段	工　作　内　容
前期勘察	覆盖层探测、隐伏构造探测、地层分布探测、软弱夹层探测、风化卸荷带探测、滑坡体探测、岩溶探测、地下水探测、防渗墙探测、堤坝隐患探测、洞室松动圈探测、岩体完整性评价
施工期	岩体质量检测、灌浆效果检测、堆石（土）体密度检测、堆石坝面板质量检测、混凝土质量检测、洞室混凝土衬砌质量检测、钢衬与混凝土接触检测、锚杆锚固质量检测、环境放射性检测、岩土体力学参数测定、岩土体电学参数测定、爆破震动监测、微震监测、隧道施工超前预报
运行期	混凝土结构检测、大坝挡水建筑物、地下洞室、泄洪建筑物、水下金属结构、护岸等水下检测、库区淤积探测、渗漏探测

如今针对各种工程环境和条件的方法技术更加细化，仪器设备数据采集的精度、信噪比更高，数据处理手段更加丰富、处理速度更快，数据展示更加直观，水电工程地球物理探测技术的进步主要体现在以下几个方面。

（1）三维及层析成像技术。随着计算机技术的不断进步，工程物探数据处理能力不断增强，出现了一批以三维和层析成像为代表的方法技术。

1）孔中的各种物性参数的三维数据显示和分析技术。综合孔中物探方法提供的物性数据，比如单孔声波、跨孔声波、孔中 CT 等，可以形成三维空间数据体（图 1.2-1），从而可以进行更加直观的分析。

2）地面的层析成像技术。通过在地面进行高密度的数据采集，可以进行地表的层析

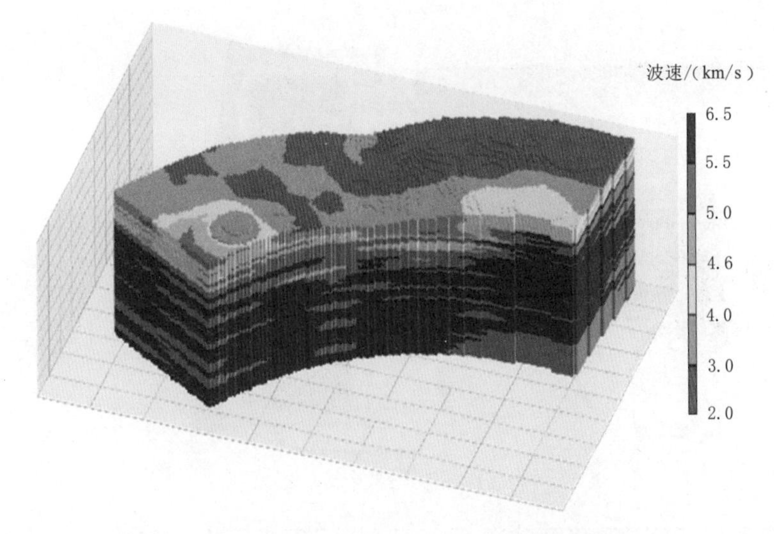

图 1.2-1 立洲水电站坝基岩体波速三维数据体展示

成像数据处理。比如地震折射层析成像技术，可以对地下介质进行速度成像，较传统的地震折射波法可以得到更加精细的地下介质的波速分布，见图 1.2-2。

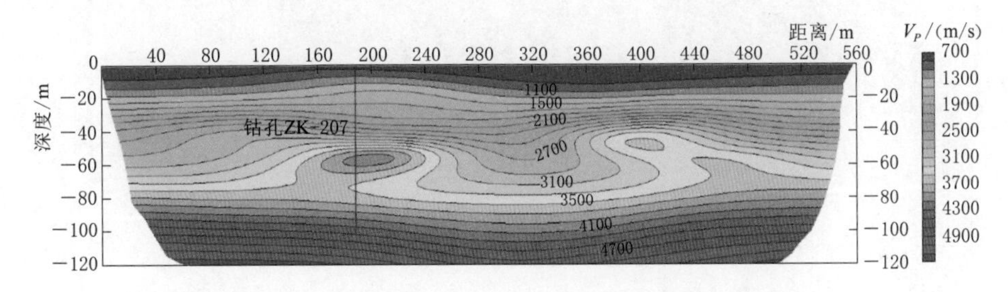

图 1.2-2 曲孜卡水电站地震折射层析法波速剖面图

3）横波反射层析成像技术。利用阵列的检波器进行高密度的横波发射数据采集，可以对介质进行反射波强度三维成像，见图 1.2-3，以达到精细探测目标体的目的。

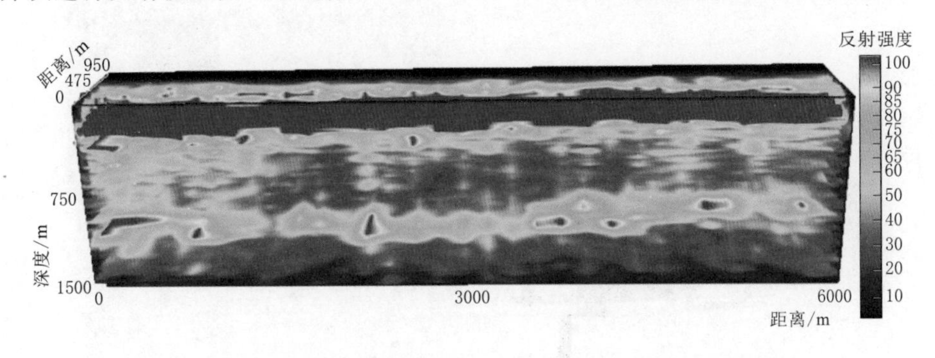

图 1.2-3 猴子岩水电站大坝面板横波反射层析成像探测成果图

（2）自主研发。水电工程地球物理探测技术在加强应用创新的同时，也在加大自主研发的力度，出现了一批具有自主知识产权的技术和装备，见图 1.2-4～图 1.2-8。

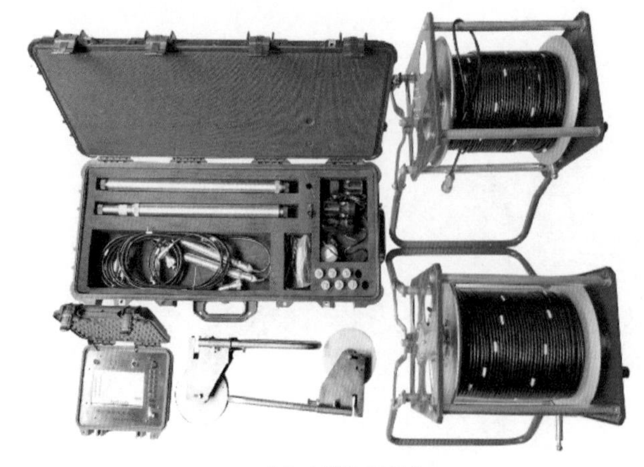

（a）电磁波CT设备

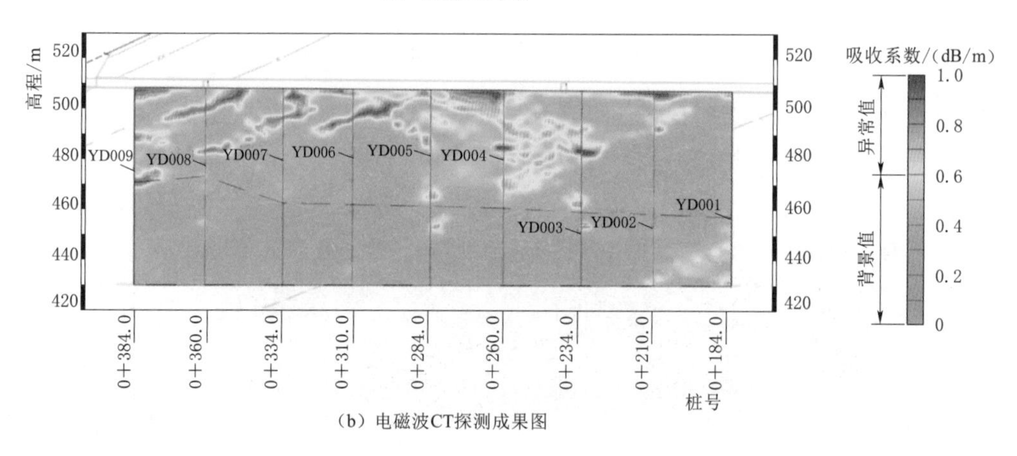

（b）电磁波CT探测成果图

图 1.2-4　自主研发的电磁波 CT 设备及其探测成果图

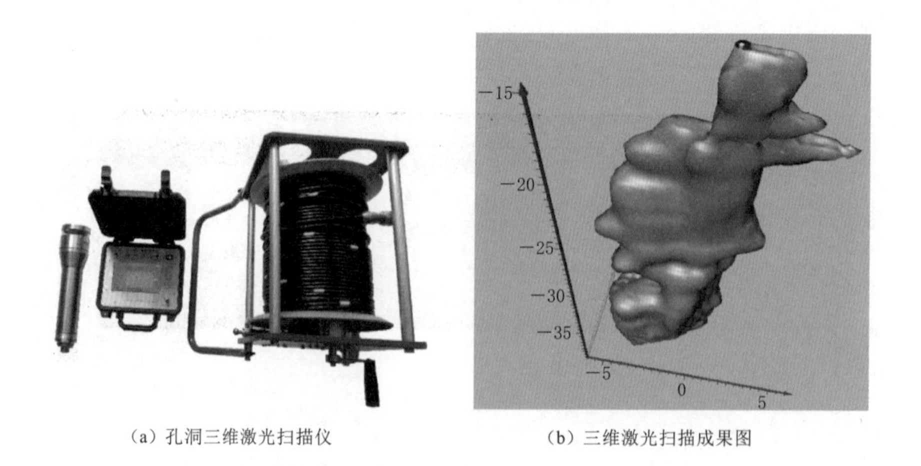

（a）孔洞三维激光扫描仪　　（b）三维激光扫描成果图

图 1.2-5　自主研发的孔洞三维激光扫描仪及其探测成果图

（a）成像设备

（b）成果图

图 1.2-6 自主研发的洞室 3D 实景建模数据采集设备及其成果图

（3）综合物探方法。综合地球物理勘探（Integrated Geophysical Prospecting）是针对特定的勘探对象和勘探任务，为达到最佳勘探效果，采用两种或两种以上地球物理方法进行组合勘探的方法，可以有效地降低单一地球物理勘探方法在解释方面存在的多解性问题，提高地球物理勘探解释的可靠性。图 1.2-9 为两种方法探测断层的结果，提高了断层解释的可靠性。水电工程物探技术测量地质体或探测对象与周围介质的某一物理特征参数（如电阻率、弹性波速、电磁波速、密度、放射性等），按其测试参数的不同，大致可分为以下几种探测方法：电法勘探、地震勘探、弹性波测试、物探测井、层析成像、地质雷达技术、放射性勘探、水声勘探、综合测井等。综合物探就是以这些物探方法为基础，把两种或两种以上的物探方法有效地组合起来，达到共同完成或解决某一地质或工程问题的目的，取得最佳的地质效果和社会、经济效益，满足工程建设的需要。这种综合物探技术的应用，提高了物探资料的解释精度和可靠性，提升了勘察效率和质量，降低了勘察成本，在勘察工作中有广阔的前景。

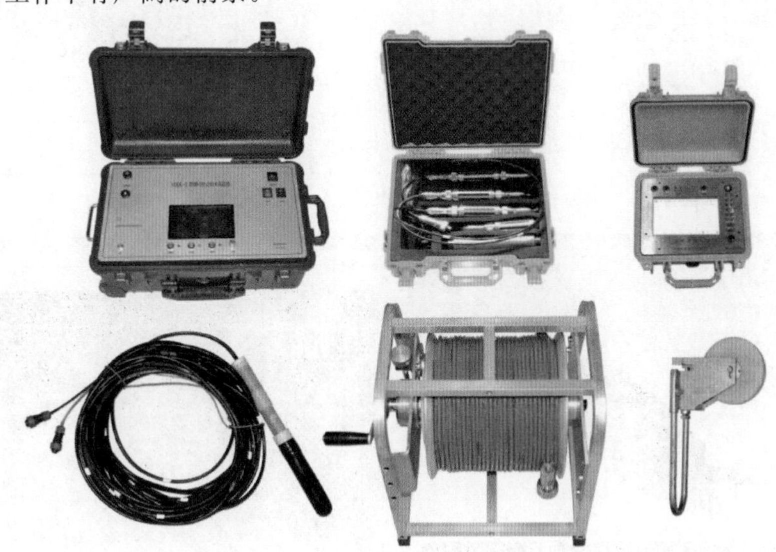

（a）大功率声波CT系统

图 1.2-7（一） 自主研发的大功率声波 CT 系统及其成果图

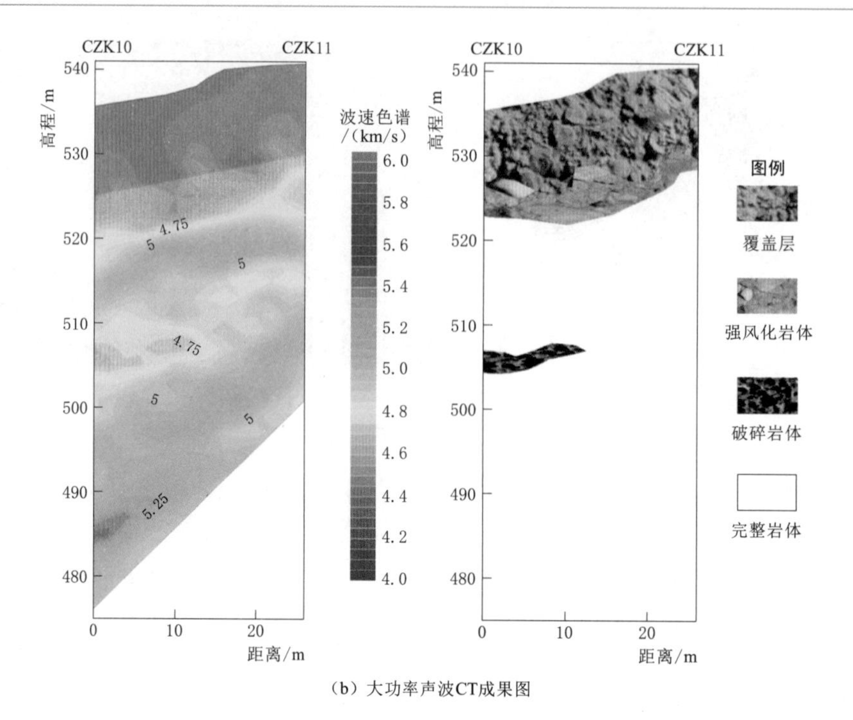

(b) 大功率声波CT成果图

图 1.2-7（二） 自主研发的大功率声波 CT 系统及其成果图

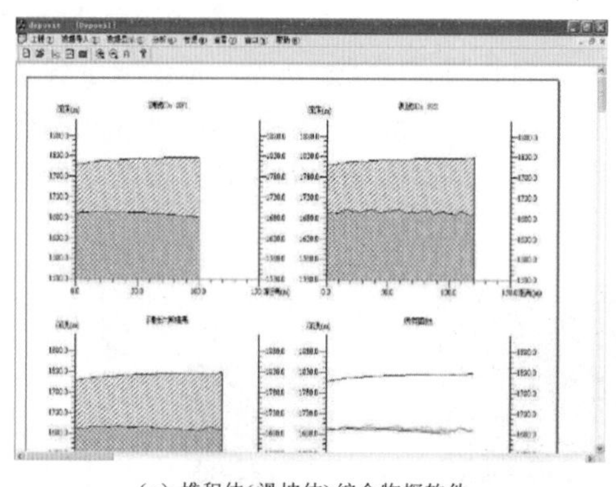

(a) 堆积体(滑坡体)综合物探软件

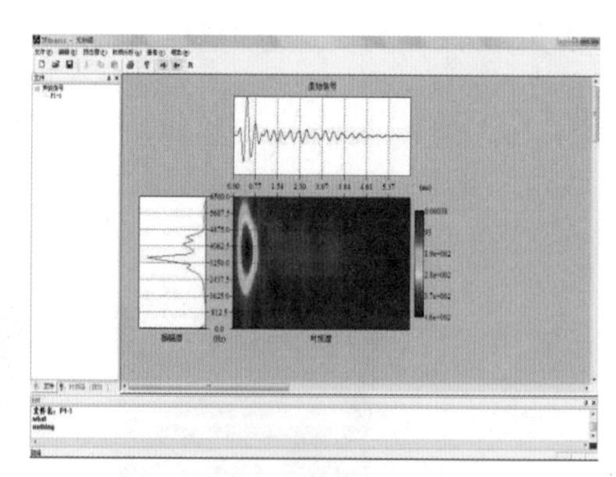

(b) 水电工程时频分析软件

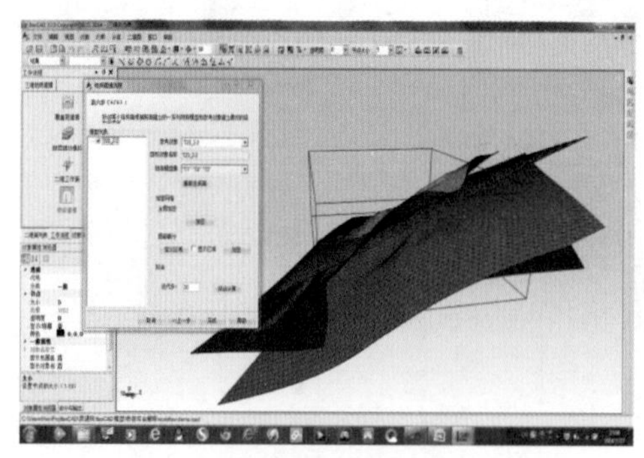

(c) 基于3S与物探集成技术的三维地质模型系统

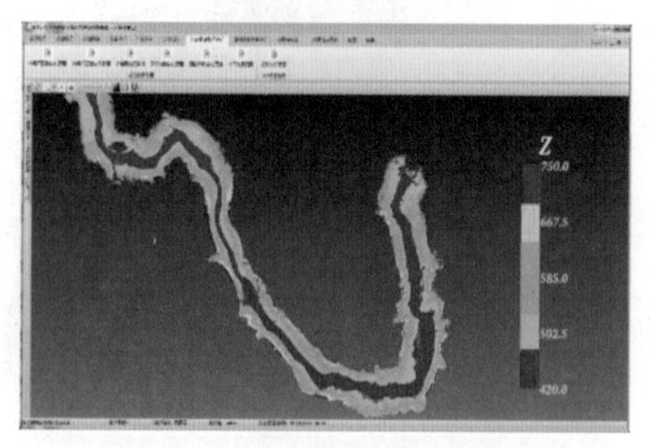

(d) 水上水下一体化探测与运维管理平台

图 1.2-8 自主研发的水电工程数据分析软件和数据管理信息系统

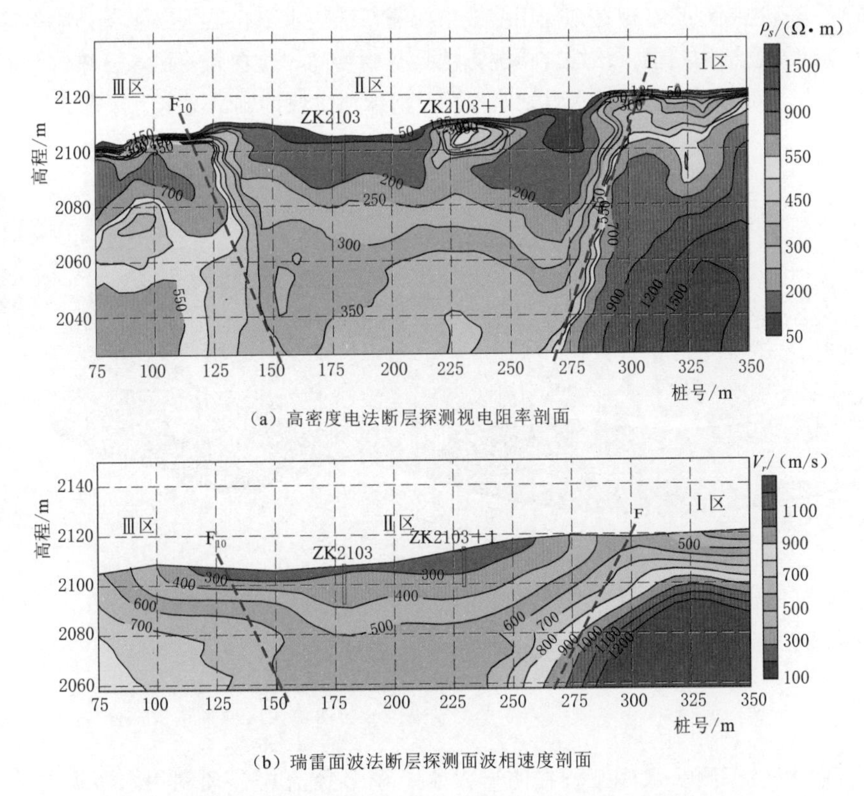

图 1.2-9　高密度电法和瑞雷面波法探测断层结果

(4) 水电工程物探信息系统。随着计算机技术、三维建模与可视化技术以及物探技术的进步，尤其是综合物探技术的发展，使得以物探成果的三维建模可视化信息系统成为可能。在 3S、三维地质建模与可视化技术快速发展、应用范围不断拓展的今天，将物探成果三维可视化信息管理，不仅可以提高物探解释的精度和广度，而且可以为用户或下序专业提供可靠的基础资料，从而大大提高物探成果的应用水平。

水电工程物探信息系统是针对水利水电工程前期勘察和施工、运行阶段工程质量检测等工作数据量大、种类多等特点，并结合三维可视化的要求，专门设计的信息化管理系统，不仅具备传统数据库的数据管理、查询、分析等功能，同时还可以作为三维地质建模和分析的重要基础，极大地提高了物探成果的可利用性。

(5) 新的工作领域。随着水电工程建设高峰期逐渐过去，水电工程逐渐进入到运行期的管理阶段，这个阶段工程物探有了新的工作领域。

1) 水工建筑物结构水下扫描。水工混凝土建筑物在荷载和环境作用下引起的混凝土缺陷与损伤，将影响水工混凝土建筑物的安全与耐久性。为确保水工混凝土建筑物的运行安全，需要定期或不定期地进行缺陷与损伤检测及其安全评估，以保证水工混凝土建筑物的运行安全和延长其使用寿命。水工建筑物结构水下扫描作为工程表观质量检测的重要组成部分，扫描内容主要包含以下几个方面：混凝土结构裂缝性状扫描，水工建筑物变形扫描，水工建筑物表面露筋、孔洞、麻面、淘刷扫描。传统检测方法多使用潜水员携带水下摄像头、量尺进行视频观察，现在则使用多波束探测系统、水下机器人、水下声呐等综合检测方法完成水工建筑物结构扫描，该综合检测方法具有精度高、全覆盖检测、三维综合展示、成果可溯源等优点。图 1.2-10 为某水电站明渠段及河床泄洪段冲刷情况水下探查成果。

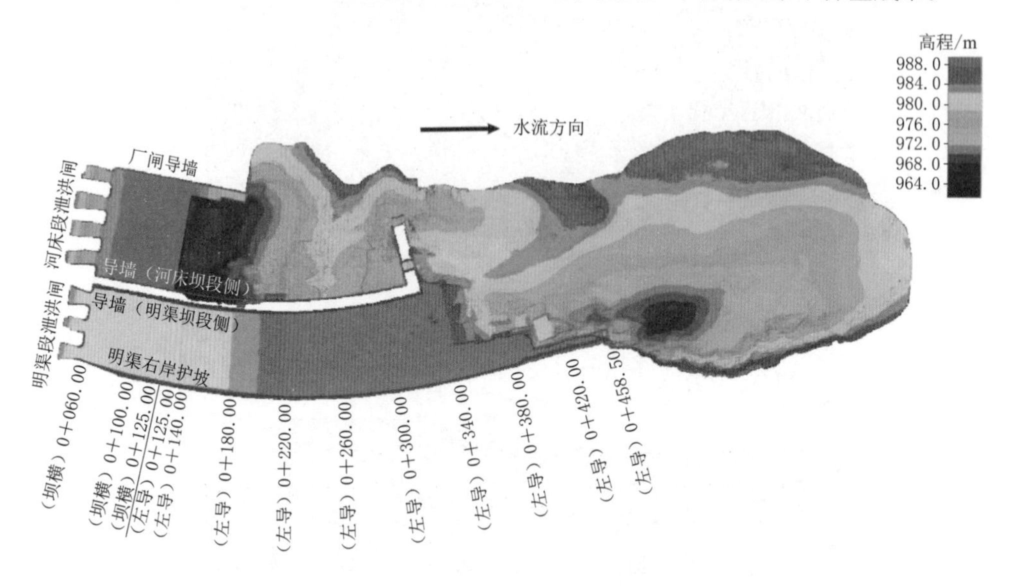

图 1.2-10　某水电站明渠段及河床泄洪段冲刷情况水下探查成果示意图

2）水库淤积层探测。水库工程在防御洪水、调节径流、合理利用水资源等方面发挥了巨大的效益，水库库容和淤积量的变化是水电站和水库管理部门十分关心的问题。正确快速地测定库容和淤积量对保证库区、大坝的安全和计划调度、发电等起着重要的作用。水库淤积物探测内容主要包括水深、淤积层厚度和水底地形测量。目前水库淤积层厚度变化通常利用两次地形测量的差值进行计算，这种只能测量有水底地形数据的淤积层厚度，而原有无初始水底地形数据的淤积层则无法采用这种地形测量方式探测厚度，也不能对淤积层进行进一步细化分层，这种就需要采用水上物探方法结合地形测量进行综合探测。图 1.2-11、图 1.2-12 分别为水上高密度电法和水上反射波法淤积层探测成果图。

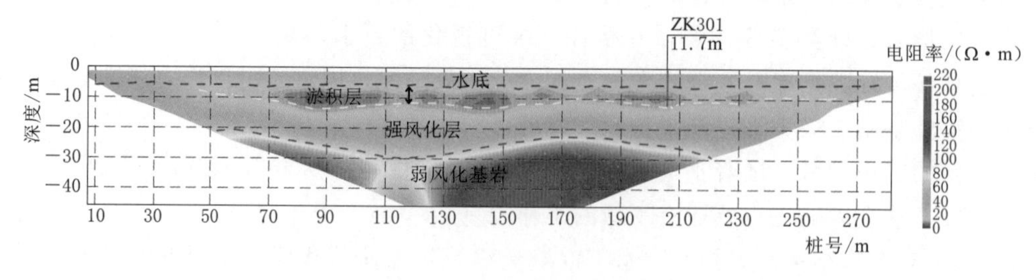

图 1.2-11　水上高密度电法淤积层探测成果图

3）水库渗漏综合探测。我国现有各类水库 9.8 万余座，水库总库容约 9323.1 亿 m^3。我国水库建设跨过了不同的时代，工程质量参差不齐，由于种种原因，出现了各种病险问题，渗漏问题就是其中之一。水库渗漏严重影响了水库的经济效益，更有甚者可能威胁到库区下游人民群众的生命财产安全，因此对病险渗漏水库的除险加固势在必行，而在除险

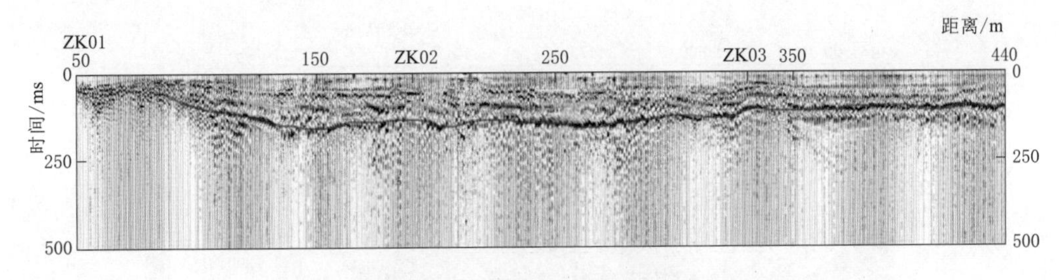

图 1.2-12 水上反射波法淤积层双程时间剖面图

加固过程中，查明渗漏原因、找准渗漏位置是整个处理过程中最为重要的环节，是决定最终处理效果的关键。找出一种（套）无损、高效、低成本、高精度确定水库渗漏位置和规模的综合探测方法是目前急迫需要解决的问题，针对水库不同类型渗漏开展综合探测技术系统研究，形成一套水库渗漏的综合探测技术，能够使水库渗漏的探察有的放矢，做到"无损、高效率、低成本、高精度"。图 1.2-13、图 1.2-14 分别为某水电站库底电流密度和自然电位渗漏探测成果示意图。

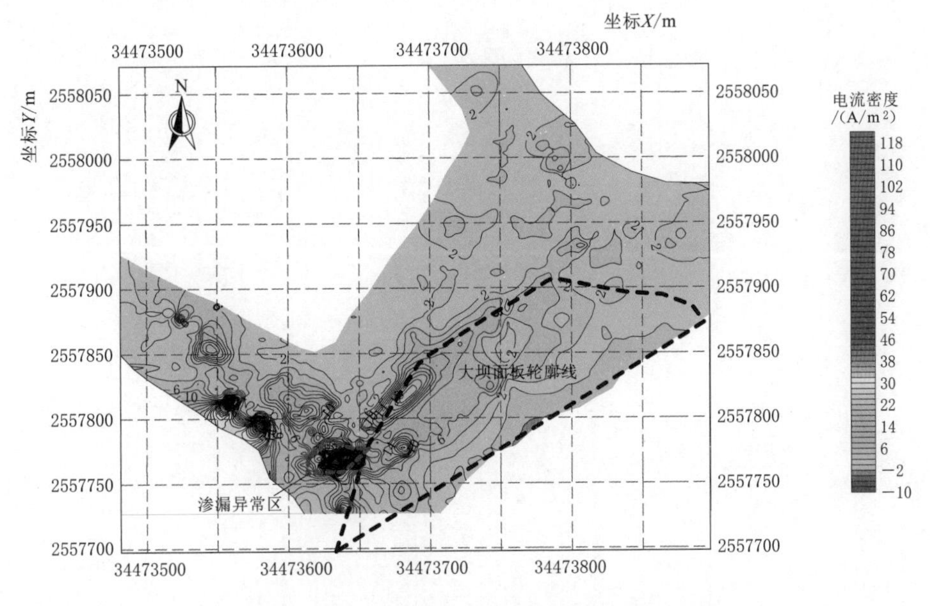

图 1.2-13 某水电站库底电流密度等值线图

4）向其他行业进军。水电工程地球物理技术具有自己鲜明的技术特色和扎实的工作作风，在水电行业之外也得到广泛的认可，近年来在水利、交通、市政、新能源、环境等诸多行业均有涉足，也取得了令人瞩目的成绩。

（6）水电工程全生命周期综合物探技术。通过总结水电工程各个阶段的物探工作，根据不同的坝址情况，以水电工程信息系统为依托，形成一套贯穿水电工程整个生命阶段的物探工作方法和流程，充分利用各个阶段的资料，使各个阶段的物探资料形成一个有机的整体，保证水电工程建设的顺利完成、运行阶段的工程安全，这就是水电工程全生命周期综合物探技术。

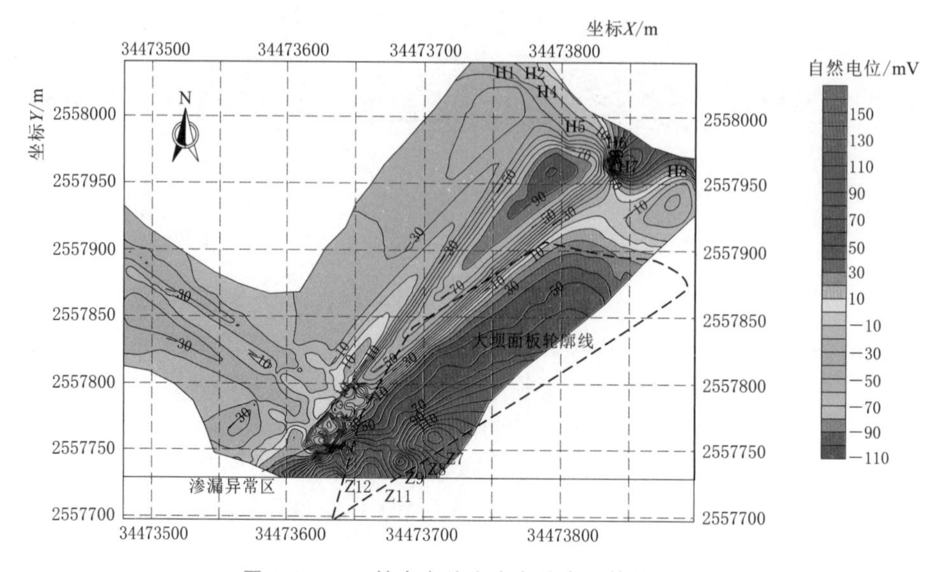

图 1.2-14　某水电站库底自然电位等值线图

第 2 章

水电工程地球物理探测新技术

在水电工程建设的各个阶段，地球物理技术解决着各种各样的工程问题，这些问题有些涉及工程地质，有些涉及施工质量，有些涉及水电站运行安全，工程地球物理探测技术因其轻便、高效、适用能力强等特点，在水电工程探测中发挥着重要的作用，表 2.0-1～表 2.0-3 为工程地球物理探测技术在水电工程各个阶段应用的一览表。由于水电工程问题涉及面广，有些问题十分复杂，为了更好地解决各种各样的工程问题，水电工程地球物理探测技术不断地升级和更新，出现了一系列的新方法新技术，本章对其中几种典型的新方法新技术加以介绍。

表 2.0-1　　前期勘察阶段地球物理探测方法应用

地球物理探测方法		应用项目											
		覆盖层探测	隐伏构造破碎带探测	软弱夹层探测	风化卸荷带探测	滑坡体探测	岩溶探测	地下水探测	防渗线探测	堤坝隐患探测	隧道施工超前预报	洞室松动圈探测	水下覆盖层厚度探测
电法勘探	电测深法	●	●		△	●	●	●	●	●			△
	电剖面法	△	●				●	△	△	△			
	高密度电法	●	●		●	●	●	△	△	△			
	自然电场法		●					●	●	●			
	充电法		●				●	●	●	●			
	激发极化法		●			●	△	●	●	●			
	音频大地电磁测深法	●	●		●	●	●	●	△	△			
	瞬变电磁法	●	△		△	△	●	△	●	●			
探地雷达	探地雷达	△	△		●	△	●	△	●	●	●		
地震勘探	折射波法	●	●		●	●	△	△	●	●		△	●
	反射波法	●	●		△	●	●	△	●	●	●		●
	瑞雷面波法	△			●	●	△		●	●			
弹性波测试	声波法	●	△	●	●	△			●	●		●	
	地震法	●	△		●	△			△	△		△	
CT	地震波 CT	●	●		●	●	●		△	△			
	声波 CT	●	△		●	●	●		●	●		△	
	电磁波 CT	●	△		△	△	●		●	●			
水声勘探	水声勘探	●							●	●			●

续表

地球物理探测方法		应用项目											
		覆盖层探测	隐伏构造破碎带探测	软弱夹层探测	风化卸荷带探测	滑坡体探测	岩溶探测	地下水探测	防渗线探测	堤坝隐患探测	隧道施工超前预报	洞室松动圈探测	水下覆盖层厚度探测
放射性测量	γ测量		●					△	△	△			
	γ-γ测量								●	●			
	α测量		△					△	●	●			
	同位素示踪						△	△	●	●			
综合测井	电测井	△	●	●	●	△	●	△	●	●			
	电磁波测井	●	●		△	△	●	△	●	●			
	声波测井	△	●	●	●	●	△	△	●	●		●	
	放射性测井	△	●	●	●	●	△	△	△	△			
	井径测量		●	●	△	●	●		△	△			
	井温测量						△	●					
	井中流体测量		●			●	△		●	●			
	磁化率测井		△			△	△		●	●			
	钻孔电视		●	●	●	●	●	△	●	●		△	
	超声成像测井		●	●	●				△	△			

注　●—主要方法；△—辅助方法。

表2.0-2　　施工期质量检测地球物理探测方法应用

地球物理探测方法		应用项目												
		建基岩体质量检测	灌浆质量检测	堆石（土）体密度检测	堆石坝面板质量检测	混凝土质量检测	洞室混凝土衬砌质量检测	防渗墙质量检测	钢衬与混凝土接触检测	锚杆锚固质量检测	水下建筑物缺陷观察	环境放射性检测	岩土力学参数测定	岩土体电性参数测定
电法勘探	电测深法													●
	电剖面法													●
	高密度电法							△						
	自然电场法													
	充电法													
	激发极化法													
	音频大地电磁测深法							△						
	瞬变电磁法													
探地雷达	探地雷达	●			●	●	●	△						

续表

地球物理探测方法		应用项目												
		建基岩体质量检测	灌浆质量检测	堆石（土）体密度检测	堆石坝面板质量检测	混凝土质量检测	洞室混凝土衬砌质量检测	防渗墙质量检测	钢衬与混凝土接触检测	锚杆锚固质量检测	水下建筑物缺陷观察	环境放射性检测	岩土体力学参数测定	岩土体电性参数测定
地震勘探	折射波法	●											●	
	反射波法							●						
	瑞雷面波法			△				●					△	
弹性波测试	声波法	●	●		●	●	●	△	●	●			●	
	地震法	△	△					△					●	
CT	地震波 CT	△	△			△		△						
	声波 CT	△	△			●		△						
	电磁波 CT							△						
放射性测量	γ 测量											△		
	γ－γ 测量											●		
	α 测量											●		
	同位素示踪		△					△				●		
综合测井	电测井							△						●
	电磁波测井													
	声波测井	●	●			●		△					●	
	放射性测井			△								△	△	
	井径测量													
	井温测量													
	钻孔电视		●			●	△	●			●			
	超声成像测井					●					●			
附加质量法	附加质量法			●										

注 ●—主要方法；△—辅助方法。

表 2.0－3　　运行期检测地球物理探测方法应用

地球物理探测方法		应用项目			
		渗漏探测	水库淤积物探测	水下建筑物结构扫描	水库地震监测
电法勘探	高密度电法	●			
	充电法	●			
	音频大地电磁测深法	●			
	瞬变电磁法	●			

续表

地球物理探测方法		应用项目			
		渗漏探测	水库淤积物探测	水下建筑物结构扫描	水库地震监测
探地雷达	探地雷达		△		
地震勘探	折射波法		△		
	反射波法		△		
CT	地震波 CT	●			
	声波 CT	●			
	电磁波 CT	●			
放射性测量	同位素示踪	●			
综合测井	井温测量	●			
	钻孔电视	●			
水下摄像	水下摄像	△	△	●	
声呐探测	声呐探测		●		
多波束探测	多波束探测			●	
浅剖探测	浅剖探测		●		
水库地震监测	水库地震监测				●

注　●—主要方法；△—辅助方法。

2.1　地震折射层析成像法

1. 原理介绍

地震折射层析成像法是通过对地震剖面进行网格剖分，利用折射波在岩土体介质中的走时，对折射波射线进行追踪反演，构建折射波速度层析成像图，并由此推断地质体中速度异常体的大小、位置、波速等参数的一种方法。该方法可解决纵向梯度变化的速度层、强烈的水平速度变化、大倾角地层、隐伏层、任意地形起伏等问题。

该方法的关键是对模型进行射线追踪，射线追踪的方法较多，如打靶法、弯曲法、程函方程有限差分法、最小走时方法等。目前常采用二维最小走时方法，这种方法以费马原理和惠更斯-菲涅尔原理为理论基础，克服了传统方法的缺陷，计算速度快，可一次性地追踪到整个空间任一节点的全局最小走时路径和最小走时。

地震折射层析成像法的应用范围：由于地震折射层析成像法相对普通地震折射波法具有分辨率高的特点，因此主要用于地下精细结构和目标体的探测，如工程线路、场地、隧道、边坡等项目的工程地质勘察和病险整治，适合用于解决复杂的地质问题。

地震折射层析成像法的应用条件：被探测目标体与周边介质存在纵波波速差异，且沿深度方向地层波速增大，同时要求被探测目的体具一定的规模。

2. 方法技术

野外数据采集时使用多道数字地震勘探数据采集系统，一般采用低频率数字化检波器（如 28Hz），不小于 24 道或 36 道接收；使用炸药或大于 50kg 重夯锤作为震源，为保证每一个检波道的初至清晰，一般采用多次叠加或组合检波技术；另外，在实际工作中，还需要合理地设计好仪器的工作参数，如采样率、记录长度、道间距等。

地震折射层析成像法外业工作多采用纵测线观测系统，见图 2.1-1。通过多个不同的炮检距激发，保证目的层有足够射线，从而提高解释精度。

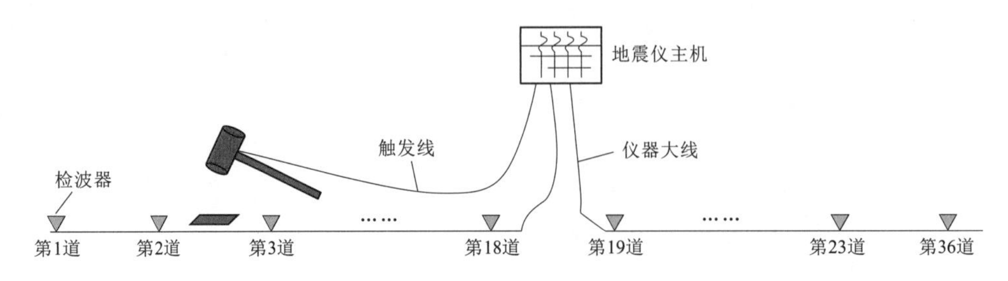

图 2.1-1　地震折射层析成像法外业工作示意图

地震折射层析成像法计算流程主要包括初至时间提取、速度模型建立、正演、迭代反演 4 个步骤。

（1）初至时间提取：地震勘探中把经过地下介质首先到达检波器的波称为初至波，这些波的旅行时包含了浅层速度信息，具有易于获取、能量强、可追踪性好的优点。初至时间的准确提取构成了折射层析成像的基础和前提。

（2）速度模型建立：走时层析成像的效果和收敛速度依赖于初始速度模型，建立近地表初始速度模型的方法一般有 3 种：①人工给定常速度初始速度模型；②根据工区已有的速度资料确定初始速度模型；③利用直达波和折射波初至时间自动求取初始速度模型。

（3）正演：地震层析成像对正演计算要求很高，其精度和速度对成像的分辨率和可靠程度具有很大影响，同时正演计算速度也是要考虑的重要因素。目前常用的有两种正演数值模拟方法：①以射线理论为基础的射线追踪法；②以波动理论为基础的波动方程数值模拟。由于计算上的优势，目前地震折射层析成像法主要采用射线理论正演计算方法。

（4）迭代反演：迭代反演通过求解震源和介质参数的方程来获得模型参数，将每次反演出的数据与实测数据相比较，不断迭代直到两者误差达到精度要求，则完成了反演迭代计算。反演方法可以分为两类：①基于算子的线性反演方法，包括代数重建技术、联合迭代重建法、奇异值分解法、最小二乘法、阻尼最小二乘法等；②基于模型的完全非线性反演方法，包括遗传算法、模拟退火法和神经网络法等。目前两种迭代反演算法在实际工作中均有采用。

2.2　天然源面波法

1. 原理介绍

天然源面波方法是以平稳随机过程理论为依据，从天然振动信号中提取瑞雷波的频散曲线，通过对频散曲线的反演，获得地下介质横波速度结构的一种勘探方法。

频散曲线的提取是天然源面波方法数据处理的核心。提取瑞雷波频散曲线的方法有基于二维波场变换的频率波数法（$F-K$ 法）、基于相关分析的空间自相关（Spatial Auto-Correlation，SPAC）法两种。

给定一组天然源面波接收台站，其中一个位于圆心，其余等角度分布在半径为 r 的圆周上。假设信号是由一系列入射角为 ϕ、角频率为 ω、波数为 k 的平面波组成，符合平稳随机过程。此时，空间自相关系数的计算公式为

$$\rho(r,\omega)=J_0\left[\frac{\omega r}{v(\omega)}\right] \tag{2.2-1}$$

式中：J_0 为第一类零阶贝塞尔函数；$v(\omega)$ 为瑞雷波相速度。

由此可见，空间自相关系数是面波相速度和频率的函数，通过拟合计算的空间自相关系数 $\rho(r,\omega)$ 可以导出面波相速度。根据面波相速度可以求得剪切波速度，也称为横波速度。

应用范围：场地调查、地基基础勘察、地下结构速度层变化等问题。

应用条件：被探测地质体与周边介质之间存在明显的波速差异；被追踪的不良地质体应具有一定规模；地面应相对平坦，地层界面起伏不大，并避开沟、坎等复杂地形的影响。

2. *方法技术*

外业工作采用台阵排列方式，包括采用空间自相关法的台阵布置形式（图 2.2-1）和扩展空间自相关（Extended Spatial Auto-Correlation，ESPAC）法的台阵布置形式（图 2.2-2）。天然源面波一般采用二维台阵的排列布置方式，这是因为天然波场的传播方向未知，采用一维排列时，会造成面波速度偏差，目前常用的排列方式有三角嵌套形、圆形、十字形、L 形、多边形、不规则形，如果预先知道天然源面波传播方向，或者确信天然源面波来自所有方向，也可以采用一维排列［图 2.2-2（c）］测定天然源面波速度，但至少需要 4 个检波器。

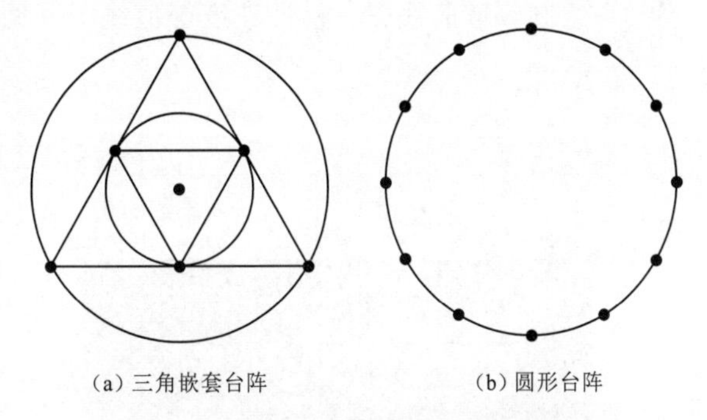
(a) 三角嵌套台阵　　(b) 圆形台阵

图 2.2-1　空间自相关法的台阵布置形式

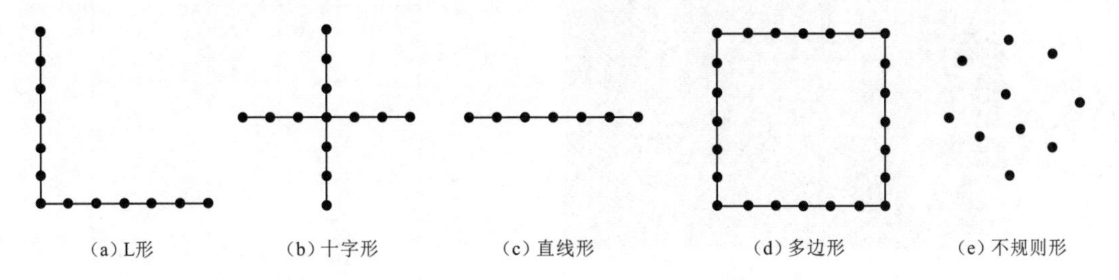
(a) L形　(b) 十字形　(c) 直线形　(d) 多边形　(e) 不规则形

图 2.2-2　扩展空间自相关法的台阵布置形式

根据勘探目的层深度确定排列范围，目的层越深，要求接收提取的面波信号波长越长，相应的排列范围越大，检波点之间的间距也加大。根据勘探目的层深度确定排列范围，目的层越深，要求接收提取的面波信号波长越长，相应的排列范围越大，检波点之间的间距也加大。

外业工作首先应设计好仪器的工作参数，如最大观测半径、单个直线排列长度、仪器记录道、道间距、采样率、记录长度。检波器根据探测目的和探测深度选择，一般采用低频检波器（如 2Hz、4Hz），采用的多道数字地震仪应能满足记录数据的时长要求，单次采样时间不少于 30s。

数据采集时，根据剖面桩号确定台阵中心点和直线排列中心点，各检波点位置应测量确定。安置检波器时，确保与地面紧密耦合，并通过监视软件检查检波器耦合一致性，在保证所有检波器能够正常工作时方可进行正式观测。

数据处理可采用专业数据处理软件，主要处理流程包括以下几个步骤：

（1）预处理。对数据进行检查，剔除干扰较大的数据段。

（2）导入数据和排列参数。

（3）对数据进行频散分析，得到瑞雷波频散谱。

（4）提取频散曲线。

（5）采用遗传算法对提取的频散曲线进行反演计算，得到测点的横波速度分布。

（6）绘制频散曲线图、横波速度等值线图，见图 2.2-3。

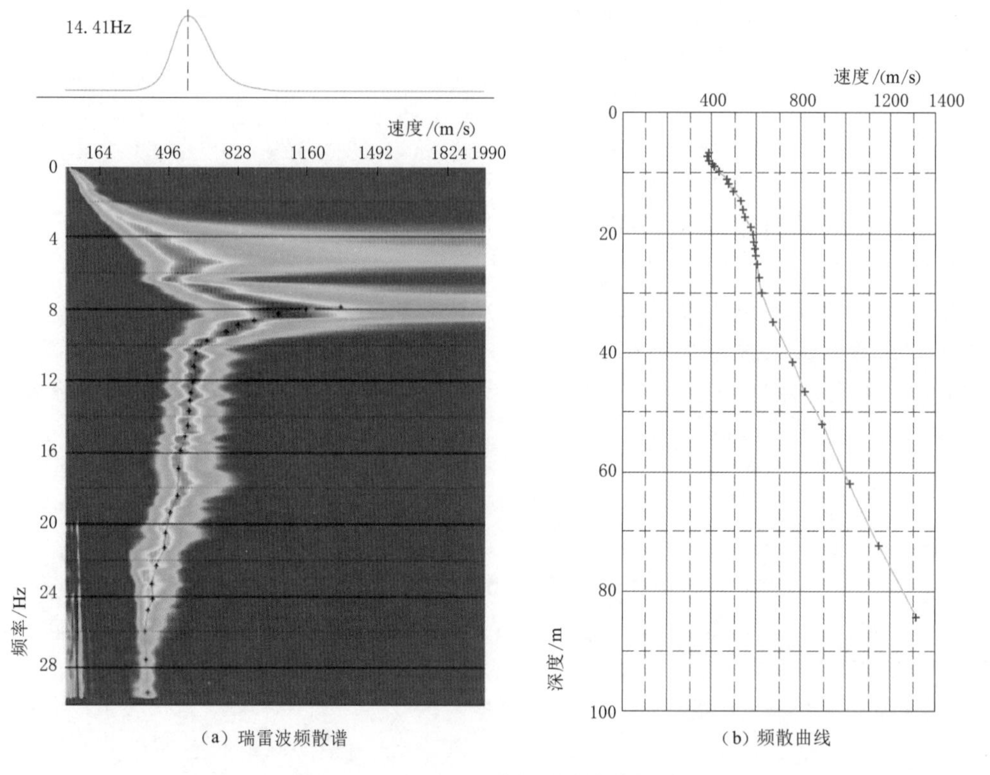

（a）瑞雷波频散谱　　（b）频散曲线

图 2.2-3（一）　天然源面波法成果图

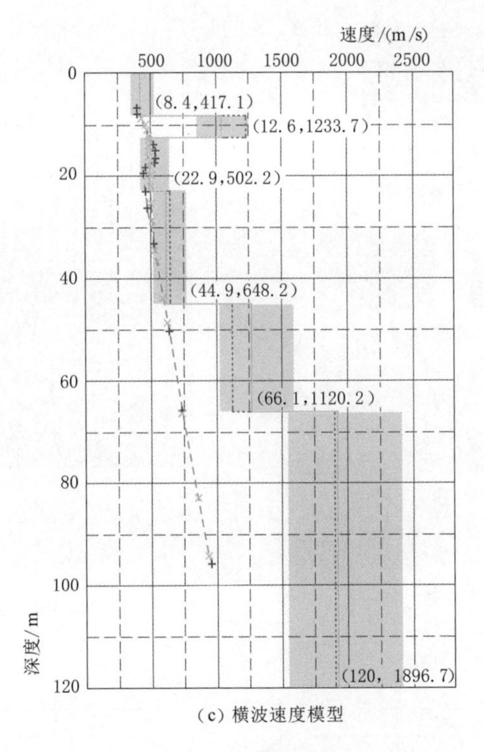

(c) 横波速度模型

图 2.2-3（二）　天然源面波法成果图

2.3　超声横波成像法

1. 原理介绍

超声横波成像法是基于超声横波脉冲回波技术，通过在物体表面发射和接收低频超声横波（20～100kHz）脉冲信号，然后用层叠成像方式进行信号处理，得到物体内部超声横波反射强度和位置分布图，最后解译物体内部结构信息的一种弹性波方法。

超声横波成像法是近些年发展起来的检测混凝土质量的新方法，与传统超声反射法利用超声纵波不同，它是利用超声横波作为源，通过横波信号在介质中的传播情况，判断混凝土质量的一种方法。由于横波不能在流体中传播，遇到混凝土-空气或液体界面时几乎全部被反射，其反射系数大于超声纵波的反射系数，反射波幅更大。与超声纵波相比，横波检测对混凝土内脱空、缝隙等反应更敏感。

超声横波成像法主要基于超声反射波理论，通过分析反射波旅行路径和时间来推断混凝土缺陷和界面的埋深，见图 2.3-1。利用合成孔径聚焦技术（Synthetic Aperture Focusing Technique，SAFT）来解决超声反射法中的超声波传播方向性差、易受干扰等问题，以提高空间分辨率，见图 2.3-2 和图 2.3-3。通过对不同位置测得的数据进行综合处理，对被测物体进行声学三维成像，可逐层显示结构体内部的层断面，达到检测混凝土体质量的目的。

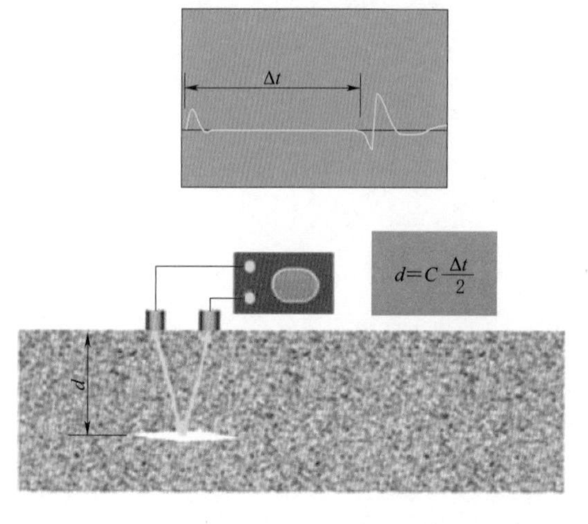

图 2.3-1 超声横波成像法测试示意图

注 Δt 为反射波走时；d 为反射界面与探测表面的距离；C 为介质的横波波速。

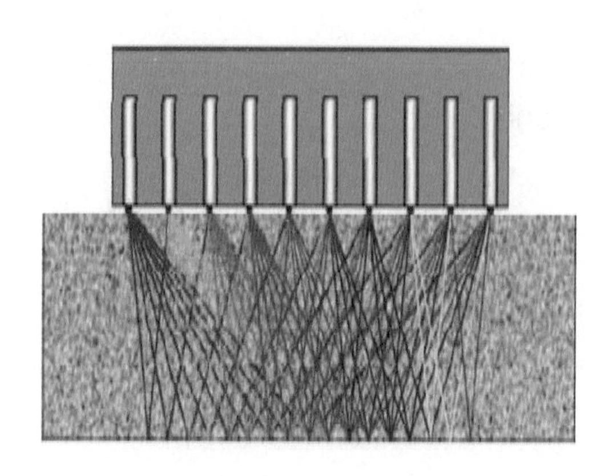

图 2.3-2 合成孔径聚焦技术示意图

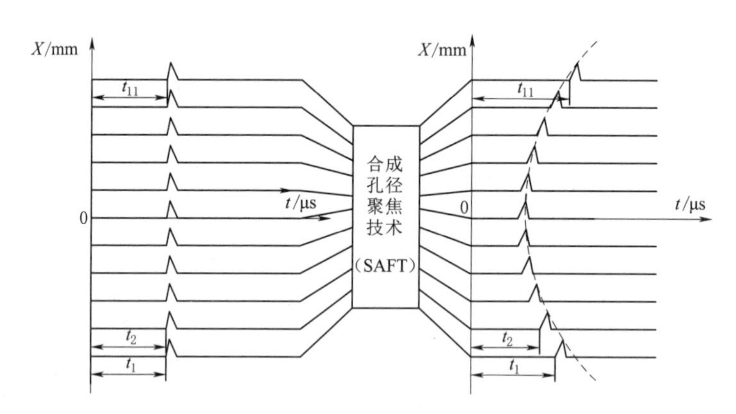

图 2.3-3 信号合成孔径聚焦处理示意图

注 t_1、$t_2 \cdots t_{11}$ 为各位置 X 处对应的反射波走时。

应用范围：①混凝土构件内部缺陷、脱空、钢筋等检测；②构件厚度检测。

应用条件：①检测构件表面应平整、无浮浆；②无振动噪声。

2. 方法技术

（1）现场工作。对混凝土构件进行检查时，首先在检测表面上定出一定间隔网格的一系列扫描线，天线朝向与扫描方向垂直；然后沿每条扫描线按预定的步长获取数据。①波速确定：在检测部位临近的完整混凝土区域进行多次波速测试，取其平均值作为时深转换采用的波速值；②频率确定：对混凝土结构内部的探测目标的可能埋深、尺寸进行预估，据此确定合适的超声横波探测频率，对不同尺寸、不同埋深的异常宜采用不同频率进行多次探测。

（2）数据处理分析。在沿着所有扫描线取得数据后，利用合成孔径聚焦技术（SAFT）来重建混凝土构件内部的三维断层图像，典型成果见图 2.3-4。

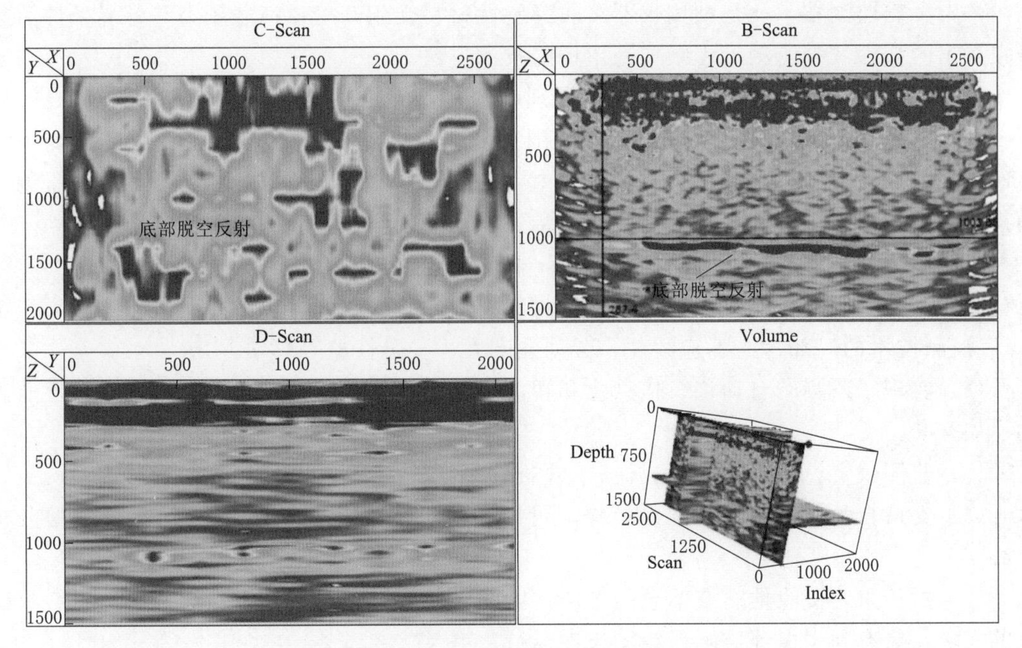

图 2.3-4　超声横波成像典型成果图（单位：mm）

2.4　微震监测技术

1. *原理介绍*

大多数弹脆性材料（如金属、岩石、混凝土等）在外界应力作用下，其内部将产生局部弹性能集中，当能量积聚到某一临界值之后，会引起微破裂的产生、发育与扩展，并伴随有弹性波或应力波在周围岩体快速释放和传播（图 2.4-1），利用多个传感器接收这种弹性波信息，通过反演方法就可以得到岩体微破裂发生的时刻、位置和性质（图 2.4-2），根据微破裂的大小、集中程度、破裂密度，则有可能推断岩体或者混凝土宏观破裂的发展趋势和规模，这就是微震监测技术的基本原理。大多数材料变形和断裂时有微震信号发生，但许多材料的信号强度很弱，人耳不能直接听见，需要借助灵敏的电子仪器才能检

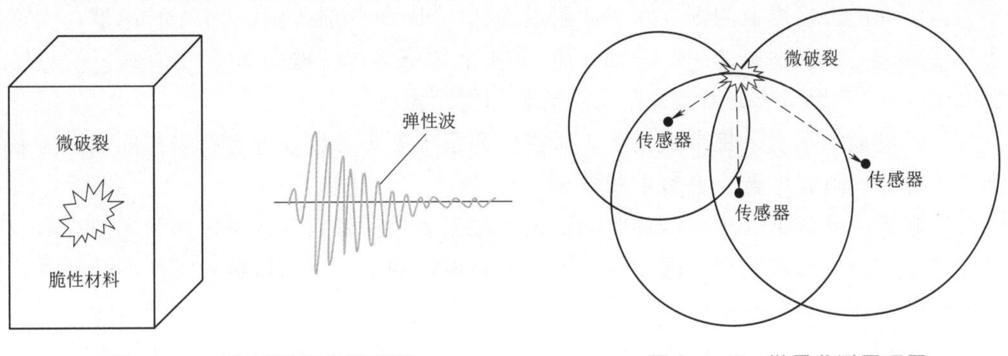

图 2.4-1　微破裂产生原理图　　　　图 2.4-2　微震监测原理图

测出来，微震监测技术就是利用仪器接收弹脆性材料受到开挖或荷载压力等外界条件后本身发射出的弹性波来监测工程结构稳定性的技术方法。

声发射与微震监测具有相同的基本原理，微震监测传感器频率响应范围在10kHz以下，而声发射采集系统响应频率更高，范围大多在几十到几百kHz不等。微震监测主要针对大尺度（几米到百米级以上）弹脆性材料监测（多用于工程岩体结构大范围监测），而声发射则是对于小尺度小范围内（几毫米到十米）的脆性材料破裂过程的监测。

相对传统的位移或应力监测技术而言，微震监测技术具有如下几个重要特点。

（1）监控范围广，能直接确定弹脆性材料内部的破裂时间、位置和量级，突破了传统“点”监测技术的局部性、不连续性、劳动强度大、安全性差等弊端。

（2）实现了监测的自动化、信息化和智能化，代表了弹脆性固体工程结构稳定性监测的发展方向。

（3）监测仪器设备正朝高集成性、小体积、多通道、高灵敏度等方向发展。

（4）支持自动监测和信息远程传输，可以通过GPRS无线传输发送到微震数据分析中心。

（5）由于采用接收地震波信息的方法，因此，其传感器可以布设在远离固体材料易破坏的区域，更有利于保证监测系统的长期运行。

应用范围：矿山及隧道的岩爆监测和预警、岩质边坡的监测、CO_2封存、地热开采监测，勘探地震学领域的水力压裂裂缝监测，天然地震学领域的地质构造分析，目前在大体积混凝土（比如混凝土坝）的裂缝监测也是新的应用方向。

应用条件：主要用于脆性物质破损情况的监测，要求被监测对象有一定的体积。

2. 方法技术

（1）微震监测系统组成。微震数据采集系统包括数据采集系统、数据处理系统、传感器、UPS电源、室外无线网桥、微震采集软件等组成，见图2.4-3。

微震监测系统的总体思想是实现监测智能化，根据权限远程对监测系统进行数据拷贝和监测参数修改。微震监测系统网络拓扑结构见图2.4-4。

（2）微震监测系统布置。为保障微震实时监测的准确性和可靠性，传感器需形成空间阵列布置，应采用尽量多的传感器包裹着水工建筑物。如水电站高陡边坡微震监测，则在4～5个高程分别布设6～8个传感器；地下厂房微震监测则在每层排水廊道布设6～8个传感器；深埋隧道岩爆监测则在掌子面附近2～3个断面分别布设3～4个传感器；大坝混凝土裂缝微震监测则在裂缝两侧分别布设3～4个传感器；一般安装10%～20%的三轴传感器。图2.4-5为高边坡微震监测的传感器布置示意图。

（3）微震监测系统采集参数设置。微震监测系统采集参数设置包括采样间隔、触发通道数、传感器阈值、增益、灵敏度和波速。

（4）微震监测数据处理。微震监测数据处理主要包括微震有效事件的筛选与提取、微震信号降噪分析、微震初至时间自动拾取、微震事件的定位、微震事件震源参数计算、微震事件时频分析和震源机制解。

图2.4-6～图2.4-8分别给出了爆破事件、岩石破裂事件、混凝土破裂事件波形特征，为后续微震事件的正确识别提供依据。

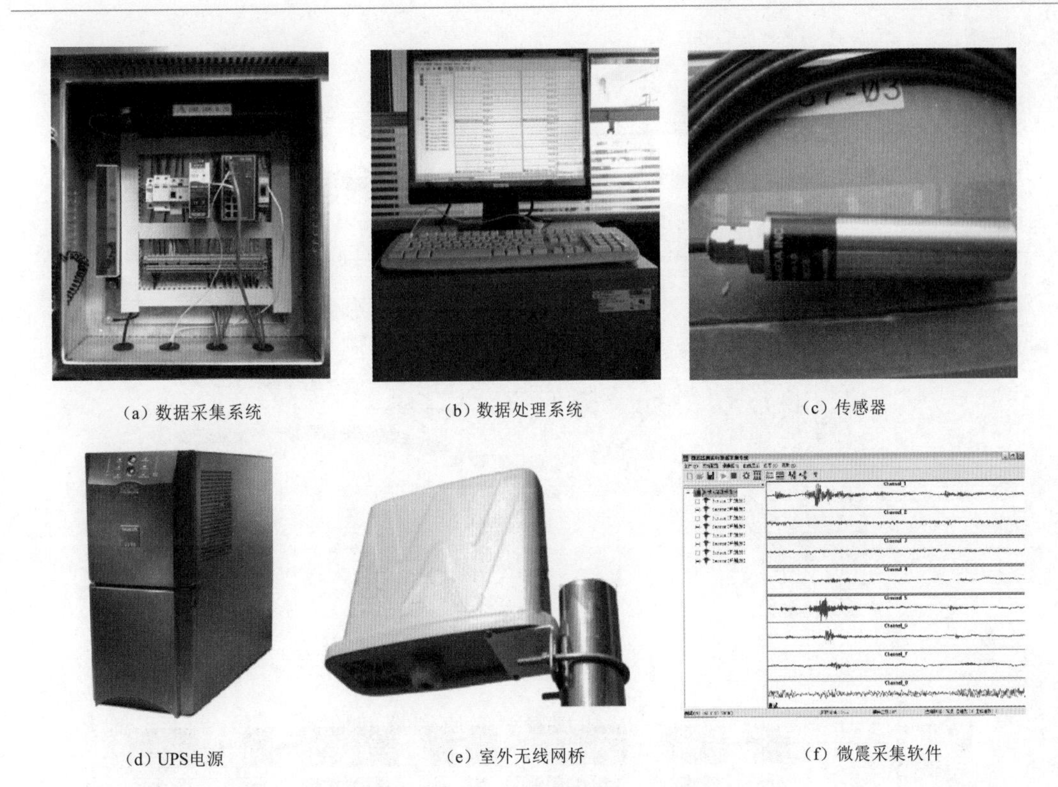

（a）数据采集系统　（b）数据处理系统　（c）传感器

（d）UPS电源　（e）室外无线网桥　（f）微震采集软件

图 2.4－3　微震监测系统组成

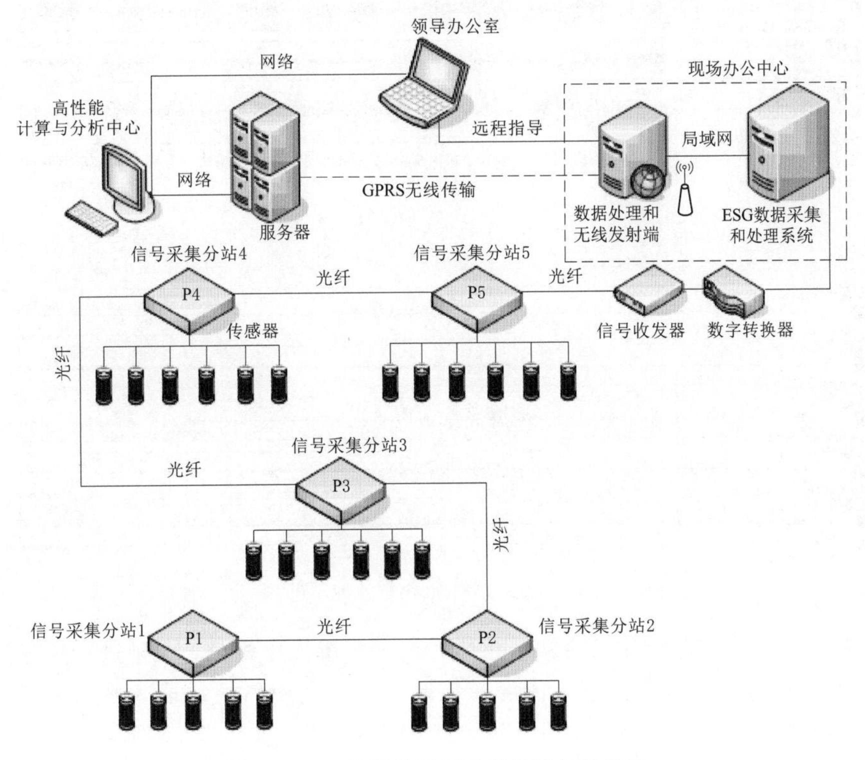

图 2.4－4　微震监测系统网络拓扑结构图

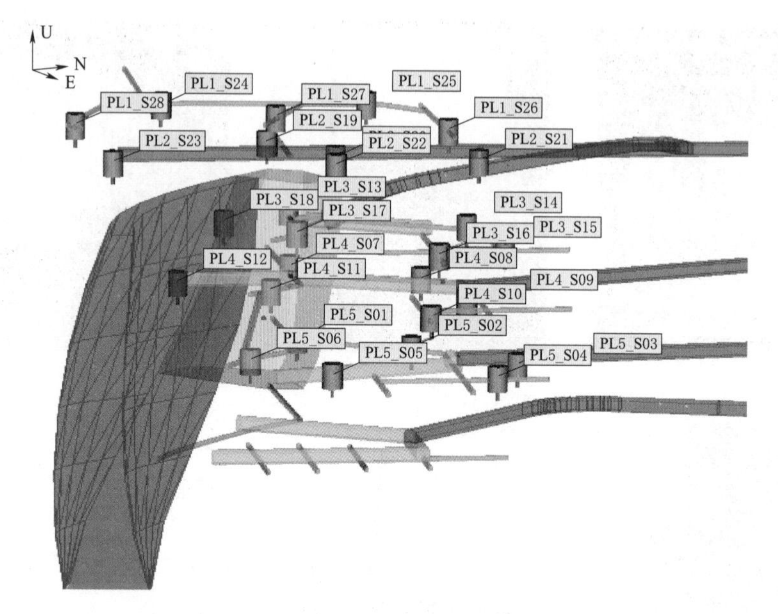

图 2.4-5　高边坡微震监测的传感器布置示意图

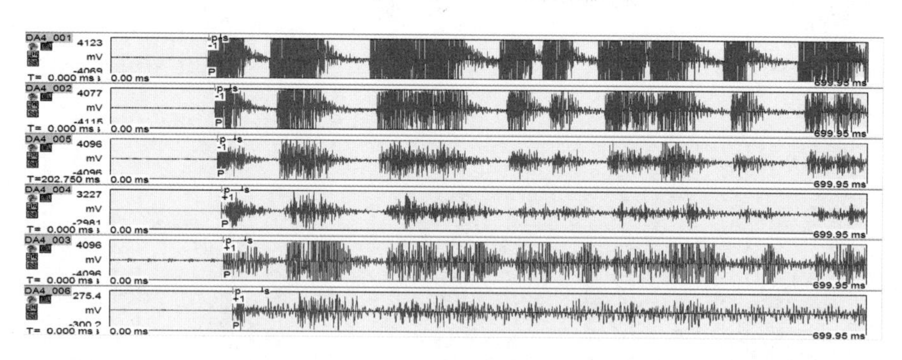

图 2.4-6　爆破事件波形特征

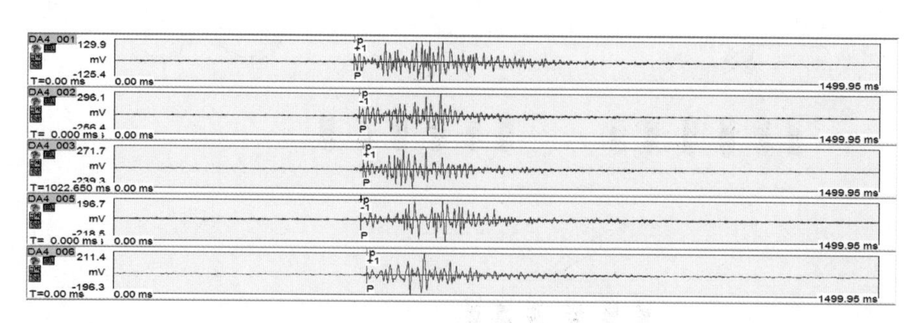

图 2.4-7　岩体破裂事件波形特征

微震监测系统采用线性定位方法，该定位方法求解快速便捷，无须进行反复的迭代计算。通常线性定位方法建立在单一速度模型基础上，利用斜直线段表示未知震源 $h(x_0, y_0, z_0)$ 到传感器 $(x_i, y_i, z_i)(i=1, 2\cdots n)$ 之间的距离，可以通过式（2.4-1）计算地震走时 $T(h)$。

图 2.4-8 混凝土破裂事件波形特征

$$T(h)=\frac{[(x_i-x_0)^2+(y_i-y_0)^2+(z_i-z_0)^2]^{1/2}}{v} \tag{2.4-1}$$

式中：v 为研究对象的等效波速。

式（2.4-1）经过线性化相减消去 x^2、y^2、z^2 之后，震源参数 $\theta=\{t_0,x_0,y_0,z_0\}$ 是以下一组 $n-1$ 个线性方程的最小二乘解，即

$$A\theta=r \tag{2.4-2}$$

其中

$$\{A_{ij}\}=\begin{cases}2(t_{i+1}-t_i)v^2 & (j=1)\\ 2(x_{i+1}-x_i) & (j=2)\\ 2(y_{i+1}-y_i) & (j=3)\\ 2(z_{i+1}-z_i) & (j=4)\end{cases} \tag{2.4-3}$$

$$r=\{(x_{i+1}^2-x_i^2)+(y_{i+1}^2-y_i^2)+(z_{i+1}^2-z_i^2)+(t_{i+1}^2-t_i^2)v^2\} \quad (i=1\sim4) \tag{2.4-4}$$

式中：i 为传感器编号。

在这种情况下至少需要 5 个传感器参与定位才能求解出震源参数 $\theta=\{t_0,x_0,y_0,z_0\}$ 的值。线性定位方法也存在不足之处，在获得数据准确性较高的情况下是一种可靠的定位方法；实际工程应用中，要尽量控制微震事件定位误差来保证求解精度要求，从而可以达到坝体微破裂空间定位需求。

图 2.4-9 为某水电站大坝廊道混凝土裂缝微震监测成果。

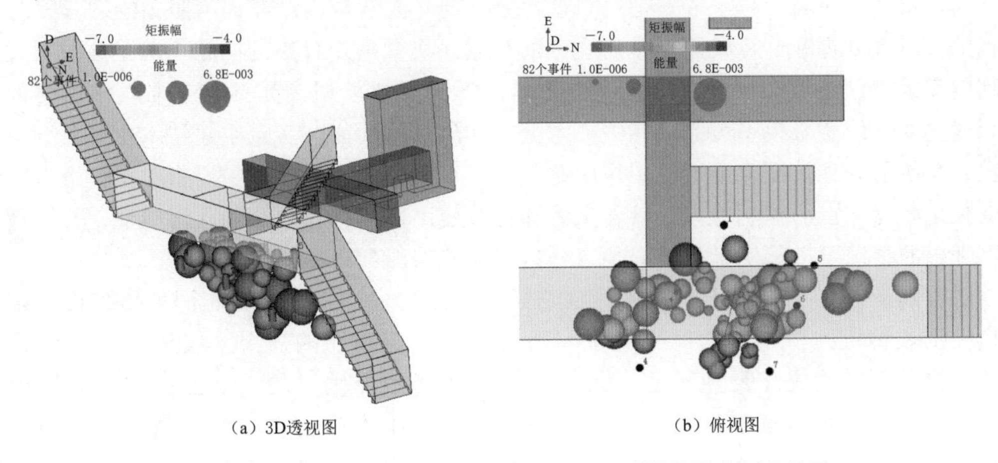

(a) 3D透视图　　(b) 俯视图

图 2.4-9（一） 某水电站大坝廊道混凝土裂缝微震监测成果图

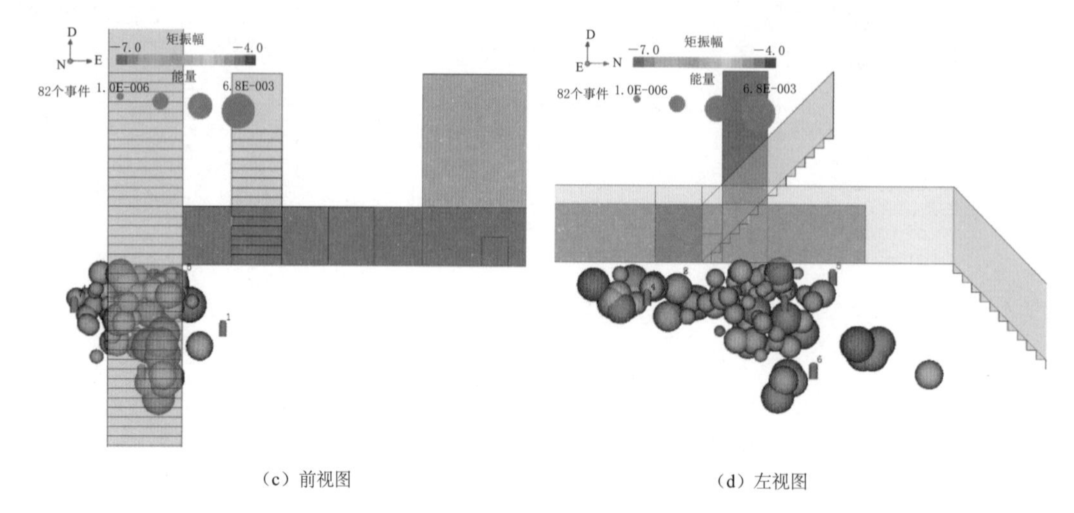

（c）前视图

（d）左视图

图 2.4－9（二） 某水电站大坝廊道混凝土裂缝微震监测成果图

2.5 洞室三维实景建模技术

1. 原理介绍

三维实景成像利用距离传感器获取目标表面的距离图像，实现对目标表面几何形状的测量，距离图像的每个像素对应的是目标表面的三维坐标。三维图像根据目标表面所反射回的光辐射强度的大小来确定目标表面相对于成像系统的空间位置，能够反映目标的层次信息。传统的二维图像通常被称为强度图像。所获取的目标特征信息在很多领域发挥着重要作用，如在机器人视觉、计算机视觉、自动导航等方面。由于缺少精确的距离及其他一些主要信息，基于强度图像的成像方法所作出的决策是不准确的。和强度图像相比，三维图像可以直接提供更为丰富的信息，如距离、方位、大小和姿态等，大大改进了对目标识别和分类的性能，因而应用会更加广泛。

实景重建（Image Mosaic）是一个日益流行的研究领域，已经成为照相绘图学、计算机视觉、图像处理和计算机图形学研究中的热点。实景重建解决的问题一般是通过对齐一系列空间重叠的图像，构成一个无缝的、高清晰的虚拟模型，其具有三维立体信息的特点，建立的三维实景模型可完成相关技术分析和展示的功能。实景重建技术主要分为三个步骤：图像预处理、图像配准、图像融合与边界平滑。图像预处理主要指对图像进行几何畸变校正和噪声点的抑制等，让参考图像和待重建图像不存在明显的几何畸变。在图像质量不理想的情况下进行实景重建，很容易造成一些误匹配现象。

随着隧洞施工技术的不断发展，隧洞断面日益增大，特别是在隧洞地质条件较复杂的情况下，传统的手工素描地质编录方法已不能适应工作的需要。应用摄影方法代替手工素描进行隧洞施工地质编录，是当前隧洞工程地质编录的发展方向，而利用摄影图像进行洞室三维实景重建则是这一发展方向的具体体现。1997 年，数码相机（CCD 相机）开始在我国市场上推出，为摄影地质编录的发展提供了新的有利条件。尽管摄影只是代替了素描和大部分地质师不易做到的地质测量工作，但这种替代是十分重要的，其可以大大提高地质测量的精度，并获得客观的、能在任何时候深入研究的图像记录。在隧洞摄影地质编录中，摄影是关键手段，但并不是工作的全部，工作的核心仍然是地质现象的观察和记录。依靠像片解译可以得到许多地质信息，主要是几何地质信息，如岩层厚度、断层带出露宽度、节理密度和延伸性等，但更多关键的地质信息，包括岩性、结构面的产状、构造岩岩性等，都需要通过现场地质观察来描述和记录。因此，摄影与地质描述必须紧密结合，才能科学、准确地记录开挖过程中揭露的地质现象，同时资料易于保存，使用方便。

应用范围：隧洞（主要为平洞）的三维实景成像，用于地质信息精细分析。

应用条件：洞室地面相对平整，利用轨道铺设，洞室洞径不宜太大。

2. *方法技术*

洞室三维实景建模工作主要分为数据采集、数据处理、成果导出三个步骤，具体流程见图2.5-1。

(1) 数据采集。在数据采集过程中，摄影测量精度会受一些因素的影响而有较大的波动，主要影响因素有：使用相机的分辨率及性能、被测物体的尺寸、拍摄相片的数量、拍摄方位及相片之间的相对几何位置等。平洞三维实景成像图片采集及装置见图2.5-2。

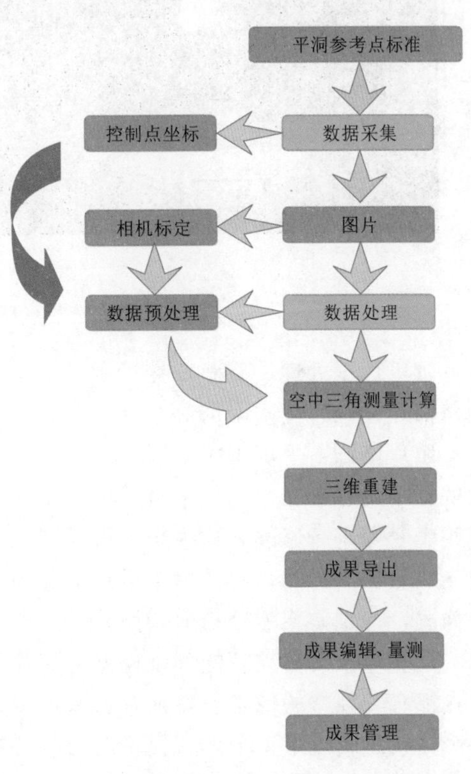

图2.5-1　洞室三维实景建模工作流程示意图

针对以上影响精度的因素，为提高精度、保证成果质量，可以采取以下措施：

1) 尽可能选用分辨率高的相机。相机分辨率越高，同等摄影情况下图像中一个像素所代表的实际点位半径越小，三维坐标计算结果越精确。镜头质量好不仅可以获得更清晰的图像，而且畸变小，能有效地减小误差。

2) 采用提取特征点的方法确定像点坐标。图像中的特征点一般都具有较高的稳定性和可识别性，十分有利于像点精确定位和对应点的准确匹配。采用提取特征点的方法确定像点坐标对提高精度十分有效。

3) 增加图像的数量。确定一个目标点至少需要2幅图像，增加图像的数量可以提高测量精度。对同一个目标点，应从不同的位置拍摄3～4幅图像。增加图像的数量不仅能提高测量的精度，而且可以提高测量的可靠性。

4) 拍摄点的分布需合理。拍摄时，相机之间的交会角应设置在接近90°，以便获得最小的误差。摄影距离越长，精度越低，应尽可能地靠近目标拍摄，对于大的目标可以将其分成几个小的部分分别进行测量。这样，每一个小部分都可以获得较高的测量精度，总目标的测量精度也因此而得到提高。同时适当调整被摄物体的照明条件，以获得较好的图像质量。

（a）摄像装置

（b）现场工作

（c）轨道装置

（d）装置模型

图 2.5-2　平洞三维实景成像图片采集及装置图

（2）数据处理。要获取接近真实的平洞三维数字成像成果，数据处理主要包括对照片的修饰和三维建模两个部分。

照片修饰：平洞中摄影对光线要求高，光线过强、过弱对获取真实照片颜色都有比较大的影响，除了在数据采集过程中调整光源外，数据处理中也有必要对照片的曝光强度、镜头畸变等进行修改，这些操作可在图像处理软件中完成。当然影响照片质量的因素远不止光线强弱的影响，但是由于照片的其他参数变化会对三维建模质量有较大影响，不可轻易修改，特别是不能轻易剪切照片。

建立一个真实纹理的三维模型：照片是由一群像素点组成的二维图像，每张照片的像素点都有其独特的像素点特征，这些像素点特征包括了每个像素点的位置、颜色等信息，多个像素点构成了每个区域模块的形状特征。由于在数据采集过程中保证了两张照片之间有 75%以上的重复率，因此，在重复率内的点云具有相同的特征，通过这些点云自动识别特征点，建立一个三维的点云模型，再在此基础上添加网格，生成圆滑的三维骨架，最后生成纹理，形成真实的三维平洞影像。三维建模的主要步骤如下。

1）影像照片导入及控制点坐标输入。

2）在“可量测三维影点真实建模系统”上搜索照片上的共同点，计算相机的角度和位置，解算参数，其结果会得到平洞的特征点云和一组拍摄位置。

3）建立几何模型。根据拍摄位置参数和拍摄对象的特征点云，构建几何模型。“可量测三维影点真实建模系统”提供四种参数生成三维网格：任意-平滑，任意-锐，高度场-平滑和高度场-锐等。对于建好的三角网可做一些必要的编辑和修正，如网状抽取、去除分离的组件、闭合孔的网格等。

4）通过纹理化映射生成正射影像。纹理映射模式决定物体的质感，正确纹理映射模式的选择有助于获得好的质感。

5）若发现建立的模型有问题，可在第三方软件上编辑处理，再把模型导入到软件中重复步骤4）。

（3）成果导出。完成数据处理后，即可在三维模型上进行标识，选择合适的输出角度和范围进行全局或局部图像的输出，完成的平洞三维实景建模成果见图2.5-3。

(a) 全局图

(b) 局部放大图

图2.5-3　洞室三维实景建模成果

2.6　水下检测新技术

2.6.1　水下声呐探测

1. 原理介绍

水下声呐探测是通过向水下发送探测波束并接受来自水底目标的反射信息，从而获取水底地形等信息的一种水下探测方法。探测波束形成技术是指将一定几何形状（直线、圆柱、弧形等）排列的多元基阵各个阵元输出经过处理（如加权、时延、求和等）形成空间指向性的方法。

假设一个由 N 个无方向性阵元组成的接收换能器阵，各个阵元处于空间点（x_n，y_n，z_n）处，将所有阵元的信号相加得到输出，就形成了基阵的自然指向性。此时，若有一个原场平面波入射到一个基阵上，其输出精度将随着平面入射角的变化而变化。

当信号源在不同方向时，由于各个基阵接收信号与基准信号的相位差不同，因而形成的波束以及输出波束的幅度不同，经换算可得以下公式：

$$R(\theta)=\frac{\sin(N_{\varphi}/2)}{N\sin(\varphi/2)}=\frac{\sin\left(\frac{N\pi d}{\lambda}\sin\theta\right)}{N\sin\left(\frac{\pi d}{\lambda}\sin\theta\right)} \tag{2.6-1}$$

$R(\theta)$ 称为基阵的归一化自然指向性函数，$R(\theta)$ 表明，一个多元阵输出幅度大小随信号入射角而变化。一般而言，对于一个任意的阵形，无论声波从哪一个方向入射，均不可能形成同相相加而得到最大输出，只有直线阵或空间平面阵才会在各阵的法线方向形成同相相加而得到最大输出。

水下声呐技术能够在低水体能见度、无水下照明的条件下进行探测工作，因此应用范围十分广泛，在世界海洋调查、水下工程建设、水下资源开发等多个方面均有广泛的应用。

2. 方法技术

(1) 声呐技术和设备。目前可在水电工程中应用的声呐设备主要包括多波束测深系统、侧扫声呐、三维扫描声呐、二维图像声呐等。

1) 多波束测深系统。多波束测深系统主要用于淤积调查，消能塘底板、水下边墙及大坝混凝土破损情况调查，库区水下边坡及库容变化调查等。

多波束测深系统工作原理：在垂直于测量船航向方向上，由发射基阵在若干个波束角方向上发射若干个波束，接收基阵通过接收几百个接收基元的信号，分别测量出与每个波束对应点的距离，组合起来形成一条以母船航迹为中心线的带状距离图，从而达到精确快速测出沿航线一定宽度范围内水下目标的大小、形状和高低变化的目的。目前多波束测深系统不仅实现了测深数据自动化处理和在外业实施时自动绘制出测区水下彩色等深图，而且还可利用多波束声信号进行侧扫成像，提供直观的水下地貌特征，因此，也形象地称为“水下 CT”。

以多波束测深系统 R2Sonic 2024 为例，该系统通过采用波动物理原理的“相控阵”方法，可以精确定位（或称为指向）256 个波束中的每个波束的精确指向（位置），其指向性可控制到 0.5°，根据每个波束位置上的回波信号确定深度。R2Sonic 2024 系统主要技术参数见表 2.6－1，设备主体水下换能器见图 2.6－1，其组成见图 2.6－2。

2) 侧扫声呐。侧扫声呐系统左右各安装一条换能器线阵，通过发射一个短促的声脉冲并以球面波方式向外传播，该声脉冲碰到水底物体会产生散射，其中的反向散射波（也叫回波）会按原传播路线返回被换能器接收，经换能器转换成一系列电脉冲，从而对水底地物进行成像。

表 2.6-1　　R2Sonic 2024 系统主要技术参数

技术参数	技术指标
探测主频	200kHz 至 400kHz 可切换
最大探测深度/m	≥400
距离分辨率/cm	1.25
定位精度	使用 RTK GPS 定位技术 理论水平定位精度：±8mm+1ppm 理论垂向定位精度：±15mm+1ppm
波束数目/个	256
最大波束扇开角/(°)	160
配套传感器	三维姿态传感器、水表面声速计、水体声速剖面仪、潮位计

图 2.6-1　R2Sonic 2024 系统水下换能器示意图

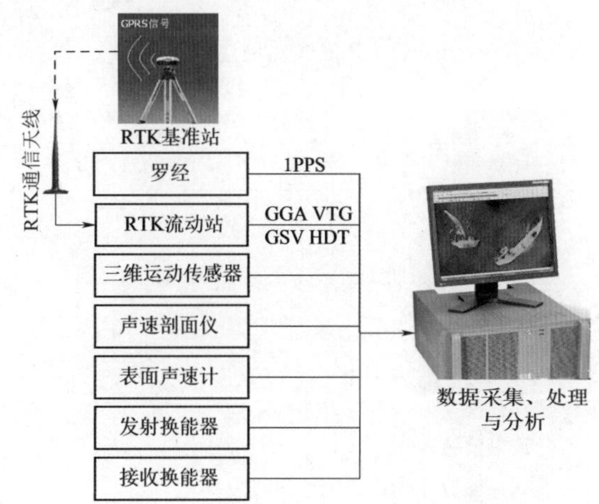

图 2.6-2　R2Sonic 2024 系统组成图

侧扫声呐是 20 世纪 60 年代研制出来的应用于海洋环境中目标物探测的新技术，一般情况下，硬的、粗糙的、凸起的海底回波强；软的、平滑的、凹陷的海底回波弱，被遮挡的海底不产生回波，距离越远回波越弱。

侧扫声呐有三个突出的特点：①分辨率高；②能得到连续的二维海底图像；③数据处理相对简单，使用成本较低。

以 4125P 高频侧扫声呐系统（图 2.6-3）为例，该系统为双频高频声呐系统，频率组合为 400/900kHz 或 600/1600kHz（可选）。系统采用便携式设计，可以在非常小的船上作业。系统能够在几分钟内快速配置并且只需要 12～24VDC 或 110/220 VAC 作为电源，一个人就可配置安装，特别适合于港口安全检查、水下小目标搜索等领域的应用。

3）三维扫描声呐。三维扫描声呐系统通过搭载在水下机器人或支架上的探头，利用多波束声呐原理，生成水下目标物的点云数据对目标物的距离、尺寸以及表面形状进行检测。三维扫描声呐系统有以下特点：①受水下能见度影响较小，能实现水下三维全景扫描；②扫测获取点云数据，精度可达到厘米级，分辨率高；③可配准多个重叠扫测数据制作大结构或区域的三维立体模型；④使用方便，操作简单，可通过多种方式进行搭载（如三脚架、ROV 等)；⑤可与三维激光扫描仪测量的数据集成，从而获取目标物整体三维模型。

以 BV5000 水下三维扫描声呐（图 2.6-4）为例，该系统发射声波的主频包括 1350kHz 和 2250kHz 两个型号，最大作业水深为 300m，系统的主要技术参数见表 2.6-2。

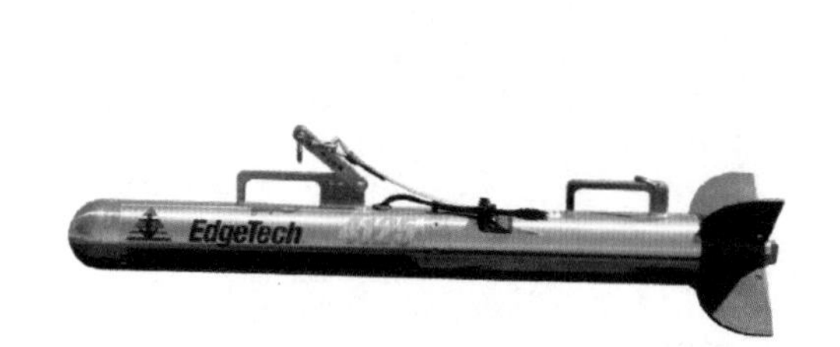

图 2.6-3　4125P 高频侧扫声呐系统

图 2.6-4　BV5000 水下三维扫描声呐

表 2.6-2　Teledyne BlueView BV5000 系统的主要技术参数

型　号	BV5000-1350	BV5000-2250
频率/MHz	1.35	2.25
视角	42°×1°或 76°×1°	
最大范围/m	30	10
理想范围/m	1～20	0.5～7
波束角度	1°×1°	
波束质量	256	
波束间隔/(°)	0.18	
分辨率/m	0.015	0.010
供电	24DVC	
功率/W	45	45
接口	Ethernet/RS485	
空气中重量/kg	12	10.5
水中重量/kg	1.5	3.3
最大使用深度/m	300	
尺寸/(cm×cm×cm)	26.7×23.4×39.1	22.6×21.8×39.1
数据输出格式	.son，.off，.xyz	

4）二维图像声呐。水下二维图像声呐采用高频主动型声呐对被检测对象进行声呐成像，通过发射一定开角的声脉冲，利用声波反射原理，根据回波信号时延和强度形成二维图像。该类声呐主要用于近距离检测水下被检对象的表面特征及损伤状况，频率越高作用距离越近，同时检测精度也越高，可以安装在水下机器人上，或由潜水员手持，在浑水条件下可替代水下摄像检测。二维图像声呐系统有以下特点：①水下能见度影响较小，可以进行较大范围的全景二维扫描；②分辨率高，精度可达到厘米级；③使用方便，操作简

单，可通过多种方式进行搭载（如三脚架、ROV等）；④可接入GPS，对目标进行精确定位；⑤可对目标物的大小、距离及方位进行测量。

以M900－MK2二维图像声呐（图2.6－5）为例，该系统发射声波的主频为900kHz，Teledyne BlueView系列型号的主要技术参数见表2.6－3。

图2.6－5 M900－MK2二维图像声呐

（2）现场工作。水下声呐检测现场工作一般包括设备安装、设备检查调试、测线布设、现场作业等几个步骤，以下对多波束测深系统、侧扫声呐、三维扫描声呐、二维图像声呐的主要现场工作加以介绍。

表2.6－3 Teledyne BlueView系列型号的主要技术参数

型号	M450 MK2	M900 MK2	M900－2250－130－MK2		M900－2250－S 130/45－MK2	
频率/kHz	450	900	900	2250	900	2250
视场角/(°)	130	130	130	130	130	45
最大探测距离/m	300	100	100	10	100	10
波束宽	1°×10°	1°×12°	1°×12°	1°×20°	1°×12°	1°×20°
波束数/个	768	768	768	768	768	256
波束间距/(°)	0.18	0.18	0.18	0.18	0.18	0.18
距离分辨率/cm	5.08	1.3	1.3	0.6	1.3	0.6
工作深度/m	1000或6000					1000

1）多波束测深系统。多波束测深系统安装：包括水下发射及接收换能器、表面声速探计、声速剖面仪、罗经、三维运动传感器及RTK流动站，各项安装须确保设备与船体摇晃一致。在水库和河道测量时，可采用不同的方法安装。舷侧安装时，换能器应处在测量船重心位置附近的侧舷上；船底安装时，通常将换能器、姿态传感器和GNSS固定安装在固定支架上。仪器作业前，多波束测深系统应进行稳定性实验，对罗经及运动传感器一体化设备、表面声速计、声速剖面仪进行自检，确认各设备处于最佳工作状态。

船体坐标系统的建立：设备安装完成后，为获得设备的相对几何位置关系，通常在船体选择一个参考点（船的重心）作为坐标原点，船头方向指向为Y轴，右舷方向为X轴，向下方向为Z轴，建立船体测量坐标系，精确测量换能器基阵中心、姿态传感器中心和GNSS天线相位中心的三维坐标。

多波束测深系统检测作业：多波束测深系统检测以测线的方式进行水下作业，检测测线应尽量沿水底等深线布置，两相邻测线的间距需保障至少有20%的探测范围重叠，从而确保水底目标探测的全覆盖。

2）侧扫声呐。侧扫声呐现场作业流程基本与多波速声呐相同，另外现场作业还要注意以下具体要求。

测线的布设：根据工作目的、设备情况、水底情况、水深情况、水体浑浊度、调查区域范围等确定测线方向、测线数目和测线间距。

拖体高度的选择：在最大探测量程固定的条件下，拖体高度越大，水底覆盖宽度越小，声呐有效信号所占比例越小，目标可识辨性越差，因此拖体高度一般选择声呐单侧量程的10%～15%。

声速的确定：一般以水体垂直声速的平均值为准，输入声呐设备中。

3）三维扫描声呐。

设备连接：单独使用时，探头与云台系统一起通过一根线缆与SIM盒连接，SIM盒通过一根网线和一根USB线与计算机连接。

工作方式：根据不同工况可采用支架坐点方式或将声呐头安装在ROV上进行测试。采用坐点方式时，根据单站的测量范围，合理布置坐点位置，最终完成扫描区域的全覆盖。采用ROV连续测量时，可以通过规划合理的ROV行径路线达到全覆盖扫描的目的。

4）二维图像声呐。

设备连接：单独使用时，探头通过一根线缆与具备供电及数据传送的电源头相连接，电源头通过一根网线与计算机连接。

工作方式：根据不同工况可采取机械支架安装，或采用吊的方式布设，或潜水员直接携带，或将声呐探头安装在ROV上，艏向由ROV的电罗经得到，能够方便寻找水下目标。具体见图2.6-6。

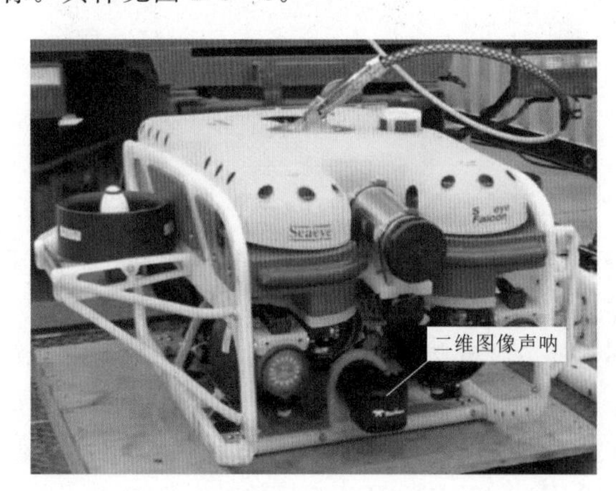

图2.6-6　ROV搭载二维图像声呐设备示意图

（3）数据处理。

1）多波束测深系统。外业数据采集完成后，需要进行的数据处理主要包括剔除噪声点、数据平滑、声速改正、水位改正、姿态改正、测深点坐标位置归算、成图以及各种格式的成图文件输出等。

多波束测深数据处理流程：回放原始数据文件→导航数据改正→数据清理→吃水校正→潮位校正→离散数据→网络化→数据滤波与编辑→二维与三维浏览→DTM构建→成果输出。

测深数据处理内容：定位延时改正，横摇、纵摇、艏摇改正，声速改正，水（潮）位改正，换能器吃水改正，测量数据编辑，滤波处理，网格化处理及数据格式转换。

经过数据处理后即可得到检查对象的DEM图，图2.6-7为典型的成果图。

2）侧扫声呐。侧扫声呐利用接收机和计算机对脉冲串信号进行处理并显示在显示器上，每一次发射的回波数据显示在显示器的扫描线上，每一点显示的位置与回波到达的时刻对应，每一点的亮度与回波强度有关，将每一发射周期的接收信号纵向排列，显示在显示器上，就构成了二维水底地貌声图，进行多次覆盖测量时，可以根据实测航线对多幅声呐图像进行拼接，绘制侧扫声呐镶嵌图。

通过综合分析扫测区域水底微地貌基本形态特征及其分布范围，获得水底目标物的性质、位置、高度和长度、走向、所处位置的水深及底质类型等信息，从而达到对目标体的状态进行检测的目的。图 2.6-8 和图 2.6-9 为典型的成果图。

图 2.6-7 多波束测深系统消力池检查成果示意图

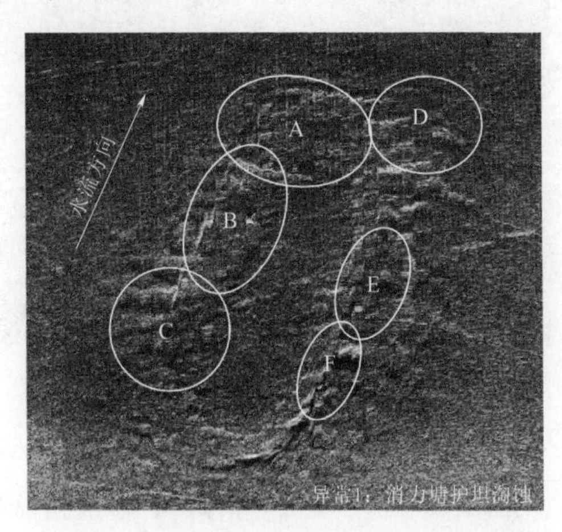

图 2.6-8 水电站消力池底板冲刷情况侧扫声呐检查成果图

图 2.6-9 水电站坝前结构水下情况侧扫声呐检查成果图

3）三维扫描声呐。

噪声处理：在声呐采集数据过程中会受到水下噪声的影响，水下噪声主要包括三种，分别为水环境噪声、目标辐射噪声以及目标自噪声，为了获取目标物准确检测数据，首先需要采用设备的三维声呐数据处理软件对采集的数据进行除噪。

多点位数据拼接处理：有时对目标物进行三维图像声呐检测时，仅仅通过一个检测点无法获取整个目标物的图像，在这种情况下就需要在目标物周围布设多个点位进行扫测，最后将多点位获取的数据进行拼接得到目标物的整体检测图像。图 2.6-10 为数据拼接示意图，拼接效果见图 2.6-11。

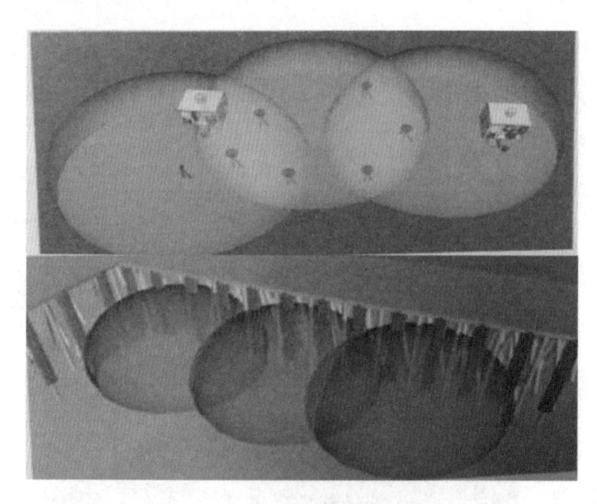

图 2.6-10　数据拼接示意图

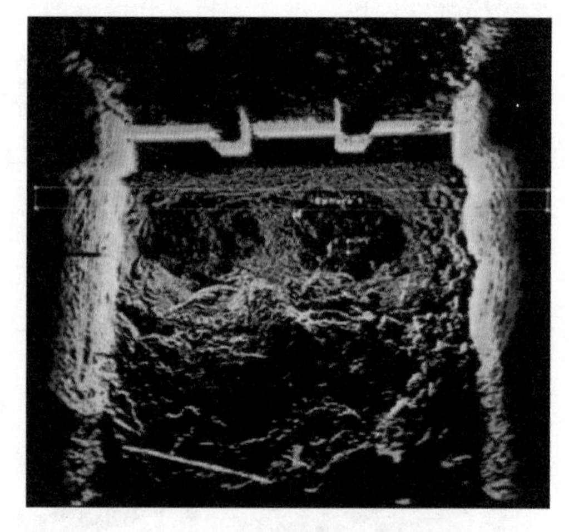

图 2.6-11　数据拼接效果图

4）水下二维图像声呐。针对获得的二维扇形图像声呐，可以通过调整增益使目标体显示清晰，当对同一目标体进行多次扫描获得多幅声呐图像时，可以结合多幅角度图像进行对比分析。典型检测成果见图 2.6-12。

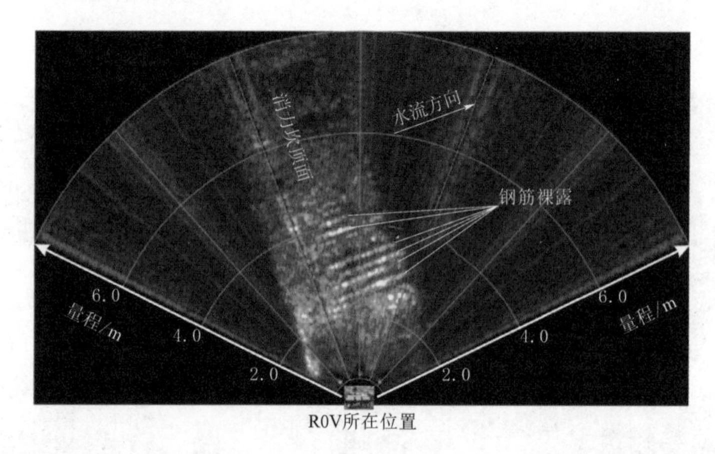

图 2.6-12　水电站消力坎顶面钢筋出露情况二维图像声呐检测成果图

2.6.2　水下三维激光扫描

1. 原理介绍

激光是现代新光源，具有方向性好、颜色极纯、亮度高、相干性好等特点，激光测距传感器因其脉冲频率高、光波波长很短等特点可以达到很高的测量精度，被广泛应用于大地测距、三维激光扫描等领域。利用光学三角漫反射法研制的传感器结合光学技术以及激光技术特点，通过测量漫发射光在成像物镜的偏移获得目标距离，三维激光扫描在短距离测量中具有很高的精度，如在平整度测量、位移测量、尺寸、物体形变测量等领域，精确测量得到了广泛应用。

激光应用于水下检测中，通常使用了激光测距原理，通过测定光在空气或者水中的运动时间而得到目标距离，基于光学三角漫反射原理研制的激光测距传感器可直接在水中进行探测，可获取水下高精度检测数据，但需要充分考虑水体能见度对于激光检测的影响。

在激光三角法中，由光源发出的一束激光照射在待检测物体平面上，通过反射最后在检测器上成像，当物体表面位置发生变化时，其所形成的像在检测器上也发生相应的位移。通过像移和实际位移之间的关系式，真实的物体位移就可以由对像移的检测和计算得到。

为了实现激光聚焦，光路设计必须满足斯凯普夫拉格条件，即成像面、物面和透镜主面必须相交于一条直线，因此，系统的非线性输入输出函数为

$$\delta=\frac{ds\sin\beta}{s'\sin\alpha-d\sin(\alpha+\beta)} \tag{2.6-2}$$

式中：δ 为实际物体表面的偏移；d 为传感器上的成像点的偏移；s 为物距；s'为像距；α 为投影光轴与成像物镜的夹角；β 为光电探测器受光面与成像物镜光轴的夹角。

当物体偏移 δ 较小时，式（2.6-2）可以近似为线性关系：

$$\delta=\frac{ds\sin\beta}{s'\sin\alpha} \tag{2.6-3}$$

激光三角法的另一项重要参数为线性度，就是三角测量法输入和输出关系的线性相似程度。可以证明，在三角测量中，可以通过缩小测量范围，增大接收透镜的共轭距，增大三角测量系统的角度，缩小接收滤镜的放大倍率，达到现行测量的结果。此外，通过对式（2.6-3）中 d 求导，得到输入输出曲线的斜率，即激光三角法的最大倍率 a。

$$a=\frac{\Delta\alpha}{\Delta d}=\frac{s's\sin\alpha\sin\beta}{[s'\sin\alpha-\sin(\alpha+\beta)]^2} \tag{2.6-4}$$

系统的放大倍率决定了系统的分辨率，而放大倍率不但取决于系统参数，还是像移 d 的函数。

2. 方法技术

（1）设备。在水利水电检测行业内，水下三维激光扫描系统型号之一为 2GRobotics ULS-500（图 2.6-13），该系统由云台及水下激光设备组成，最大扫描范围可到 10m，主要技术参数见表 2.6-4。

表 2.6-4　　2GRobotics ULS-500 水下三维激光扫描系统主要技术参数

技术参数	技 术 指 标
扫描范围/m	1.15～10
激光量程分辨率	0.2mm@1.15m；0.4mm@5.5m；1.2mm@10m
采样速率/(点/s)	≥40600
最大作业水深/m	350

（2）工作流程。采用水下三维激光扫描系统现场工作包含测前试验、测前准备以及数据采集 3 个步骤，具体如下。

1）测前试验。在水下三维激光扫描系统正式开展测量前，对系统设备进行检查、测

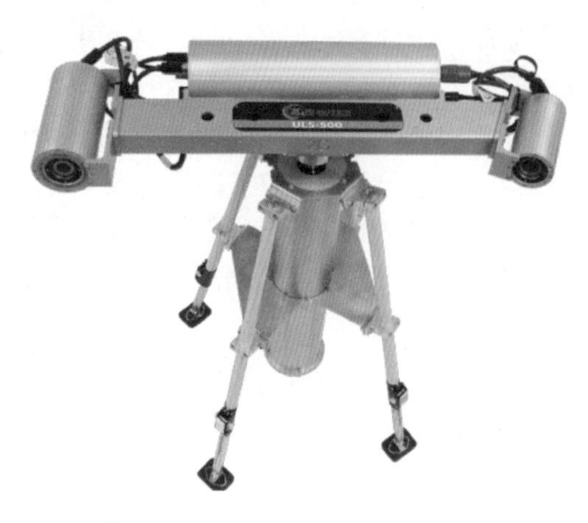

图 2.6-13 2GRobotics ULS-500 水下三维激光扫描系统

试和校准，检查硬件设备的外观完整情况以及工作状态，并在附近水域开展设备参数的测试与校准，确认项目中所使用的技术参数，复核现场工作环境。

2）测前准备。启动水下三维激光扫描系统的主机，输入观测参数等，按照工作方案生成计划测站。

3）数据采集。根据已有资料估算测量起始点水深值，启动并保持数据采集状态进行激光扫描，扫描过程中做好数据采集情况记录，同时在水下三维激光扫描系统采集数据过程中，应不间断进行水位变化（潮位）测量，采样间隔不超过5s。

（3）现场工作。现场工作包括以下两个方面。

1）系统安装与自检。在仪器安装作业前，对水下三维激光扫描系统进行稳定性实验，确认设备处于最佳工作状态，确认水下三维激光扫描系统在项目中的校正参数。

2）检测作业。水下三维激光扫描系统以测站的方式进行水下作业，使用专用固定基座以及云台进行水下目标物的扫描，在外业工作中，两相邻测线的间距需保障至少有20%的探测范围重叠，从而确保水底目标探测的全覆盖。

（4）数据处理。水下三维激光扫描系统内业数据处理采用专用实测数据后处理软件进行，实测数据的处理主要包括：实测数据的校正处理、实测数据噪声干扰预处理、各测站实测数据合并。完成数据合并后，对得到的目标物进行精细处理，其主要内容是对两条相邻测站重叠覆盖范围的噪声干扰逐一进行筛选、删除，以保留高精度的目标物扫描数据。最后绘制成果图，图2.6-14和图2.6-15为典型的三维激光扫描系统检查成果图。

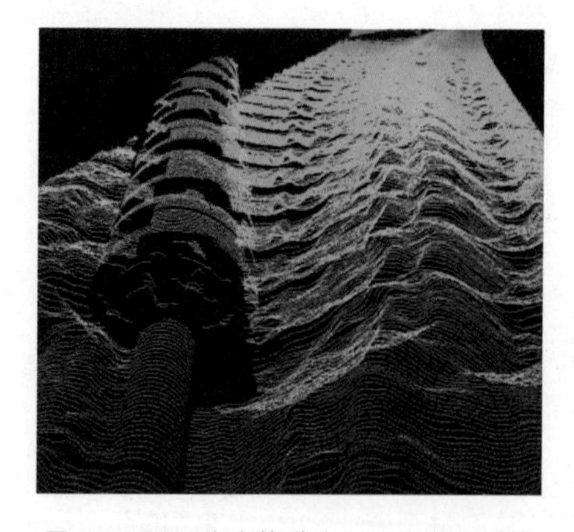

图 2.6-14 水底管道水下三维激光扫描系统检查成果示意图

图 2.6-15 水底沉船水下三维激光扫描系统检查成果示意图

2.6.3　浅地层剖面探测

1. 原理介绍

浅地层剖面探测是一种基于水声学原理的连续走航式探测水下浅部地层结构和构造的地球物理方法（图 2.6－16）。其通过换能器将控制信号转换为不同频率（100Hz～10kHz）的声波脉冲向海底发射，该声波在海水和沉积层传播过程中遇到声阻抗截面将发生反射，反射声波返回换能器后转换为模拟或者数字信号记录下来，并输出为能够反映地层声学特征的记录剖面，从而经济高效地探测水底较浅地层的结构和构造。浅地层剖面法主要应用于工程勘察、底质调查、沉积物分类等，该技术可能会受水底底质、噪声等因素的综合影响。

浅地层剖面探测利用声波反射的原理来进行地层结构的探测，产生反射波的条件是截面两边介质的声阻抗不相等，即决定声波反射条件的因素为波阻抗差异（反射系数为 R_{PP}）。波阻抗为声波在介质中传播速度 V 与介质密度 ρ 的乘积。

在浅地层剖面探测中，可以近似认为声波是垂直入射水底地层的，此时：

$$R_{PP}=\frac{\rho_2 V_2-\rho_1 V_1}{\rho_2 V_2+\rho_1 V_1} \tag{2.6-5}$$

由式（2.6－5）可知：要获取强反射信号，地层之间必须有较大的密度差和声速差，当声波传播到界面上时，一部分声信号会穿过，另一部分声信号则会反射回来。应用到地质探测中，则声波波阻抗反射界面代表着由不同地层的密度以及声学差异而形成的地层反射界面。

2. 方法技术

（1）浅地层剖面探测设备。浅地层剖面探测设备包括水下单元、甲板单元和系统软件，以 EdgeTech 3200XS SB－216 型浅地层剖面探测仪为例，该仪器采用了 CHIRP 压缩波技术，主要技术参数见表 2.6－5。图 2.6－17 为浅地层剖面探测仪的照片。

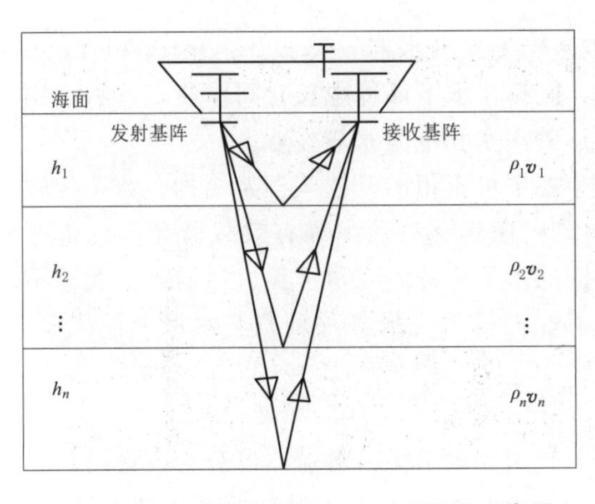

图 2.6－16　浅地层剖面探测工作原理示意图

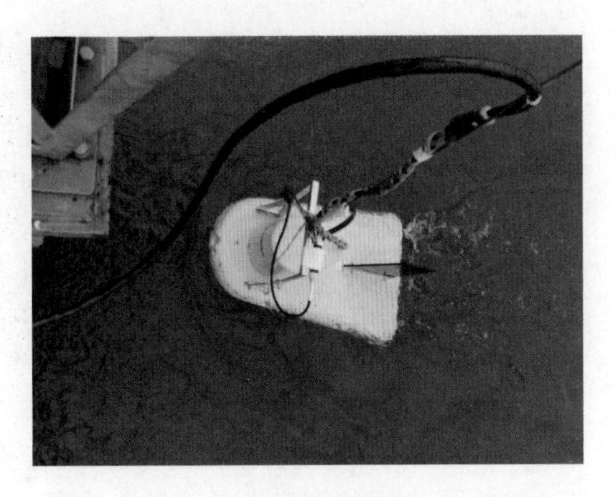

图 2.6－17　EdgeTech 3200XS SB－216 型浅地层剖面探测仪

表 2.6-5 EdgeTech 3200XS SB-216 型浅地层剖面探测仪的主要技术参数

技术参数	技术指标
工作频率/kHz	2～16
脉冲宽度/ms	20
理论穿透深度/m	80（黏土）
垂直分辨率/cm	6～10（与选用声波主频有关）

（2）现场工作。现场工作包括以下两个方面。

1）作业准备。在浅地层剖面探测系统正式开展测量前，对系统设备进行检查、测试和校准，检查硬件设备的外观完整情况以及工作状态，并在附近水域开展设备参数的测试与校准，确认项目中所使用的技术参数。

2）探测作业。浅地层剖面探测根据需要可采取船尾拖曳方式或舷挂式。拖曳式拖曳于船尾涡流区外，一般在水面以下 0.1～0.5m，作业开始前，由导航定位人员将设计好的测线输入导航软件，勘探船匀速、直线持续航行，在采集数据过程中，及时记录浅地层拖鱼的水深情况。

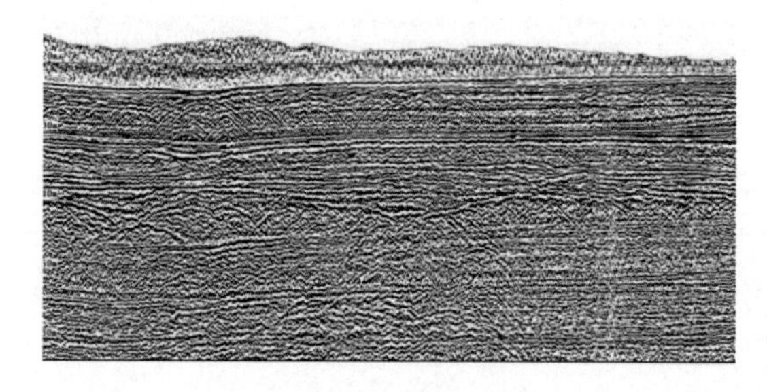

图 2.6-18 典型的浅地层剖面探测成果示意图

（3）数据处理。浅地层剖面探测系统内业数据处理采用专用实测数据后处理软件进行，数据处理主要包括：坏道编辑、涌浪滤波、频率滤波、多次波滤波、增益控制、动平衡、时深转换等。最后形成地层剖面成果图，图 2.6-18 为典型的浅地层剖面探测成果图。

2.6.4 水下无人潜航器检查

1. 原理介绍

水下无人潜航器，俗称水下机器人，又称遥控无人潜水器（Remote Operated Vehicle，ROV），是用于水下环境非载人的机器人，能够在水下环境中长时间作业，特别适用于潜水员无法承担的高强度水下作业和不能到达的深水和危险水域作业。

水下无人潜航器作为水下作业平台，由于采用了可重组的开放式框架结构、数字传输的计算机控制方式、电力或液压动力的驱动形式，在其驱动功率和有效载荷允许的情况下，几乎可以覆盖全部水下作业任务；针对不同的水下任务，在水下无人潜航器上配置不同的仪器设备、作业工具和取样设备，即可准确、高效地完成各种调查、水下干预作业、勘探、观测与取样等作业任务。

2. 方法技术

（1）水下无人潜航器设备。水电工程检查中使用的水下无人潜航器可分为观察级水下无人潜航器和检测级水下无人潜航器系统，其中，检测级水下无人潜航器系统动力较大，功能相对强大，如 SAAB Seaeye Falcon DR 水下无人潜航器系统（图 2.6-19），其主要参数见表 2.6-6；观察级水下无人潜航器系统为小型化设备，往往只有摄像功能，如

SHARK MAX 水下无人潜航器系统（图 2.6－20）。

图 2.6－19　SAAB Seaeye Falcon DR 电学检测级水下无人潜航器系统

图 2.6－20　SHARK MAX 电学观察级水下无人潜航器系统

表 2.6－6　　SAAB Seaeye Falcon DR 水下无人潜航器主要技术指标

技术参数	技术指标
耐压深度/m	1000
脐带缆长度/m	500
推进器数据及安装方式	4 个水平矢量推进器，2 个垂直推进器
推进力/kgf	前进推力 50；垂直推力 28；侧向推力 28
水下负载能力/kg	18
内置传感器	航向（罗经）、姿态、深度等传感器
前视摄像头分辨率	1080P 高清彩色摄像
外置传感器	360°扫描避碰声呐、二维图像声呐、三维扫描声呐等
360°扫描避碰声呐技术指标	测程范围：15cm～200m； 分辨率：1～4m 范围内为 2mm，5m 及以上分辨率不低于 10mm； 扫描角度：360°连续扫描
二维图像声呐	测量范围：100m；距离分辨率：2.5cm； 视角宽度：130°×20°
惯性导航定位系统	定位精度：距离的 2‰； 配备水下无人潜航器专用固定框架、水声速计、水流速计

注　1kgf≈9.8N。

（2）现场工作。采用水下无人潜航器搭载水下光学、声学设备进行水下建筑物检查。主要包括以下步骤。

1）现场装配。根据水下无人潜航器入水条件选择合适的操作平台，按水下检查工程的要求，装配水下无人潜航器各个单元。选择搭载的外置传感器包含：水下高清光学摄像设备、机械臂、声呐、后视光学摄像设备、水下定位系统等。

2）潜航器入水前的检查。由于水下无人潜航器系统经过长途运输，首先需要进行检查，检查的内容包括密封性检查、通电检查、各单元工作情况检查等。

3）潜航器入水。根据入水条件、潜航器至水面高差、水深等，可以采用人员直接下放、吊绳悬挂、简单机械操作等入水方式。

4）水下检查与作业。根据检查目的、内容、方式选择合适的检查路线，控制水下无人潜航器的前进、后退、上升、下潜、停留和机械臂的作业；水下无人潜航器搭载光学摄像设备进行水下检查，一般采用安装设计测线抵近目标物进行直接摄像检查，典型记录见图 2.6-21。

（a）大坝面板中部，面板上淤积有薄层沙土
（2014-12-30 15：44：43）

（b）边坡坡脚范围，残积有树枝、沙土、土块等
（2014-12-30 16：19：04）

图 2.6-21　水下无人潜航器水下检查典型记录

水下无人潜航器在航行过程中，操作人员、指挥人员随时与水面人员保持联络，及时通报水下无人潜航器的水下状况，指挥水面人员放缆或收缆，以保持水下无人潜航器在水下的正常、安全、机动灵活运行。操作人员准确估计放缆长度，一般情况下保证水下无人潜航器拖动脐带缆并使之承受一定拉力，不宜过度放缆，避免脐带缆沉降对水下无人潜航器的运动造成影响，也防止其过长下落而缠绕到其他物体。一旦脐带缆在水下发生缠绕，可根据水下无人潜航器的运动状态、姿态及受力情况判断缠绕的情况，并减缓水下无人潜航器运行速度，缓慢转身，循着脐带缆找到缠绕位置，并设法解脱。在回行过程中要避免发生新的缠绕情况。水下无人潜航器在水下的运动遵循原路返回的原则，尽力避免围绕物体运动的情况。

2.7　水电工程综合地球物理方法

2.7.1　综合地球物理方法的提出

地球物理方法种类繁多，其应用以目标地质体与周围介质的地球物理性质（如电性、磁性、密度、波速、温度、放射性等）差异为前提。针对需要解决的地质问题的差别，采用不同的地球物理方法。地球物理方法是一种间接探测手段，地球物理设备并不直接反映地下的结构构造和性质，而是利用它们的差异用采集的数据间接地进行推测。地球物理方法测量到的是各种场值的大小，推测的是地下结构的物理性质。地球物理方法具有很多不确定性和多解性，产生不确定性的因素大致有以下几种。

（1）有限的采样。探测的区域有无穷个点，而地球物理工作不可能无限制，只能采用一定间隔密度的采样，这样的差距导致了无法得知详细的信息。

（2）人文干扰。地球物理方法使用的是各种物理场，比如电场、磁场等。除了仪器发射装置发出的信号外，各种人类活动也会产生场，比如建筑物、交通工具、电网传输线等，而很难从其中区分开。也就是说，采集到的数据是包含各种干扰源的，这对解释地下的物理性质会产生影响。

（3）仪器精度和计算精度。所有的测量设备都是有误差的，这导致了无法精确地采集到野外的信号。野外工作的地形、各种地表障碍物的影响，也导致测量无法完全精确。现有的计算机数据表现形式，或多或少带有舍入误差，大量的计算会将这些误差进行积累。这一系列的误差最终会对工作造成影响，只能尽可能地减小而无法完全消除。

（4）算法的近似。地球物理理论研究都是基于简单的均匀的单一的模型，而实际野外地质情况具有高度的复杂性。同时，在理论研究过程中也进行了多种近似和舍取。这种近似的研究结果，使各种公式和计算方法应用到复杂的野外情况时，会产生各种偏差，存在不确定性。

地球物理方法是一种间接探测手段，单一地球物理方法本身也存在一定的不确定性和多解性。多种地球物理方法可相互对照减少地球物理技术方法的不确定性和多解性，在实际工作中综合使用多种地球物理技术方法来解决工程中的地质问题成为了必然。

2.7.2 综合地球物理方法的基本原则

综合地球物理方法是一种把两种或两种以上的地球物理方法有效地组合起来，提供更多角度的物性信息，从而减少地球物理方法多解性以解决复杂探测问题的技术手段。

综合地球物理方法不是多种方法的随意罗列，也不是投入的方法越多越好，而是方法的优化组合。探测目标体与周边介质不同程度地存在着多种物性差异，通过采用多种地球物理方法来获取多种物性异常，多角度、大信息量的综合分析和研究地质体的特征，在一定程度上可以减少地球物理探测的多解性，有助于提高地球物理资料解释成果的可靠性和准确率。但在这个过程中，需要通过试验来优选几种最合适的方法，即在方法的选择上采取优化组合的原则，而不是一味地增加方法和工作量。在确定好最优方法组合后，将不同的方法赋予不同的权重及可信度，进行最终的成果综合解释，从而达到提高探测精度的目的，同时也最大限度地节省勘察成本。

为了使综合地球物理方法能够发挥其最大作用，在确定对应于各种类型探测目标体的最佳综合地球物理方法组合时，可以遵循以下原则。

（1）选择适当种类的地球物理方法，一般情况下，综合地球物理探测方法应能测量不同物理场的要素或同一场的不同物理量。

（2）最佳综合地球物理探测方法组合应以提高探测精度为原则，并尽可能地增加信息密度、降低工程费用。

（3）基本方法与详查方法的合理组合，利用一种（或数种）基本方法按均匀的测网调查全区，其余的方法作为辅助方法。在部分测线上或范围有限的地段，应用详查方法进行勘察。基本方法尽可能选择操作简便、费用低、效率高的地球物理探测方法。

（4）选择综合方法时，除考虑地质、地球物理条件外，还应考虑到地质体地形、地貌、干扰及其他因素。如山区地形条件下，地震、电法可能受到限制。

（5）地质、地球物理探测和钻探进行配合。应综合利用已知的地质、钻探资料，选择最佳的综合地球物理探测方法组合。

2.7.3 综合地球物理解释方法

根据积累的经验，影响探测结果的精度因素很多，也很复杂，为了有效地评价组合方法中每一种地球物理探测方法在某一类型目标体勘探中所起作用的大小，也就是说要量化地球物理探测方法在探测地质体的作用，设置了两个主要参数：方法权重 k 和可信度系数 d。方法权重 k 是指地球物理方法在综合地球物理探测方法组合中所占的比重，主要跟某种方法本身在探测某类型地质体时的适用性有关，与具体的某次探测无关。而可信度系数 d 是指探测成果的可信程度，数值越大表明探测结果的可信度越高，反之则可信度低，其与具体的地质体探测情况紧密相关。将这两种参数结合起来，就比较全面地考虑了某种地球物理方法在探测中所起的作用，利用式（2.7－1）即可得出综合地球物理探测方法的解释结果。

$$H=\sum_{i=1}^{n}h_ik_i \tag{2.7-1}$$

$$\sum_{i=1}^{n}k_i=1 \tag{2.7-2}$$

式中：H 为综合地球物理探测方法的解释结果；h_i 为第 i 种地球物理方法的解释结果；k_i 为第 i 种地球物理方法的权重，取值为 0～1；i 为组合中地球物理方法的序号，$i=1$，$2\cdots n$；n 为组合中地球物理方法的总数。

综合地球物理解释方法中各种参数的选取是很重要的，若参数选取不好会直接影响到解释的准确性。

（1）地球物理方法权重（k_i）的确定。首先从理论上分析地球物理方法对地质体探测的适用性；其次根据以往此种方法在地质体探测中的效果，确定地球物理方法在综合地球物理探测方法组合中的权重，在应用中要求各种方法的权重之和为 1。同时每种方法的权重大小与该种方法的可信度系数有关，当对应的可信度系数不为 1 时，要根据该可信度系数重新调整权重。

（2）地球物理方法可信度系数（d_i）的确定。可信度系数通常由探测人员的技术水平、经验、现场探测条件等确定，如果地球物理方法的可信度系数太小，说明此种地球物理方法探测效果较差，探测的成果不可信，也就是说该方法探测的成果不能利用式（2.7－1）进行计算，此时需重新进行探测或选取别的地球物理方法进行探测。根据以往地质体探测经验，规定单一地球物理方法探测成果的可信度系数必须不小于 0.85，否则，此种地球物理方法探测的成果是不可信的。

（3）当单一地球物理方法可信度系数 $d_i\geqslant 0.85$，且各种地球物理方法的可信度系数不完全相等时，新权重的分配方法按如下公式进行分配。

$$k_i'=\frac{k_id_i}{\sum_{i=1}^{n}k_id_i} \tag{2.7-3}$$

式中：k_i' 为新权重值，$\sum_{i}^{n}k_i'=1$；k_i 为原定方法权重值；d_i 为可信度系数。

当某种或几种地球物理方法的权重小于0.85时，取该地球物理方法的可信度系数$d_i=0$，进行分配计算。

2.7.4　综合地球物理探测方法的实施

为提高综合地球物理探测方法的探测精度，要充分发挥地球物理与地质、钻探、试验（原位测试）的配合作用，为地球物理方法的布置、数据处理和分析提供帮助，并在工作程序上进行合理安排，以下以对深厚覆盖层进行综合勘察的思路为例进行说明。

（1）地质调查为先导。在进行深厚覆盖层探测之前，必须了解地质情况，对现场地形、地貌情况进行调查，对覆盖层和基岩的物性条件进行评价，才能选择合理的地球物理方法和制定适当的现场布置方案；在资料解释阶段，要充分结合地质资料才能为地球物理数据的反演提供正确的约束条件，并在最终解译时得到合理的解释结论。

（2）地球物理与钻探相结合。在进行地球物理和钻探的布置时，应充分发挥两者之间的配合作用，完成点到线再到面的勘察布置；在资料解释阶段，地球物理剖面利用钻孔资料进行标定，确定地球物理解释原则，对地球物理查明的地质情况利用钻孔进行验证。地球物理和钻探相结合，可以提高勘察精度和效率，减少勘探费用。

（3）综合地球物理探测方法减少多解性。单一的地球物理方法往往受到非探测对象的影响和干扰以及仪器测量精度的局限，其分析解释的结果就显得较为粗略，且具多解性。而采用两种方法以上的综合地球物理探测方法能相互印证、去虚存真、互补验证，可获得较确切的探测成果。

第 3 章

综合地球物理勘察关键技术

在水电工程建设进入施工期之前，需要开展为电站选址和施工设计服务的各阶段勘察工作，统称为水电工程前期勘察，包括规划、预可行性研究、可行性研究、招标设计四个阶段，综合地球物理勘察技术在上述各个阶段可以完成的勘察工作包括以下几个方面。

1. 规划阶段的地球物理勘察任务

（1）区域地质：大型泥石流、滑坡、岩溶等探测，主要包括含水层和隔水层分布及地下水探测。

（2）各梯级水库：对水库有重大影响的滑坡、潜在不稳定岸坡、泥石流等探测，含水层和隔水层分布探测，分水岭地下水位探测，可溶岩地区的岩溶探测。

（3）各梯级坝址：岸坡和河床覆盖层探测，地层、断层、岩体风化和卸荷带、滑坡、软弱岩层分布探测，可溶岩地区的岩溶探测，透水层和隔水层分布探测，天然建筑材料厚度和范围探测。

（4）各梯级引水线路：断层、覆盖层探测，引水洞沟谷、浅埋段、进出口段覆盖层、岩体风化和卸荷带探测，沿线地下水探测，可溶岩区的岩溶探测。

2. 预可行性研究阶段的地球物理勘察任务

（1）区域构造稳定性：区域断层探测。

（2）水库：岩溶、大的断层破碎带、古河道以及分水岭地段地下水探测，滑坡体、崩塌体和泥石流探测，水库浸没地段地下水探测，移民安置和复建地灾及场地勘察。

（3）坝址：河床和两岸覆盖层厚度、基岩面埋深、河床深槽、埋藏谷和古河床分布探测，软弱夹层探测，断层和挤压破碎带探测，岩体风化卸荷程度和分带探测，滑坡体、堆积体、泥石流探测，相对隔水层探测，可溶岩地层的岩溶探测，岩土体有关物理参数测试。

（4）引水隧洞线路：软弱松散、岩溶、放射性、有害气体地层探测，断带破碎带、隧洞进出口、过沟段、傍山洞段、浅埋段、压力管道埋入段的覆盖层、基岩风化卸荷深度探测，岩土体有关物理参数测试。

（5）渠道线路：沿线覆盖层、岩溶、滑坡体、崩塌体、泥石流、古河道、采空区探测，软硬岩性分界、软弱夹层探测，基岩风化、卸荷程度和分带探测，强透水层、隔水层和地下水探测，岩土体有关物理参数测试。

（6）厂址：岩溶、滑坡体、崩塌体、泥石流、采空区探测，断层、挤压破碎带探测，地层岩性探测，地下水探测，岩体有关物理参数测试，地下厂房地温、有害气体、放射性、岩体完整性测试。

（7）泄水建筑物：覆盖层、断层破碎带、岩溶、滑坡体、崩塌体探测，岩体风化、卸荷程度和分带探测，岩体有关物理参数测试。

（8）天然建筑材料：天然建筑材料厚度和范围探测。

3. 可行性研究阶段的地球物理勘察任务

(1) 水库：可能渗漏段岩溶区的隔水层分布、岩溶、地下水探测，近坝和城镇地段库区的滑坡、堆积体探测，塌岸区的防护工程地质勘察，浸没区地下水探测，泥石流沟谷及沟口堆积物分布探测，移民安置区和复建工程崩塌、滑坡、岩溶等探测和场地工程勘察。

(2) 土石坝：坝基基岩面起伏、河床深槽、古河道、埋藏谷范围、深度和形态探测，坝基河床及两岸覆盖层探测，坝基及两岸软弱夹层、断层破碎带、相对隔水层探测，坝基及岸坡岩体风化卸荷及质量分类测试，坝区岩溶探测，坝基岩土体抗震液化、变形模量参数测试。

(3) 混凝土重力坝：坝址建筑物场地覆盖层分层、河床深槽基岩面形态、采空区、断层破碎带、岩溶探测，场地软弱地层、夹层探测，坝基及坝肩岩体风化卸荷带探测，与岩体质量分类、变形模量有关的参数测试。

(4) 混凝土拱坝：除包括混凝土重力坝探测或测试内容外，还包括拱肩抗力岩体破碎带、裂隙密集带、软弱带、卸荷带和岩溶洞穴分布探测，两岸拱座及抗力岩体滑面、软弱层、断层分布探测，两岸边坡岩体风化卸荷带探测，水垫塘和二道坝工程地质探测。

(5) 隧洞：隧洞沿线断层破碎带、岩溶、软弱地层、放射性及有害气体地层探测，隧洞浅埋段和进出口覆盖层、岩体风化卸荷深度探测和岩体完整性测试，与围岩工程地质分类有关的测试。

(6) 渠道：渠道沿线覆盖层、软硬岩层分布、岩溶洞穴、采空区、地下水探测，傍山渠道沿线滑坡、冲积体、崩塌体、泥石流、岩溶洞穴、地下水探测。

(7) 地下厂房系统：厂址区软弱地层分布、放射性和有害气体地层分布、断层破碎带、裂隙密集带、岩溶探测，调压井基岩风化卸荷分带探测，压力管道、岔管布置区上覆岩体风化卸荷带分布探测，与洞室群围岩工程地质分类有关的测试。

(8) 地面厂房系统：压力前池或调压井、压力明管、厂房、尾水渠、地面开关站布置地段的软弱夹层探测，厂址区断层破碎带、裂隙密集带、滑坡体、崩塌堆积物、地下水探测。

(9) 溢洪道：溢洪道布置地段软弱夹层分布、裂隙密集带、岩体风化卸荷带、断层、地下水探测，与岩体完整性、工程地质分段相关的岩土体波速测试。

(10) 通航建筑物：引航道、升船机、船闸上下闸首、闸室、上下游码头布置区的覆盖层、断层破碎带、裂隙密集带、岩溶洞穴和采空区探测，洞室和边坡风化卸荷带探测，与岩体完整性、围岩工程地质分类相关的波速测试。

(11) 主要临时建筑物：主要包括土基上的土石围堰建筑物、土基上的混凝土围堰建筑物、导流明渠、导流洞和缆机平台等建筑物。

1) 土基上的土石围堰建筑物场地坝基基岩面起伏、河床深槽、古河道、埋藏谷范围、深度和形态探测，坝基河床及两岸覆盖层探测，坝基及两岸软弱夹层、断层破碎带、相对隔水层探测，坝基及岸坡岩体风化卸荷及质量分类测试，坝区岩溶探测，坝基岩土体抗震液化、变形模量参数测试。

2) 土基上的混凝土围堰建筑物场地坝基覆盖层分层、河床深槽基岩面形态、采空区、断层带、岩溶探测，场地软弱地层、夹层探测，坝基及坝肩岩体风化卸荷带探测，与岩体质量分类、变形模量有关的参数测试。

3）导流明渠沿线覆盖层、软硬岩层分布、岩溶洞穴、采空区、地下水探测，傍山渠道沿线滑坡、冲积体、崩塌体、泥石流、岩溶洞穴、地下水探测，外导墙地基覆盖层、断层破碎带、裂隙密度带、岩体风化卸荷带探测。

4）导流洞沿线断层破碎带、岩溶、软弱地层、放射性及有害气体地层探测，隧洞浅埋段和进出口覆盖层、岩体风化卸荷深度探测和岩体完整性测试，与围岩工程地质分类有关的测试。

5）缆机平台地基和边坡覆盖层及基岩风化卸荷带探测。

（12）天然建筑材料：黏土材料的厚度和范围详细探测。

4. 招标设计阶段的地球物理勘察任务

（1）工程地质复核：复核所需补充的地球物理勘察工作。

（2）有关水库渗漏、库岸稳定、水工建筑物等专门性工程地质勘察需要补充的地球物理勘察工作。

（3）临时建筑、移民安置、专项复建工作和天然建筑材料补充勘察所需要的地球物理勘察工作。

本章对其中一些相对复杂的探测任务进行了归纳和总结，主要包括深厚覆盖层综合探测、河流及阶地覆盖层综合探测、隐伏构造探测、乏信息条件下的岩体完整性评价、堆积体综合地球物理探测、复杂岩溶综合探测等。

3.1 深厚覆盖层综合探测技术

覆盖层是指经过各种地质作用而堆积在基岩上的松散堆积物，通常经过多次沉积而成，其物理性质与沉积成分、厚度、含水程度等有关。深厚覆盖层是指堆积于河床之中厚度大于 40m 的覆盖层。世界各地的河流在河谷中广泛分布有覆盖层，河流覆盖层厚度一般在数十米至百余米，局部地段在数百米。国内有报道大渡河支流南垭河冶勒水电站坝址覆盖层最大厚度在 420m 以上。在西南地区，河床深切，覆盖层较厚，例如苏洼龙水电站坝址区的覆盖层厚度在 70～95m 之间；怒江松塔水电站坝址的覆盖层在 60～100m 之间；乌东德坝址河段河床覆盖层一般厚 55～65m，最厚达 80.07m；金沙江某水电站上下坝址区河段分布有 60～120m 的深厚覆盖层。

在河床深厚覆盖层上修建水利水电工程时，常常存在渗漏、渗透稳定、沉陷、不均匀沉陷及振动液化等问题，利用深厚覆盖层建坝的技术一直是工程的难点技术问题。为给坝型的选择、坝基处理方案的确定提供可靠的地质依据，勘察工作需通过合理有效的勘察手段和试验工作查明覆盖层的厚度、物质组成、分布情况、成因类型及工程地质特性等。对于一般覆盖层探测，通常采用的地球物理方法包括地震折射波法、地震反射波法、高密度电法等，但这几种方法勘探深度相对较浅，受地形、地物的影响也较大，用于深厚覆盖层探测时受到一定的限制；大地电磁类方法探测深度较大，但分辨率相对较低，而且浅部信号往往缺失比较严重；电测深方法在深厚覆盖层探测中也有使用，但分辨率相对较低。基于以上情况，本书探讨了利用多种地球物理方法开展综合探测，以达到充分发挥各种地球物理方法的优点、提高深厚覆盖层探测精度的目的。

3.1.1 技术要点

1. 地球物理方法选择

在水电工程中，深厚覆盖层往往处于深谷之中，物探排列有时较难展开，导致常规的地震或者电法探测深度有限，需要配合其他对场地尺寸要求相对较小而探测深度相对较大的方法，比如电磁法、天然源面波法等，各物探方法均有其优缺点，在进行深厚覆盖层探测时，需要分析其技术特点，根据现场条件开展地球物理方法综合探测以提高探测的可靠性[3-6]。

（1）地震折射波法。地震折射波法是在覆盖层探测中经常采用的一种方法，该方法具有原理简单、工作方法简单、解释成果可靠等特点，在进行覆盖层探测时是相对较为理想的方法，但是探测深厚覆盖层时，整个排列的长度需要大幅增加，有时需要达到数百米，这对于相对较为狭窄的河谷来说较难实现，而且所需震源的能量也大大增加，这进一步增加了外业实施的难度，因此地震折射波法在深厚覆盖层探测中，需要酌情考虑其应用情况，一般可在相对开阔的地段（一般顺河流方法）采用大排列大药量震源进行局部探测，或者在靠近两岸覆盖层相对较浅的边缘地带开展探测工作。

（2）地震反射波法。地震反射波法相对于地震折射波法，现场实施较为复杂，对场地的要求也相对较高，开展较为困难，数据处理流程较复杂，有时难以得到理想的结果，因此在实际中使用较少，但其对于能量的要求相对于地震折射波法稍小，条件理想时可以得到更多关于覆盖层的信息，比如覆盖层内部的分层信息、速度分布信息等。可以考虑在水流相对较缓处，利用水听检波器开展单道地震，对深厚覆盖层河床部分进行探测。

（3）高密度电法。高密度电法相对于地震类方法，不需要考虑震源问题；相对电磁类方法，抗干扰的能力相对较强；现场工作较为简单，效率较高，数据处理也相对简单；利用钻孔等已知条件修正深度后，能够得到较为准确的信息，对于覆盖层内部局部的不均匀也有较好的反映。但高密度电法探测深度相对较浅，一般在50m深度范围以内，最大可以达到100m，随着探测深度的增加，排列长度也需要大幅增加，往往需要数百米；同时工作效率也会降低，在峡谷地区往往较难实行，在没有钻孔已知信息时进行资料分析，深度误差往往较大。因此可以考虑在地形相对开阔的两岸（顺河流方向）、覆盖层相对较浅的边缘地带开展高密度电法探测工作，对于水流较缓的河床部分可以进行部分水上高密度电法探测。

（4）电测深法。电测深法现场工作方法和数据处理均较为简单，由于是单点测量，跑极的方向相对于高密度电法灵活一些，但工作效率相对高密度电法则要低很多。电测深法进行深厚覆盖探测存在的主要问题是解释精度问题，其探测精度相对其他方法较低，探测深度较难准确确定，但在地质情况了解较为充分的时候，应用电测深法也能取得较好的效果，因此作为深厚覆盖层的辅助探测方法，可以用于地质情况相对简单的情况下[7]。

（5）音频大地电磁测深法。音频大地电磁测深法探测深度较大，在探测深厚覆盖层时，不受深度限制，而且对场地大小要求相对其他方法低。但是电磁法属于体积勘探类的方法，分辨率相对较低，而且容易受到现场高压线等产生的电磁场的影响，对于天然大地电磁法来说，可能由于天然大地电磁场频率成分的缺失，导致部分深度没有数据，特别是50m以内的浅部，因此在开展正式工作之前，需要进行现场调查和试验工作。音频大地电磁测深法适用于深度较大的深厚覆盖层探测[8]。

（6）天然源面波法。天然源面波法探测深度也受到排列大小的限制，但与地震折射波法和地震反射波法相比，排列长度相对较小，排列长度与探测深度比例大约为1：1，因此一定程度上可以弥补传统地震方法的不足，但由于利用天然地下震动信号，可能会因为天然场信号中频率成分的缺失导致地下信息的部分缺失，特别是浅部20m以上的信号，因此天然源面波法比较适用于河流两岸阶地部分的覆盖层探测。

2. 地球物理方法组合

根据以上各种地球物理方法的特点，在进行深厚覆盖层探测时，采用地球物理组合方法，充分发挥组合中各方法的优点，从而达到提高深厚覆盖层探测的准确性的目的。针对不同情况下的深厚覆盖层探测的地球物理方法组合见表3.1－1。

表3.1－1　深厚覆盖层探测的地球物理方法组合一览表

深厚覆盖层	所处位置	地球物理方法组合方案		方法权重
		主要方法	辅助方法	
最大深度小于100m	两岸	高密度电法＋天然源面波法	地震反射波法＋电测深法	高密度电法：0.3 天然源面波法：0.3 地震反射波法：0.3 电测深法：0.1
	河床	地震折射波法＋高密度电法（水流平缓）	跨江CT（水流湍急）	地震折射波法：0.3 高密度电法：0.2 跨江CT：0.5
最大深度大于100m	两岸	音频大地电磁测深法＋天然源面波法	地震反射波法＋电测深法	音频大地电磁测深法：0.3 天然源面波法：0.3 地震反射波法：0.3 电测深法：0.1
	河床	跨江CT	天然源面波法（水流平缓）	跨江CT：0.7 天然源面波法：0.3

表3.1－1为进行深厚覆盖层探测时采用的地球物理方法组合建议，但实际探测中，需要根据实际情况在组合方案中择优选择。比如基岩为含碳质或者金属矿成分的岩体时，电阻率就较低，与处于地下水位下的覆盖层电阻率接近，采用基于电阻率差异的电法和电磁法时就不能有效探测，因此在探测前须了解探测区的基岩性质，以选择最合适的地球物理方法组合。

考虑到地震法和高密度电法在进行深厚覆盖层探测时，均需要布置较长的排列，因此在布置测线时，一般顺河谷方向，或者与河谷小角度斜交；音频大地电磁测深法以点测方式为主的方法，可以更加灵活地布置，但是要避开电磁干扰物。地形相对开阔的地方，尽量形成面积性布置，利于对覆盖层厚度变化规律的判断。

3.1.2 工程实例

1. 某水电站河床冲积层探测

某水电站坝段位于金沙江中游河段上，根据前期钻孔资料，坝址区坝段河床及两岸一、二级阶地部位分布的覆盖层成因复杂，除正常的河流相堆积外，还分布有冰积与冲积的混合堆积，洪积、冲积、泥石流堆积、崩积等形成的堆积层，相对静水环境形成的粉细砂层、粉质黏土层等，最大厚度达到80多米，为了查明各备选坝址区的覆盖层厚度变化规律，考虑采用综合地球物理方法进行勘察。

坝段内出露地层主要为泥盆系下统（D_1）和中统（D_2）的结晶灰岩、条带状灰岩、大理岩、白云岩及千枚岩、千枚状板岩、碳质板岩、片岩等，第四系堆积层也分布较广，其中河床部位分布较厚的冲、湖积及崩、洪积等成因复杂的第四系覆盖层。各种介质物性参数差别较大，同时由于探测时间跨度较大，期间有雨季和旱季，地表含水率变化范围较大，导致同种介质的物性参数变化范围较大。具体物性参数的范围见表3.1-2。

表3.1-2　介质的物性参数汇总表

名称	电阻率ρ /(Ω·m)	视电阻率ρ_s/(Ω·m)			地震纵波波速 /(m/s)
		高密度电法	音频大地电磁测深法	三侧向测井	
砂、砾石	$3\times10^2\sim6\times10^3$	350～3500	$10\sim4\times10^3$	—	200～800
饱水砂、砾石	$30\sim8\times10^2$	50～400	$10\sim5\times10^2$	—	1700～2800
板岩	$10\sim10^2$	—	$10\sim10^2$	10～200	—
千枚岩	$10\sim10^2$	250～800	$2\times10^3\sim1\times10^4$	400～5000	3400～4500
片岩	$2\times10^2\sim5\times10^4$	100～400	—	100～200	4600
灰岩	$6\times10^2\sim6\times10^3$	250～1500	$1\times10^2\sim4\times10^3$	2000～6000	3200～5700
江水	30～40	—	—	—	1500

坝址区基岩为结晶灰岩、条带状灰岩、大理岩、白云岩及千枚岩、千枚状板岩、碳质板岩、片岩等。由于岩体基本属弱风化或微风化，波速通常大于3500m/s，覆盖层波速通常小于2500m/s，对地震探测划分基岩与覆盖层界线是较有利的地质条件。坝址区基岩与覆盖层的电阻率差异不是太明显，其中基岩中的结晶灰岩为高电阻率，干燥的覆盖层同样为高电阻率；千枚岩、碳质板岩、片岩等为低电阻率，饱水的覆盖层同样为低电阻率。但覆盖层组成物质不均匀，表现的电阻率断面形态不统一，基岩组成物质相对均匀，表现的电阻率断面形态统一，是区分基岩与覆盖层界限的有利地质条件。

根据现场各个坝址的具体实际情况，采用地震折射波法、高密度电法和音频大地电磁测深法等其中的几种方法开展综合探测。

该水电站上、下坝址基本相连，左右岸都有基岩出露，上坝址地形地貌见图3.1-1，下坝址地形地貌见图3.1-2。

图3.1-1　某水电站上坝址地形地貌图

图 3.1-2　某水电站下坝址地形地貌图

根据现场地形条件，上坝址共布置了 16 条水上地震折射波法勘探剖面，控制河段约 1100m。左岸阶地布置了 3 条高密度电法剖面，右岸布置了 5 条高密度电法剖面；为解决地震折射波法的盲区没有解释点问题，在上坝址两岸江边还布置了 2 条顺江高密度电法剖面。该水电站下坝址布置的物探工作相对较多，其中布置了 28 条水上地震折射波法勘探剖面，大桥两侧阶地布置高密度电法剖面 10 条，左岸阶地布置 4 条，右岸阶地布置 6 条；下坝址下游右岸阶地共布置高密度电法剖面 11 条，右岸阶地布置 9 条，为弥补水上地震折射波法盲区无解释数据的缺陷，在左右两岸江边各增加 1 条高密度电法剖面。

水上地震折射波法采用相遇观测系统，在水面上布置漂浮电缆，压敏式传感器间距为 10m，采用炸药爆炸震源。由于坝址区覆盖层较厚导致地震勘探盲区大，为了减少盲区影响，只能尽量增加勘探剖面的长度，否则无解释段或解释段较短，但在过江作业当剖面长度大于 300m 时，现场工作难度大增，效率较低；较长的地震勘探剖面需要有较大的炸药震源激发，强烈震动对当地民用建筑物安全构成威胁。图 3.1-3 为其中一条地震折射波法剖面原始记录，道间距 20m，从图中可以看出，记录中干扰比较大，特别是远端接收的地震道初至不太清晰，因此最后确定勘探剖面不宜超过 500m。

水上地震折射波法勘探资料定量解释采用 t_0 法，见图 3.1-4。在河床勘探工作中 V_1 的选取直接关系到整个测区勘探成果资料解释的准确性。首先根据相遇时距曲线左、右支直达波曲线，用交点法确定覆盖层的平均纵波速度，其他各坝址均采用统一的水和冲积层波速进行计算；然后依据 $t_0(x)=t_1-(T-t_2)$ 和 $Q(x)=t_1+(T-t_2)$ 获得 $t_0(x)$ 和 $Q(x)$ 曲线，用 $t_0(x)$ 曲线按 $h=V_1t_0/(2\cos i)$ 求得覆盖层厚度，并以法线深度构制基岩顶板界面的起伏形态；再依据 $Q(x)$ 曲线确定基岩顶板界面纵波速度 V_2。由于测区岩性分布复杂，基岩波速差异较大，计算中均采用实测基岩纵波波速。

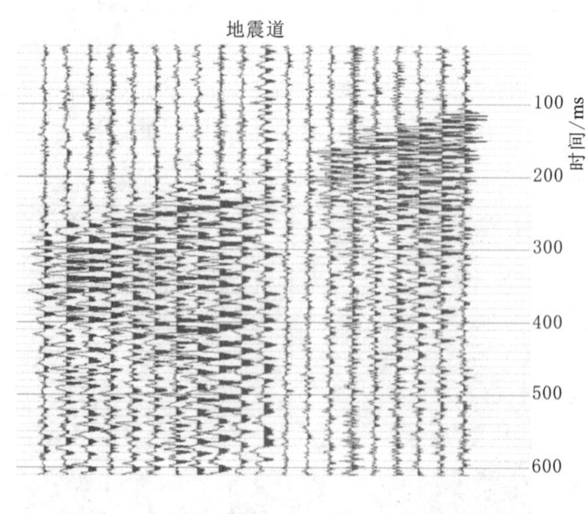

图 3.1-3　某水电站上坝址水上地震折射波法剖面原始记录

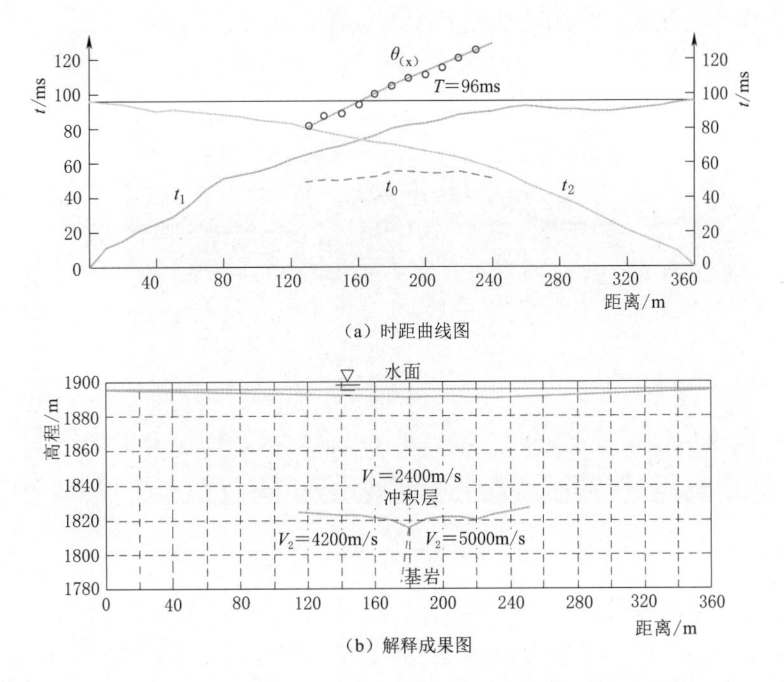

图 3.1-4　某水电站上坝址水上地震折射波法解释成果图

高密度电法的典型成果剖面见图 3.1-5，视电阻率范围在 170～1670Ω·m 之间。剖面表层视电阻率相对较高，为 350～1670Ω·m，推测表层较为干燥，表层以下视电阻率约为 250～400Ω·m，推测为黏土、粉砂层，该层以下推测为基岩，其视电阻率范围为 400～550Ω·m，推测为 D_1 地层的岩性反映。该剖面第四系覆盖层平均厚度为 85.2m，覆盖层最小厚度为 64.5m，位于 180m 附近；覆盖层最大厚度为 107.4m，位于 270m 附近。从整条剖面来看，覆盖层厚度起伏变化较大，170～200m 覆盖层相对较薄，平均厚度为 67.6m；260～300m 覆盖层相对较厚，平均厚度为 104.5m。

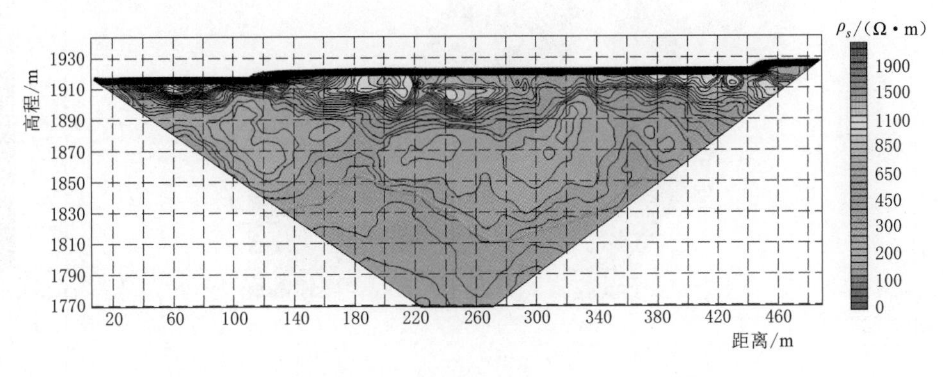

图 3.1-5　SB-GD-6 剖面视电阻率断面图及相应的物探解释

XB-MT-2 剖面采用音频大地电磁测深法，测试长度 500m，视电阻率断面图及相应的物探解释见图 3.1-6。该剖面视电阻率范围在 10～350Ω·m 之间，覆盖层视电阻率相对较高，一般为 40～350Ω·m，变化较不均匀；下部基岩视电阻率相对较低，为 10～

250Ω·m，电阻率变化较为均匀，从浅至深逐渐增大。

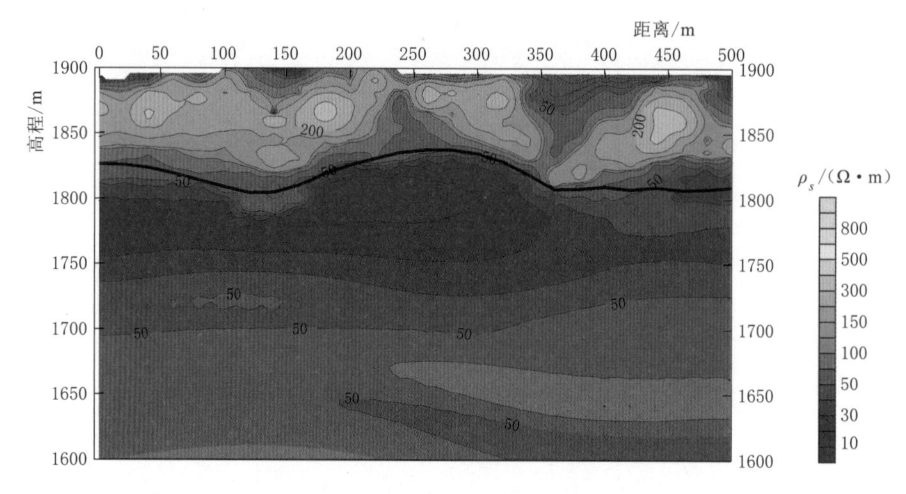

图 3.1-6　XB-MT-2 剖面视电阻率断面图及相应的物探解释

从下坝址覆盖层厚度等值线图（图 3.1-7）和基岩面等值线图（图 3.1-8）上可以看出：在顺流方向上有一明显的深槽通道，该通道与现今河床基本平行，通道底部高程一

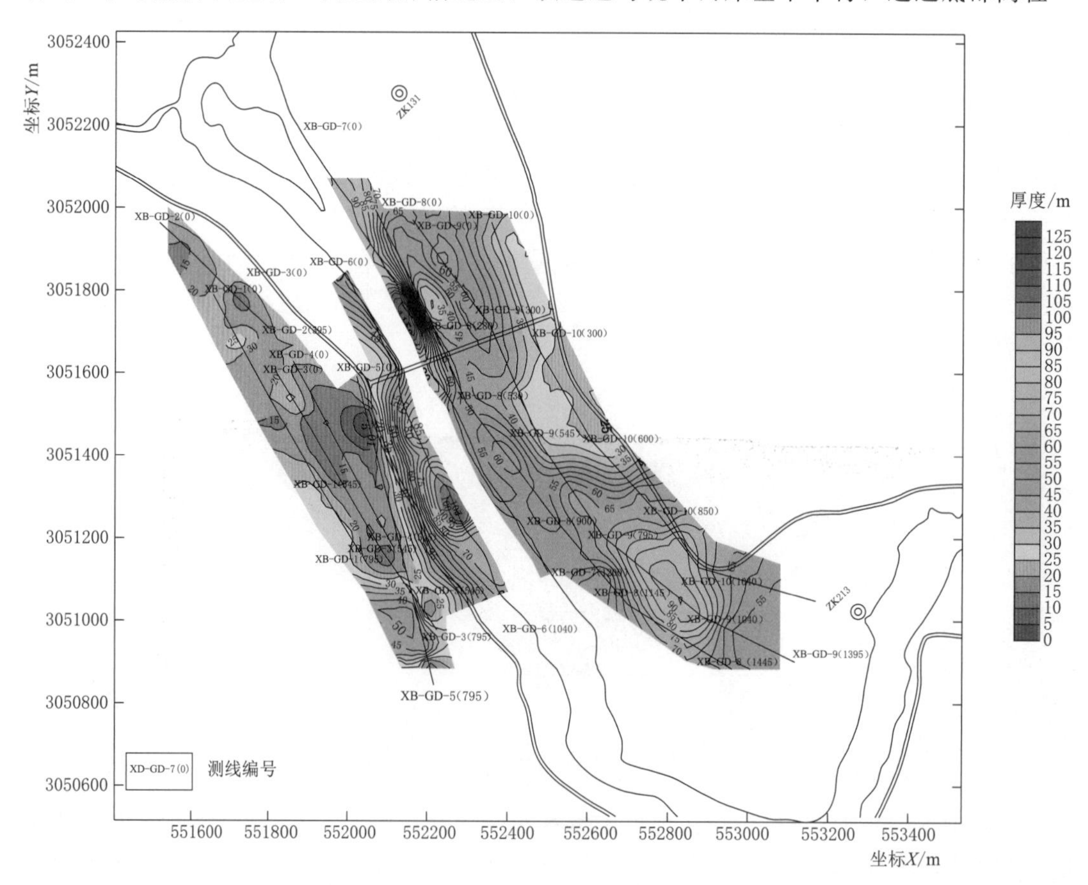

图 3.1-7　某水电站下坝址大桥附近覆盖层厚度等值线图

般在1780～1820m之间。由于剖面布置原因，通道呈不规则状，宽度一般在40～100m之间。其中春读村下游位置基岩面高程甚至比上游高，推测当前河道处才是深槽通道位置。

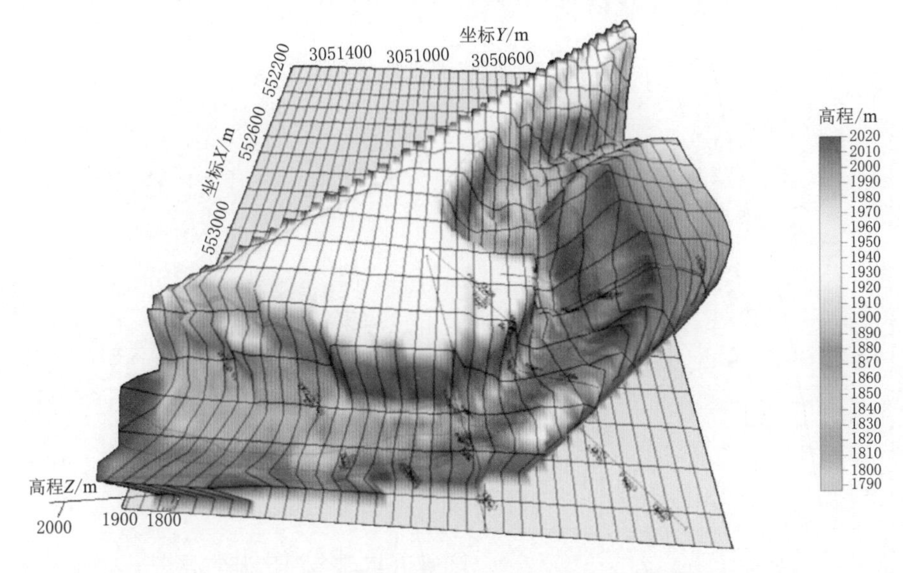

图3.1-8 某水电站下坝址河床和阶地基岩面三维效果图（透视图）

2. 某水电站深厚覆盖层探测

雅鲁藏布江下游河段位于喜马拉雅山脉、念青唐古拉山脉、横断山脉的交汇部，是青藏高原隆升、侵蚀最为强烈的地区，地形起伏大，河谷深切，属典型的高山峡谷地貌。河谷开阔，为“U”形宽谷，心滩、边滩发育，水流多分叉，河床比降小，水流平缓，两岸山体雄厚，山脉高程多在4200～5000m，相对高差在1500～2000m，坡度较缓；沿江两岸阶地发育，多发育3～4级。某水电站坝址区覆盖层主要为现代河床冲积堆积的含少量卵石的泥砂层、含砾石较多的堰塞湖沉积、冲洪积堆积层和冰川堆积层，其电阻率为50～500Ω·m；基岩为条带状片麻岩、混合岩，其电阻率为300～1000Ω·m，该水电站坝址区地貌见图3.1-9。考虑到附近水电站坝址区覆盖层厚度高达300m以上的实际情况，坝址区大部分浅地表大粒径卵石较多且干燥，以及地球物理方法应用条件和适宜性等，采用音频大地电磁测深法进行探测。

图3.1-9 某水电站坝址区地貌图

根据探测要求和考虑现场地形情况，在坝址区布置了两横一纵3条音频大地电磁测深法剖面进行探测，见图3.1-10，其中H1为横河剖面，测线上有两个钻孔ZK01、ZK02，剖面长度为1963m，地表起伏不大，高程在2935～2995m之间；H2也为横河剖面，位于H1上游约1.6km处，剖面长度为1883m，高程在

2932～3070m 之间；Z 为顺河剖面，位于河道左岸滩地上，剖面经过 ZK02 孔，剖面长度为 3078m，高程在 2935～2950m 之间，测点距为 30m。

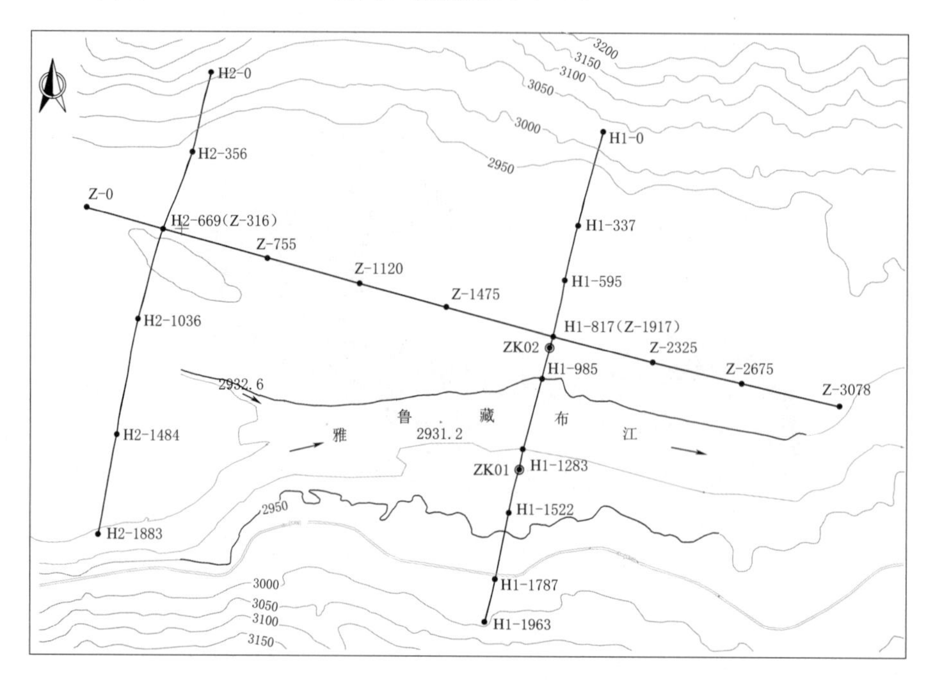

图 3.1-10　某水电站坝址区物探剖面布置图（单位：m）

音频大地电磁测深法的野外工作注意事项如下。

（1）“十”字布极，张量观测。在每个测点上，必须测量彼此正交的电磁场 4 个水平分量 E_x、E_y、H_x、H_y。如果已知测区的地质构造走向，最好选择测线方向与构造方向正交垂直，这样可直接测量电磁场的 E 偏振波和 H 偏振波。E_x、H_x 方向与测线延伸方向一致，E_y、H_y 方向与测线延伸方向垂直，布极方位误差不要超过 1°。

（2）布极要求。电极布设时应注意：不可布在陡坎边上或突变地形附近，尽量选在地形较平坦和较开阔的地方，以免半空间效应造成接地电阻的增大；接地电阻过大时，可适当加些盐水；为了保持电极的稳定，电极应避免暴晒，同时电极坑也不应积水。磁探头的布设则应水平、深埋，旁边不要有铁器之类高磁性的东西。

（3）远离电磁干扰。电磁干扰一直是音频大地电磁测深最常见的一种干扰，因为大地电磁信号本身很微弱，当存在电磁干扰时，会将原本微弱的大地电磁信号扰乱甚至埋没。

高压输电网附近辐射出很强的电磁波，严重干扰大地电磁场的测量工作；高速公路和铁路等磁干扰较大，所以往往造成中频视电阻率数值减小；远处大型的电力系统造成地下很多游散电流，一般表现为使视电阻率曲线以近于 45°上升而相位曲线下跌至零。

为避免上述电磁干扰，应尽量使测点远离这些干扰源。噪声可以通过重新选择布极点、避开高峰用电时间等减少其影响。

（4）掩埋电缆，避免风干扰。当传输电缆被风吹动而在地磁场中摆动时，传输线中有感应电流产生，会切割磁力线，引起磁传感器的不稳定，从而影响磁场的测量。因此电极、探头不要布在树下，电缆线更不能悬空，需要将电缆线全部埋在地下，避免干扰。

（5）尽量使用大电偶极距，压制静态效应。地表不均匀与电偶极子长度间的关系在音频大地电磁测深法中是关键问题。在通常情况下，音频大地电磁测深的电偶极距是固定的，不存在平均滤波作用，但要注意电偶极子长度与地表地质体的尺寸大小关系。

图3.1－11为某水电站坝址区H1剖面音频大地电磁测深原始电阻率剖面图，该剖面浅地表基本为现代河床冲积堆积物，泥砂成分高。剖面0～1300m段局部富含水；剖面1300～1950m段含卵石较多，且局部还有山体崩坡积块碎石。从原始资料剖面可以看出，存在许多“挂面条”现象，即为静态影响。

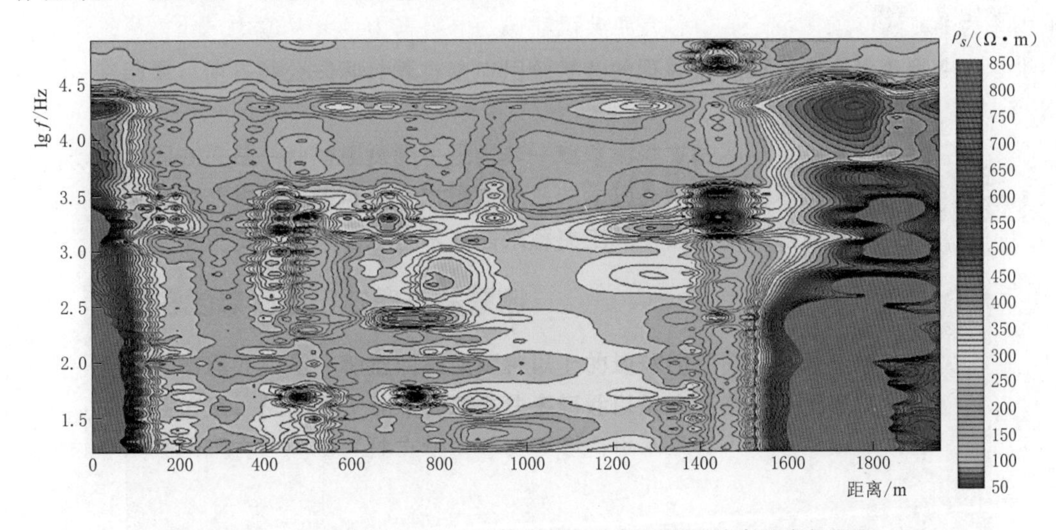

图3.1－11　坝址区H1剖面音频大地电磁测深原始电阻率剖面图

通过现场地表直流电岩性电阻率测试统计得出，泥砂层电阻率通常在50～100Ω·m，而含卵石以及碎石较多的地层电阻率通常在100～200Ω·m。通过浅地表岩性电阻率资料对视电阻率曲线进行归位，再进行小尺度的空间滤波后（$D=3$；$F_k=0.12$，0.25，0.12），得到图3.1－12中校正后的剖面图，从图中可以看出，静态影响消除后，河床基

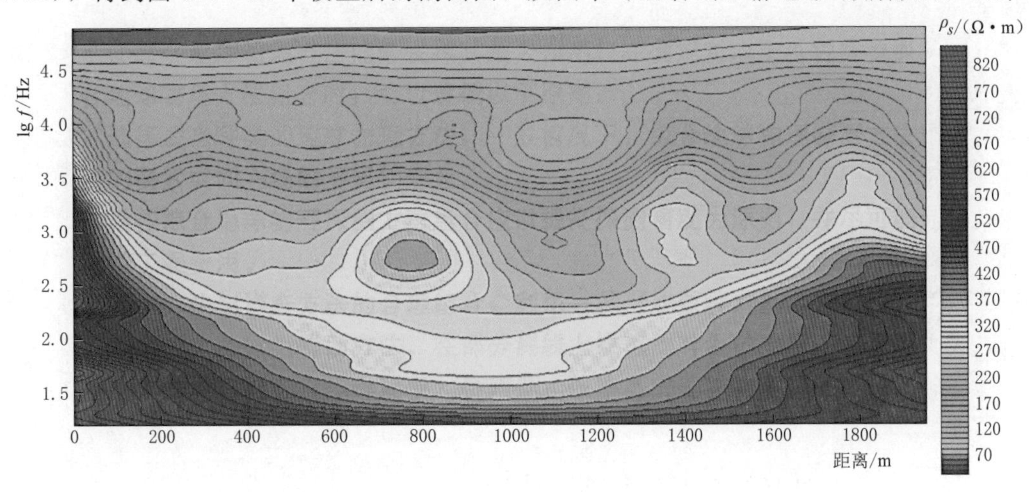

图3.1－12　H1剖面实测数据经静态校正后的电阻率剖面图

底清晰可见，呈“U”形展布。

对校正后的结果进行 Occam 与 NLCG 带地形联合反演，结果剖面图见图 3.1-13。该剖面是先进行物探，后进行钻探验证。物探结果揭示的“U”形河床基底清晰明显。图 3.1-14 为综合了物探、钻探资料的地质解释剖面图，其中覆盖层电阻率为 50～500Ω·m，覆盖层在左岸靠山端较浅，距离 0m 处覆盖层厚度为 20m 左右；中间河床部位覆盖层很深，最大厚度超过 450m；右岸靠山端距离 1963m 处覆盖层厚约为 85m，整个横河剖面覆盖层形态呈“锅底”形。覆盖层自上而下可分为 4 层：第①层为现代河床冲积堆积，主要成分为泥砂层，含少量卵石，电阻率为 50～200Ω·m；第②层为堰塞湖沉积，含砾石较多，电阻率为 200～500Ω·m；第③层为冲洪积堆积，电阻率为 200～300Ω·m；第④层为冰川堆积，电阻率为 150～200Ω·m。基岩电阻率为 300～800Ω·m，该剖面钻孔 ZK01、ZK02 所揭示的覆盖层厚度与物探解译结果基本吻合。

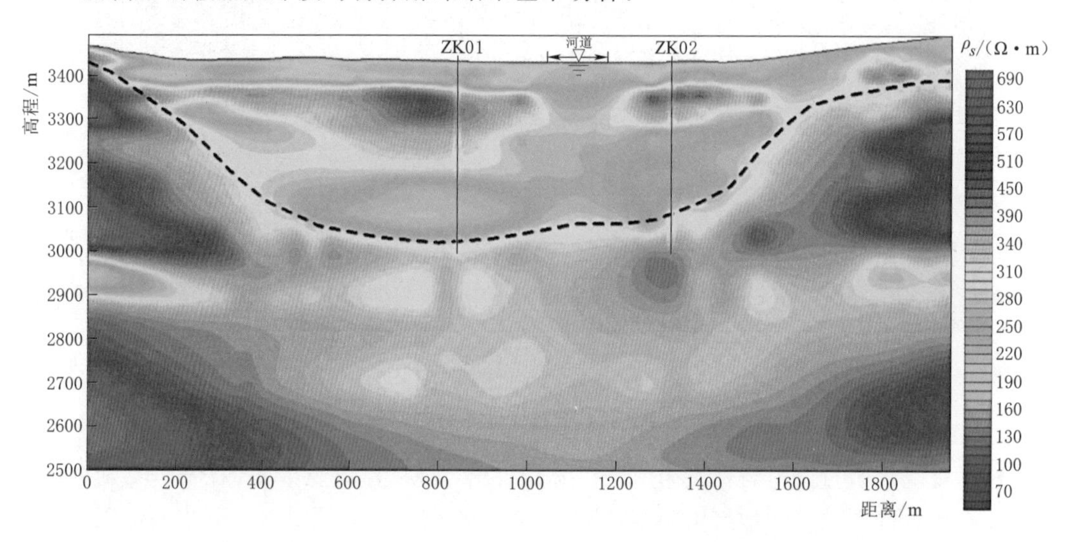

图 3.1-13　H1 剖面静态校正后带地形 Occam 与 NLCG 联合反演电阻率剖面图

注　黑色虚线为物探解释的基岩顶板起伏界面。

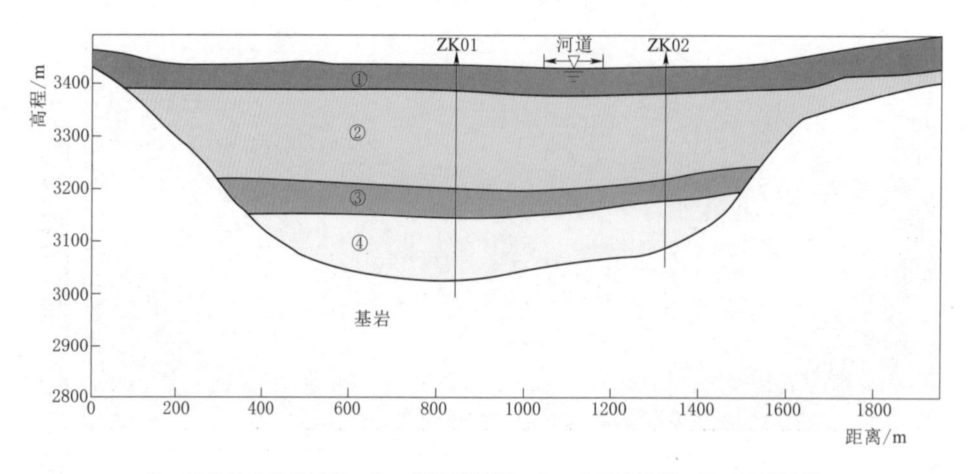

①—现代河床冲积堆积；②—堰塞湖沉积；③—冲洪积堆积；④—冰川堆积

图 3.1-14　某水电站坝址区 H1 剖面地质解释剖面图

3.2　河流和阶地覆盖层综合探测技术

水电工程建设前期阶段，需要对包括坝址区、引水隧洞、泄洪建筑物、厂址等部位的覆盖层进行探测，为工程设计提供基础资料。通过探测，提供河流阶段覆盖层厚度变化、分层、覆盖层物性特征等信息，这些信息也为查找河床深槽、埋藏谷、古河道等特殊地质体提供依据。

目前河床部位的覆盖层探测一般采用地震类方法，以水上地震折射波法为主，在水流相对平缓的地方可以采用水上高密度电法、浅地层剖面法、水上地震反射波法、瞬变电磁法等；阶地部位根据覆盖层厚度和物性特征，可采用地震方法、电法、电磁法等多种方法，为了提高探测精度，在条件允许的情况下可采用地球物理方法组合进行综合探测。在最终的成果分析阶段，如果河床和阶地区域是相连的，可开展整个坝址区的三维建模进行综合分析。

3.2.1　技术要点

1. *河流和阶地覆盖层探测方法技术*

适用于河流和阶地覆盖层探测的各地球物理方法技术特点分析见表3.2－1。

表3.2－1　　适用于河流和阶地覆盖层探测的各地球物理方法技术特点分析表

测试方法	优　　势	局　　限
地震折射波法	1. 初至折射波比较容易识别，时距曲线的定量解释较简便； 2. 探测精度较高，除可提供覆盖层的厚度分布外，还可提供覆盖层速度和下伏层界面速度	1. 所需激发能量大，一般需使用爆炸震源，在居民区、农田、果林等处开展工作易造成损失； 2. 在狭窄场地，当覆盖层厚度较大或目的层盲区距离大时，地震折射波法勘探效果会受到影响； 3. 当覆盖层速度大于基岩速度时不能进行折射勘探； 4. 当覆盖层中存在低速夹层或薄夹层时，会出现“漏层”现象
地震反射波法	1. 地震反射波法对场地开阔程度的要求较地震折射波法小； 2. 地震反射波法激发所用爆炸药量较少，一般采用小炸药量激发，覆盖层较薄场地可采用落锤或大锤激发； 3. 不受地层波速倒转影响	1. 地震反射波法观测系统受制于“窗口”选择的限制，当干扰波较强时，不但会制约观测系统“窗口”长度，而且对反射波同相轴的识别有一定的影响； 2. 不适宜波阻抗差异较小的地层分层或探测； 3. 资料处理较烦琐，解释结果受外业记录质量影响、处理过程及所选参数的影响，有一定的多解性
瑞雷面波法	1. 在激发的地震波中，瑞雷波所分配的能量最大，且传播能量较强，衰减相对较慢，不受地层波速倒转影响，具有较好的分层效果； 2. 受地形或场地开阔程度影响较小，可用于较详细或场地较狭窄的覆盖层探测	1. 勘探深度受激发条件、地下岩土界面的频散特性的制约，一般限于浅表层探测； 2. 在无钻孔资料或其他已知资料时，资料的解析结果具有一定的多解性

续表

测试方法	优　势	局　限
高密度电法	1. 可同时获得地下一定深度范围内的横向和垂向电性变化特征； 2. 可通过计算机进行数据处理，压制干扰、突出异常，有较高的分辨率； 3. 探测能力强，不仅可圈定断层的位置、规模、走向，还可确定其倾向和倾角	1. 受地形影响较大，对接地要求较高； 2. 探测深度偏小，一般小于 40m；随探测深度增加，垂向分辨率明显下降
音频大地电磁测深法	1. 工作方法较简单，工作效率高； 2. 勘探深度范围大，高阻屏蔽作用小，垂向和水平分辨率较高； 3. 受地形影响小，不受场地开阔程度限制	1. 受测量频率范围限制，存在探测盲区，不适用于厚度较薄的覆盖层探测； 2. 受场源效应和静态效应影响，会引起测深曲线产生位移； 3. 定量解译程度低，定量解释需要借助于钻孔资料或其他已知地质资料
瞬变电磁法	1. 不存在一次场干扰，不受静态效应影响； 2. 能穿透高阻层，探测深度较深； 3. 因为发射和接收回线不必接地，故不受布极条件限制。可在裸露的岩石、冻土、戈壁、沙漠等接地条件下开展工作	1. 不能在有铁路、金属管线、输变电线等可产生二次场干扰的地方工作； 2. 在低阻围岩地区，采用重叠回线多通道观测时，易受地形影响； 3. 定量解释需借助钻孔资料，受测试地层物性条件和测试条件影响，有时测试成果中存在假异常
探地雷达法	1. 对场地范围的大小和起伏程度要求不高，工作简便、效率较高； 2. 探测方向性好，分辨率较高，可划分厚度较薄的地层	1. 探测深度浅，不能探测高电导屏蔽层下的目标体； 2. 在电磁场干扰较强的场地难以开展工作

2. 非炸药震源地震勘探解决方案

地震勘探技术发展至今，地震信号的激发源各种各样，见图 3.2-1。炸药震源具有良好的冲击性能和较高的激发能量，自 20 世纪 20 年代一直沿用至今，而非炸药震源从最初的落重式震源发展到今天的可控震源，已成为较完善的机电一体化设备。

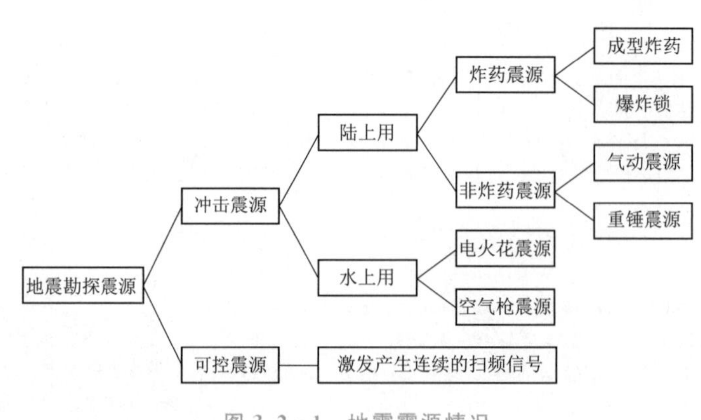

图 3.2-1　地震震源情况

但是由于水电工程大多处于高山峡谷之中，除了炸药震源之外，一些在平原陆地上和宽阔水域适用的震源，在河流和地形陡峭的区域适用性大大降低，甚至不能采用，因此炸药震源一直是水电工程行业进行地震勘探的首选。近年来，由于环保的要求、安全的考虑，以及工作效率的考量等因素，希望减少炸药震源的使用，寻找更为安全和高效的非炸药震源。以下为各非炸药震源的试验情况。

(1) 落锤震源。通过试验发现落锤震源激发能量效果不佳，三脚架的工作方式使得装置稳定性差，安全性差。图 3.2-2 为落锤震源现场试验。

图 3.2-2　落锤震源现场试验

(2) 夯锤震源。夯锤震源的设计见图 3.2-3。夯锤震源可以拆卸，便于运输，相比落锤激发的能量更大，适用于浅层地震反射、折射等地震勘探工作，最大勘探深度可达到 80m，图 3.2-4 为使用夯锤震源进行折射层析成像勘探的成果图。

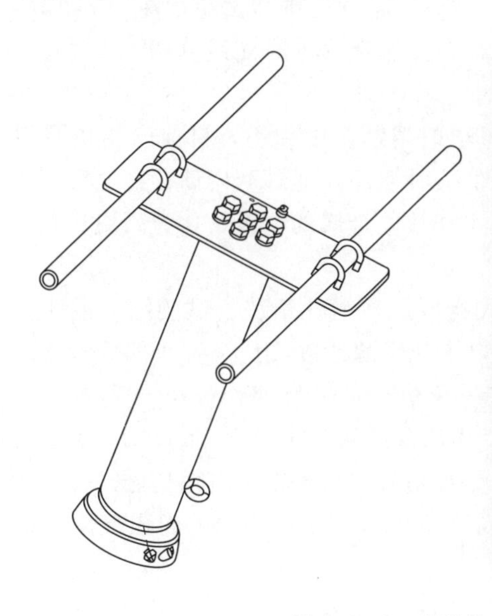

图 3.2-3　设计的夯锤及现场施工

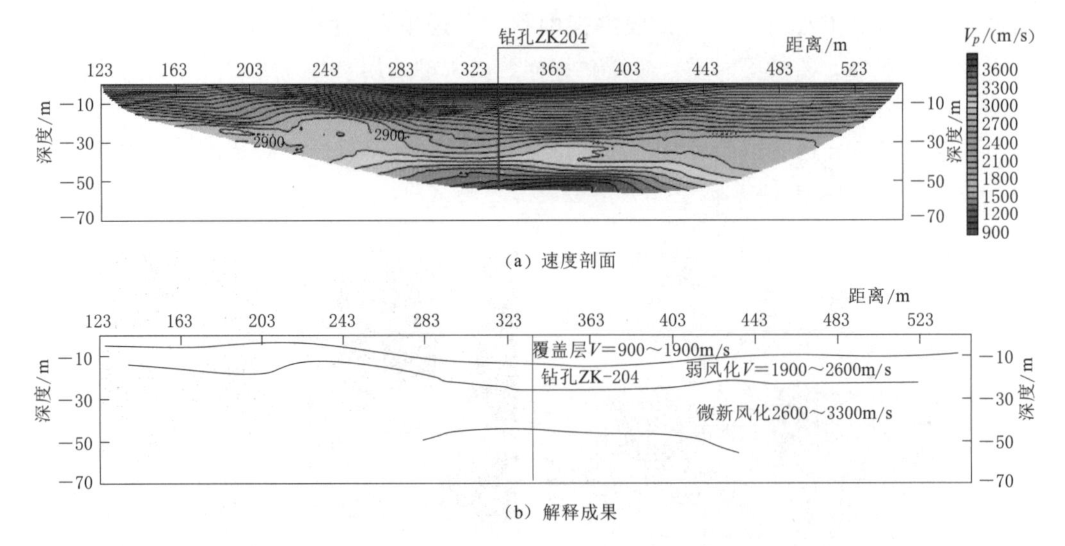

(a) 速度剖面

(b) 解释成果

图 3.2-4 采用设计的夯锤震源进行折射层析成像勘探的成果图

(3) 水上非炸药震源。在宽阔水域进行水上地震勘探时，可以采用较大型的船只，采用气枪震源、电火花震源等配合仪器船、漂浮电缆或水听器等组成的水上工作系统来实施，但是水电工程水上地震勘探的作业环境更多的是一些相对狭窄、水流湍急且多数不具备通航条件的河流，因此，只能考虑一些相对轻便的非炸药震源。

气泡震源即电磁冲击震源，是一种在水声学中广泛应用的电能震源，其利用电磁感应的方法，使振动器在水中发生冲击振动，振动频率为窄带 400Hz 冲击，声源级大于 200dB。震源系统由气泡震动装置［图 3.2-5 (a)］、震源同步控制装置［图 3.2-5 (b)］构成。地震勘探数据采集系统由震源系统、数据采集装置、数字化检波器、数据电缆组成，现场工作采用船拖曳进行，见图 3.2-5 (c)。通过长排列试验，在 25m 偏移距，最大炮检距离 200m 时，仍然能接收到较好的波形并能判读走时曲线（图 3.2-6），因此采用气泡震源能够在一定程度上替代炸药震源。

电火花震源（图 3.2-7）首先在我国海洋地震勘探中采用，目前已逐步应用到淡水环境中。它是根据液体中放电理论发展起来的一种震源，通过利用储存在电容器中的高压电能，在一瞬间通过水间隙释放的能量，将水和放电金属的电极物化为高温、高压水蒸气和金属蒸气，从而产生压力波形成人工震源。

图 3.2-8 是电火花震源和炸药震源最大接收距离对比情况。试验结果表明：①最大炮检距离为 100m 时，单次采集炸药震源和电火花震源地震波初至时间都较为清晰且容易判读，初至时间都较为接近，其中：电火花震源初至时间为 45.6ms，炸药震源初至时间为 45.7ms；②当最大炮检距离为 180m 时，炸药震源初至时间为 74.6ms，而电火花震源叠加采集三次后初至时间仍不能有效判读，干扰信号完全淹没了有效信号。经试验，电火花震源在此段河流作业条件下，最大初至判读距离为 130～150m，超出此距离则震源能量不足。

通过进行各种非炸药震源的对比试验，说明适用于水中的气泡震源和适用于陆上的人工夯锤震源作为炸药的替代震源效果相对较好。水中气泡震源激发时，可以采用水中漂浮

（a）气泡震动装置

（b）震源同步控制装置

（c）水上反射波法试验工作

图 3.2－5　气泡震源试验

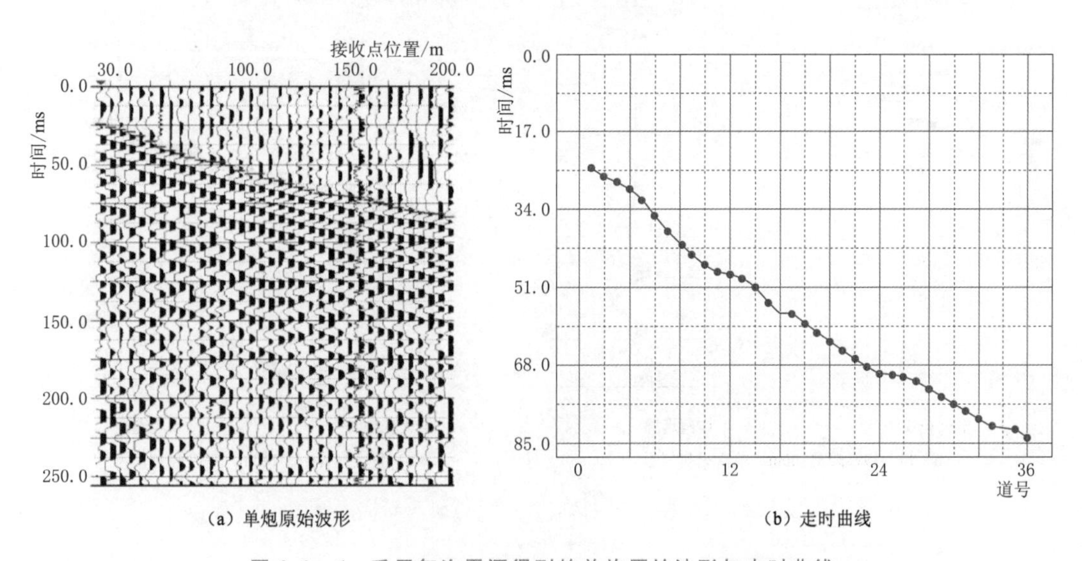

（a）单炮原始波形

（b）走时曲线

图 3.2－6　采用气泡震源得到的单炮原始波形与走时曲线

缆式水听器进行水中接收，也可以采用常规检波器进行陆上接收；人工夯锤震源在陆上激发时，则可以采用漂浮缆式水听器或常规水听器进行水中接收。采用以上两种非炸药震源，既可以应用地震折射波法，也可以应用地震反射波法，目前根据有效的新的非炸药震源，形成了三种新的水上地震工作方法，包括：①漂浮缆式水听器的水上地震折射数据采集方法；②基于人工夯锤震源的水上地震折射数据采集方法；③基于气泡震源的水上地震

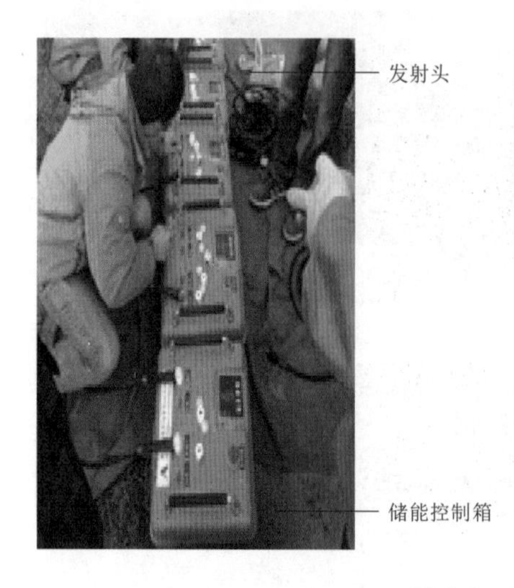

图 3.2-7　电火花震源系统

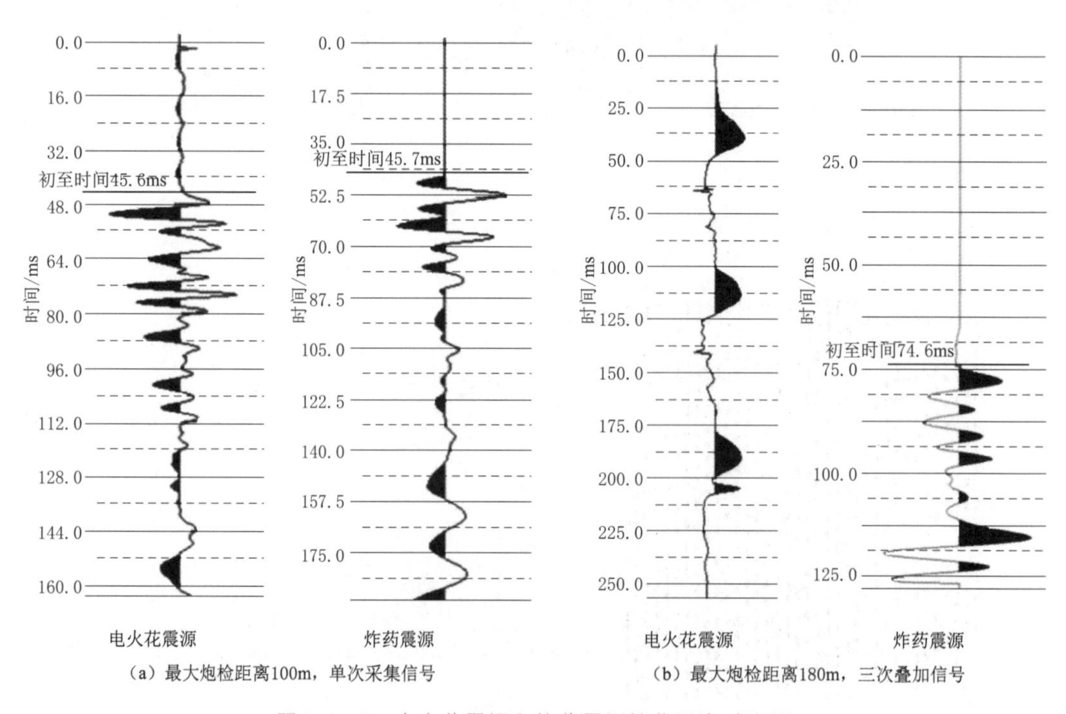

（a）最大炮检距离100m，单次采集信号

（b）最大炮检距离180m，三次叠加信号

图 3.2-8　电火花震源和炸药震源接收距离对比图

折射数据采集方法。这三种基于非炸药震源的地震工作方法为河流和阶地覆盖层探测提供了新的解决方案。

3.2.2　工程实例

1. A 水电站河床及阶地覆盖层综合探测

A 水电站位于缅甸克钦邦境内，初选坝址为上坝址和下坝址。上坝址位于诺昌卡河下游河流大转弯河段上游约 4km，坝址河水面高程约 733m，河面宽 40～70m。河谷基本呈对称“V”形，两岸地形较完整，两岸地形陡峻，弱风化基岩裸露，岩性为燕山期灰色中～粗粒二云母花岗岩。河床内第一层（包含水和冲积层）的地震纵波波速 V_1 在 1600～2500m/s 之间，基岩地震纵波波速 V_2 值在 4500～6500m/s 之间，满足地震折射波法勘探地球物理的前提条件。

为探测某水电站上坝址河床冲积层厚度，在河床水上布置地震折射波法剖面 D1～D9 计 9 条，水上剖面总长度为 1621m；在右岸河滩布置地震反射波法剖面 F1～F13 共 13 条，剖面总长度为 3088m。A 水电站上坝址物探剖面布置见图 3.2-9。

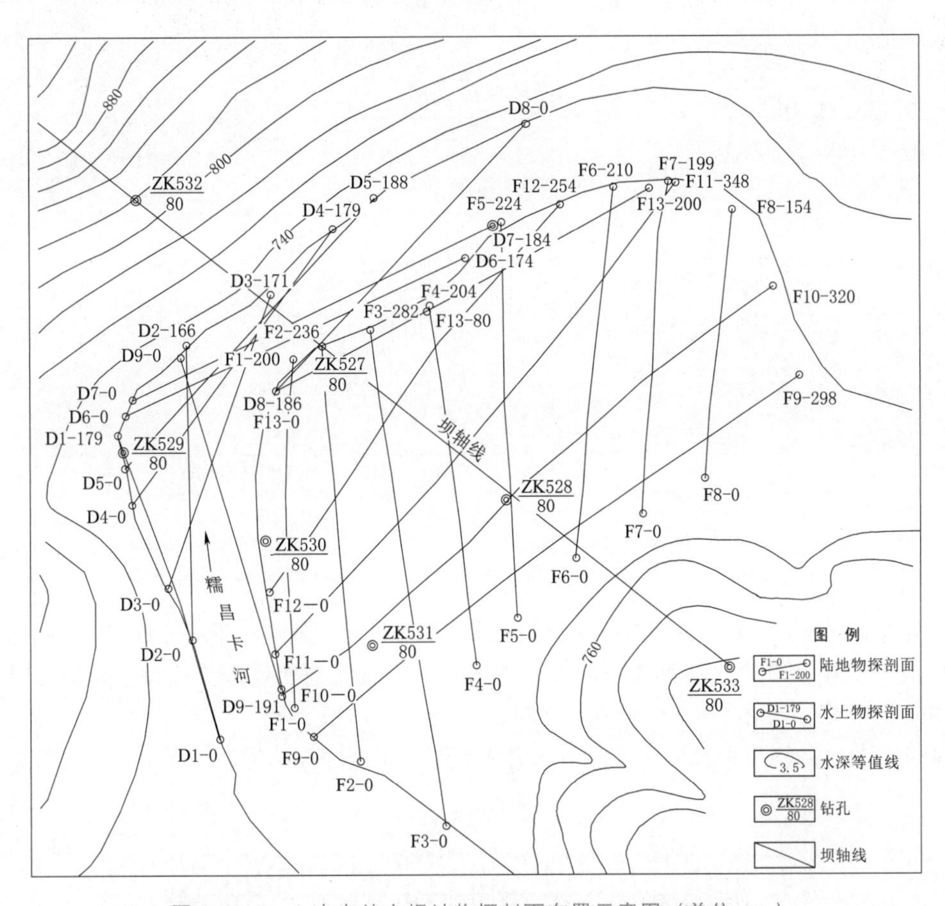

图 3.2-9　A 水电站上坝址物探剖面布置示意图（单位：m）

水上地震折射波法采用激发点与接收点互换法，测点距为 10m。采用炸药震源，将炸药包沉入河底激发点处激发，用石膏将检波器固定在岸边接收点处。由于坝址河段河边左岸的基岩出露较多，为了减少旁侧基岩的影响（地震波的最小走时传播路径因旁侧基岩的影响而发生改变），同时为增加剖面的有效解释段，剖面一般跨河斜交水流方向布置，长度一般控制在 150m 左右。

浅层地震反射波法激发点与第一道接收检波器间隔为 26m，检波器间距 2m，铺设至少 24 道接收排列。

水上地震折射波法资料的定量解释采用 t_0 法，求得河床冲积层平均纵波波速 $V_1=2000$m/s，基岩纵波波速 V_2 为 4260～5230m/s。图 3.2－10 为河湾坝址河床水上 D7 剖面水上地震折射波时距曲线解释成果图。

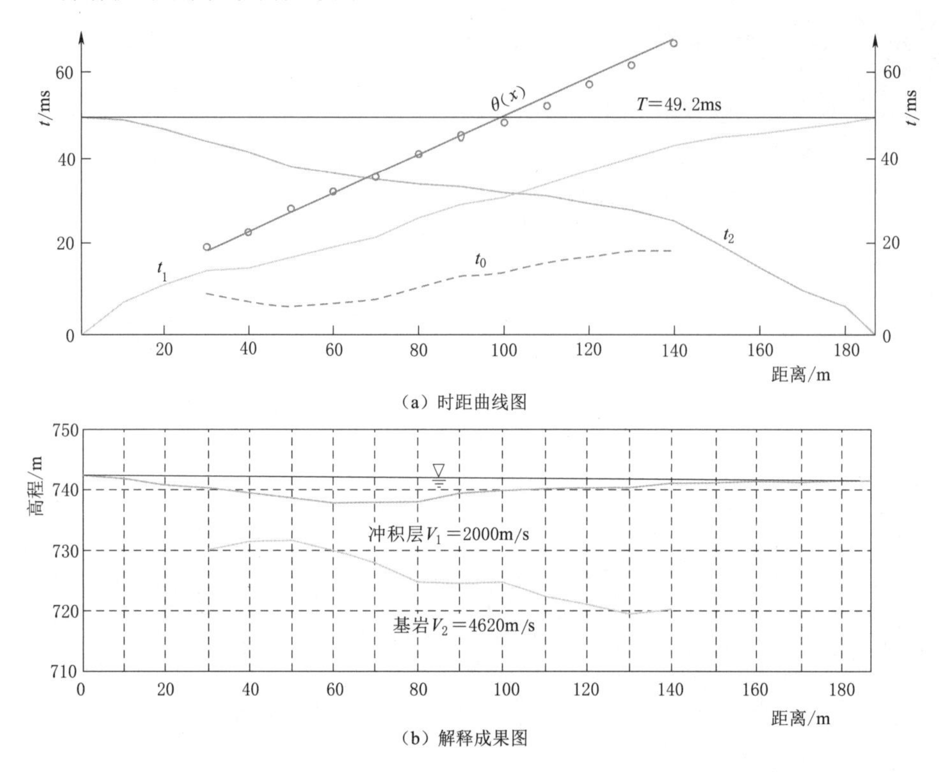

图 3.2－10　上坝址河床 D7 剖面水上地震折射波时距曲线解释成果图

浅层地震反射波法资料处理包括：原始记录编辑→屏幕预处理→频谱分析→常速扫描→屏幕正反演→动校正检验→动平衡→混波→时间剖面→时深剖面处理等流程。获得右岸河漫滩地覆盖层厚度一般在 26.0～31.0m 之间。

从反射波组的特征来看，覆盖层与基岩之间存在明显的强反射波同相轴，见图 3.2－11。

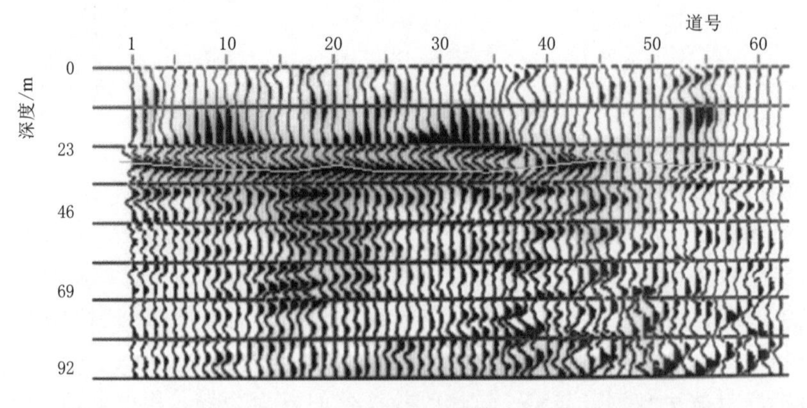

图 3.2－11　F1 剖面 1～60m 段浅层地震反射波法试验时深剖面图

综合河床水上地震折射波法和岸边阶地浅层地震反射波法勘探成果，得到A水电站上坝址覆盖层厚度等值线图，由图3.2-12可以看出：河床冲积层厚度有上游厚、下游薄、左边浅、右边深的特点，顺流向河流中部的冲积层厚度一般在16.0～22.0m之间。在坝轴线以下右岸河漫滩地F11剖面90～240m附近的厚度最大，厚度达37.0m左右，形成长度约150m、宽度约30m的深槽，推测该位置有可能是古河道的一部分，其中坝轴线位置的冲积层厚度分布见图3.2-13。

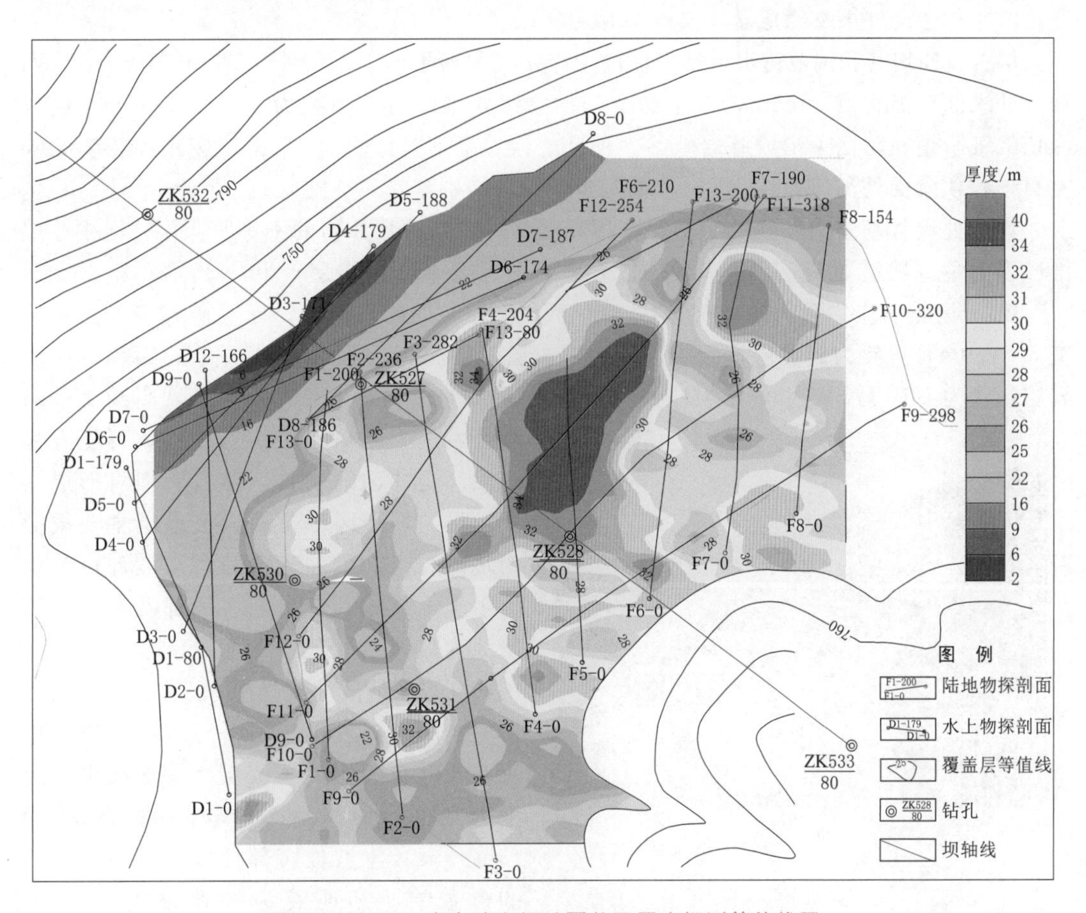

图3.2-12　A水电站上坝址覆盖层厚度探测等值线图

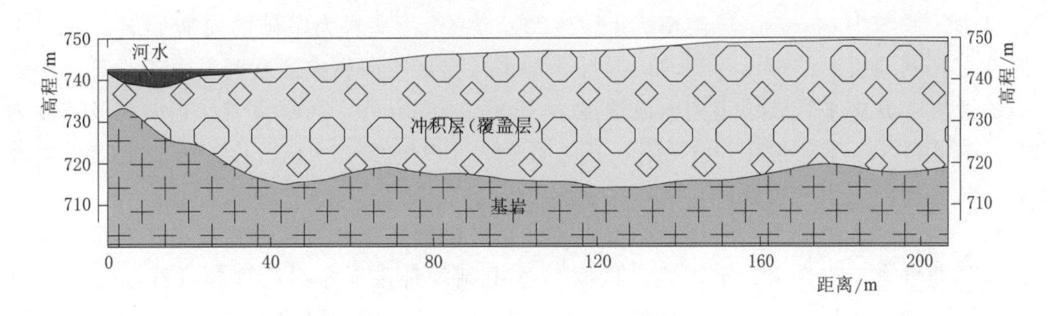

图3.2-13　A水电站上坝址坝轴线物探成果图

通过A水电站上坝址综合地震勘探可知，河床冲积层厚度在3.7～28.5m之间，最厚28.5m，位置在D1剖面的80m处；冲积层厚度有上游厚、下游薄，横向左薄、右厚的特点；顺流向河流中部的冲积层厚度一般在19.0～28.0m之间，横向比纵向变化大。河床基岩面高程在713～736m之间，平均高程724m；河床基岩波速在4260～5230m/s之间。右岸滩地覆盖层厚度一般在26.0～31.0m之间，F11剖面210m处最厚，数值达39.7m。基岩面高程一般在714～722m之间，F11剖面210m最低，数值为706.8m。

2. B水电站河床及阶地覆盖层综合探测

塔吉克斯坦共和国亚湾水电站坝址位于泽拉夫尚河干流上，坝址处的河流流向S60°W，坝址处水面线高程约1165m，左岸为宽阔的二级阶地，阶面高程为1215～1240m，河谷深切二级阶地在阶面下形成基岩峡谷。坝址处河谷呈不对称的“V”形，床水面宽度50m左右，谷顶阶面处河床宽约150m。现河两岸岸坡特别是左岸坡陡立。

坝址处峡谷基岩为坚硬的中厚层志留系变质砂岩与薄层片岩的不等厚互层，以中厚层细砂岩为主。坝址处为一背斜，轴向N40°W左右，NE翼岩层产状N35°WNE∠35°～70°，倾上游偏右岸；背斜轴部被产状N50°WSW∠80°的断层破坏，断层破碎带与影响带宽50～60m，主要为碎裂岩，断层破碎带中岩层似层面产状SNE∠35°左右；背斜SW翼岩层产状为N10°WSW∠80°。坝址处左岸基岩岸坡高约55m，右岸基岩岸坡高约100m；坝址右岸下游侧有一深切冲沟，可能发生山洪。受冲沟的切割，使右岸坝肩形成一个山脊。坝址区部位河床覆盖层主要成分为块碎石土和漂卵砂砾石，岸坡部位为块碎石土等组成，右岸坝肩顶部及左岸二级阶地为较厚的中密～密实的砂卵砾石土。B水电站坝址区地貌见图3.2-14。

图3.2-14　B水电站址坝区地貌图

实测物探资料表明，河床部位以砂卵砾石及漂石为主的覆盖层，其地震纵波速度为1200～1700m/s，电阻率为250～450Ω·m；岸坡坡脚部位以块碎石土为主的覆盖层，其地震纵波速度为1100～1300m/s，电阻率为300～1500Ω·m；左岸二级阶地中密～密实砂卵砾石土，其地震纵波速度为1100～1600m/s，电阻率为800～3500Ω·m。基岩为坚硬的变质砂岩、片岩不等厚互层，其地震纵波速度存在各向异性，即平行岩层走向纵波速度明显大于垂直岩层走向纵波速度，其中平行岩层走向纵波速度为3600～4000m/s，而垂直岩层走向纵波速度为3000～3400m/s。基岩电阻率呈低阻，其电阻率为100～250Ω·m。具备采用地震折射波法和电法勘探的应用前提条件。

由于坝址区水流湍急、河床两岸特别是左岸坡度较陡等，给地球物理工作布置、现场测试及作业安全工作带来一定困难。根据B水电站坝址区、左岸阶地副坝线与溢洪道沿线的地形、地质条件，考虑地球物理方法的有效性以及对场地要求等因素，相关测线布置见图3.2-15。其中在坝址区河床部位布置横河1-1、2-2、3-3剖面，沿右岸水边布置顺4-4剖面，另外在左岸阶地分别沿副坝线布置5-5剖面，沿溢洪道布置6-6剖面。在地球物理方法选择上，除坝址区水上横河剖面只采用地震折射波法外，其他陆地剖面均采用地震折射波法和高密度电法综合地球物理手段进行勘探，主要查明坝址区、左岸二级阶地副坝及溢洪道部位覆盖层厚度。坝址区物探剖面布置见图3.2-15。

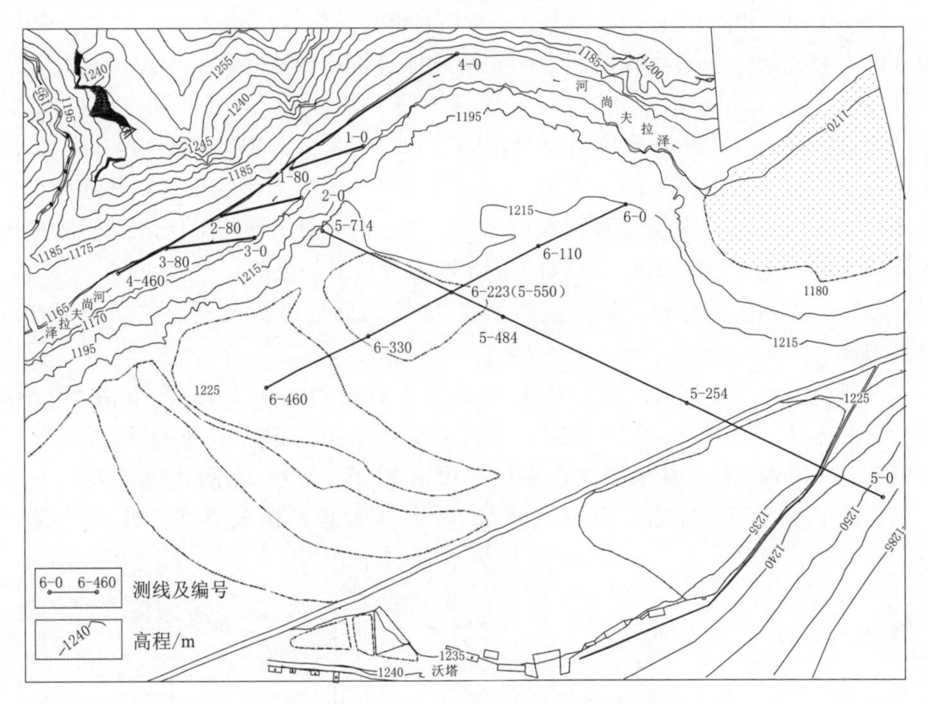

图3.2-15 坝址区物探剖面布置图

地震折射波法陆地采用相遇追逐观测系统，水上采用互换法进行探测。检波器采用主频为28Hz的垂直检波器，仪器工作参数：采样间隔为0.5ms，采样点数为1024点。检波点距大多数为10m，少数为5m，最大炮检距离为230m；激发方式为炸药爆破，最小药量为0.25kg，最大药量为4kg。

由于本次地震勘探震源能量充足，加上尽量选择水中进行爆破激发、工作现场又相对比较安静等条件，获得的地震波记录信噪比较高，折射波初至清晰，原始数据质量可靠。图3.2-16为坝址区水上地震折射波法数据采集现场。

图3.2-16 坝址区水上地震折射波法数据采集现场

高密度电法现场数据采集采用温纳四极AMNB装置，测量通道为120个，测点距为6m，排列长度为714m。

地震折射资料的定量解释采用t_0法，由地震折射时距曲线可知，该区地震时距曲线均呈二层结构。其中，水上剖面第一层地震纵波波速$V_1=1500\text{m/s}$为水、漂卵砂砾石层的综合反映，陆地剖面第一层地震纵波波速 $V_1=1200\sim1350\text{m/s}$ 为相对密实的坡积块碎石土、漂卵砂砾石和崩坡积块碎石层的反映；第二层地震纵波波速为 $V_2=3200\sim4000\text{m/s}$，推测为相对完整的基岩顶板界面的反映。其中，顺河向剖面（与岩层走向呈小角度相交）地震纵波波速相对高，其纵波波速为 $V_2=3700\sim4000\text{m/s}$，而横河向剖面（与岩层走向大角度相交）地震纵波波速相对低，其纵波波速为 $V_2=3200\sim3500\text{m/s}$。现以坝址区左岸二级阶地副坝线剖面为例，阐述地震折射波法在河流两岸阶地覆盖层探测中应用。

分析坝址区高密度电法反演电阻率剖面图可知，表部色谱图呈现不均匀高、低阻相间的晕团，推测为覆盖层内部不均匀漂卵砂砾石及块碎石土层变化的反映，其河床部位电阻率为 250～450Ω·m，右岸坝肩顶部电阻率为 250～1500Ω·m；而色谱图下部呈现相对均匀的低阻晕团，电阻率为 100～250Ω·m，推测为基岩的反映。

图 3.2-17 为坝址区左岸二级阶地副坝线 5-5 剖面地震折射波法及高密度电法综合解释成果图。

左岸阶地副坝线 5-5 剖面覆盖层厚度变化相对较大，在 1.5～64m 之间，相对较深部位位于桩号 5-130～5-400 之间，厚度为 40～64m，其中在桩号 5-220～5-310 之间厚度均达 60m 以上，其他测段覆盖层厚度多为 20～30m 之间，最浅处为左岸坝顶部位，其厚度仅为 1.5m 左右。左岸副坝线 5-5 剖面基岩顶板界面变化趋势是：在小

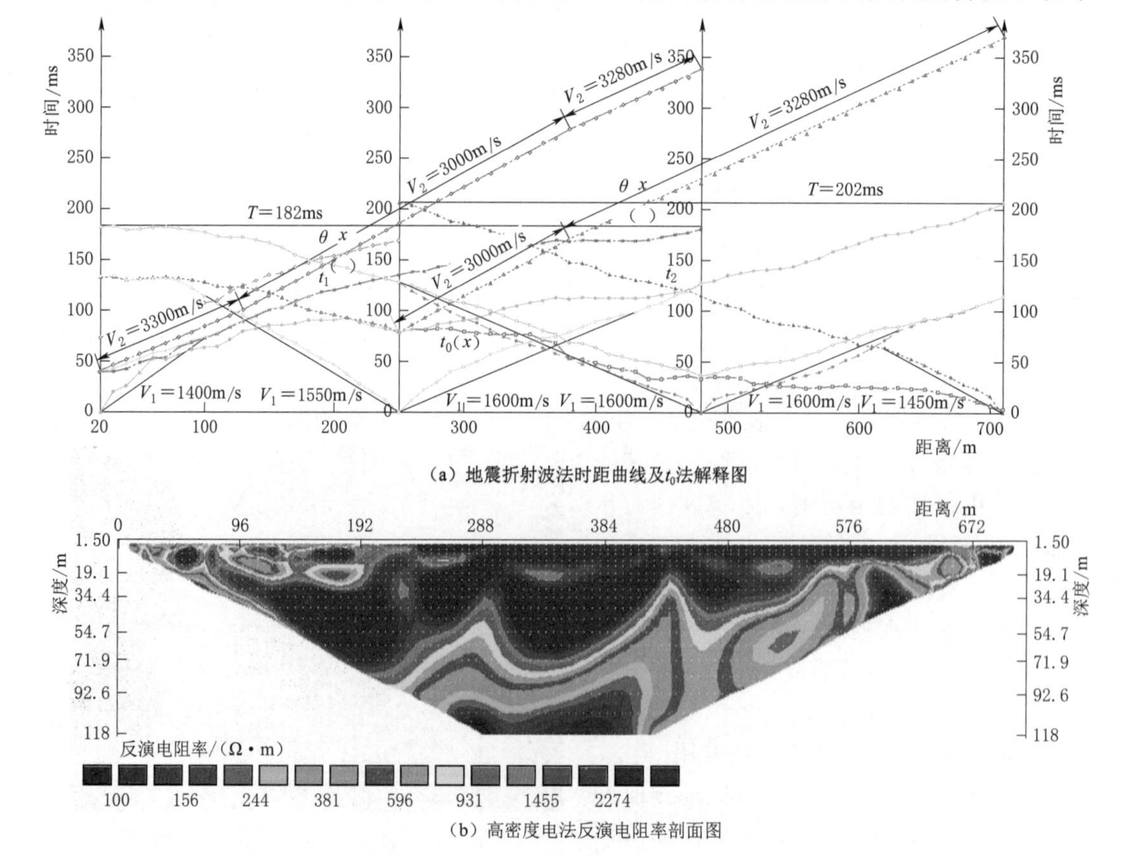

图 3.2-17（一） 左岸副坝线 5-5 剖面地震折射波法及高密度电法综合解释成果图

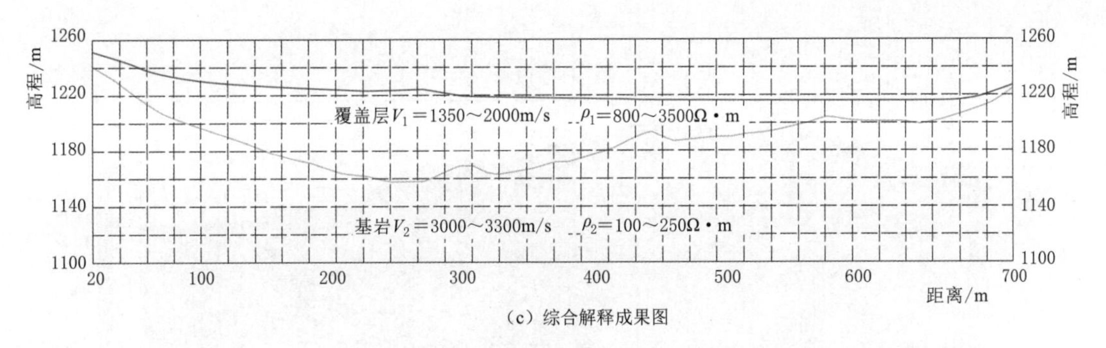

(c) 综合解释成果图

图 3.2-17（二） 左岸副坝线 5-5 剖面地震折射波法及高密度电法综合解释成果图

桩号 5-0～5-120 端，且向小桩号方向上翘，在桩号 5-120～5-420 间呈“凹”状，而自桩号 5-420 至大桩号剖面方向变化平缓，只是在大桩号附近（坝址左岸坝顶）基岩顶板界面向大桩号方向上翘。该剖面基岩顶板最低高程为 1160m 左右。

3.3 隐伏构造探测技术

隐伏构造是指被第四纪松散沉积物所掩盖或隐伏在表层基岩下面的地质构造，由于在地表没有揭示，给地质人员的判断带来了困难。采用地球物理方法能够快速地确定隐伏构造的位置，并对隐伏构造的规模和产状进行大致判断，为后期工程设计提供依据。

3.3.1 技术要点

构造探测一般要求深度较大，对于水电工程所处的高山峡谷区，地震类方法往往难以施展，一般采用电磁类方法，常用的方法包括音频大地电磁测深法、瞬变电磁法等，同时为了弥补电磁法浅部信号的缺少，采用高密度电法、地震反射波法、瑞雷面波法等进行探测[9-13]。

在实际进行隐伏构造探测时，要注意对区域地质资料的收集，这样使得探测有的放矢。当然也有工程区内地质资料完全缺失的情况，这时可以采用长剖面进行工程区构造普查，在初步探明的隐伏构造位置的基础上，布置平行剖面以查明剖面走向，对有疑虑的位置采用其他方法进行综合探测，对于浅部信号缺失的部位也要按照前述方法进行补充探测，以进一步确定地面对应位置。

针对隐伏构造探测的资料解释，首先要对工程区隐伏构造的物性特征进行研究，一般说来，构造部位岩体较为破碎，含水性好，因此从电性看一般为低电阻率的反映，从弹性特征上看一般为低波速的反映，两者之间有一定的对应性。从空间形态上看，往往表现为低电阻率或低波速的深槽，相关典型图见图 3.3-1。

但是电磁法容易受到高压线等电磁干扰，形成与隐伏构造类似的电性反映（图 3.3-1），这时要注意现场情况的记录，以免造成误判。另外对于部分由于金属矿或者其他碳质岩体引起的低电阻率反映，要结合地质情况，并根据异常形态进行分辨，见图 3.3-2。

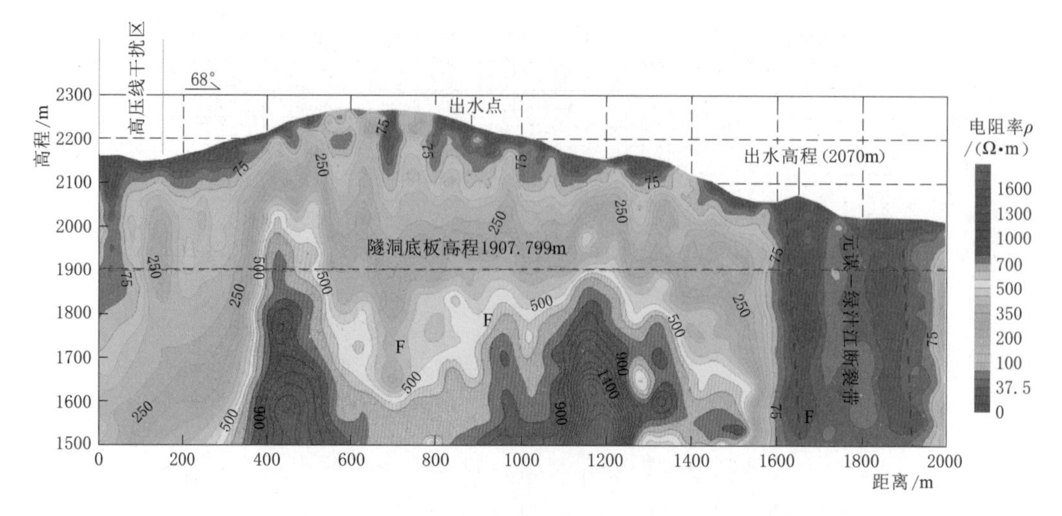

图 3.3-1 音频大地电磁测深法隐伏构造电阻率断面图

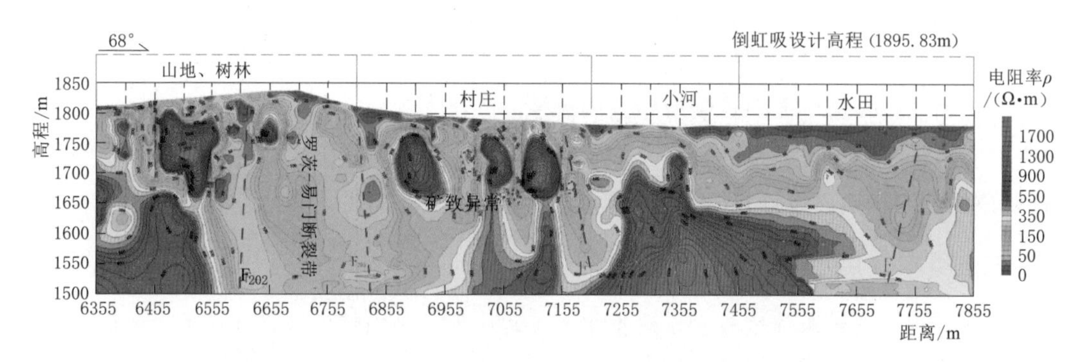

图 3.3-2 岩体中的金属矿异常导致隐伏构造判断的干扰

3.3.2 工程实例

1. 某水电站隐伏构造综合探测

某水电站位于西藏自治区昌都地区芒康县境内，初选了上、中、下三个坝址，见图3.3-3。整个河段河谷开阔，两岸山体雄厚，地形陡峻，呈基本对称的“V”形峡谷，为纵向河谷。河谷右岸江面以上低高程部位分布一级、二级阶地，见图3.3-4。

上中坝左岸地势陡峻，为纵向河谷，上、下坝址相距约1.4km。上坝址位于曲孜卡大桥上游约2.8km处，中坝址位于曲孜卡大桥上游约2.1km处，下坝址位于曲孜卡大桥上游约1.4km处。预可行性研究阶段重点研究上、下坝址。

上坝址左右两岸分别有巴美断裂和牛场断裂通过，地质构造复杂，顺层挤压明显，断层带及影响带岩层揉皱强烈，岩体破碎，完整性差。左岸基岩大面积裸露，河床部位及右岸坝基下伏基岩为三叠系上统小定西组粗粒玄武岩、杏仁状玄武岩等，岩性复杂，均一性差；以巴美断裂及牛场断裂为界，右岸上部为斜长花岗岩，中部下伏基岩为侏罗系中统花开左组的变质砂岩与泥岩互层，坝址区表面岩体倾倒及卸荷等物理地质作用强烈。综合分

图 3.3-3　坝址位置示意图

析，该坝址工程地质条件较差，地质构造复杂。为查明测区内隐伏构造的具体位置，需要开展综合地球物理工作。

图 3.3-4　中坝址一级、二级阶地地形

断裂构造和断层破碎带的视电阻率特征通常表现为低阻异常，异常区的电阻率等值线为陡倾带状，形态为“U”或“V”状，并且在竖直方向延伸大，电阻率明显比周围小。图 3.3-5 为 Z2 剖面部分音频大地电磁测深法的断面图，解释 320～440m 段的电阻率值小于 120Ω·m，与两侧电阻率有明显差异，推断低电阻率异常为断层破碎带，该解释与地质调查情况一致。图 3.3-6 为 Z4 剖面部分高密度电法的断面图，解释 440～630m 段的电阻率值小于 200Ω·m，其两侧电阻率相对较高，存在明显差异，推断低电阻率异常为断层破碎带，该解释与地质调查情况一致。

根据多个剖面断层分布情况，最后得出牛场断裂、巴美断裂及其他断层或者破碎带的位置，见图 3.3-7。

2. 陕西泾河东庄水利枢纽库区断层大地电磁探测试验

陕西泾河东庄水利枢纽工程位于陕西省礼泉县与淳化县交界的泾河下游峡谷段，距峡谷出山口约 20km，距西安市约 90km。坝址控制流域面积 42 万 km^2，占泾河流域面积的 95.1%，规划水库总库容 30.62 亿 m^3。

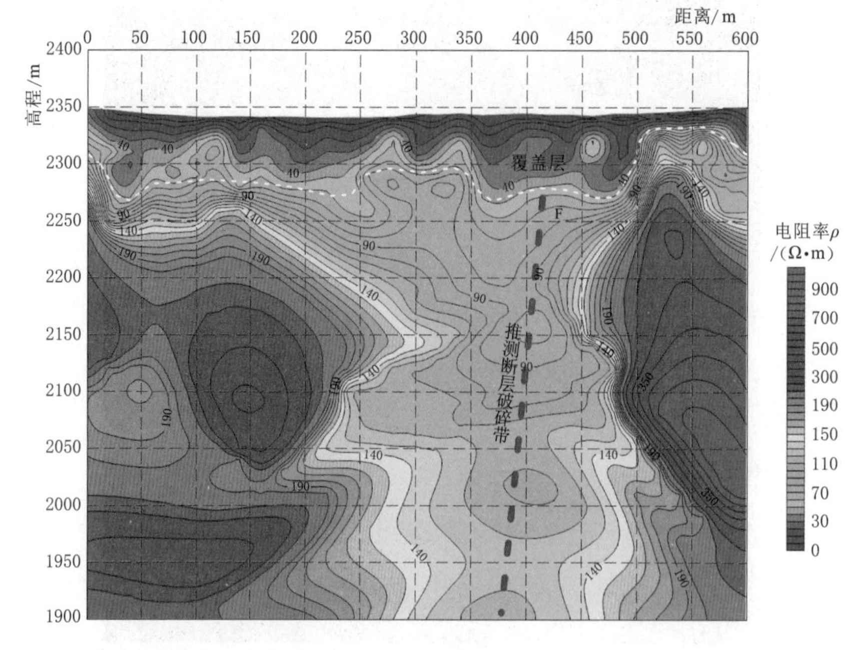

图 3.3-5　音频大地电磁测深法解释断层破碎带典型断面图（Z2 部分剖面）

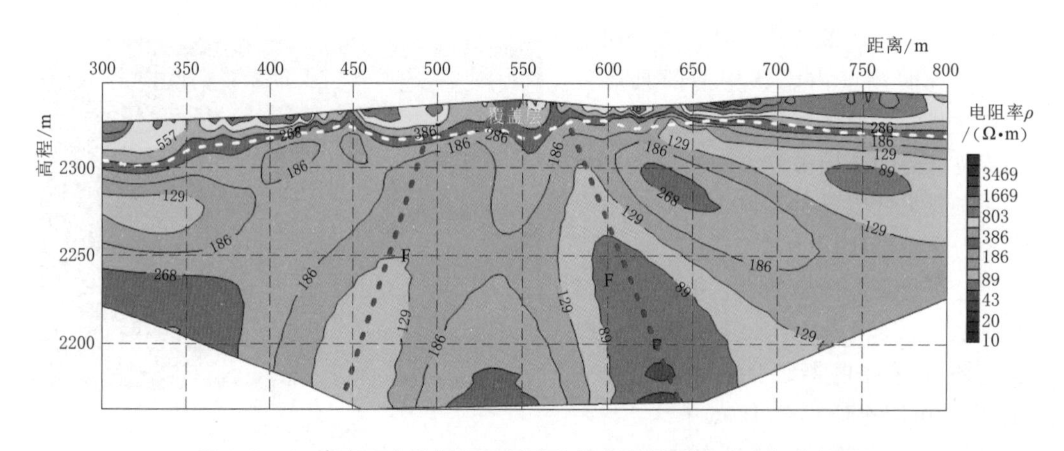

图 3.3-6　高密度电法解释断层破碎带典型断面图（Z4 部分剖面）

张家山断裂为钻天岭山前断裂，西起礼泉昭陵乡，经张家山至口镇被老龙山断裂限制，延伸长度 10km。断裂走向 NE62°～72°，倾向 SE，倾角 60°～70°，为张性正断层。上盘向下跌落，台阶状地貌显著，断层破碎带宽度 20～30m，断距数百米。断层北西侧（下盘）为基岩山区，断层下盘为古生界碳酸盐岩上覆新第三系胶结砾岩丘陵地貌；南东侧（上盘）为黄土塬，上盘古生界碳酸盐岩陷落，地貌表现为第四系堆积缓坡地形，沿断层带附近出露有多个泉水排泄点。张家山断层地势整体上北西高南东低，由北西向南东可分为基岩中低山区及侵蚀剥蚀黄土台塬区、山前倾斜冲洪积平原区。

为探测库区断层准确位置和覆盖层厚度，在正式开展大地电磁法工作之前，进行了大

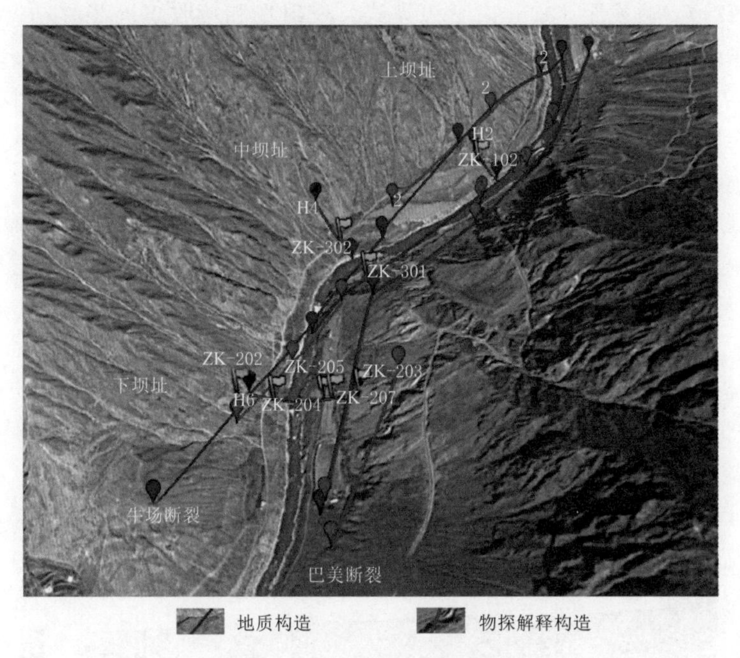

图 3.3-7 构造分布示意图

地电磁法探测试验。

采用 Stratagem EH-4（Ⅱ）连续电导率成像仪探测张家山断裂，测线布置见图 3.3-8。

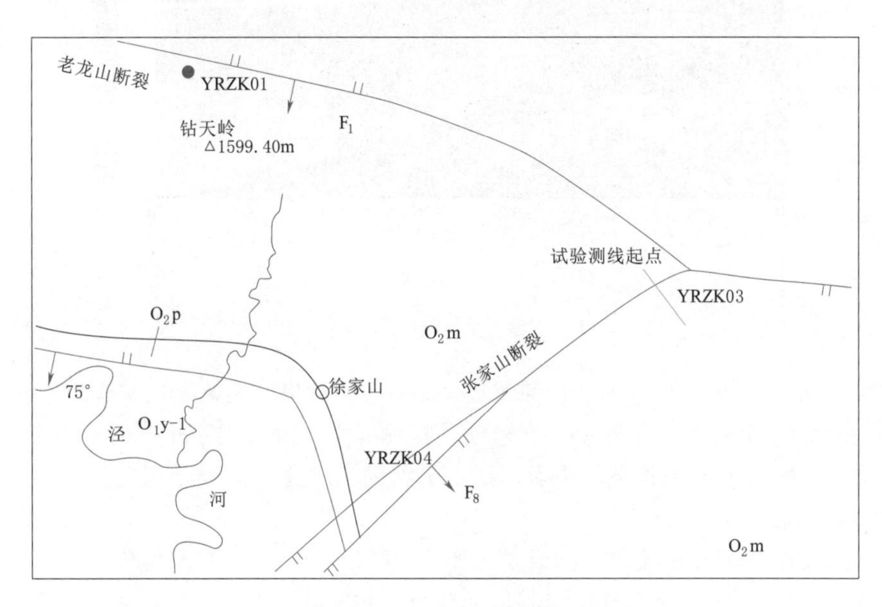

图 3.3-8 试验测线布置图

在同一条测线上用不同参数重复测量，进行效果比对。5 次测量参数为：①无源标量（E1x \ H1y）模式；②无源矢量（E1x \ H1y、E2y \ H2x）模式；③矢量（E1x \

H1y、E2y \ H2x)，收发距 100m 人工源模式，发射场和接收点同步移动；④矢量（E1x \ H1y、E2y \ H2x)，收发距 300m 人工源模式，发射场和接收点同步移动；⑤矢量（E1x \ H1y、E2y \ H2x)，收发距 500m 人工源模式，发射场和接收点同步移动。

工作参数：采用 50m 点距，50m 极距测量，根据天然场实时强度，中高频和低频段采用 5～20 次叠加。

断层的判断：通过现场试验，地层由上到下电阻率具有逐渐增大的特征，断层两侧地层的上下错动会引起电阻率等值线的明显错动；本区的地下水位较浅，断层破碎带充水后表现为条带状低阻体。因此出现低阻条带状异常或电阻率等值线明显错动是本区断层的特征。

试验 1 剖面无源标量模式探测成果见图 3.3-9，成果图上水平距离 800～1000m 有一条明显的条带状低阻体，且两侧电阻率等值线明显错动，推测是张家山断层（F_8），但断层位置与实际不符，位置偏向大桩号方向。上盘基岩过浅，下盘基岩过深。推测是断层带处地层各向异性，仅靠一个方向的电性参数不能很好地反映地层的实际情况。

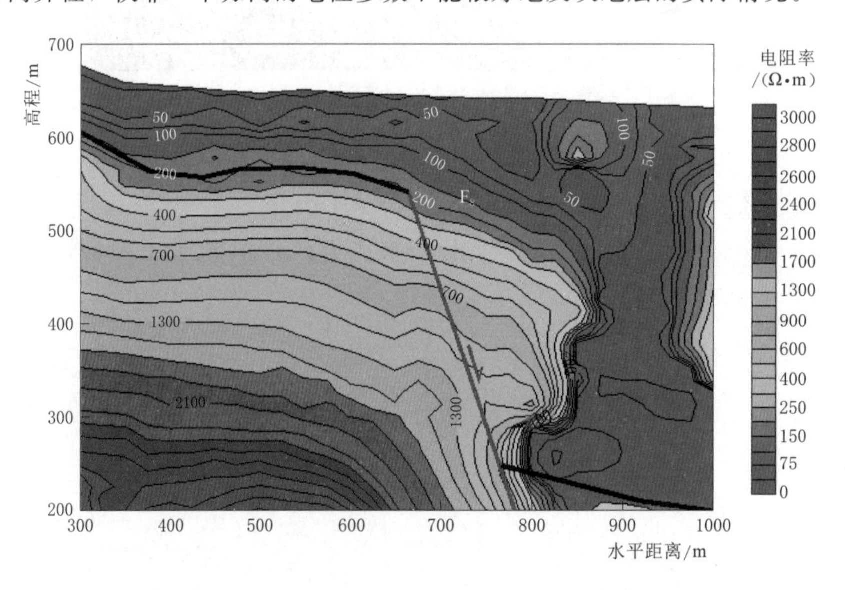

图 3.3-9 试验 1 剖面无源标量模式探测成果图

注 黑线为基岩顶界面，下同。

试验 2 剖面无源矢量模式探测成果见图 3.3-10，成果图上水平距离 500～600m，大于 200Ω·m 的电阻率等值线明显上下错动，推测是张家山断层（F_8）。水平距离 600～1000m、高程 500m 左右的覆盖层中有一层水平状的高阻体，推测是覆盖层中的胶结砾石层，电阻率 200Ω·m 左右。

100m 收发距有源矢量模式探测成果见图 3.3-11，电阻率等值线杂乱，电阻率值浅层高，深层低，与实际情况不符，与其他剖面图大相径庭，推测是场源太近，严重干扰了地层的相应信号，接收到的信号是直接从发射机发出的地面波。

300m 收发距有源矢量模式探测成果见图 3.3-12，从电阻率剖面图上分析，基岩形态与图 3.3-10 中的无源矢量模式探测成果一致；覆盖层中相同位置也有一个高阻层，形

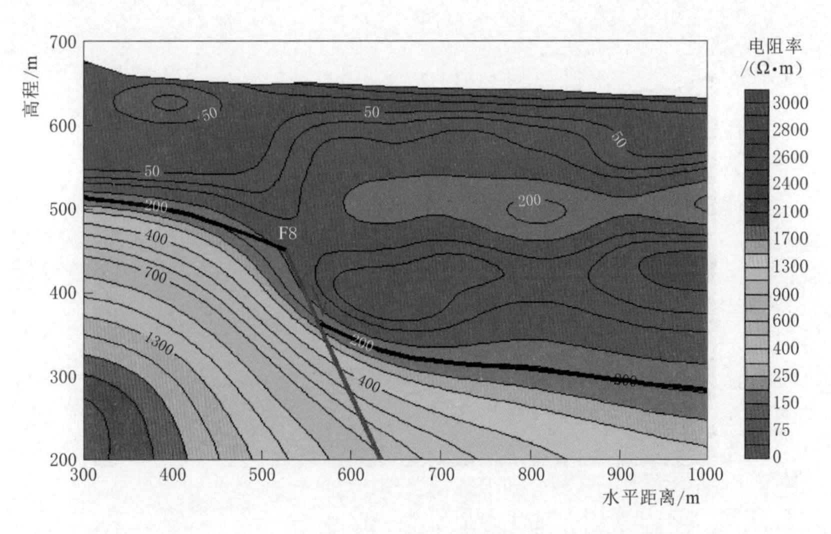

图 3.3-10　试验 2 剖面无源矢量模式探测成果图

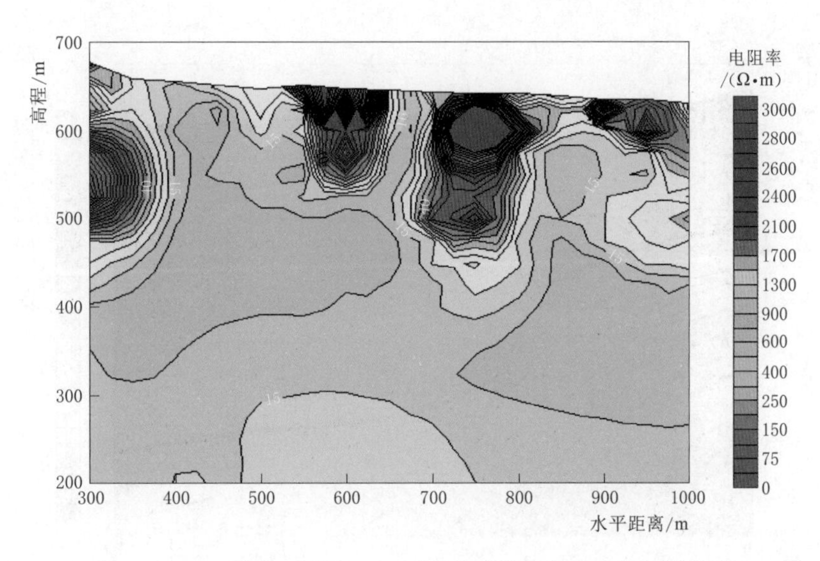

图 3.3-11　试验 3 剖面 100m 收发距有源矢量模式探测成果图

态基本一致；水平距离 550～1000m、深度 50m 以内出现一连串灯笼形高阻体，50m 等间距分布，推测是场源影响。因为 EH4 使用的是不接地磁性源，随深度增加磁性源影响减弱，故场源影响只出现在浅地表。

500m 收发距有源矢量模式探测成果见图 3.3-13，从电阻率剖面图上分析，基岩形态与图 3.3-10 中的无源矢量模式探测成果一致；覆盖层中相同位置也有一个高阻层，形态基本一致；水平距离 550～1000m、深度 100m 以内出现一层低阻体，低阻体所在区域是农田和葡萄园，推测低阻体是冬灌形成的含水层。

图 3.3-14 所示的 4 条测深曲线从左到右依次是：(a) 无源标量模式、(b) 无源矢量模式、(c) 300m 收发距矢量模式和 (d) 500m 收发距矢量模式。100m 收发距矢量模式信号杂乱，没有列出。

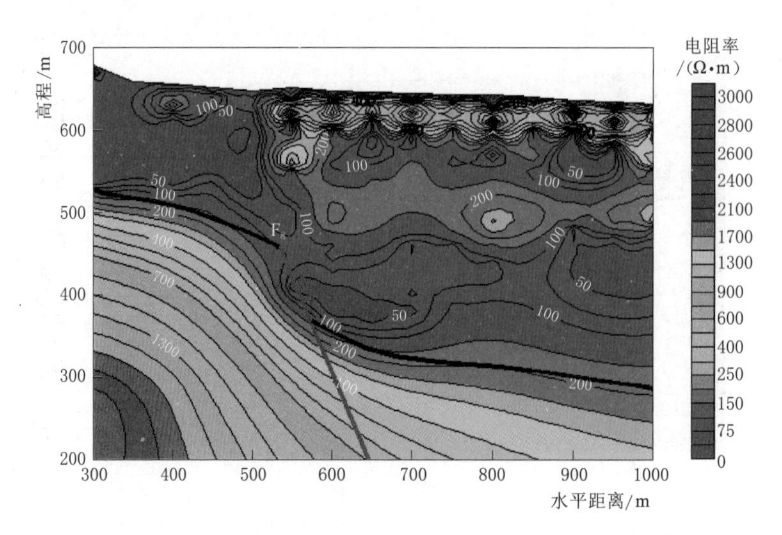

图 3.3-12　试验 4 剖面 300m 收发距有源矢量模式探测成果图

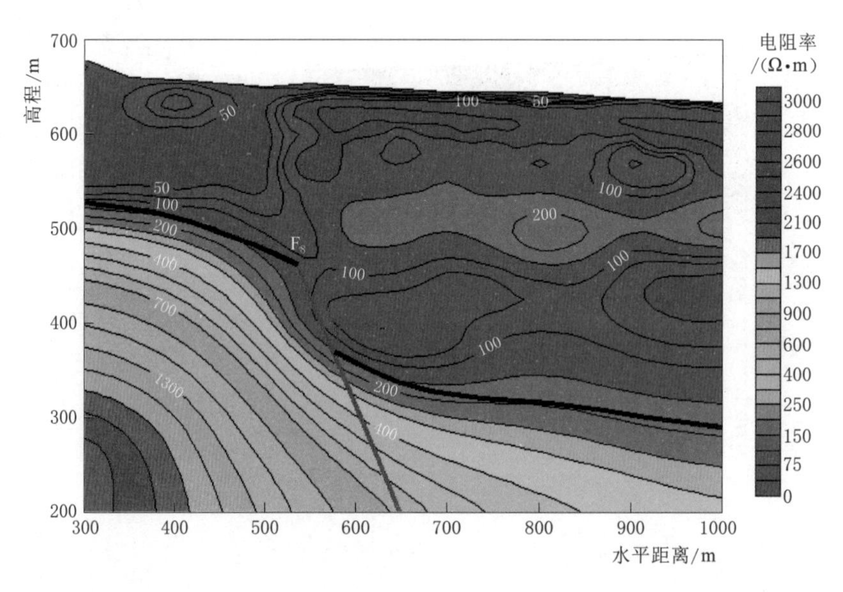

图 3.3-13　试验 5 剖面 500m 收发距有源矢量模式探测成果图

两种无源模式对比，矢量模式曲线更平滑，可靠性更高，标量模式虽能反映断层，但位置和倾向存在一定误差。

两种有源模式对比，300m 收发距浅部数据杂乱，500m 收发距数据质量更高，在类似地区探测隐伏断层，选择 500m 左右收发距的矢量模式效果最好。

有源和无源模式对比，有源模式浅部数据更加丰富，更利于探测浅部地层结构，若不考虑浅部信息，使用无源矢量模式效果和有源矢量模式基本一致。

矢量和标量模式对比，标量模式整体数据点丰富，矢量模式数据点虽少，但可靠性更高。

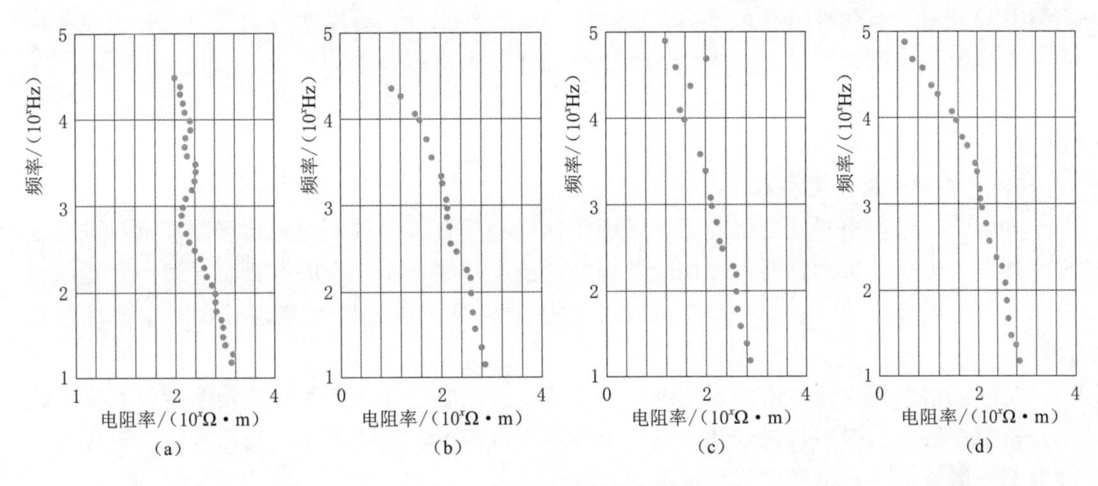

图 3.3-14　原始测深曲线数据对比图

3.4　乏信息条件下的岩体完整性评价新方法

岩体完整性是指岩体内以裂隙为主的各类结构面的发育程度。裂隙少即岩体完整性好，裂隙多则岩体完整性差。岩体完整性是岩体质量好坏最重要的标志之一。当前，国内外对工程岩体完整性的评价方法有多种，主要包括岩体完整性指数 K_v 法、岩体体积节理数 J_v 法、岩体质量指标 RQD 法、节理平均间距 d_p 法、岩体与岩块动静弹模比法、岩体龟裂系数法、岩芯单位裂隙数法等。目前，国外岩体质量指标 RQD 应用最广，国内则主要使用前三种方法。

目前水电工程中主要采用在钻孔、平洞中进行地球物理测试来评价岩体完整性，包括：①采用岩体声测试，根据声波速度计算岩体完整性系数，见表 3.4-1；②采用钻孔全景孔壁数字成像统计节理裂隙发育情况，进行岩体完整程度划分；③采用地震 CT 成像反演地下介质的结构、速度分布及弹性参数，对岩体完整性进行评价。

表 3.4-1　岩体完整程度分类

完整程度	完整	较完整	完整性差	较破碎	破碎
完整性系数	>0.75	0.75～0.55	0.55～0.35	0.35～0.15	<0.15

然而，随着国内水电开发向怒江、雅鲁藏布江、澜沧江和金沙江上游转移，以及国际水电市场主要集中在东南亚、非洲和南美，在这些地区开展水电项目具有一些特殊性，一方面受政治、经济、语言等因素影响，不可预见的干扰因素较多；另一方面，这些地方往往地形地貌往往十分复杂，不少地段山高坡陡，植被繁茂，人员很难涉足开展工作。受这些因素影响，前期勘察中，钻探、平洞等耗时较多、成本较大、实施困难的勘察手段使用就受到限制，在实际工程中，经常遇到下面的情况：①火工材料使用受限，钻孔、平洞等勘探手段实施难度大；②地震勘探资料相对较多，钻孔、平洞数量少，传统岩体质量评价方法难以评价整个工区的岩体质量；③钻孔岩体破碎需钢管护壁、泥浆护壁，使得声波测试

有效孔段较短，有效评价孔段不具代表性。因此，在水电工程勘察中尝试用钻孔声波测试数据与地震勘探数据相结合的方法，对工程岩体质量进行评价。

3.4.1 技术要点

1. 地震波速岩体完整程度评价方法

在钻孔、平洞资料缺乏情况下，可利用地球物理资料尤其是地表地震勘探资料进行工程岩体质量评价，采用钻孔声波测试数据与地震勘探数据相结合的方式，通过一定量的声波波速与地震波波速对比，在此基础上，利用地震纵波或者横波波速对岩体完整性进行评价。

可以获得岩体纵波速度的地震勘探方法有直接法和间接法两类。直接法主要有反射波法、折射波法、折射层析成像法、钻孔地震层析成像法；间接法主要有面波法，通过面波波速获得横波波速，再转换为纵波波速。

地震纵波波速岩体质量评价方法的步骤如下。

（1）获取水电工程不同岩性的地震纵波波速资料，若有面波和横波资料，需要将其转换为纵波速数据。

（2）依据实际工程实测成果，结合以往水电工程地震勘探工作经验，确定不同岩性地震勘探波速特征值的平均值。

（3）根据不同岩性地震波速特征值的平均值和水电工程的实测声波波速成果，确定各种岩性岩体完整程度评价标准。

（4）应用该评价标准对不同岩性的工程岩体进行岩体完整程度半定量或定量评价。

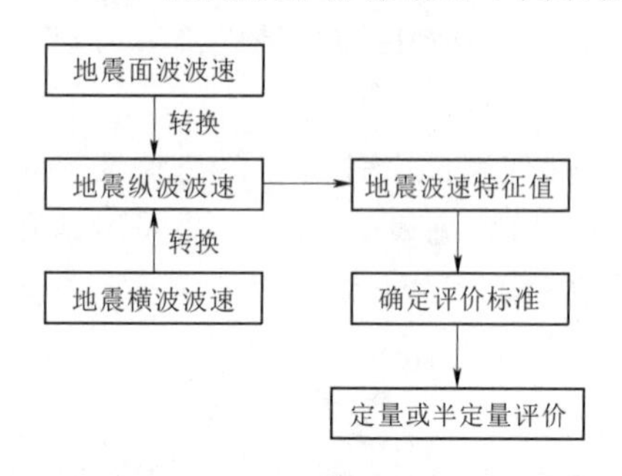

图 3.4-1 地震纵波波速岩体质量评价流程图

地震纵波波速岩体质量评价流程图见图 3.4-1。

2. 基于地震 CT 法的评价方法

地震波层析成像借鉴了现代医学中的 CT 检测技术，在相对平行的平洞或钻孔间采用一发多收的扇形观测系统，通过改变激发点和接收排列的位置，组成密集交叉的射线网络，然后根据射线的疏密程度及成像精度划分规则的成像单元，运用射线追踪理论，采用特殊的反演计算方法形成被测区域的波速图像，根据图像中的波速分布情况来划分岩体质量，确定地质构造及软弱岩带的空间分布。成像精度和效果取决于被测区域地质体的分布形态、物理力学性质及地震波绕射等客观因素，同时也与测试条件、观测精度、射线密度、边界条件、单元划分、反演算法等主观因素有关。通过增加激发点和接收点的密度，并且在反演时综合运用直线与弯线追踪理论，可提高地震波层析成像的分辨率和地质效果。

3.4.2 工程实例

1. 澜沧江上游西藏河段 A 水电站地震波岩体完整性评价

澜沧江上游西藏河段 A 水电站在预可研阶段的 3 个比选坝址中，仅安排钻孔 15 个，且没有河中孔，但在工区范围内开展多种地震方法的勘探工作，有多种地震波速资料。其中，在河床有水上浅层折射波法资料，江边及左右两岸均有地震折射波法、地震折射层析成像法、地震反射波法、天然源面波法的波速资料。除此之外，每条测线上都有1～2种方法的地震波速资料，而且这些资料基本涵盖了工区内各主要勘探部位。

由于声波测试的钻孔数量少，且只有钻孔下段有测试值，代表性差，而地震勘探成果比较多，且分布较广，因此，在利用 K_v 作岩体完整程度评价时，采取钻孔声波测试成果定量评价、地震勘探成果半定量或定量评价相结合的方法进行，能够更为完整地评价整个坝址区的岩体完整程度。

A水电站工区内的物探波速资料包括：钻孔声波测试资料，且只有钻孔下段有测试值；河床和两岸的水上地震折射波法、地震折射层析成像法、天然源面波法资料。

地震折射波法和地震折射层析成像法提供地震纵波资料，穿透深度达弱风化上段～弱风化下段，可直接评价工程岩体质量。天然源面波成果数据为地震横波速度，穿透深度达弱风化下段～微风化段。

地震折射层析成像法为剖面测量法，其反演成果为纵波剖面速度模型。其特点是，在由该剖面地表以下折射发生最深点组成的曲线以上部分反演结果的可信度最高，该曲线以下深度的反演结果为推测值。以XZ5剖面为例加以说明，在XZ5剖面折射层析成像反演速度分布图（图3.4-2）中，两侧部分由于在折射发生最深点曲线以下可信度低，该区域的波速值被舍去。

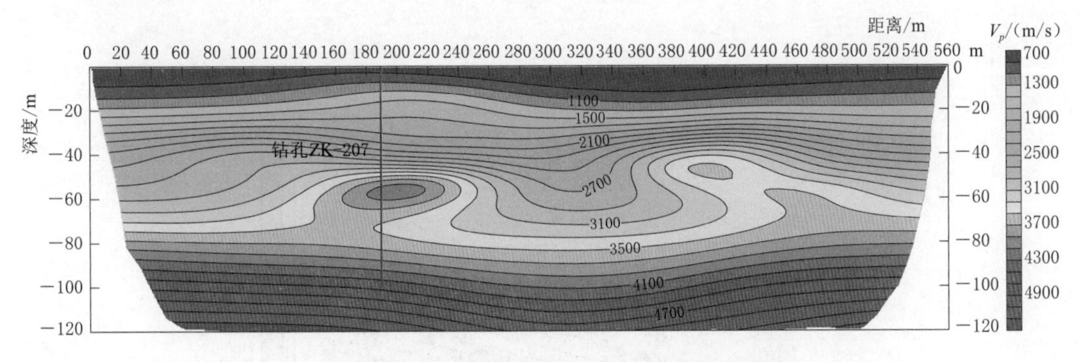

图3.4-2 XZ5剖面折射层析成像反演速度分布图

XZ5剖面位于下坝址左岸，表层主要由沙土、碎石、卵石、砾石、块石组成，下伏基岩为砂泥岩，长度560m。应用折射层析反演成果可以进行岩体风化分层，从风化的角度对剖面所在位置进行岩体质量评价。在剖面190m处有已知钻孔ZK-207，钻孔揭示覆盖层厚度32.3m，孔深32.3～44.3m为强风化，孔深44.33～76.6m为弱风化上段，孔深76.6～100.1m为弱风化下段。由折射层析反演速度剖面推测覆盖层全风化层速度750～1900m/s，厚度24.5～34.6m，钻孔处厚度30.6m；强风化速度1900～2700m/s，厚度9.5～34.6m，钻孔处厚度10.2m；弱风化上段速度2.7～3.55km/s，厚度24.7～45.6m，钻孔处厚度25.6m；深度78.1m以下为弱风化下段，速度大于3550m/s。在剖面140～260m微风化层内部，埋深50～70m，也有一局部高速异常，推测为砂岩透镜体。

依据弹性波理论，横波波速与瑞雷面波波速关系：

$$V_S=\begin{cases}V_R/0.93 & (V_R>250\text{m/s})\\ V_R/0.94 & (150\text{m/s}\leqslant V_R\leqslant 250\text{m/s})\\ V_R/0.95 & (V_R<150\text{m/s})\end{cases} \tag{3.4-1}$$

岩体质量通常是根据纵波进行评价的，而纵波速度和横波速度有以下关系：

$$V_P=V_S\sqrt{\frac{2(1-\mu)}{1-2\mu}} \tag{3.4-2}$$

式中：V_P 为纵波速度；V_S 为横波速度；μ 为泊松比，与岩体的密度、风化程度等因素相关。

天然源面波法为单点测试，在进行数据处理时，首先对同一剖面上各测点的数据进行反演，并应用式（3.4-1）实现从面波速度转换成横波速度，从而得到横波速度模型；然后将这些点的横波速度集合起来得到横波等值线图；最后依据式（3.4-2）将横波速度转换成纵波速度。

下面以 ZZY1 剖面为例说明。ZZY1 剖面有测点 8 个，从 ZZY1-40 到 ZZY1-140，各测点高程为 2311.2～2338.1m。图 3.4-3 是 ZZY1 剖面天然源面波法横波模型图。应用天然源面波法时首先进行岩体风化分层，从风化的角度对剖面所在位置进行岩体质量评价。ZZY1 剖面覆盖层厚度 19.3～28.5m，底界面高程 2294.8～2312.7m，横波速度 400～900m/s；弱风化上段厚度 16.6～37.1m，底面高程 2258.8～2294.7m，横波速度 900～1600m/s；弱风化下段横波速度一般为 1600～2700m/s。

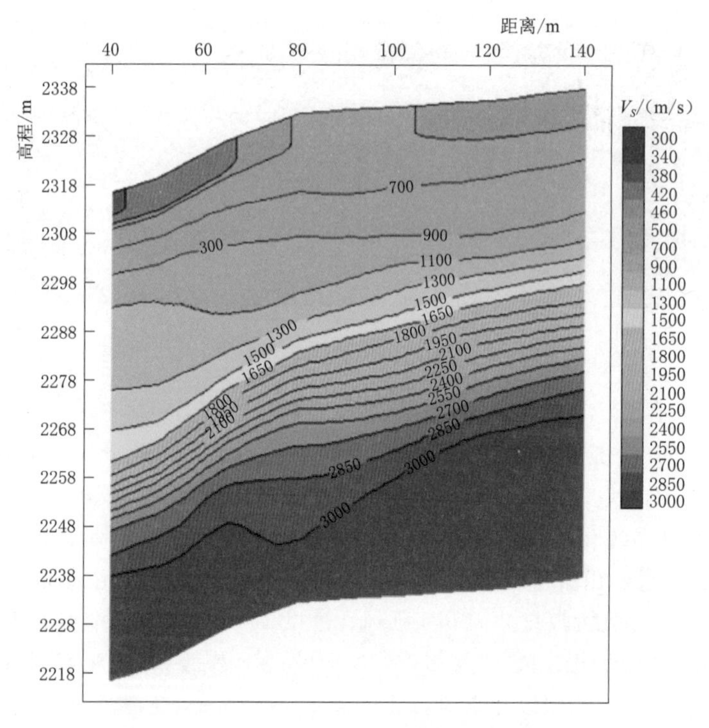

图 3.4-3　ZZY1 剖面天然源面波法横波模型图

以 XZY3 剖面的一个测点（XZY3-37）说明横波速度 V_S 与纵波速度 V_P 之间转换关系，见表 3.4-2。泊松比的取值来源于地质实验参数。

表 3.4-2　天然源面波法勘探横波波速与纵波速度转换表

测　点　号		XZY3-37	
地面高程/m		2364.2	
深度/m	泊松比 μ	横波波速 V_S/(m/s)	纵波波速 V_P/(m/s)
5.12	0.3999	251	614.57
6.30	0.3982	268	651.61
6.74	0.3967	283	683.92
7.19	0.3936	314	749.62
10.39	0.39	350	824.21
11.72	0.3885	365	854.78
13.29	0.3858	392	909.09
14.88	0.3798	452	1026.72
16.08	0.3799	451	1024.79
20.39	0.3753	497	1112.39
23.33	0.3672	578	1261.72
26.12	0.3646	604	1308.43
34.94	0.3422	906	1849.79
39.38	0.3257	1236	2431.06
43.58	0.3257	1236	2431.06
51.17	0.3172	1435	2773.20
65.48	0.3071	1736	3290.38

（1）地震波速岩体完整程度半定量评价方法。应用地震勘探成果对基岩岩体相对完整程度进行半定量评价，是为了解决钻孔声波测试数据量少、缺乏足够的代表性、不能完整评价坝址区岩体完整程度的问题而采取的措施。该评价方法步骤如下。

1）统计以往其他多个水电站同种岩性地震勘探波速特征值，并计算其平均值。

2）根据特征值的平均值，结合水电工程的实测成果，确定评价标准。

3）根据该评价标准进行岩体完整程度半定量评价。

根据以往在古水、糯扎渡、金安桥、观音岩等 30 多个水电站的地震勘探成果，统计得到砂泥岩、花岗岩和玄武岩三种岩性的地震波速特征值。以砂泥岩、花岗岩和玄武岩地震波速的高值、低值特征值的平均值为依据，结合本工程的实测波速值，砂泥岩波速低值特征值取为 3060m/s、高值特征值取为 3800m，花岗岩、玄武岩波速低值特征值取为 3850m/s、高值特征值取为 4900m。依据这些波速特征值对河床基岩分三个等级进行相对完整程度评价，分级依次为较好、一般和较差，见表 3.4-3。

表 3.4-3　　地震波波速半定量评价完整程度划分表　　单位：m/s

岩　性	基岩相对完整程度		
	较好	一般	较差
砂泥岩	$V \geqslant 3800$	$3060 \leqslant V < 3800$	$V < 3060$
花岗岩	$V \geqslant 4900$	$3850 \leqslant V < 4900$	$V < 3850$
玄武岩			

以中坝址为例，基于表 3.4-3 中花岗岩、砂泥岩岩体相对完整程度划分标准，中坝址沿江边两岸进行波速探测的 SZ3 和 SY2 剖面长 1250m，波速及岩体相对完整程度汇总见表 3.4-4。从表中可以看出，河床江边基岩岩体相对完整程度一般～较差，其中右岸 SY2 剖面 800～870m、1450～1650m 波速较低，河床基岩的相对完整程度占比为一般占 78%，较差占 22%。

表 3.4-4　　中坝址河床基岩探测成果表

剖面号	位置	分段/m	岩性	基岩波速/(m/s)	岩体相对完整程度
SZ3	左岸江边	400～600	砂泥岩	3300	一般
		600～800	花岗岩	3390	一般
SY2	右岸江边	800～870	花岗岩	3200	较差
		870～1000		4200	一般
		1000～1200		4100	一般
		1200～1450		4300	一般
		1450～1650		3600	较差

(2) 地震波速岩体完整程度定量评价方法。弹性波测试成果在目前工程地质界已是评价岩体质量、划分岩体类别的主要物理力学指标之一。虽然地震波测试和声波测试同属于弹性波参数测试范畴，但是在实际工作中时常出现在同一测区里地震波测试成果和声波测试成果不完全一致的现象。地震纵波速度和声波速度之间存在较明显的差异，造成这种差异的主要与频率有关，地震波频率较低，声波频率较高，此外还与观测方式、观测尺度、基岩面起伏、岩体的陡倾角或垂直方向的裂隙和构造、岩体的节理、裂隙、断层与测线的交角等因素有关。一般声波速度要高于地震波速度，差值大小取决于岩体性状。另外，地震波速与声波波速的差异还与岩体的风化程度相关，一般风化程度越高，差异越大；风化程度越低，差异越小，即便是新鲜岩体两者之间仍然存在差异。

前人研究成果表明，声波波速一般比地震波波速高 5%～15%。

根据 A 水电站钻孔声波工程岩体评价标准，结合工区实测地震波数据，以及前面的讨论，对 A 水电站声波工程岩体评价标准表中的波速值按差异 5%进行修正，测区斜长花岗岩、粗粒玄武岩、杏仁状玄武岩的新鲜完整岩块的波速取值为 5400m/s，变质砂岩及泥岩的新鲜完整岩块波速取值为 4050m/s，得到 A 水电站地震波工程岩体评价标准表，见表 3.4-5。

根据以上标准，以河床和江边地震波资料为例对 3 个坝址的水上地震折射波法和江边

表 3.4-5　　地震波定量评价岩体完整程度划分表

岩　性	波速范围/(m/s)	完整性系数范围	岩体完整程度
斜长花岗岩、粗粒玄武岩、杏仁状玄武岩	$V_P>4680$	$K_v>0.75$	完整
	$4680\geqslant V_P>4000$	$0.75\geqslant K_v>0.55$	较完整
	$4000\geqslant V_P>3200$	$0.55\geqslant K_v>0.35$	完整性差
	$3200\geqslant V_P>2090$	$0.35\geqslant K_v>0.15$	较破碎
	$V_P\leqslant 2090$	$K_v\leqslant 0.15$	破碎
变质砂岩及泥岩	$V_P>3510$	$K_v>0.75$	完整
	$3510\geqslant V_P>3000$	$0.75\geqslant K_v>0.55$	较完整
	$3000\geqslant V_P>2400$	$0.55\geqslant K_v>0.35$	完整性差
	$2400\geqslant V_P>1570$	$0.35\geqslant K_v>0.15$	较破碎
	$V_P\leqslant 1570$	$K_v\leqslant 0.15$	破碎

地震折射波法资料进行岩体完整程度定量评价。以上坝址为例，上坝址测线共6706m，其中较完整的236m、占3.52%，完整性差的3886m、占57.95%，较破碎的2584m、占38.53%，完整和破碎的没有，具体见图3.4-4。对地震折射层析成像法和天然源面波法的成果，也可按照表3.4-5所列的标准进行评价，限于篇幅在此不再赘述。

(3) 钻孔声波与地震波速结合的岩体完整程度定量评价方法。在A水电站岩体完整程度评价中，尝试应用钻孔声波评价法与地震波速定量和半定量评价的方法对工程岩体完整程度进行评价。具体思路是，有钻孔声波测试成果的区域用钻孔声波波速来评价岩体质量，没有声波测试成果的区域利用地震纵波波速数据来评价岩体完整程度。利用这种方法对A水电站坝址区的岩体完整程度进行评价：3个坝址中，左岸岩体完整程度下坝址稍好，中坝址次之，上坝址差；河床基岩岩体相对完整程度下坝址好于上坝址；右岸岩体完整程度中坝址稍好，下坝址次之，上坝址差。总体来说，下坝址好，中坝址次之，上坝址差。

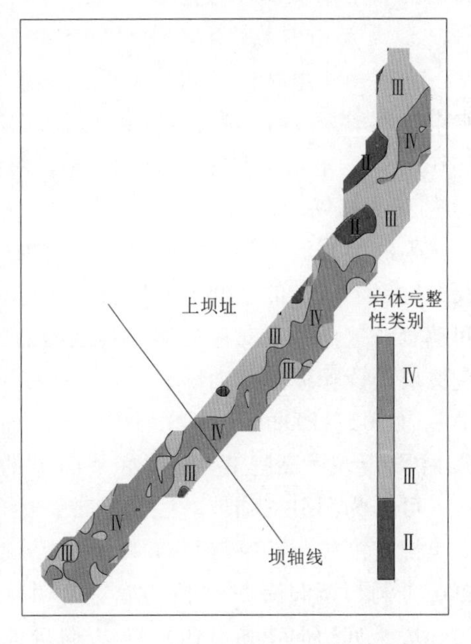

图3.4-4　上坝址河床基岩岩体完整性示意图

(4) 小结。以澜沧江上游西藏河段A水电工程为例，在钻孔数量少、声波测试资料分布不均、工区有多种方法的地震勘探成果的情况下，可以用地震勘探资料进行岩体完整程度半定量和定量评价，同时也可利用钻孔声波测试数据与地震勘探数据相结合对工程岩体质量进行评价。通过前述研究有如下认识。

1) 在水电工程中应用地震纵波速资料进行岩体完整程度半定量评价和定量评价都是

可行的，也是合理的。

2）在水电工程中应用地震纵波速资料进行岩体完整程度评价的关键是确定新鲜岩块的地震纵波速度。

3）地震纵波资料评价岩体质量存在的不足：①折射法或折射层析成像法一般勘探深度不超过 100m，不能获取深部波速资料；②面波法为间接法，需要将面波速度转换到横波速度，再由横波速度转换到纵波速度，转换过程中需要确定岩体的泊松比。主动源面波法适用于浅部地震勘探，天然源面波法适用于深部地震勘探；③河床水上浅层地震折射波法由于勘探深度比较小，一般仅能获得冲积层及与其相邻的弱上风化或弱下风化的基岩纵波波速，不能评价微风化或新鲜基岩的岩体质量；④由于通过地震反射法获取地震纵波速度，对数据处理与解释要求较高，因此研究中未使用反射波法获取的纵波速度。

4）双源面波法，即主动源面波法＋天然源面波法相结合的方法，获取的地震纵波速度可以满足从浅部至深部的勘探。

5）浅部采用地震波速与深部采用钻孔声波波速的综合对水电工程坝基岩体完整程度进行综合评价更合理、科学。

6）在需要应用地震勘探资料对岩体质量进行定量或半定量评价时，应根据工程实际情况和需求，选择适合的地震勘探方法和仪器设备，制定合理的观测系统，确保勘探深度和范围满足工程设计与施工要求。

2. 大岗山水电站地震波 CT 测试评价岩体质量

大岗山水电站位于四川省西部大渡河中游石棉县境内，是大渡河干流近期开发的大型水电工程之一，控制流域面积达 6.27 万 km^2，占全流域的 81%，多年平均流量约 $1010m^3/s$，电站正常蓄水位 1130m，最大坝高约 210m，总库容约 7.42 亿 m^3，电站装机容量 2600MW。

平洞地震波 CT 工作主要是查明坝址区两岸山体沿坝线方向的地震纵波速度分布特征及特定软弱岩带的空间展布特征，为地质和设计等有关部门提供参数。根据测试获得的洞间地震波速图像及对应的洞壁连续地震波速剖面和声波速度剖面，分别绘制出各组洞间地震波层析成像波速剖面图。

PD201～PD202～PD03～PD16 剖面位于高程 970m 处，其地震波 CT 成果见图 3.4-5，主要反映了高程 970m 洞底平面上的岩体地震纵波速度的分布。总体上看，该剖面基本上可分为洞口（临坡）段低速带、中部过渡带和底部完整基岩三个区域。该剖面洞口段低速带宽度较小，一般只有 15m 左右，顺河方向分布也不连续，有两个区块，其一是以 PD201 洞口至洞深 24m 段为底边、PD03 洞口为顶点的三角形区块，其二是以 PD16 洞口 20m 段为底边向上游（PD03）方向延伸约 50m 的不规则长方形区块。这两个低速区域的地震纵波速度一般在 3000～3500m/s，说明其岩体的完整性较差、强度较弱，属Ⅳ类围岩，主要是岩体风化影响所致。中部过渡带大体上可确定为以 PD03 洞口和 PD16 洞深 20m 处为两个顶点、PD201 洞深 24～70m 段为一边的四边形区域，该区域的地震纵波速度变化较大，其平均值为 4000m/s、4500m/s 以上的主要分布在 PD201 洞深 28～46m 段附近和 PD202 洞深 20～60m 段左右（上下游附近），该区域以Ⅲ类围岩为主，完整岩体也是不连续分布。该过渡带是应力调整影响区。完整基岩区分布在各平洞的中段以后，上游（PD201）距边坡较远、约70m，下游（PD16）距边坡较近、约20m。该区域的地震纵波速度一般都在5000m/s左右，以Ⅱ类围岩为主，岩石强度高，是较好的受力岩体。

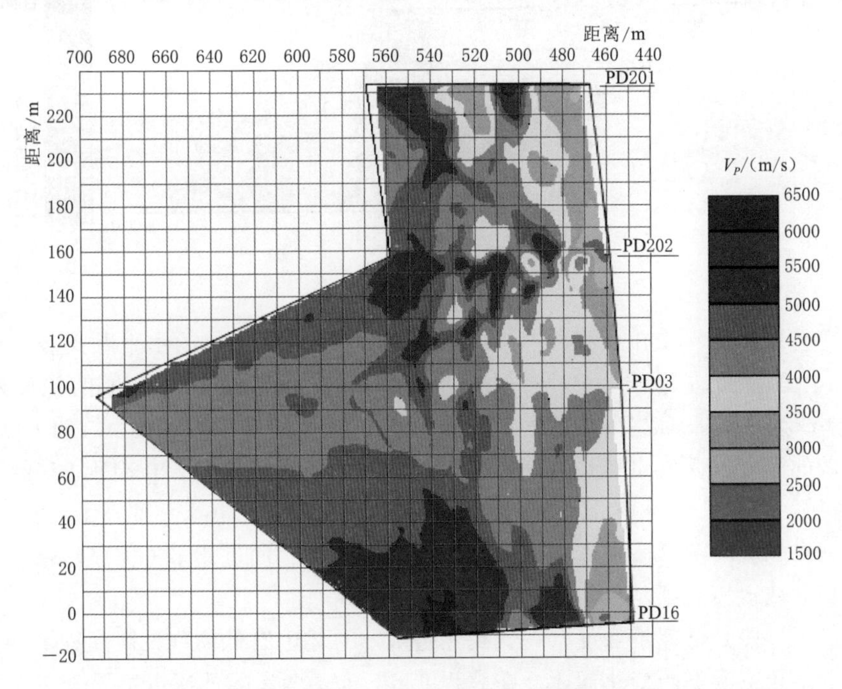

图3.4-5 PD201～PD202～PD03～PD16洞间地震波层析成像波速图

PD201～PD214剖面位于高程970～1030m间，其地震波CT成果见图3.4-6。总体上看，该剖面上的地震纵波速度多在3500m/s以上（其中一半以上大于4500m/s），虽然总体也呈现由洞口向洞底地震纵波速度逐渐增大，但规律性不强。该剖面也可大致分为洞口段低速带、中部过渡带和完整基岩三个区域。由于PD214的洞口离自然边尚有约50m的距离，因此成果图中所显示的洞口段低速带范围较小，主要分布在以PD201洞口32m为底边、PD214洞口为顶点的三角形区域内，其地震纵波速度在2500m/s左右，说明该区域内的岩体完整性较差。中部过渡带可以划分在以PD214洞口70m段和PD201洞深32m至洞底段为两边的近似平行四边形区域内，其地震纵波速度多在3000～4000m/s之间。但在PD201洞深40m和70m附近有两个小范围的相对高速区，其地震纵波速度在4000m/s以上，说明该部位的岩体完整性相对较好。过渡带内以Ⅱ类围岩为主，岩体的完整性较好。完整基岩分布在PD214洞深35m至洞底段为底边、PD201洞底为顶点的倒三角形区域内，其地震纵波速度在4000m/s以上，岩体较为完整，属Ⅱ类围岩。

测试成果表明大岗山坝址区左右两岸山体自边坡向山体内均可分为临坡（洞口段）低速带（风化、卸荷带）、中部过渡带（应力调整带）和洞内完整基岩区。临坡（洞口段）低速带的岩体完整性较差、岩石强度较弱，主要是Ⅲ类和Ⅳ类围岩，其地震纵波速度为2000～3500m/s；中部过渡带的岩体相对较为完整、岩石强度也相对较高，主要是Ⅱ类和Ⅲ类围岩，其地震纵波速度为3500～4500m/s；洞内完整基岩的地震纵波速度都在5500m/s左右，主要是Ⅱ类围岩，岩体完整、岩石强度高，是较好的受力岩体。

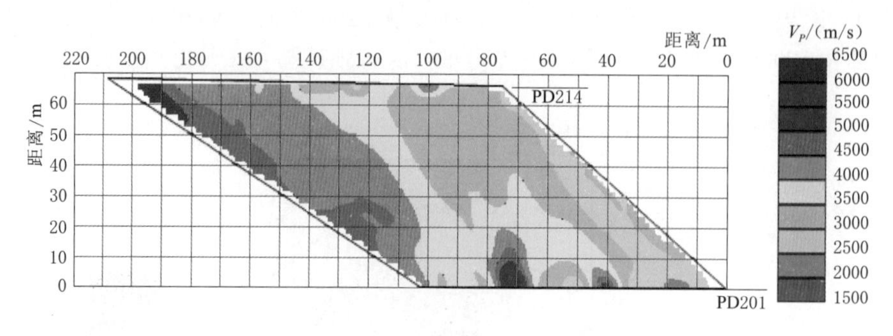

图 3.4-6 PD201～PD214 洞间地震波层析成像波速图

两岸完整岩体的界线在低高程（970～1030m）距自然边坡的水平距离较大，其中在高程 970m 上的深度左岸约为 70m、右岸约为 75m，在高程 1030m 上的深度左岸约为 78m、右岸约为 80m；而左岸在高程 1080m 距自然边坡的水平距离较小，约为 62m。

过渡带的深度（垂直自然边坡）有随高程增高而减小的趋势，在高程 970m 上两岸均在 50m 左右，在高程 1080m 上左岸为 20m 左右，在高程 1030m 上两岸的过渡带规律性不强，故划在临坡（洞口段）低速带内。两岸各剖面上中间过渡带内完整岩体的连续性不好，其分布区域也不规则。

临坡（洞口段）低速带深度（垂直自然边坡）总体上有低高程较高高程窄、左岸较右岸略窄、上游较下游宽的变化规律。在高程 970m 上，两岸的低速带主要分布在Ⅰ、Ⅱ勘探线之间，且其宽度由上游向下游逐渐变窄，其中左岸上游最宽约为 15m，而右岸约为 22m。在高程 1030m 上，两岸的临坡（洞口段）低速带深度都在 33～80m 范围内变化（其中左岸略窄，为 33～78m；右岸略宽，为 46～80m），在Ⅰ、Ⅱ勘探线之间的深度稍窄，垂直自然边坡约为 50m 左右，其地震纵波速度相对较高，为 2500～4000m/s；而在Ⅱ、Ⅺ勘探线之间的低速带深度稍宽，垂直自然边坡约为 75m 左右，其地震纵波速度相对较低，为 1500～3000m/s。在高程 1080m 上，左岸临坡（洞口段）的低速带深度在Ⅺ勘探线（PD203）附近约 43m，在Ⅲ勘探线（PD204）附近约 7m。

右岸在高程 990～1030m 范围内的临坡低速带范围自上游向下游逐渐缩小，且有一定的相关性。

3.5 堆积体综合地球物理探测技术

堆积体指的是第四纪堆积作用形成的地质体，是基岩、古垮塌体、古崩滑体、现代崩滑体和第四系沉积体等几种或全部的组合体，属于斜坡变形破坏后的产物。在我国西南河谷地区广泛发育和分布第四纪松散堆积物，是典型的内外动力耦合作用的产物。松散堆积物的构成介于土、岩之间，是一套成因多样、组分复杂、结构无序、土石混杂堆积的特殊地质体，其衍生的地质灾害具有随机性、复发性和多发性的特点。

堆积体成因复杂，主要包括残坡积物、崩滑堆积体、冲洪积物、泥石流堆积物、冰碛物和冰水沉积物等两种或多种组合混杂堆积物。堆积体在我国分布十分广泛，对重大工程的建设及人民生命财产安全具有重要的影响，特别是云贵高原西南山区深切河谷地带，各种类型的浅表生时效变形现象发育，导致边坡大规模崩塌，滑坡屡屡发生，形成了大量的堆积体。如位于金沙江中游虎跳峡左岸的两家人松散堆积体，总体积达4亿m^3，由于规模巨大，其稳定性对坝址的选择有极大的影响；澜沧江小湾水电站左岸坝前饮水沟堆积体紧邻坝基分布，坝肩开挖时其下侧局部被挖除，其稳定情况直接关系其支护设计、施工安全及水电站的运营。金沙江梨园水电站坝前念生肯沟堆积体，由于变形范围广，对工程影响大而造成巨大的工程投资；古水电站坝后右岸争岗堆积体，规模巨大，并于2008年持续暴雨后产生变形，对古水电站整个枢纽布置格局方案产生重大影响。

对于堆积体，无论是防护治理的策略还是施工技术上都有较大的难度，工程上大多是采取避让的原则。查明堆积体规模、形态特征及成因机制，正确认识堆积体的物质组成、结构特征及物理力学性质，客观评价堆积体的变形特征及其稳定状态，采取有针对性的预防治理措施，是河谷地区水电工程建设中堆积体地质灾害防治的关键。

堆积体勘察的目的就是根据不同类型的堆积体，针对性地选择快捷、适宜的勘察技术和方法，准确提供反映灾害地质体点、线、面上的丰富信息。查明堆积体空间分布范围，确定堆积体的向下延深情况，分析堆积体灾害形成机理及控制因素，判定堆积体的稳定程度及其发展趋势，为被动避让或主动防治等不同对策提供依据。根据堆积体的地球物理特性，工程物探对其进行探测的主要内容包括：①堆积体厚度、分布范围及规模形态的探测；②堆积体内部含水层或富水带的探测；③堆积体分层的探测；④堆积体物性参数的测试。

目前，对堆积体的厚度、形态和规模探测的地球物理方法较多，国内外同行采用的地球物理方法主要有电测深法、浅层地震反射波法、浅层地震折射波法、高密度电法、面波勘探法、探地雷达法、可控源音频大地电磁测深法、瞬变电磁法、地震层析成像法（地震CT）等，另外还有诸如综合测井等辅助方法。在实际工作中一般采用单一地球物理方法进行探测，其探测成果的可靠程度和精度都相对较低，本章阐述堆积体探测的综合地球物理方法理论，给出适用于各种类型堆积体的综合地球物理方法的最佳组合，以及组合中每种地球物理方法的权重系数和工作步骤。

3.5.1　技术要点

1. 堆积体的地球物理特性分类

以往在进行堆积体的勘察时，往往都是根据成因、厚度、地质属性等进行堆积体分类，而这些堆积体的分类并不能很好地适应各种地球物理方法的特点。通过对大量堆积体进行总结，将堆积体按照地球物理方法规律进行了重新分类，分类时主要综合考虑以下三个方面。

（1）地球物理方法多种多样，每种方法都具有自身的物性特点、一定的勘探适用条件和应用范围，不同类型的堆积体探测应采用与之相适用的地球物理方法。

（2）不同类型的堆积体具有不同的物性特点，相同类型堆积体内部的各层结构的物性特点也有不同。

（3）不同类型的堆积体之间存在着堆积体厚度、规模大小和结构上的差别，埋藏深的堆积体在使用地球物理方法上要考虑其有效勘探深度，结构复杂的堆积体要考虑地球物理方法的分辨能力等因素。

在综合考虑以上因素的基础上，结合堆积体的地形、地貌特征和地球物理条件等因素将堆积体分为松散架空型堆积体（Ⅰ类）、滑塌型堆积体（Ⅱ类）、冰水、冰碛型堆积体（Ⅲ类）和巨厚型堆积体（Ⅳ类）四种类型。其特征见表3.5-1。

表3.5-1　　四种类型堆积体特征一览表

堆积体类型	组成物质	结构	密实性	厚度	规模
Ⅰ类松散架空型堆积体	以块石、孤石、碎石夹碎石砂质砂壤土为主	松散、架空	不密实或密实性差、透水性强	属中厚层，厚度一般小于100m	规模较大、数百万方
Ⅱ类滑塌型堆积体	由第四系冲积层、坡崩积层及坡残积层的碎石夹黏质粉砂土的混杂物组成	滑塌，上下层接触常存在明显滑移面	较密实～密实，透水性强	属浅层、中厚层，厚度一般小于100m	规模一般、数十万～百万方
Ⅲ类冰水、冰碛型堆积体	由冰硫砾岩、砂砾层、碎块石及少量粉土组成	表部为钙泥质胶结，以下结构松散	表部密实、下部松散，密实性较差	属中厚层，厚度一般小于100m	规模大、数百万～千万方
Ⅳ类巨厚型堆积体	由崩积、坡积物以及大块石、块石、碎石等组成，成因复杂	松散、无序	不密实、透水性强	属深厚层，厚度一般大于100m	规模巨大、上千万～亿方

2. 堆积体探测方法适应性评价

目前采用地球物理探测堆积体的方法较多，每种探测方法都有各自的特点、一定的适用条件和应用范围。堆积体综合地球物理探测方法适用情况详见表3.5-2。

表3.5-2　　堆积体综合地球物理探测方法适用性对比表

探测方法	特点与适用条件	堆积体适用性分析
浅层地震反射波法	浅层地震反射波法适用于探测地层与上覆地层有一定的波阻抗差异，并有一定厚度的堆积体，而且要求无振动干扰。该方法的探测深度一般为50～100m，具有对地形要求不高、可划分多层界面、能提供弹性力学参数、精度较高、不受速度倒转的限制等优点。资料处理方便、快速，但区分不同岩性比较困难，检波器及炮点布置对所在的场地要求较高，观测受周围环境干扰影响大	堆积体厚度较大，外部振动干扰小，探测精度高。对于高山峡谷区，地形极不平坦，运用浅层地震反射波法探测时外业工作有一定的难度，在进行探测之前需考虑开展工作的可行性分析
浅层地震折射波法	浅层地震折射波法适用于探测地形较平坦，外界干扰较小且被探测地层的波速应大于上覆地层速度的堆积体，对薄层探测能力较差。折射波可分为两种：初至折射波和对比折射波。初至折射波只追踪初至区的某个界面的折射波，因此易于辨认，识别的准确度较高。对比折射波不仅在初至区，而且在续至区追踪折射波，就像反射法应用相位对比追踪波一样，虽然初至折射波复杂，但能同时追踪多个折射界面的折射波。折射波法一般对薄层的探测能力很差，而且如果存在地质速度逆转层时也不适用。但该方法外业工作简便，效率高	河谷堆积体位于高山峡谷区，地形起伏较大，采用该法进行探测难度较大。堆积体厚度较大，采用该法探测需要很大的激振能量，这势必会对环境造成很大的影响，并且检测人员的安全也得不到保证。故采浅层地震折射波法探测该类堆积体难度较大，宜尽量避免采用

续表

探测方法	特点与适用条件	堆积体适用性分析
瑞雷面波法	瑞雷面波法测试场地的长度不小于测量深度（6m），宽度不小于6m。场地平整，无较大起伏，场地中无道路及无明显踩实的土路。场地不得选在地表为松软介质地区。瑞雷面波法有效探测深度可达80m，最佳探测深度为30m以内。瑞雷面波法探测的物理前提是瑞雷波在非均匀介质或层状介质中传播时存在频散特性，同一频率的瑞雷波速度在水平方向上的变化反映出地质条件的横向不均匀性，不同频率的瑞雷波速度变化则反映地层垂向的变化	河谷堆积体地处高山峡谷，地形不平坦，严重影响着瑞雷面波法探测的精度。且该堆积体厚度大，瑞雷面波法的探测深度达不到此类堆积体的深度要求，故采用瑞雷面波法探测此类堆积体不适宜
探地雷达法	探地雷达法要求探测的堆积体与周围介质有一定电性差异，埋深不大，而且要求堆积体地表覆盖不是含水多、含盐度高的松散介质；探地雷达法工作效率高，可现场实时处理，具有较高的分辨率，对一些小的构造都能明确探测出，但是探测深度一般不太大，只有20～30m。对于层状结构堆积体的分布反映细微，对土体变形特征分析较好	采用探地雷达法探测大型堆积体，探测深度达不到要求，另外堆积体地处山高谷深，地形极不平坦，采用探地雷达法探测很困难。因此，采用探地雷达法探测此类堆积体是不适宜的
音频大地电磁测深法	音频大地电磁测深法要求堆积体上覆地层与下伏地层之间要有一定的电性差异，且堆积体地表覆盖不是含水多、含盐度高的松散介质	上覆地层和基岩之间存在着电性差异，说明堆积体具备此法探测的物理特性，此法探测深度通常可以达到1000m，覆盖层不是含水多、含盐度高的松散堆积体，此法比较适宜
高密度电法	高密度电法要求被探测的堆积体与围岩的电性或电阻率有显著差异，堆积体有一定的宽度和延伸长度，地形平坦。该方法集中了电剖面法和电测深法的特点，不仅可提供地下一定深度范围内横向电性的变化情况，而且还可提供垂向电性的变化特征。该方法只能对界面的深度情况进行定性解释，故只能利用该方法确定界面的几何形态，埋深需要用其他方法确定	堆积体与下伏基岩之间存在电性差异，满足高密度电法探测的物性要求。但是该法的探测深度较浅，而该堆积体的厚度较大，不能满足要求，故采用高密度电法探测此类堆积体不适宜

3. 综合地球物理方法的最佳组合

考虑了各类堆积体的特点，结合综合地球物理方法选择的原则，现对各类堆积体综合地球物理方法组合分析如下。

（1）Ⅰ类堆积体规模大，厚度一般小于100m，局部有架空结构。此类堆积体主要为块石和直径3～5m的特大孤石夹碎石质土（粒径大于5mm的碎石含量占30%～70%）或碎石层（粒径大于5mm的碎石含量大于70%），结构比较松散。在堆积体底部与基岩接触带，普遍分布有厚0.20～10.0mm的坡积层，成分以砾石、粉土和砂土为主，局部地段分布有洪积层，其主要成分为砾质黏土或砾质轻壤土。由此可以看出，此类堆积体的物质组成并不单一，堆积体与下伏基岩无论波阻抗还是电性都存在着差异，而且堆积体呈层状结构，因此对于浅层地震勘探来说，反射波法和折射波法均可以采用。而堆积体除局部有架空外，其余部位结构比较密实，有利于电磁波的传播，因此，此类堆积体具有采用探地雷达法和音频大地电磁测深法探测的有利条件。综合考虑此类堆积体的特点和综合地球物理方法选择的原则，探测此类堆积体的综合地球物理方法最佳组合为浅层地震法（反射波法、折射波法）、探地雷达法和音频大地电磁测深法。

（2）Ⅱ类堆积体规模大，厚度一般小于100m，结构密实，由碎石夹黏质粉砂土的混杂物和第四系冲积层、坡崩积层及坡残积层组成，堆积物以滑坡和崩塌堆积物为主，上下层接触常存在明显的滑移面。堆积体结构总体比较密实，透水性强，雨水很快下渗至基岩层面形成上层滞水，从此类堆积体的特点可以看出，堆积体表层波速差异较大，上下层的分界面比较明显，因此采用浅层地震法（反射波法、折射波法、瑞雷面波法）探测此堆积体效果比较好；另外，此类堆积体结构比较密实，透水性强，而且上覆地层与下伏地层间的电性差异较大，因此采用高密度电法和探地雷达法对其进行探测是可行的，综合考虑Ⅱ类堆积体的特点和综合地球物理方法选择的原则，探测此类堆积体的综合地球物理方法最佳组合为浅层地震法（反射波法、折射波法、瑞雷面波法）、探地雷达法和高密度电法。

（3）Ⅲ类堆积体规模大、厚度较小（20～100m）。第四系冰碛物广泛分布，由冰碛砾岩、砂砾层、碎块石及少量粉土组成。表面呈半胶结状态，为钙泥质胶结，在表部形成“硬壳”，以下堆积物较密实，堆积体的底部存在软弱夹层，即表层波速大于底部波速，因此，探测此类堆积体时可采用浅层地震反射波法；又由于此类堆积体的结构呈层状结构，物质组成成分不均一，其层间存在着电性差异，因此采用电法和电磁测深法对其进行探测效果也是比较好的，综合考虑此类堆积体的特点和综合地球物理方法选择的原则，探测此类堆积体的综合地球物理方法的最佳组合为浅层地震法（反射波法）、音频大地电磁测深法和电测深法。

（4）Ⅳ类堆积体规模巨大，松散，厚度一般大于100m。堆积体成因类型具有复合性，是一种由滑坡、崩塌和崩坡积多期次形成的复合地质体，有崩积混坡积、有崩积混坡堆积、冰积混崩积、崩积混冰碛等。此类堆积体的物质组成比较复杂，层间存在较大的物性差异。采用浅层地震折射波法和浅层地震反射波法均比较合适。由于堆积体的电性差异，电磁测深进行探测是可行的，但是堆积体的结构松散，有时厚度很大，在采用电测深法探测时要考虑方法的测试深度问题。此类堆积体地处高山峡谷，地形极不平坦，要注意地形因素对探测精度的影响。综合考虑此类堆积体的特点和综合地球物理方法选择的原则，探测此类堆积体的最佳综合地球物理方法最佳组合为浅层地震法（反射波法、折射波法）和音频大地电磁测深法。

根据以上分析，对各种方法的权重进行统计，见表3.5-3。

表3.5-3　　综合地球物理方法组合权重一览表

堆积体	地球物理方法组合	方法权重 k_i			备注
Ⅰ类松散架空型堆积体	浅震-雷达-电磁法	浅震	折射波法	0.4	可选
			反射波法	0.6	可选
		电磁法	0.6		必选
		雷达	0.2		必选
Ⅱ类滑塌型堆积体	浅震-雷达-高密	浅震	折射波法	0.5	可选
			反射波法	0.3	可选
			瑞雷面波法	0.2	可选
		雷达	0.2		必选
		高密	0.1		必选

续表

堆积体	地球物理方法组合	方法权重 k_i			备注
Ⅲ类冰水、冰碛型堆积体	浅震-电磁法-电测深	浅震	反射波法	0.7	必选
		电磁法	0.2		必选
		电法	0.1		必选
Ⅳ类巨厚型堆积体	浅震-电磁法	浅震	反射波法	0.6	可选
			折射波法	0.4	可选
		电磁法	0.6		必选

注　表中浅震——浅层地震反射波法、折射波法；雷达——探地雷达法；电磁法——音频大地电磁测深法；电法——电测深法；高密——高密度电法；后同。

3.5.2　工程实例

黄登水电站为澜沧江古水至苗尾规划河段的第六个梯级。坝址位于云南省怒江州兰坪县营盘镇境内，在长约17.2km的河段上选择了科登涧坝址（上坝址）、黄登坝址（中坝址）、营盘坝址（下坝址）进行预可行性研究。其中科登涧坝址（上坝址）左岸1号、2号堆积体为影响大坝安全的主要工程地质问题之一，为探测上坝址区的工程地质情况，查明左岸1号、2号堆积体的形态、厚度等，采用了综合地球物理方法进行了探测。

上坝址河段长约1.7km，坝址河谷呈“V”形，河谷相对较宽阔，高程1600m以下两岸地形对称且陡峻，地形坡度一般为40°～50°，局部为陡壁；高程1600m以上右岸陡，左岸缓；坝址区两岸岸坡地形平顺、完整，冲沟不发育。坝址出露的地层主要为三叠系上统小定西组、侏罗系中统花开左组下段及第四系。其中第四系（Q）按成因类型可分为：冲积层、坡积层、崩积层及主要由冰水、洪水及崩塌作用形成的松散堆积体。而其中的松散堆积体成因较复杂，表部主要分布崩塌的大块石、块石夹碎石质粉砂土；下部主要为碎石质粉黏土夹块石，密实，在块石、碎石含量较高部位局部见架空现象，堆积体中见有磨圆度较好的砾石，但韵律层不明显。1号堆积体和2号堆积体厚度一般在20～70m之间，分布于坝址左岸山坡上。黄登水电站上坝址左岸堆积体地形见图3.5-1。

1号堆积体：分布高程1480～1720m，该堆积体位于坝前，从地形地貌上看，山坡地形没有明显的滑坡地貌特征，堆积体物质为碎石质粉砂土、黏土夹块石，在块石较集中部位局部有架空现象，在公路附近靠近地表部位见明显韵律层。

图3.5-1　黄登水电站上坝址左岸堆积体地形

2号堆积体：上游部分分布高程1580～1810m，下游部分分布高程1480～1750m，后缘最低分布高程1670m，在平面图上呈“M”形。该堆积体分布于左坝肩及左岸水垫塘部位，从地表及堆积体中勘探揭露的物质组成初步分析，地表分布有较多的大块石，为崩塌作用形成，但在勘探平洞中，物质主要为含砾石、碎石粉质黏土夹块石，密实，在块石、碎石含量较高部位局部见架空现象，堆积体中见有磨圆度较好的砾石，明显受过水的作用，但堆积体中没有明显的韵律层。

测区内玄武岩纵波波速一般在4000m/s以上，而崩塌堆积体的纵波波速变化较大，在800～2000m/s之间。基岩与上覆层的波速及波阻抗值有较大差异，地层的这种物性差异（如波速、电性差异）为开展地震和音频大地电磁深勘探工作提供了有利的地球物理条件。但较陡的地形条件和茂密的植被给外业工作的布置和资料的解释带来较大的影响。

根据黄登水电站上坝址左岸1号、2号堆积体的组成成分、结构、分布规律和物性参数等，将其归为Ⅰ类堆积体。探测此类堆积体的最佳综合地球物理方法组合为浅层地震反射波法-音频大地电磁测深法-探地雷达法，结合现场情况，给出各种方法的权重参数，参数见表3.5－4。

表3.5－4　黄登水电站1号、2号堆积体综合地球物理方法组合参数一览表

堆积体名称	类型	地球物理方法组合	方法可信度系数 d_i 及方法权重 k_i		
			方法	可信度系数 d_i	方法权重 k_i
黄登水电站1号、2号堆积体	Ⅰ类松散架空型堆积体	浅层地震反射波法-音频大地电磁测深法-探地雷达法	浅层地震反射波法	0.90	0.2
			音频大地电磁测深法	0.95	0.61
			探地雷达法	0.86	0.19

（1）地震反射波法。根据堆积体的地形、地质条件和物性特征，当要求探测深度不超过80m时，采用浅层地震反射波法探测堆积体的厚度是适当的。黄登上坝址堆积体的反射波法勘探剖面共布置了5条，剖面编号D1～D5。其中，1号堆积体1条，剖面编号D1；2号堆积体4条，剖面编号D2～D5。

在现场地质条件较好的部位先布置一条展开排列，以选取浅层地震反射波法勘探的各种参数，最终取偏移距、激发点距2m的等偏移排列，6次覆盖水平叠加观测，100Hz检波器接收。

（2）音频大地电磁测深法。黄登上坝址堆积体的电磁测深法勘探剖面共布置了8条，剖面编号E1～E8。其中在1号堆积体垂直于河流方向布置了E1剖面；在2号堆积体垂直于河流方向布置了E2～E6剖面；平行于河流方向布置了E7、E8剖面。

（3）探地雷达法。探地雷达此次共布置4条剖面进行探测，剖面编号R1～R4。其中在1号堆积体垂直于河流方向布置了R1剖面；在2号堆积体垂直于河流方向布置了R2～R4剖面。

在这些布置的测线中，R2和D5测线部分重合，R1和E1测线部分重合，D3和E3测线部分重合，R5和E6测线部分重合，D4和E7测线部分重合。具体的测线布置见图3.5－2。

测区内共布置8条音频大地电磁测深法剖面，对其中一条典型剖面综合分析如下。图3.5－3是黄登水电站E4剖面音频大地电磁测深法电阻率剖面图，该条剖面长250m，测点编号从1000到1250，点距25m，共完成测点11个。在反演剖面图中，电阻率由上至

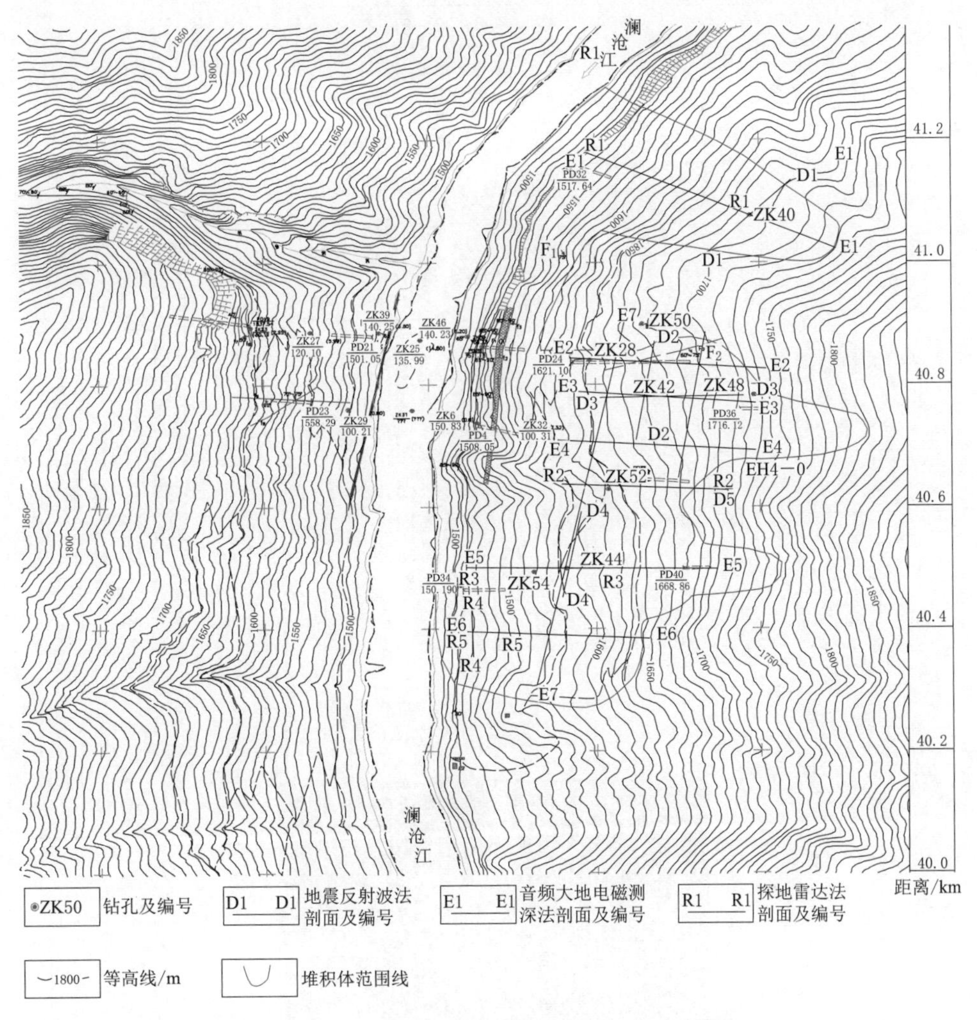

图 3.5-2　黄登水电站堆积体物探工作布置图

下逐渐变大，因为没有钻孔资料，根据和其相交的 E7 剖面的交点深度来确定堆积体的底界面所处的电阻率等值线值，取 250Ω·m 作为 E4 剖面的堆积体与基岩界面电阻率。堆积体厚度大体上表现为小号点薄，大号点厚，分布在 20～60m 深度范围内。值得注意的是，E4 剖面在点号 1000～1025m 之间，高程在 1500m 左右存在一个低阻反应，这种异常推测是由于基岩局部破碎含水引起的。

根据任务要求和实际地形条件，在 2 号堆积体顺河流方向和垂直河流方向分别布置了 D2、D3 号浅层地震反射波剖面。其中 D2 剖面解释的堆积体厚度在 50.8～93.4m 之间，堆积体厚度变化较大。D3 剖面解释的堆积体厚度在 43.0～70.3m 之间，堆积体厚度变化较大。

综合地球物理方法解释成果主要包括黄登水电站堆积体厚度等值线图和堆积体基岩面三维立体图，分别见图 3.5-4 和图 3.5-5。计算出 1 号、2 号堆积规模分别为 142.6 万 m^3 和 588.1 万 m^3。

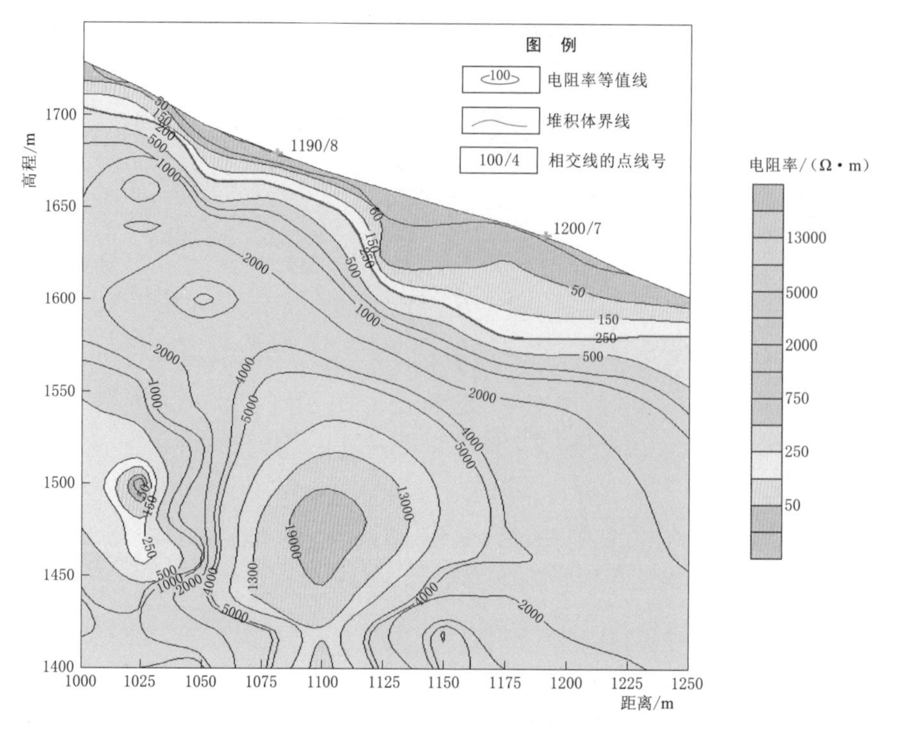

图 3.5-3 黄登水电站 E4 剖面音频大地电磁测深法电阻率剖面图

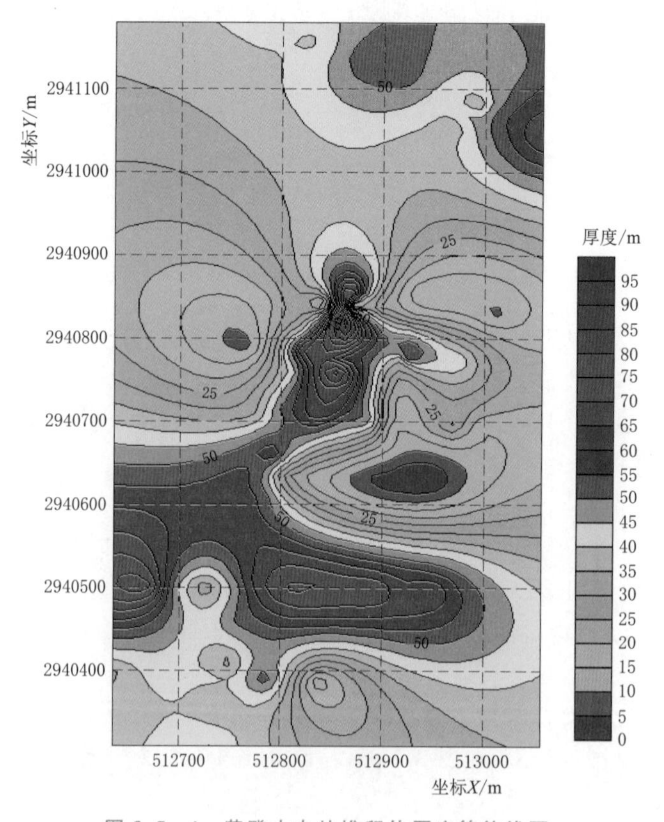

图 3.5-4 黄登水电站堆积体厚度等值线图

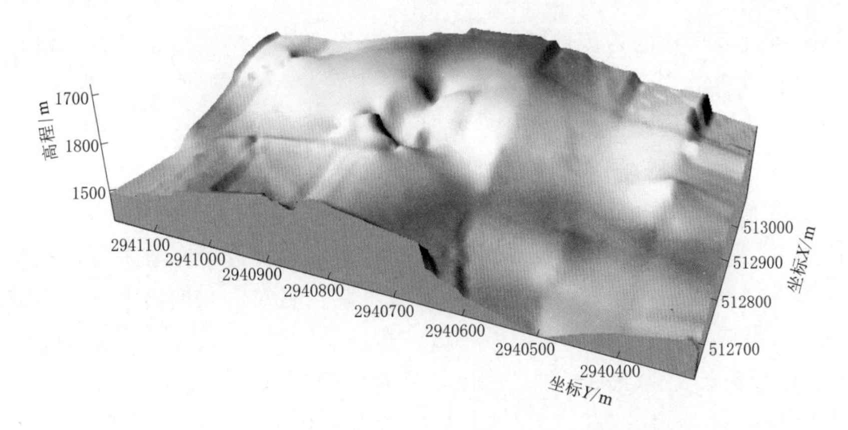

图 3.5-5　黄登水电站堆积体基岩面三维立体图

从单一地球物理方法和综合地球物理方法解释的堆积体厚度对比的误差数据绘制成的成果误差分析图（图 3.5-6）可以看出，综合地球物理方法解释的堆积体厚度误差较单一地球物理方法有所改善。

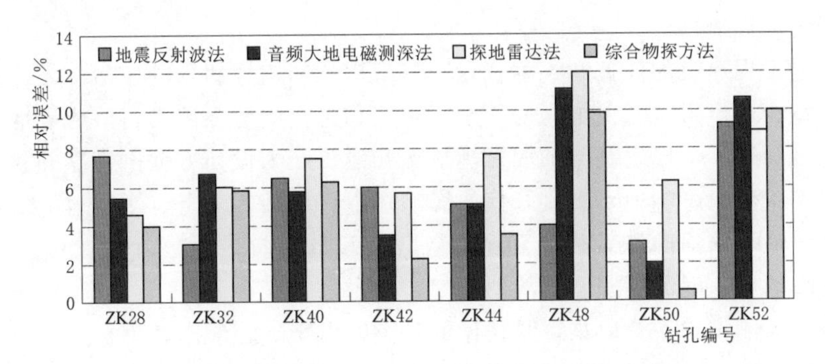

图 3.5-6　黄登水电站堆积体单一及综合地球物理方法探测成果误差分析图

3.6　复杂岩溶综合探测技术

岩溶是水与可溶岩石发生化学作用产生沟槽、裂隙和洞穴，以及由于顶板岩层发生坍塌后导致地表凹陷、洼地等类现象和作用的总称。岩溶现象特别受岩性为主的地质背景及气候为主导的地理环境的控制。岩溶按岩性分为碳酸盐、石膏和盐岩溶；按存在的形式分为裸露型、覆盖型和埋藏型岩溶；按发育程度分为全岩溶、半岩溶或流水岩溶；按气候地貌分为热带、亚热带、温带和寒带岩溶；按垂直动力带分为渗流（充气）带、浅潜（饱水）带和深部岩溶。在我国各类可溶性岩石中，碳酸盐类岩石的分布范围占有绝对优势，本书所述岩溶主要指此类岩溶。

在岩溶地区，各种岩溶问题是摆在水电工程建设者面前的拦路虎，影响着水工建筑物基础稳定、水库成库条件等。水电工程需要探测的岩溶包括：

（1）地表岩溶：包括溶沟、溶槽、漏斗、落水洞、溶蚀洼地等覆盖型岩溶。

溶沟、溶槽一般是地表水沿岩体表层节理面或裂隙面等溶蚀后的产物，当地表水沿灰岩裂缝向下渗流和溶蚀，超过一定深度后便是漏斗或落水洞，溶蚀洼地则是漏斗、落水洞不断溶蚀逐步扩大后形成的，因此地表岩溶起伏较大，甚至呈锯齿状，其上覆盖物质一般为碳酸盐类岩石中不溶残余组成的土壤。

地表岩溶与覆盖层相比，具有高阻、高速、低吸收的物理特征。

(2) 地下岩溶：主要为洞穴和地下暗河等埋藏型岩溶。

地下岩溶按充填情况可分为充填型、半充填型和非充填型，充填型又可分为充水型、充填松散体型及混合充填型。对于有较完善的补排系统的管道型岩溶来说，充填物一般为砂质土或砂卵石夹黏土；对于较为独立的充填型岩溶、洞穴，充填物则一般为不溶残余组成的土壤或土壤夹碎石。

1) 充填型和半充填型洞穴与围岩相比，具有低阻、低速、高价电常数、高吸收、低密度的物理特性。

2) 非充填型洞穴与周边介质相比，呈现高阻、低速、低介电常数、低吸收的特征，但由于非充填型洞穴周围常常会有比较严重的溶蚀夹泥现象，在地下水位线以下会被地下水侵蚀，因此，有时候会呈现低阻、高吸收的反射特性。

3) 岩溶地下水补给关系较复杂，其岩溶水温度与环境水温有明显差异，可以作为地球物理探测的前提条件。

根据水电工程建设的任务和工程特点，岩溶探测的内容和目的包括：①探查影响拟建拦河坝、闸室、进出水口、发电厂房等水工建筑物稳定的地表溶沟、溶槽等地表岩溶，查明其分布范围和规模，提出基础加固处理措施和建议，为设计方提供可靠的参考；②探查影响水库成库条件、影响地下洞室开挖、影响地下厂房结构安全、影响地下水补给关系的溶洞、管道、地下暗河的发育规模和范围等，为设计方提供复核计算参数，预防水库渗漏、地下洞室涌水、涌泥等安全事故的发生，确保工程安全。

关于岩溶探测技术一直以来都是讨论的热点，由于岩溶形态较为复杂，依靠单一手段很多时候可能难以达到理想的探测效果，本书在多年岩溶探测经验总结的基础上，提出针对不同性质的岩溶采用地球物理综合方法并按照一定的工作程序进行探测，实际工程检验表明能够较大程度地提高探测精度。

3.6.1 技术要点

1. 岩溶探测地球物理方法组合方案

目前岩溶探测主要采用以下几种地球物理方法：高密度电法，浅层地震反射波法，瑞雷面波法，探地雷达法，CT（弹性波 CT、电磁波 CT），音频大地电磁测深法，瞬变电磁法。

根据以上各种地球物理方法的特点，在进行岩溶探测时，采用地球物理组合方法，充分发挥组合中各方法的优点，从而提高岩溶探测的准确性。表 3.6-1 为针对不同情况下的岩溶探测的地球物理方法组合一览表。

表 3.6-1　岩溶探测的地球物理方法组合一览表

岩溶发育深度	基岩出露情况	地球物理方法组合方案
小于 20m	出露	探地雷达法＋浅层地震反射波法＋CT
	未出露	高密度电法＋浅层地震反射波法＋CT

续表

岩溶发育深度	基岩出露情况	地球物理方法组合方案
20～100m	出露	瞬变电磁法＋CT
	未出露	高密度电法＋CT＋瑞雷面波法
大于100m	出露	瞬变电磁法
	未出露	音频大地电磁测深法

表3.6-1为进行岩溶探测时采用的地球物理方法组合建议，但在实际探测中，需要根据实际情况在组合方案中择优选择，当溶洞为空洞时，弹性波类方法和探地雷达法要优于电法类方法，而溶洞充填黏土或者包含水时，电法类方法则能取得较好的成果。

2. 现场探测工作步骤

(1) 收集地质和水文资料，认真分析工区岩溶发育规律，根据分析情况初步确定地球物理组合方案。

(2) 开展方法试验工作，确定测线布置和现场设备工作参数。

(3) 开展测区普查工作，一般选用地表类方法，根据各勘察阶段要求按照一定间距布置测线。

(4) 根据普查阶段确定的重点区域开展详查工作，一是采用加密测线的方式，并布置成十字交叉的形式，二是采用CT方法。

(5) 开展地球物理综合解释工作，根据成果开展钻孔验证。

3.6.2 工程实例

3.6.2.1 某水电站坝基岩溶综合探测

某水电站位于云南省丽江市华坪县（左岸）与四川省攀枝花市（右岸）交界的金沙江中游河段，是以发电为主，兼顾防洪、灌溉、旅游等综合利用的水利水电枢纽工程。水库正常蓄水位1134m，死水位1126m，水电站装机容量3000(5×600)MW。正常蓄水位以下库容20.72亿m^3，调节库容3.83亿m^3，具有周调节能力。

在该水电站坝址区钙质砾岩、钙质含砾砂岩、钙质砂岩中，由于地下水的作用，沿层理方向或陡倾角裂隙产生溶蚀现象（图3.6-1）。由于溶蚀和钙质流失现象比较突出，弱化了地基岩体的整体强度，坝基岩体变形不均一，需要采取有效的坝基加固和防渗等工程处理措施，以改善坝基变形及渗透稳定条件。

在坝基基础岩体固结灌浆和防渗帷幕灌浆之前，需要采用地球物理检测方法并结合地质情况查明岩体溶蚀区的空间分布情况，给出岩体溶蚀区的声波波速分布特征，为该水电站坝基岩体质量综合评价提供量化依据，为设计优化固结灌浆参数和改善施工工艺提供依据，同时有利于施工过程中有针对性地进行差异性灌浆，做到有的放矢，加快施工进度，提高施工质量，节约工程投资。

本次工作的目的是采用合适的地球物理方法查明工区内的连续性发育或成团状群体发育的溶蚀区域，结合地质岩性给出溶蚀区的空间分布，并根据岩体声波测试结果给出溶蚀区的声波波速分布特征。

图 3.6-1　某水电站岩体溶蚀特征

1. 试验工作

在正式开展工作前，进行了探地雷达法、瞬变电磁法、地震映像法的试验工作（图 3.6-2），以确定方法的有效性及工作参数。

(a) 探地雷达法试验

(b) 瞬变电磁法试验

图 3.6-2　现场试验工作

(1) 探地雷达法试验。采用 50MHz、100MHz、400MHz、500MHz 频率天线分别开展了现场试验，相关试验成果如下。

探地雷达 50MHz 天线测试成果见图 3.6-3，图中只见边坡干扰信号，无溶蚀区引起的异常反射信号。说明此型天线因干扰严重，异常不明显，不适用于溶蚀岩体探测。

探地雷达 100MHz 天线测试成果见图 3.6-4，图中只见边坡干扰信号，溶蚀区引起的异常反射信号极弱。说明此型天线因干扰较严重，异常不明显，在没有做进一步工作且得到验证之前，不宜用于溶蚀岩体探测。

探地雷达 400MHz 天线测试成果见图 3.6-5，图中无明显干扰信号，溶蚀区引起的异常反射信号明显，特别是 80～100m 段中部。说明此型天线对探测溶蚀区有效，可用于溶蚀岩体探测，但探测深度不超过 5m。同时，通过与 500MHz 天线对比，发现两种类型的天线测试效果基本一致，异常位置重复性好。

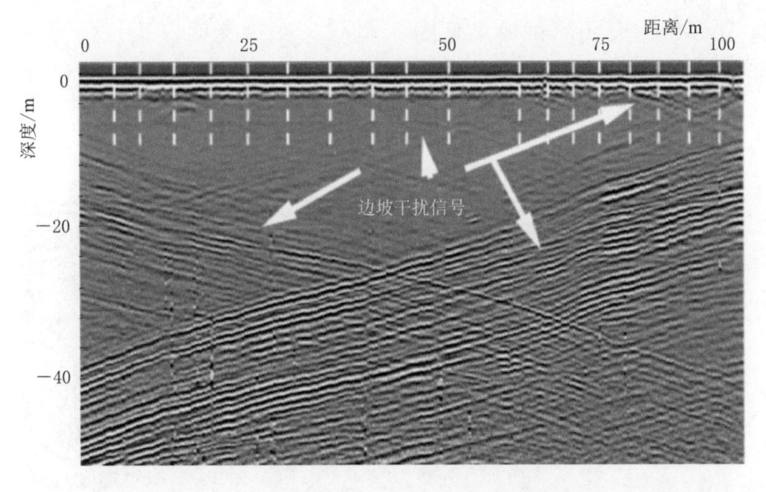

图 3.6-3　探地雷达 50MHz 天线测试成果

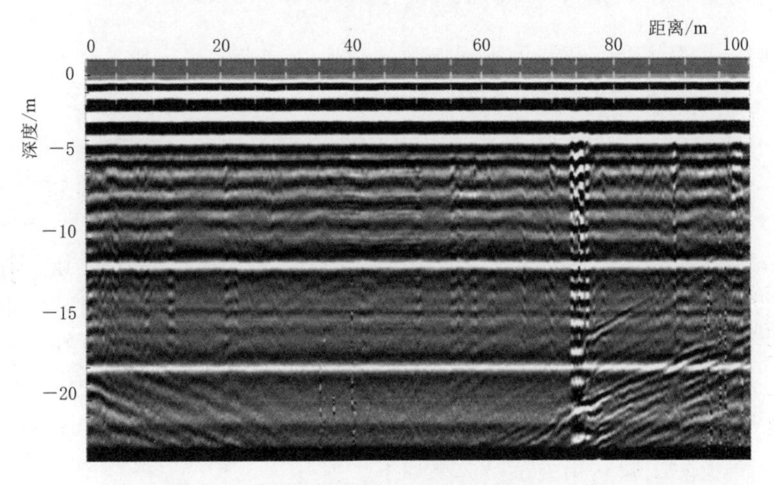

图 3.6-4　探地雷达 100MHz 天线测试成果

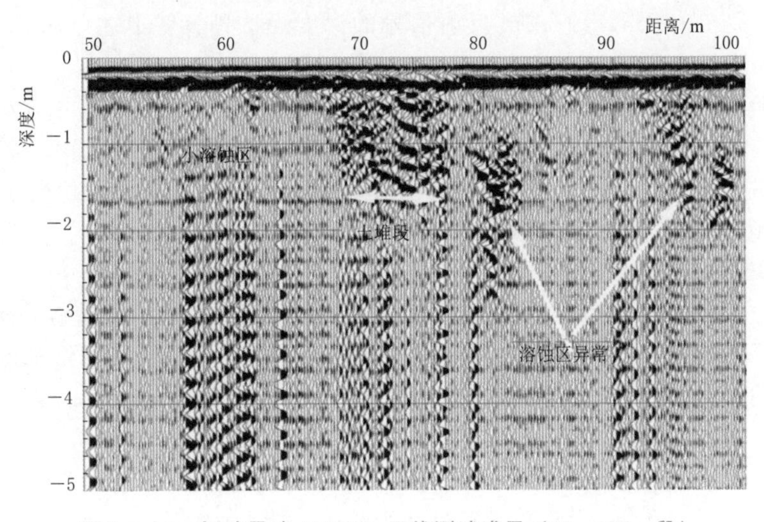

图 3.6-5　探地雷达 400MHz 天线测试成果（50～100m 段）

探地雷达500MHz天线测试成果见图3.6-6，图中无明显干扰信号，溶蚀区引起的异常反射信号明显，特别是80～100m段中部。说明此型天线对探测溶蚀区有效，可用于溶蚀岩体探测，但探测深度不超过5m。

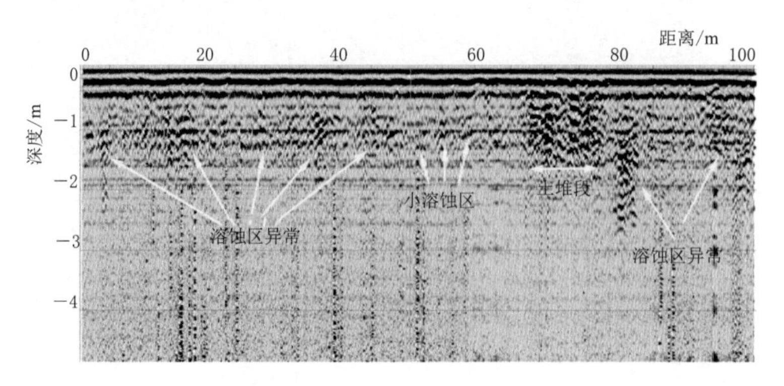

图3.6-6　探地雷达500MHz天线测试成果

（2）瞬变电磁法试验。开展了不同点距的瞬变电磁法试验，相关试验成果如下。

瞬变电磁法测试成果见图3.6-7，测点间距分别是6.25m和3.0m。图3.6-7（a）显示在30～35m浅部、40～45m深部、60～70m浅部至深部、90m以后浅部至深部有强溶蚀发育区。为进一步细化异常区，在图3.6-7（a）60～100m位置进行第2次测试，点距改成3.0m，测试结果与第1次测试基本一致，见图3.6-7（b），即60～70m溶蚀发育、70～90m溶蚀相对发育、90m以后溶蚀发育，但在水平位置区分出更多的溶蚀发育条带，即在约73m和85m位置处发现也发现溶蚀条带，但溶蚀程度相对较小。测试成果说明此法用于探测溶蚀区得到的异常明显，可用于溶蚀岩体探测，但3m或6.25m的测点间距明显太大，水平方向的定位精度较低，下一步工作中应适当减小测点间距。

坝基开挖后揭露出的地质情况见图3.6-8，证明探测结果是准确、可靠的。

（3）地震映像法试验。相关试验成果如下。

地震映像法测试成果见图3.6-9，以偏移距3m为例，图中显示在59.5～54m、49.0～35m、29.5～24m、19～8m反射信号的深度无法判读，上述区域有的是溶蚀区，也有非溶蚀区。综合说明此法不适用于溶蚀岩体探测。

通过试验说明：采用探地雷达500MHz（或400MHz）天线进行溶蚀探测，发现的异常明显、稳定，干扰小，该方法适合用于溶蚀岩体探查工作，但探测深度只有5m。采用瞬变电磁法进行溶蚀探测，发现的异常明显、稳定，干扰小，探测深度范围为5～30m，该方法适合用于溶蚀岩体探查工作。但深度5m以上为探测盲区。

2. 综合地球物理方法探测

通过比较试验成果，最终选择探地雷达法和瞬变电磁法为主进行普查，探地雷达法探测0～5m范围内的溶蚀发育情况，瞬变电磁法探测5～30m范围内的溶蚀发育情况，在重点区域采用地震波CT法进行详查，最终结合钻孔声波测试进行综合分析。坝基溶蚀探测现场工作布置见图3.6-10。

（1）探地雷达法。探地雷达法采用天线为400MHz屏蔽天线（图3.6-11）。采样参数：现场探测采用“点测法”，测点间距0.2m，测试剖面间距4m。每道采样点数1024

点，时间 100ns，叠加 128 次。

探地雷达资料需要根据不同的探地雷达系统软硬件情况和地质特征等因素作合理的解释。结合工程地质条件和地球物理特征，分析测区内探地雷达数据特征，分析各种反射波的到达时间、相位、频率、振幅等特征，识别有效反射波和异常波。具体如下。

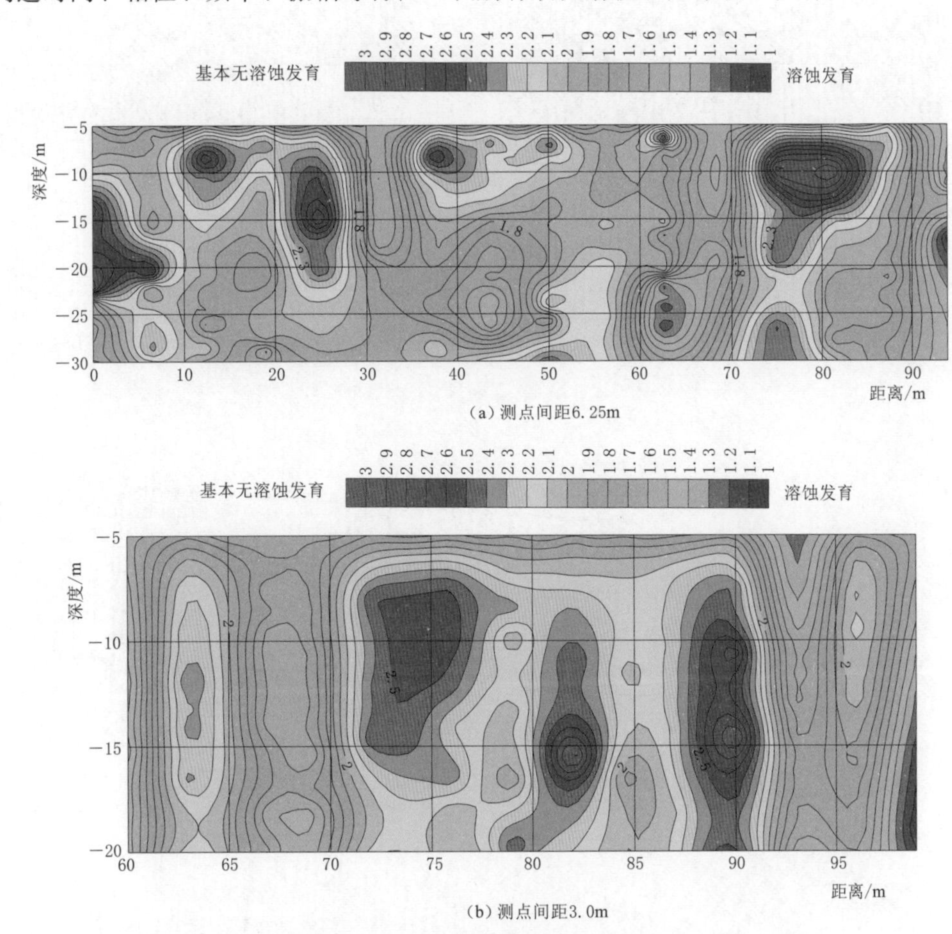

(a) 测点间距6.25m

(b) 测点间距3.0m

图 3.6-7　瞬变电磁法试验测试成果

图 3.6-8　某水电站坝基岩溶开挖后揭露出的地质情况

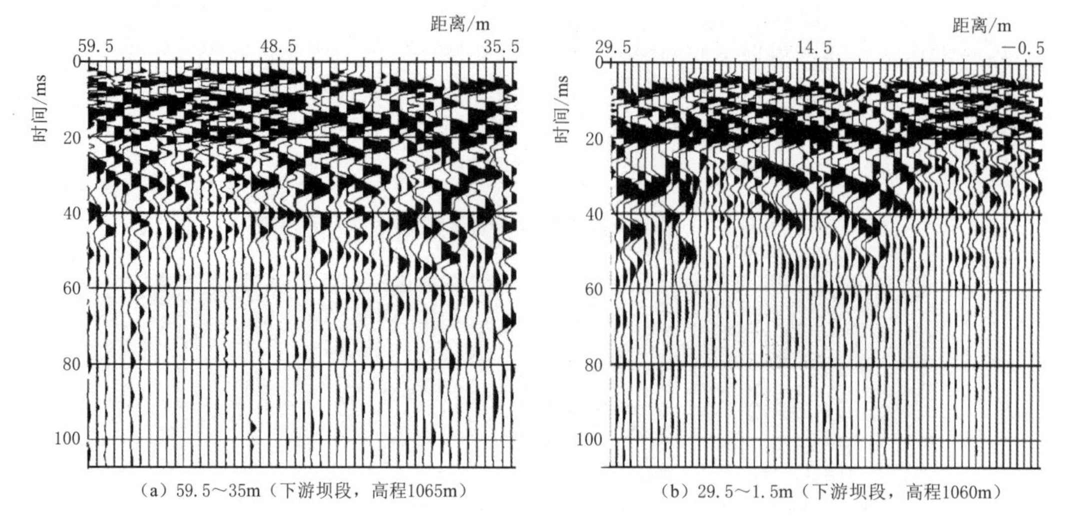

（a）59.5～35m（下游坝段，高程1065m）　（b）29.5～1.5m（下游坝段，高程1060m）

图 3.6-9　地震映像法测试成果

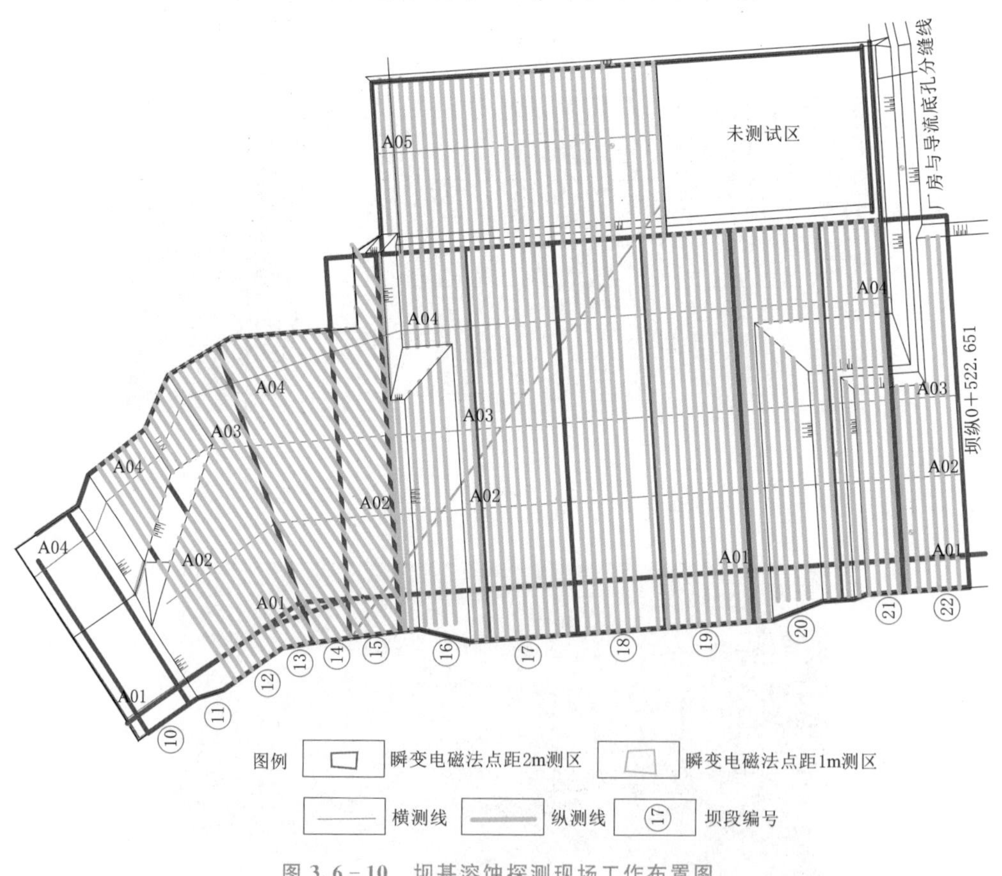

图 3.6-10　坝基溶蚀探测现场工作布置图

1）完整、无溶蚀现象的岩体无雷达反射波，接收波背景干净，见图 3.6-12。

2）溶蚀岩体分为强溶蚀、中等溶蚀和轻微溶蚀共 3 个等级，3 类溶蚀的雷达图像见

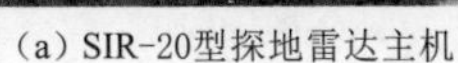
(a) SIR-20型探地雷达主机

(b) 探地雷达400MHz天线

图 3.6-11 探地雷达法仪器设备及装置图片

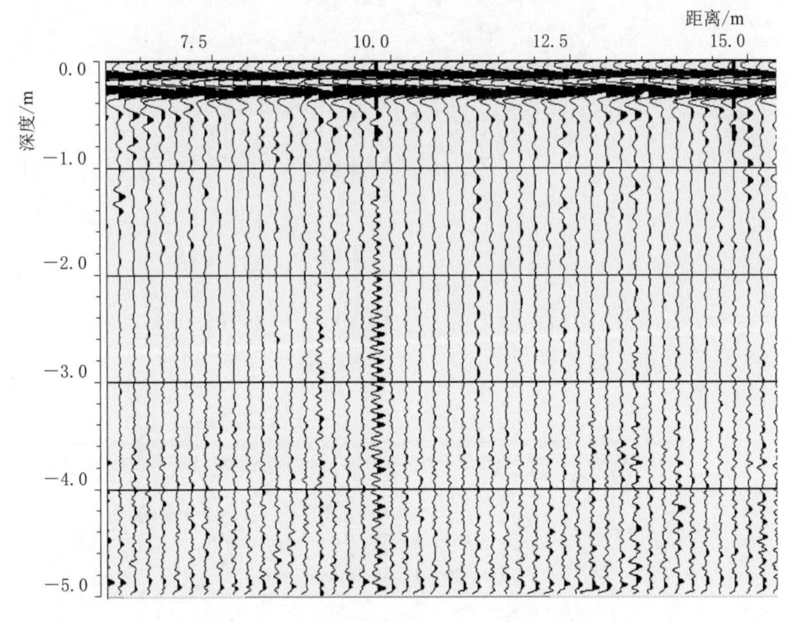

图 3.6-12 完整岩体的探地雷达图像

图 3.6-13 (a)～图 3.6-13 (c)。不同溶蚀等级的雷达图像特征是：强溶蚀的雷达反射波幅大，反射界面密集，反射波频率较低；中等溶蚀的雷达反射波幅较大，反射界面较多但相对稀疏，反射波频率较低；轻微溶蚀的雷达反射波幅较小，反射界面较少或零星出现，反射波频率较低。

(2) 瞬变电磁法。瞬变电磁法采样参数分为两部分：①高程 981m 以上采用重叠回线，发射电流 100A，发射线框为 2m×2m、4 匝，接收线框为 2m×2m、32 匝；采样间隔 4μs，采样点数 4096 点（总时间 16384μs），60～120 次叠加；②高程 981m 以下采用重叠回线，发射电流 100A，发射线框为 4m×4m、2 匝，接收线框为 4m×4m、16 匝；采样间隔 4μs，采样点数 4096 点（总时间 16384μs），60～120 次叠加。瞬变电磁法重叠回线现场工作见图 3.6-14。

瞬变电磁法溶蚀探测的数据处理方法包括：对现场采集到的原始数据进行预处理，主要是删除异常数据信号、电磁背景值归一化两步工作。异常数据信号主要由施工工地各种干扰引起，包括电焊机工作、随机和工频 3 种干扰及“摆尾”现象，见图 3.6-15。

然后进行视电阻率值和深度值视归一化和反演计算，最后利用软件建立视电阻率分布模型，绘制各剖面、断面和切面的视电阻率等值线图。图 3.6-16 为⑧号溶蚀条带瞬变电

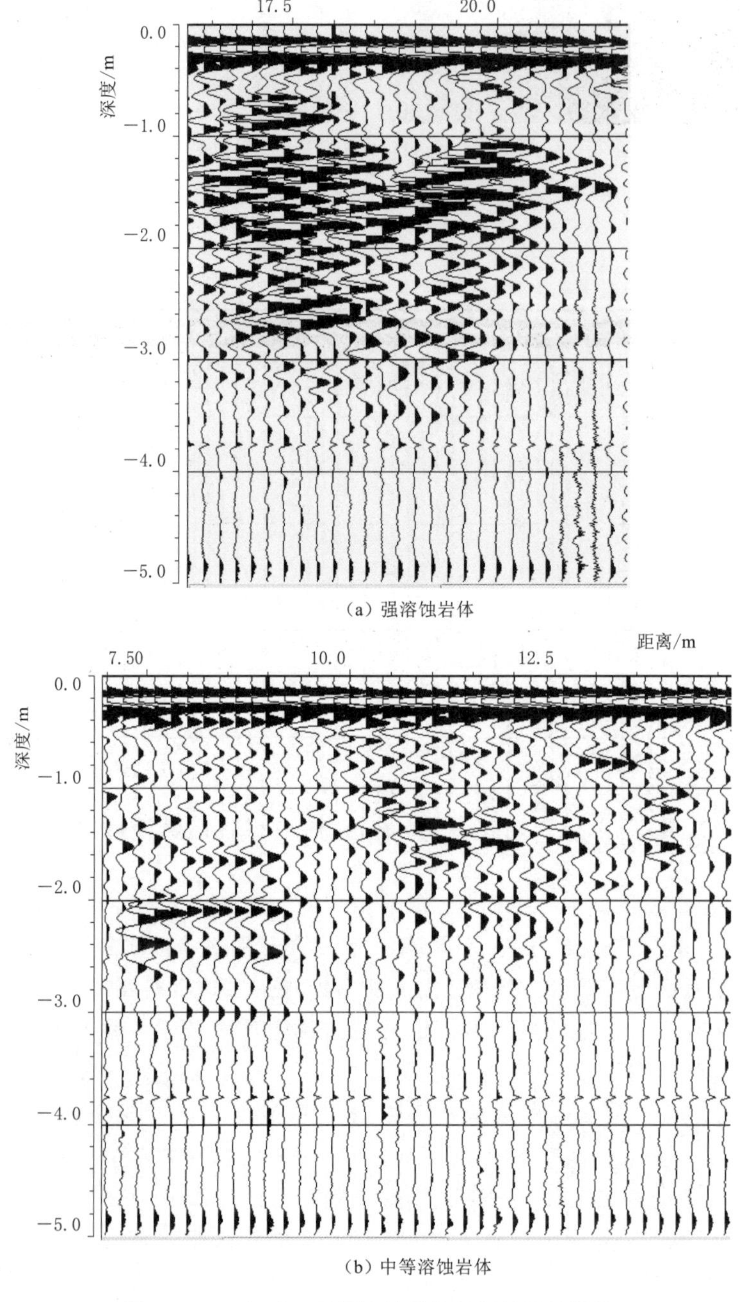

图 3.6-13（一） 不同溶蚀岩体的探地雷达图像

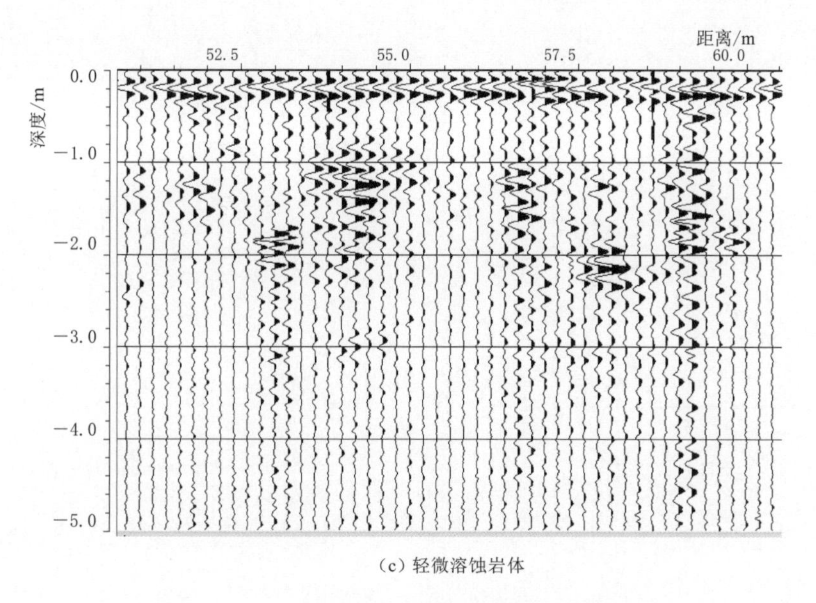

（c）轻微溶蚀岩体

图 3.6－13（二）　不同溶蚀岩体的探地雷达图像

（a）2m×2m重叠回线

（b）4m×4m重叠回线

图 3.6－14　瞬变电磁法重叠回线现场工作

磁法纵剖面图，可以看出：12～14 坝段和 16 坝段，中等～强溶蚀，中等发育为主，各溶蚀区在纵向上相对孤立、不相连，建基面下 30m 范围内基本成片发育；15 坝段和厂房坝段，中等～轻微溶蚀，各溶蚀区在纵向上相对孤立、不相连，15 坝段在高程 980m 以下基本成片发育，厂房坝段在高程 960 以上基本断续发育；17 坝段未见有中等溶蚀以上的岩体发育。总的来看，将 17 坝段之前与 17 坝段及之后的厂房坝段进行比较，前段的岩体溶蚀程度较后段强，溶蚀面积较后段大，溶蚀深度及较后段深。

（3）地震波 CT 法。地震波 CT 法采用常规的处理方法，包括数据整理及反演，成果见图 3.6－17，从图可知：低波速测点和溶蚀裂隙分布总体呈现条带状，主要从坝纵 0＋280.0、高程 985m 开始向右岸、小高程方向延伸发育，至坝纵 0＋350.0、高程 920m 处止，条带垂直宽度约为 30m，条带在高程 960m 以上声波与地震波的波速明显低于正常

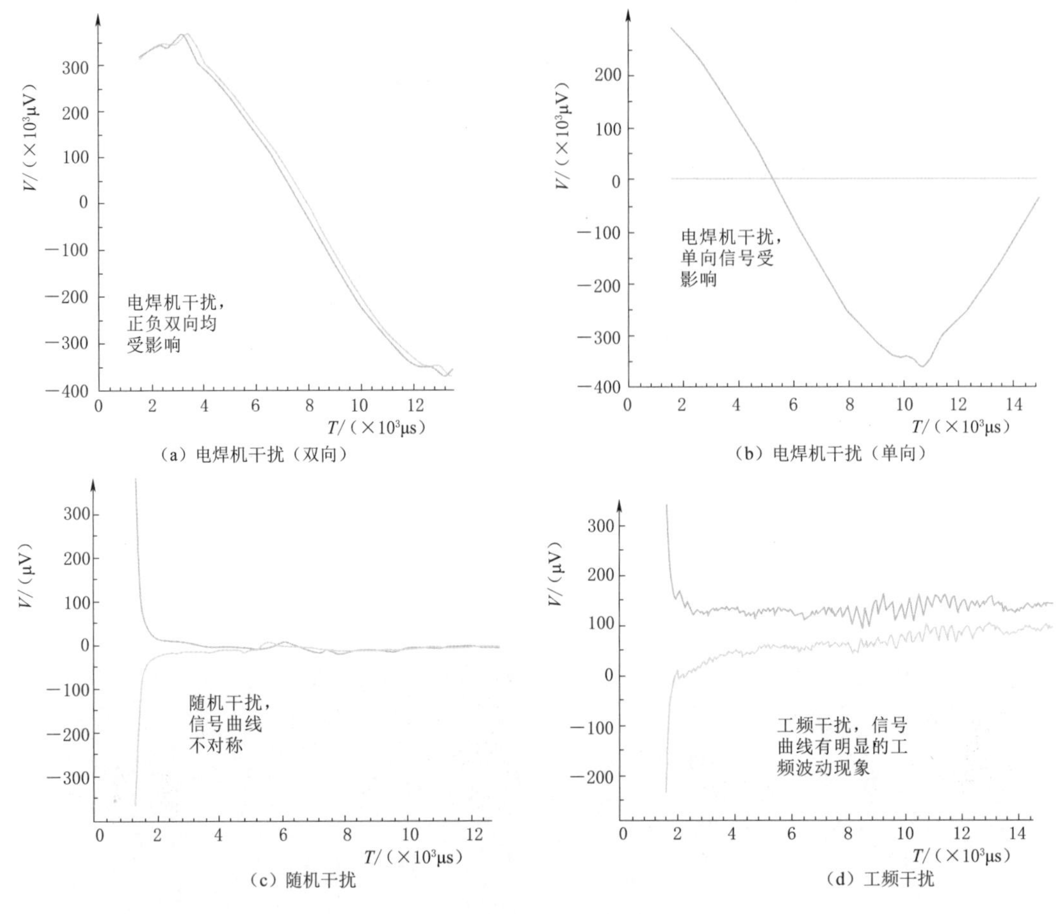

图 3.6-15　瞬变电磁法的各种干扰信号

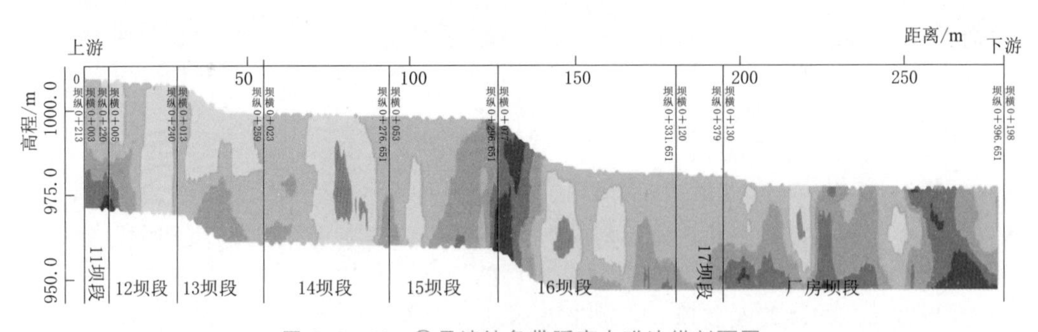

图 3.6-16　⑧号溶蚀条带瞬变电磁法纵剖面图

值，溶蚀裂隙分布集中、宽度较大，而在高程 960m 以下，伴随着深度的增加，声波与地震波的低波速点与溶蚀裂隙数量逐渐减少，分布也由集中逐渐趋于分散，其他区域的低波速点和溶蚀裂隙发育分布情况大都也表现为条带状发育特征，但波速与正常情况差异不大，溶蚀裂隙的宽度小、发育密度也相对较小，条带内连续性差。溶蚀、裂隙的水泥结石情况以局部充填为主，完全充填和未充填的比例较小，其中大部分孔的水泥结石充填比例（包括局部充填和完全充填）大都在90%以上。

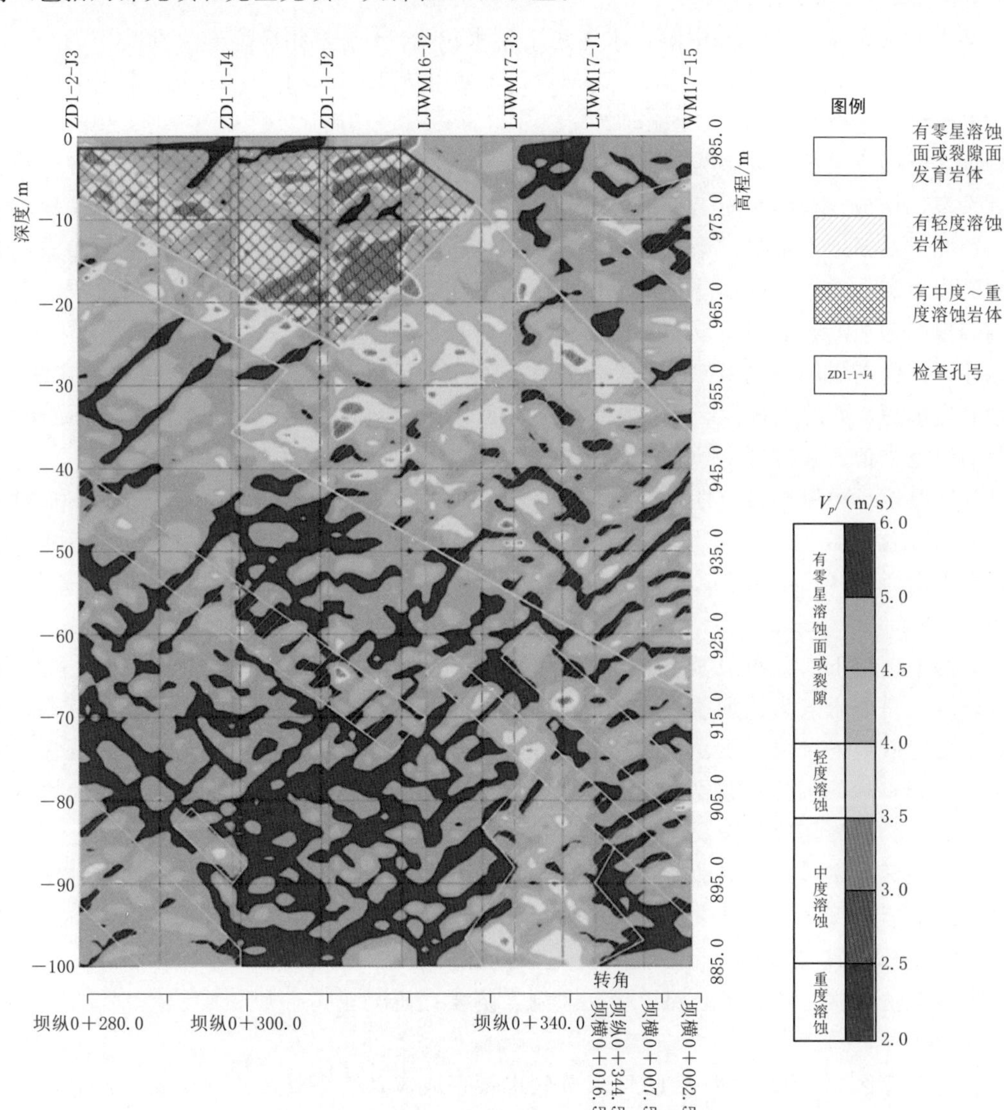

图3.6-17　局部区域岩溶地震波CT探测成果图

本次针对某水电站钙质砾岩、钙质含砾砂岩、钙质砂岩的溶蚀特点，采用探地雷达法、瞬变电磁波法、地震波CT法的综合地球物理方法并结合地质情况查明岩体溶蚀区的空间分布情况，给出了岩体溶蚀区的声波波速分布特征，为该水电站坝基岩体质量综合评价提供了量化依据。此次地球物理探测工作克服了以下几个难点问题：采用地球物理方法探测相对孤立、规模小且呈现陡倾发育的溶蚀岩体；在施工期间形成的强电磁干扰背景下进行瞬变电磁法探测；在高阻岩面上进行瞬变电磁法探测；瞬变电磁法需要采用小线框、多匝线圈、大电流进行浅表部溶蚀探测；因瞬变电磁法要进行多剖面、多时段（前后长达半年）探测，对反演计算出的视电阻率需要进行归一化处理。

3.6.2.2 某水电站岩溶探测

某水电站位于乌江干流中游，水库正常蓄水位为837m，相应库容$1.68\times10^8m^3$，最大坝高121.81m；水电站装机容量600MW，年发电量$20.11\times10^8kW\cdot h$，是一个以发电为主的大型水电枢纽工程。

该水电站坝区及库区多为碳酸盐岩地层，可溶性极强，加之降雨量充沛，岩溶中等或极其发育，构成复杂的水文工程地质条件，且岩溶和地下水分布具有明显的随机性和复杂性，因此岩溶及地下水是一个首先需要查明的难题，该问题主要涉及水库及坝基渗漏，并影响大坝稳定。该水电站地球物理工作主要集中在预可行性研究及可行性研究阶段，其工作内容根据地质勘察需要布设，工作面包含库区及坝区。

库区完整灰岩的视电阻率较高，一般在500至数千欧姆米以上，当岩层中存在断裂、溶蚀并充填泥、水等情况时，视电阻率在数十欧姆米至数百欧姆米之间变化；地下水激发极化曲线背景值：衰减度28%、综合参数曲线50%、半衰时750ms、激化率55%。

坝区厚层、中厚层可溶性灰岩的电阻率为500至数千欧姆米，在8MHz电磁波频率下其电磁吸收系数为0.2～0.6db/m，波速为4100～6500m/s；而以水或黏土充填的溶洞，电阻率为$N\times10^{1\sim2}\Omega\cdot m$，在8MHz电磁波频率下其电磁吸收系数为0.8～1.2db/m，波速为1300～2800m/s。

岩溶地区地下水分布极其复杂，综合起来可分为岩溶水、裂隙水和断层水。顾名思义，岩溶水是以岩溶为流通管道进行运移的地下水，岩溶地区地下水以此类型为主。因此，岩溶地区地下水位主要受岩溶控制，陡升陡降，在原始状态下没有“面”的概念。由此可见，调查地下水首先需要查找具有低阻、低速、高电磁波吸收系数等物理特性的地质体，再通过物探等其他手段及地质分析，排除其他异常，确定地下水岩溶管道。

根据坝区及库区内岩溶地质物性特点，选择的方法为：①库区采用音频大地电磁测深法进行地下岩溶探测，对异常点辅以激发极化法调查岩溶管道；②坝区采用以大功率声波CT技术为主，辅以电磁波CT、高密度电法勘探，查明坝基及两岸岩溶发育情况；③采用探地雷达法查明右岸进场公路Ⅰ号交通洞岩溶发育情况。

1. 库区

通过对库区30条剖面进行EH-4连续电导率成像系统探查，共发现大小异常39处，结合激发极化法结果，通过分析与总结，这39处异常可归为以下几种类型。

(1) 非充填型高阻异常。此类异常有6处，均发育于右岸，规模大小不一，底部高程高于1050m，其电阻率大于$2000\Omega\cdot m$。通过与地质人员共同分析推断，该类异常分布于地下水位以上，属非充填型溶洞。图3.6-18为右岸二叠系可疑渗漏带音频大地电磁测深法探查断面1成果，其中桩号180～260m、高程1060～1100m处的高阻异常，即为厅堂式大型龙潭麻窝溶洞。

(2) 地下水管道型低阻异常。此类异常有16处，其中左岸10处，右岸6处，高程位于850～1050m（均高于水库正常蓄水位），异常电阻率小于$50\Omega\cdot m$。激发极化法成果显示：视电阻率曲线呈明显的“K”形，综合半衰时、综合参数、衰减度和极化率等曲线在音频大地电磁测深法解释的异常区域深度附近均有极大值，且极值大于背景值，之后呈明显下降趋势。图3.6-19中桩号140～200m、高程850～900m处的低阻异常，即为右岸

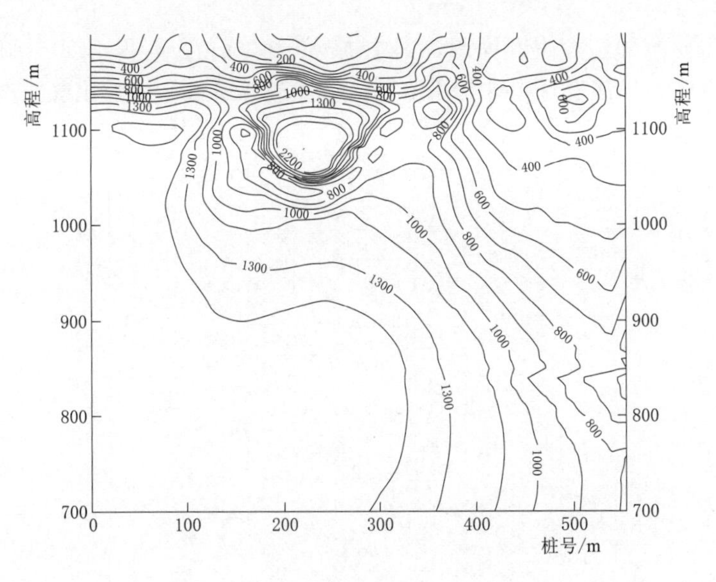

图 3.6-18　右岸二叠系可疑渗漏带音频大地电磁测深法探查断面 1 成果图

二叠系可疑渗漏带 S58 地下水流动系统，由于溶洞边缘溶蚀破碎带潮湿含水，故异常范围较实际管道规模大。

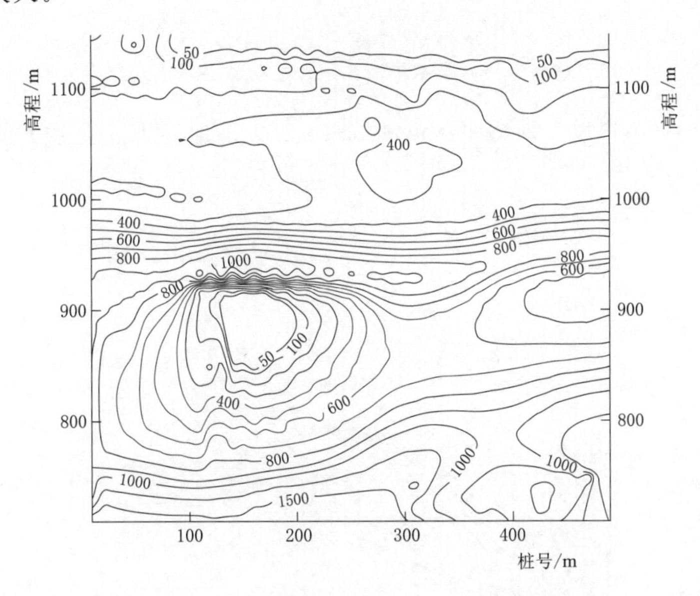

图 3.6-19　右岸二叠系可疑渗漏带音频大地电磁测深法探查断面 2 成果图

(3) 非管道型低阻异常。此类异常有 17 处，其中左岸 9 处，右岸 8 处，异常形状各异，高程为 950～1100m，电阻率小于 100Ω·m。根据其形状和异常物质可分为以下两类。

1) 呈封闭状、充填松散物质的溶洞。该类异常激发极化法成果显示：视电阻率曲线呈明显的“K”形，综合半衰时、综合参数、衰减度和极化率等曲线在 EH4 异常深度附近均有极大值，但极值小于背景值，之后呈明显下降趋势。图 3.6-20 为左岸库首可疑渗

漏带音频大地电磁测深法探查断面图，其中桩号 0～300m、高程 1050～1100m 处的低阻异常为溶蚀发育区，局部发育串珠状小溶洞，溶蚀破碎带及小溶洞由黏土充填。

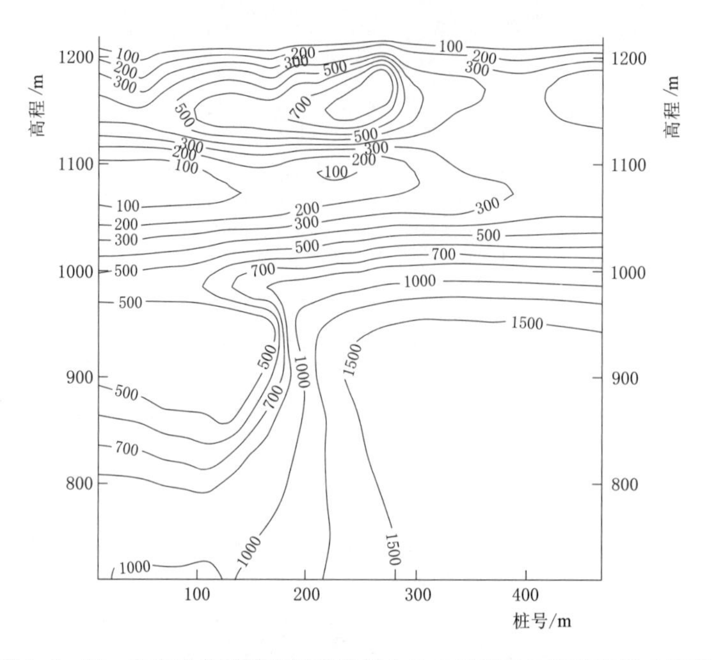

图 3.6-20　左岸库首可疑渗漏带音频大地电磁测深法探查断面成果图

2）呈层状的低阻地层。典型实例见图 3.6-21，该地层为三叠系下统夜郎组沙堡湾段碳质页岩。

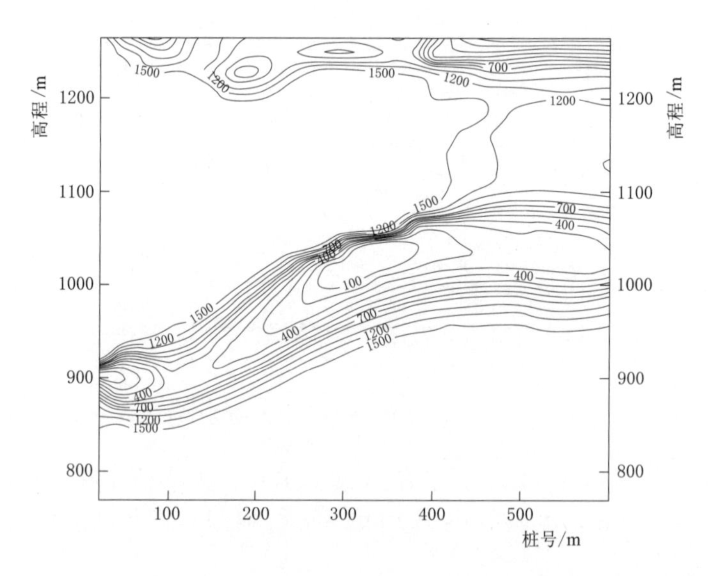

图 3.6-21　左岸假角山向斜可疑渗漏带音频大地电磁测深法探查断面成果图

2. 坝区

左坝肩进行 2 对孔的电磁波 CT 探查，其结果揭示了 3 处高吸收系数异常区（图 3.6-22），其中ZK123号孔高程750～760m异常经过连通试验，证实与S63岩溶管道连通。

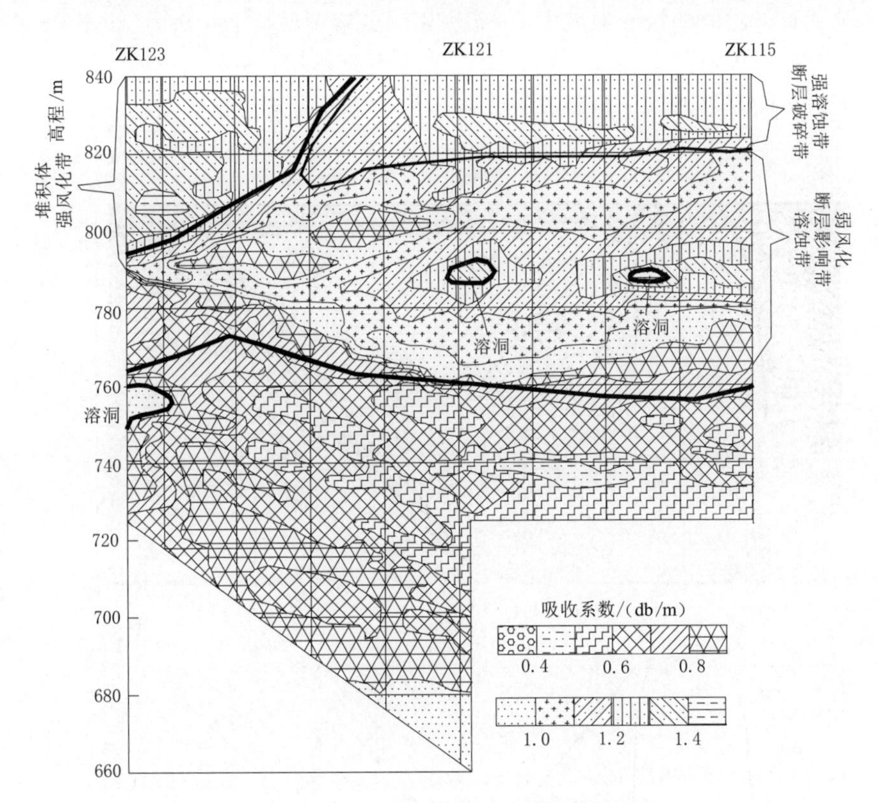

图3.6-22　左坝肩电磁波CT探查剖面成果图

在右坝肩至地下厂房的PD2勘探平洞内布置1条高密度电法测线（图3.6-23），其探测结果与地质推断基本吻合：除洞底安装间平台高程位置揭示一规模约25m×10m的低阻异常外，其他部位岩体完整性较好。通过地质分析推断，该异常与小流量的K11溶洞管道相连。

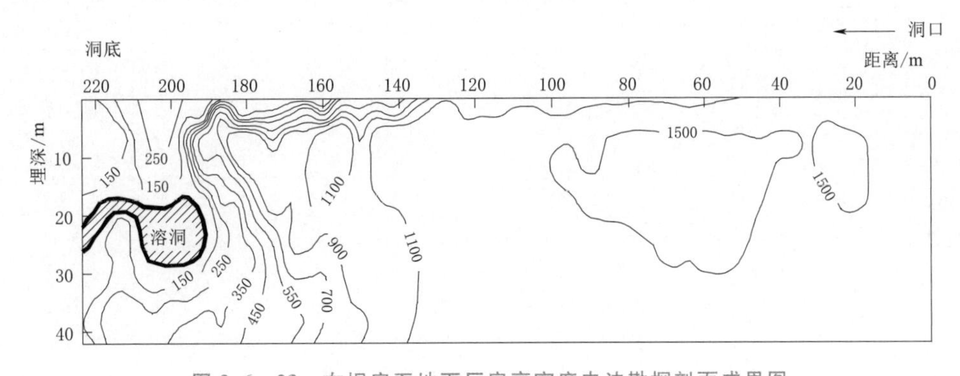

图3.6-23　右坝肩至地下厂房高密度电法勘探剖面成果图

右岸进场公路Ⅰ号交通洞地质雷达探测成果见图3.6-24。桩号2+920～2+955、深20m以上电磁波有一强反射界面，解释为一平行岩层发育的溶蚀裂隙密集带；桩号2+

945～2＋965处电磁波为强吸收，无反射界面，解释为充填黏土夹块石的溶洞，受溶洞充填物的影响（对电磁波能量衰减较大），无法探测到溶洞底界面；桩号2＋960～2＋975处电磁波有一强反射界面，解释为一倾向大桩号的溶蚀裂隙；桩号2＋980～3＋015处电磁波有一强反射界面，界面以下电磁波被吸收强烈，解释为溶洞顶界面。

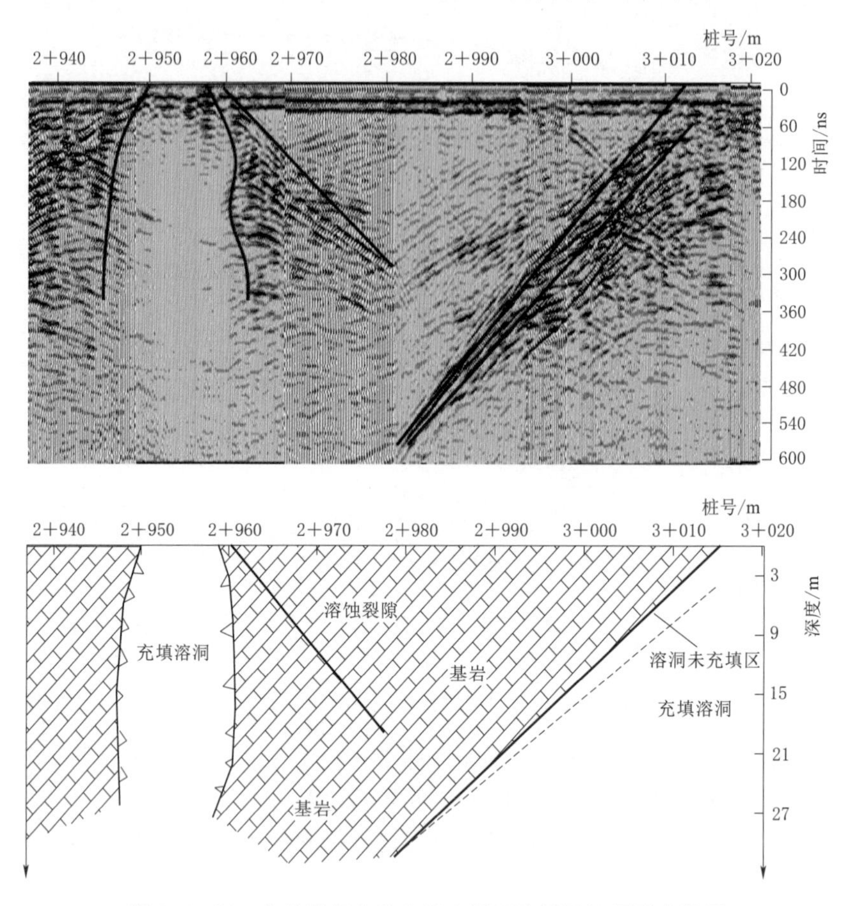

图3.6－24　右岸进场公路Ⅰ号交通洞地质雷达探测成果图

第 4 章

施工期工程质量检测关键技术

水电工程进入施工期后，地球物理探测技术在工程质量控制环节发挥着非常重要的作用，通过对岩土体、混凝土结构、钢结构、灌浆结构体系等进行检测，评价其施工质量，达到优化设计、指导施工、监督施工的目的，一些具体的检测项目和方法见表2.0-2，本章介绍的内容为现阶段水电工程施工工程质量检测的一些综合方法和新方法新技术的应用，包括坝基岩体质量综合检测、高应力地区岩体松弛特征检测、灌浆效果综合检测、地下空间综合检测、坝体质量综合检测、支护工程质量检测等。

4.1 坝基岩体质量综合检测与评价

在水电工程中，坝基是枢纽工程的重要基础（图4.1-1），坝基岩体质量是大坝是否稳定和安全的前提条件，是整个大坝工程质量的基础和关键，客观评价岩体质量、确定岩体可利用高程是大坝施工非常重要的一环。在坝基岩体质量复核与评价体系中，通常采用弹性波测试、全孔壁数字成像、钻孔弹模测试等综合手段进行岩体质量检测，由此获得岩体的物理力学参数和结构面发育特征，为坝基岩体质量评价提供基础依据。

图4.1-1　坝基开挖现场照片

国内外利用地球物理方法检测坝基岩体质量的例子比较多，但是早期的水电站建设过程中，对坝基岩体质量检测所使用的地球物理方法都比较单一，主要采用地震波、声波等常规的地球物理手段进行检测，很少进行系统的检测，都是先发现问题然后再去解决，即对坝基岩体只是做区域性的检测，没有做整体性的检测[14]。比如三峡工程坝基岩体做了大量的声波测试工作，声波测试技术在三峡水电站坝基岩体检测中扮演了重要的角色，为坝基岩体质量评价和工程验收提供了数据支撑，但受当时技术、仪器设备等方面的制约，未大规模综合、系统的推广应用。

近年来随着地球物理检测方法和技术的进步，仪器设备的更新换代，地球物理检测技术在水电站坝基岩体检测中的应用日益广泛，检测方法也越来越多，多种方法进行综合解释的手段也越来越成熟，系统性检测逐渐成为基本的要求。

4.1.1　技术要点

1. 检测方法特点分析

坝基岩体质量检测的主要方法有：①弹性波测试，一般采用单孔声波、跨孔声波测试，必要时可采用地震波对穿法、地震波折射法；②全孔壁数字成像测试，也可用钻孔电视法；③钻孔弹模测试，可采用承压板法或气囊法；④探地雷达法、CT（含弹性波、电磁波）法等。

各检测方法在坝基岩体质量检测中各有其特点和用途，以下分别进行说明。

（1）弹性波测试。弹性波测试在岩体质量检测中一般选用具有高分辨率的超声波法（简称“声波法”），在无声波测试条件的情况下则采用地震波法[15-16]。声波法包括单孔声波法和跨孔声波法两种，单孔声波法在单个钻孔内进行，主要反映钻孔附近的岩体质量情况，跨孔声波法需要在两个钻孔间进行，主要反映两个钻孔间的岩体质量情况。地震波法主要包括钻孔对穿法、钻孔CT和地表折射波法，钻孔对穿法、钻孔CT在两个钻孔中进行，通过测试的波速分布反映岩体质量情况；地表折射波法在坝基岩体表面通过展开排列进行，测试得到岩体松弛层和完整岩体的纵波波速来对岩体质量进行评价。

由于岩体受各类地质结构面的切割和不同岩石建造的组合，因而具有显著的不均一性，包括各向异性和不连续性等。当弹性波穿透岩体中的节理、裂隙、断层等各类结构面时，将产生断面效应，往往引起不同程度的折射、反射和绕射，这些现象与结构面的发育程度、组合形态、裂隙宽度及充填物质有着密切关系，不仅对弹性波起到消能作用，还将影响波的行程，导致弹性波的动力学和运动学特征发生明显变化，这就是岩体弹性波测试的地球物理前提。控制岩体质量的许多地质要素与弹性波波速有着密切的关系[17]，弹性波波速不仅与岩石本身的强度有关，还与岩体的均一性和完整性有关，且是岩石物理力学性质的重要指标。弹性波波速测试资料可确定不同性状岩体的大体空间分布，是划分岩体质量级别的重要指标。单孔弹性波测试获取的纵波速度反映了孔壁一定范围内的岩体质量，跨孔弹性波测试则可了解孔间岩体的质量。

（2）全孔壁数字成像测试。全孔壁数字成像测试由钻孔电视发展而来，是一种能直接观察钻孔孔壁图像的检测方法，在岩体质量检测中可直观获取裂隙、破碎带等地质现象（图4.1-2），一般在爆破前后的检测孔内进行检测，用以辅助声波法判断开挖施工质量、岩体质量、卸荷松弛等。

全孔壁数字成像检测方法主要反映岩体的裂隙情况，该方法以更全面、直观的方式揭示坝基的地质情况，将地质现象以定量指标进行描述，为确定不良地质体的空间分布及变化规律提供了可靠的数据。可利用全孔壁数字成像的测试成果得到钻孔内裂隙的发育位置、张开宽度、裂隙产状、充填情况等。通过统计分析，得到钻孔内裂隙发育密度、随深度的累计张开位移，从而得到坝基岩体节理裂隙发育的空间分布规律。

（3）钻孔弹模测试。钻孔弹模测试可直接获取岩体的变形模量和弹性模量值，一般在岩体开挖后布置少量地质钻孔进行测试，通过测试为设计提供变模值。同时与声波法测试成果进行对比分析，建立声波速度与变形模量的对比关系曲线（简称“动静对比曲线”），

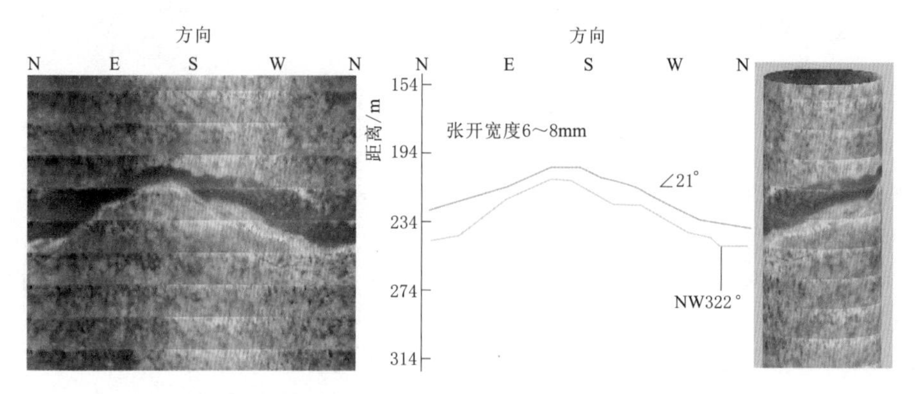

图 4.1-2　全孔壁数字成像测试成果图

实现利用声波值进行变模分区的目的。

（4）其他方法。除上述基本方法外，针对一些特殊地质情况，还可以采用一些其他的地球物理方法。比如探地雷达法，可以针对岩体的结构特征，包括节理、裂隙、断层等各类结构面进行探测，也可进行岩溶、软弱夹层等不良地质体探测，为坝基岩体的综合评价提供依据。再比如瞬变电磁法，可以针对坝基相对深部的地质结构（断层、破碎带等）、岩性分层、岩溶发育情况、含水情况进行探测。

2. 检测方法的综合应用

坝基岩体质量检测的目的主要有三个：①评价开挖施工质量。通过开挖前后声波速度、孔壁裂隙等指标的对比分析（前者为波速衰减率、后者为裂隙发育深度），直接评价开挖施工的质量，在无开挖前测试资料的情况下也可以采用开挖后检测资料的趋势分析判断。②评价坝体岩体质量。通过开挖后的声波波速（单孔声波波速、跨孔声波波速）、孔壁裂隙、变形模量等指标综合复核和评价岩体质量情况，也可利用少量声波波速和变形模量的对比将声波波速转化为变形模量值，从而实现建基岩体的变形模量分区，便于在坝基稳定性计算分析中参考使用。③为建基面优化提供资料。在建基面开挖过程中，通过开挖前的声波波速（单孔声波波速、跨孔声波波速）、孔壁裂隙、变形模量等指标综合分析，为设计判断可利用的建基面的高程、缺陷处理的范围提供依据。

检测方法的综合应用就是通过多种地球物理检测手段，获取坝基岩体质量的多种指标，从多个方面对坝基岩体质量进行分析，为评价岩体质量和制定基础处理措施提供依据。这些综合检测应用具体包括：通过爆破前后的单孔或跨孔声波检测成果对比，分析坝基岩体爆破影响深度；利用单孔声波、跨孔声波、地震连续波速检测成果，结合钻孔变形模量和钻孔全孔壁数字成像资料，并根据各岩级波速标准，对岩体质量作全面评价；根据长期观测孔声波速度随时间的变化规律，结合施工开挖进度，分析爆破或应力释放过程中岩体质量的变化规律；利用单孔声波、钻孔全孔壁数字成像、探地雷达以及其他方法，综合分析建基面下的结构面、软弱夹层及其他不良地质体的形状及位置。此外，还可以利用钻孔弹模、承压板法变形模量和原位声波测试结果，建立岩体变形模量与声波纵波速度的关系，对坝基岩体进行变形模量分区分带。可将大量的坝基岩体声波测试数据转化为变形模量，一方面根据坝基不同位置的测试资料获得坝基岩体变形模量的平面分布情况；另一方面利用各部位不同深度的声波测试数据，了解坝基岩体变形模量沿深度方向的分布规律，从而掌握整个坝基岩体变形模量的空间分布特征，为坝基岩体应力分析和稳定性评价提供定量依据。通过以上综合分析资料即可达到坝基岩体质量检测的目的。

4.1.2　工程实例

某水电站坝基岩体主要为黑云花岗片麻岩和角闪斜长片麻岩，均属坚硬、块状的变质岩，波速普遍偏高，弹性波速度与地层岩性的关系不甚明显，只有薄层透镜状片岩波速相对较低（图4.1-3）。弹性波速度与岩体结构和地质构造有着密切关系，建基面分布的断层和节理裂隙改变了岩体结构，波速随岩体结构的类型不同而有所差异。弹性波速度与岩体的风化、卸荷、蚀变的关系较为明显，波速随着风化强度、卸荷深度和蚀变程度的减弱而提高。弹性波速度与地应力状态密切相关，高应力区岩体结构紧密，波速也高；应力释放后卸荷岩体结构松弛，波速随之降低。总之，弹性波速度与岩体质量的关系具有一定的规律，波速随岩体质量的变化存在着可量化的级差。

图4.1-3　某水电站坝基岩体局部照片

为了对坝基岩体质量进行有效评价，开展了包括单孔声波测试、跨孔声波测试、全孔壁数字成像和钻孔弹模测试的综合检测工作。坝基开挖物探检测钻孔布置见图4.1-4。坝基检测孔共分3种类型：①深孔，孔深30m，铅直造孔；②中深孔，孔深20m，铅直造孔；③爆后浅孔，孔深5m，垂直建基面造孔。所有测试孔均三孔为一组，呈等边三角形布置，深孔、中深孔水平投影间距为10m，浅孔间距为5m。其中所有孔内进行单孔声波测试，组内孔间进行跨孔声波测试，所有深孔爆后进行全孔壁数字成像，钻孔弹模孔另行专题布置。单孔声波点距0.2m，跨孔声波点距0.5m，钻孔弹模点距1m，全孔壁数字成像为连续成像。

1. 坝基开挖施工质量检测成果

坝基开挖施工质量检测主要包括：对坝基开挖后的波速衰减情况进行分析，评价开挖施工的质量；对爆前、爆后坝基的波速变化情况进行分析，评价爆破影响深度，为下一步施工确定开挖深度提供依据。

（1）坝基波速衰减检测。利用各坝段每个深孔和中深孔爆前、爆后垂直建基面1.0m深度处的单孔声波速度计算波速衰减率，再以每个坝段各孔的波速衰减率平均值作为该坝段的声波速度衰减率平均值，用直方图表示各坝段波速衰减率平均值，见图4.1-5。

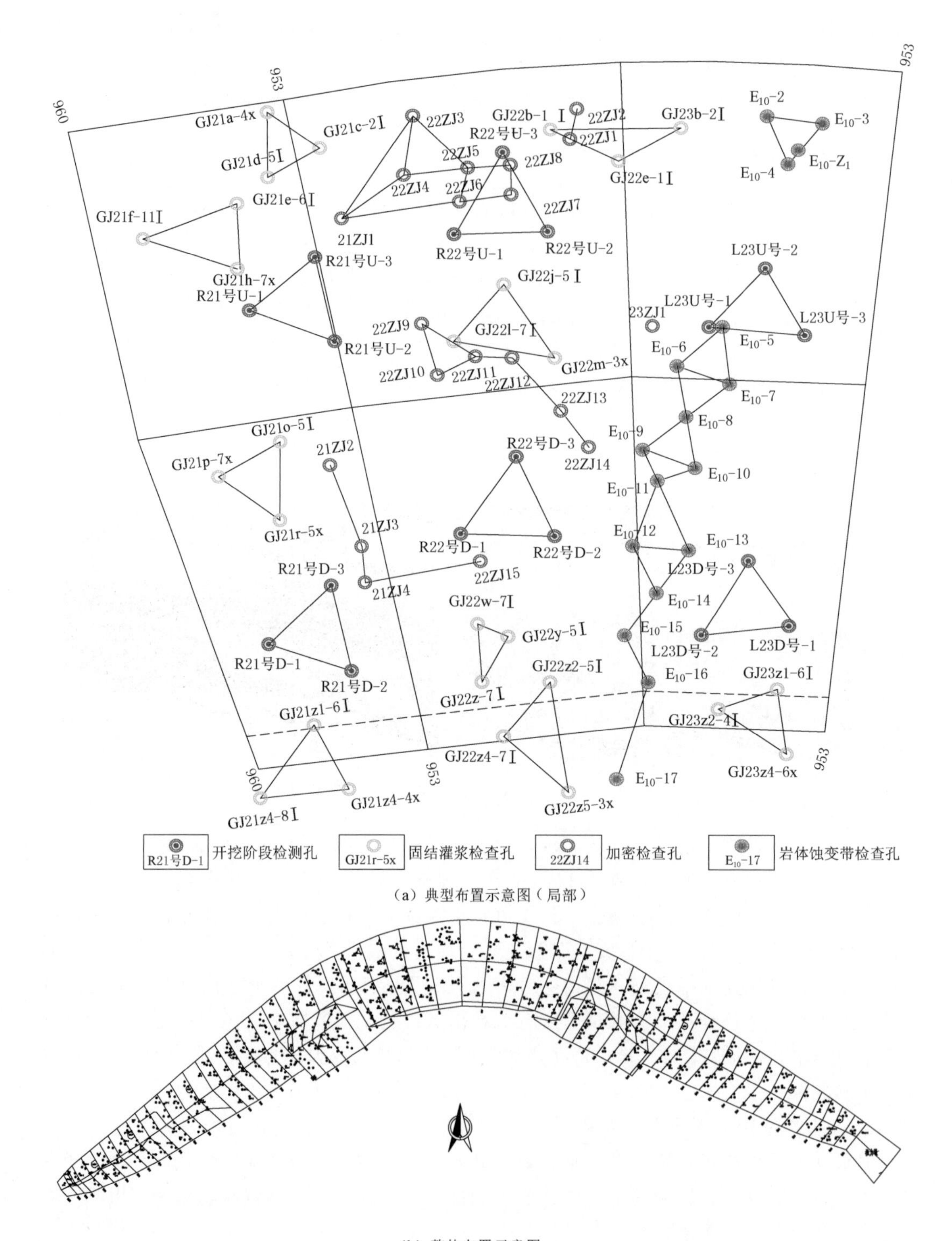

（a）典型布置示意图（局部）

（b）整体布置示意图

图 4.1-4　坝基开挖物探检测钻孔布置示意图

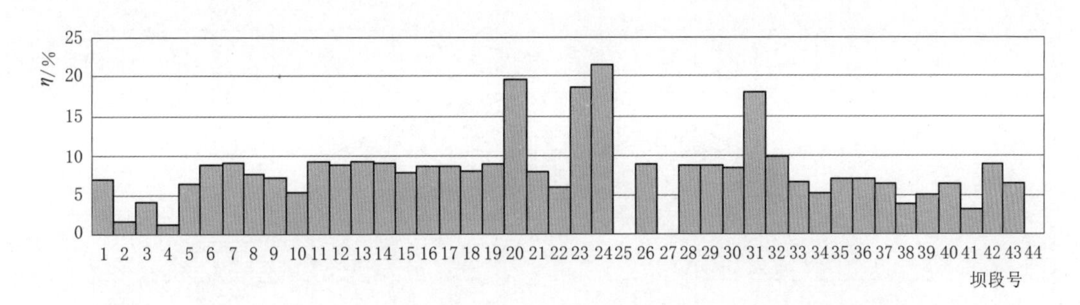

图 4.1-5 坝基岩体爆破前后各坝段的波速平均衰减率分布图

注 L25、L27 坝段因爆后测试孔漏水严重，无垂直建基面 1m 处的波速测值。

统计结果表明：单孔波速衰减率一般在10%以内，少量孔略大于10%，处于河床坝基的地应力集中，缓倾裂隙发育且少充填，在原始应力状态下裂隙闭合，开挖后应力释放，岩体卸荷回弹，裂隙张开，这种地质现象可能是造成波速衰减率较大的主要原因。

(2) 爆破影响深度检测。根据各坝段垂直建基面各浅孔单孔声波测试曲线的速度变化趋势和特点，确定该孔处的爆破影响深度，再将每个坝段各孔的爆破影响深度平均值作为该坝段的爆破影响深度，同样以直方图反映各坝段爆破影响深度的变化情况，见图 4.1-6。

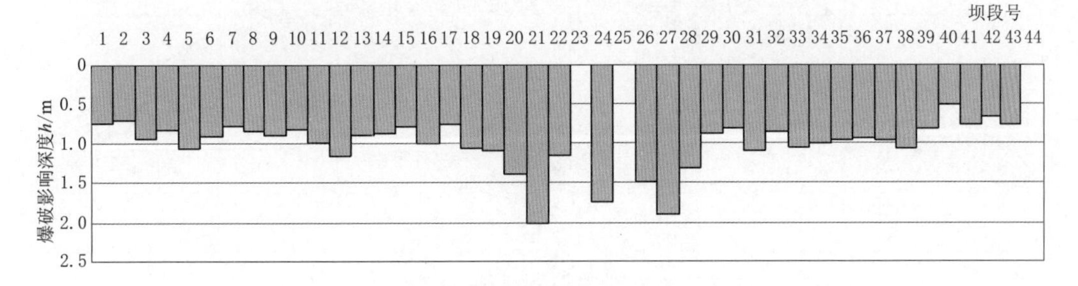

图 4.1-6 各坝段爆后浅孔爆破影响平均深度分布图

注 部分坝段上部孔段无波速测值而无法判断其爆破影响深度。

统计结果表明：绝大部分坝段的爆破影响深度一般在 1.0m 以内，个别坝段略大于 1.0m，主要处于河床部位，由于地应力较高，爆后松弛严重、波速降低，导致爆破影响深度增大。

2. 坝基岩体质量分析

将坝基开挖的单孔声波测试资料按 0～1m、1～2m、2～3m、3～4m、4～5m、5～10m 和 10m 以下孔段绘制整个坝基单孔声波速度平面等值线图（图 4.1-7）。

由单孔声波速度平面等值线图可以看出：

0～1m 孔段，波速主要以 3850～4500m/s 为主，局部存在波速小于 3850m/s 的区域。

1～2m 孔段，波速主要以 4250～4750m/s 为主，较 0～1m 孔段波速有较大幅度的提高。局部存在小于 3850m/s 的低波速区域。

2～3m 孔段，波速主要以 4750～5000m/s 为主，无 3850m/s 以下的波速分布，较 1～2m 孔段波速有较大幅度的提高。小于 4250m/s 的相对低波速区域零星分布。

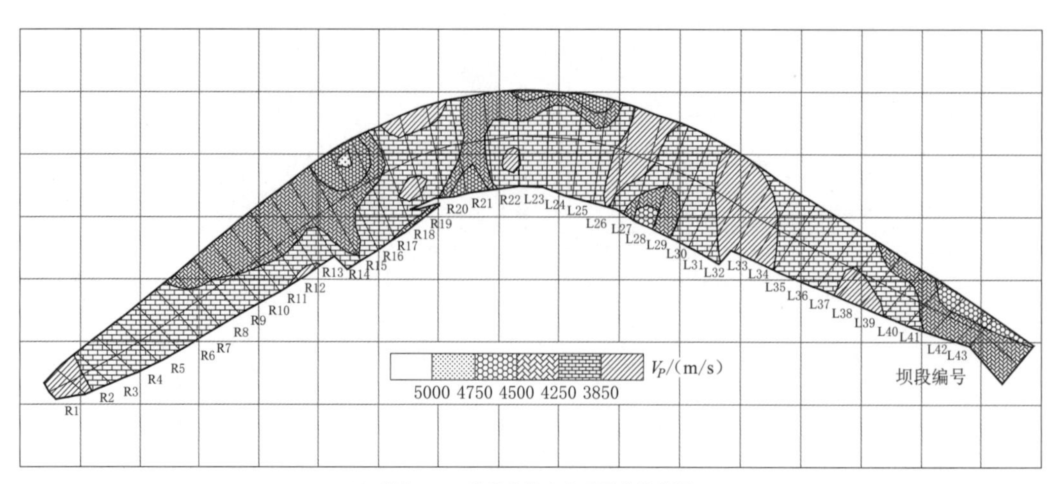

(a) 单孔0～1m孔段声波速度平面等值线图

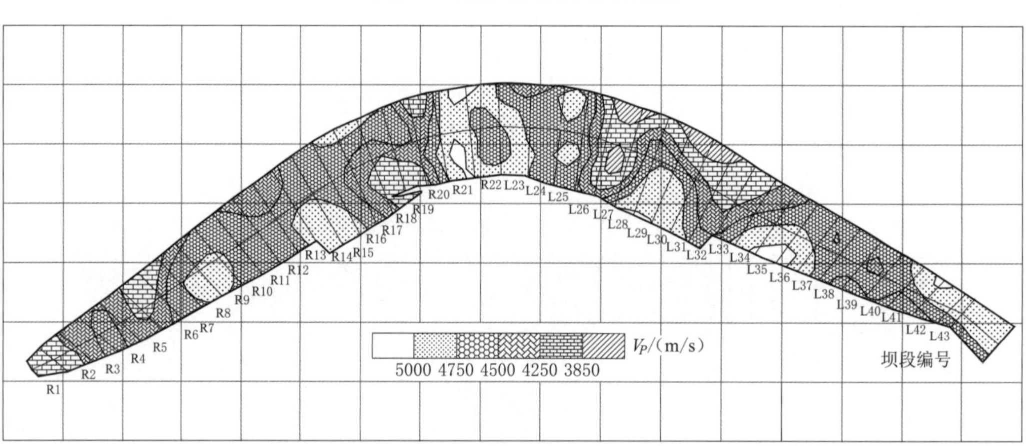

(b) 单孔1～2m孔段声波速度平面等值线图

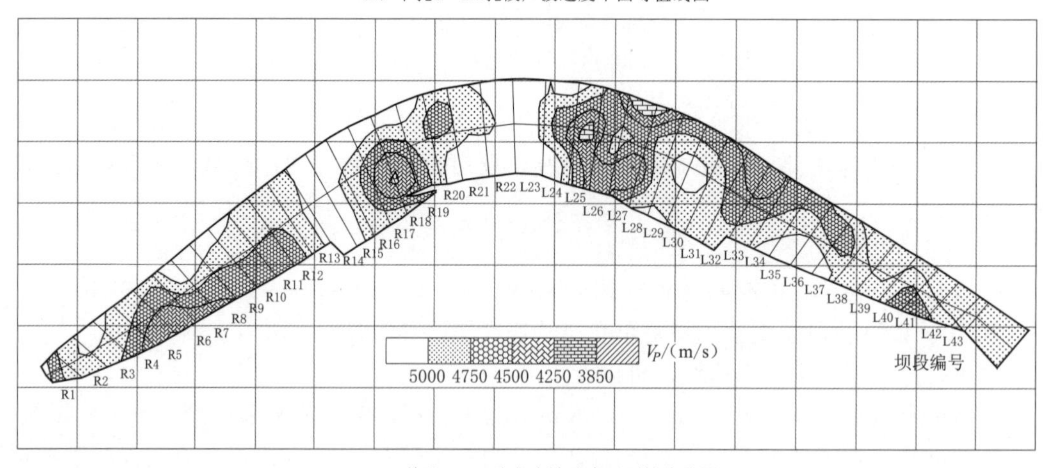

(c) 单孔2～3m孔段声波速度平面等值线图

图 4.1-7（一） 坝基岩体各孔段单孔声波速度平面等值线图

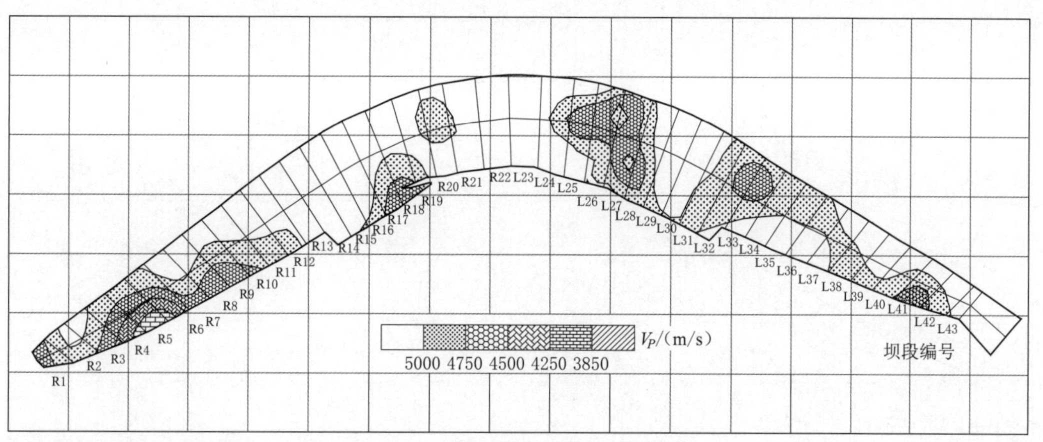

（d）单孔3～4m孔段声波速度平面等值线图

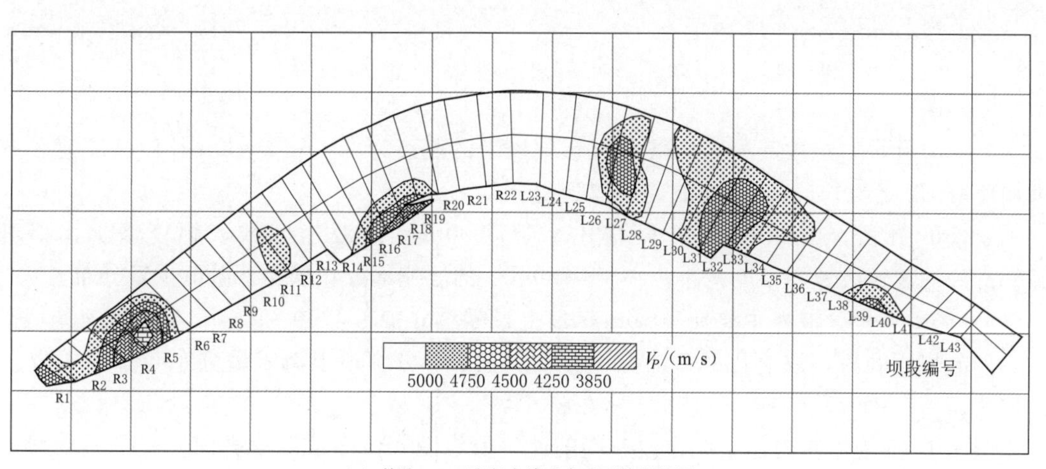

（e）单孔4～5m孔段声波速度平面等值线图

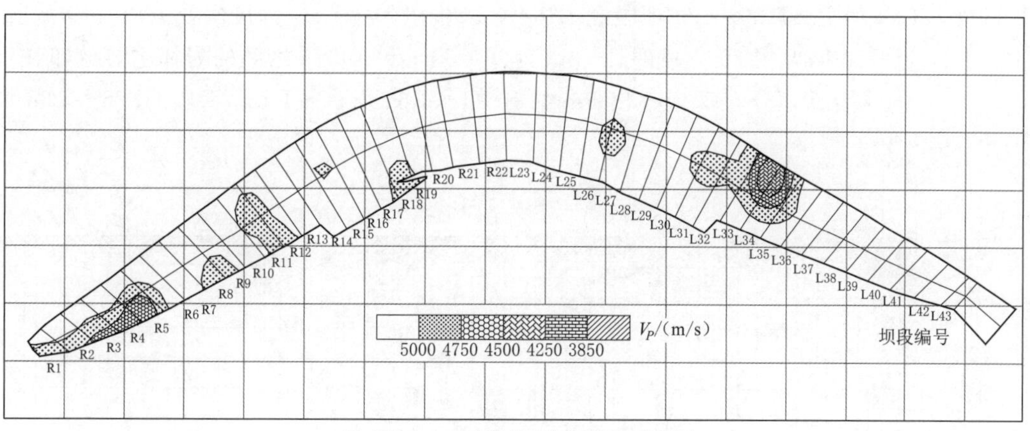

（f）单孔5～10m孔段声波速度平面等值线图

图 4.1－7（二）　坝基岩体各孔段单孔声波速度平面等值线图

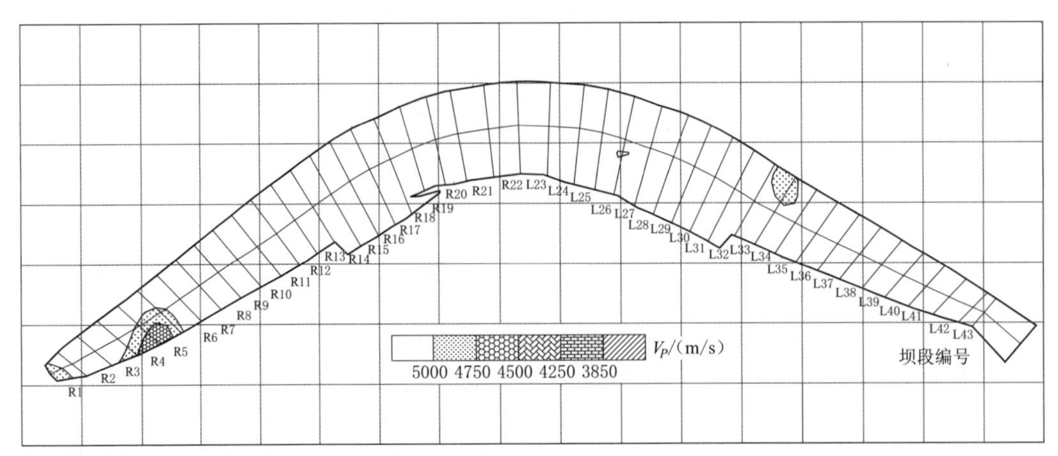

(g) 单孔10m以下孔段声波速度平面等值线图

图 4.1-7 (三) 坝基岩体各孔段单孔声波速度平面等值线图

3～4m 孔段，绝大部分区域以 4750m/s 以上的波速为主，较 2～3m 孔段高波速区域大幅度增加。小于 4750m/s 的波速局部少量分布。

4～5m 孔段，与 3～4m 孔段相比大于 5000m/s 的波速区域大幅度增加，小于 4750m/s 的波速区域大幅度减小。小于 4750m/s 的波速部分在坝段下游侧少量分布。

5～10m 孔段，波速主要在 5000m/s 以上，零星分布有 4750～5000m/s 的波速区域。

10m 以下孔段，波速几乎都是 5000m/s 以上，部分坝段上游零星分布 5000m/s 以下的波速。

图 4.1-8 为坝基岩体单孔声波速度剖面等值线图，该图从深度方向反映了整个坝基岩体波速的分布规律。由图可见，声波波速小于 4750m/s 的岩体主要分布在 R1～R8 坝段、L26～L28 坝段、L32～L33 坝段和 L36～L38 坝段的 3～5m 深度内及 R12～13 坝段、R18～R20 坝段和 L24～L25 坝段的 2～3m 内。4750～5000m/s 之间的岩体主要分布在坝基 5m 以内的浅表部，分布深度超出 5m 的有 R1～R6、R11～R12、R18、L26～L28 和 L31～L34 坝段。

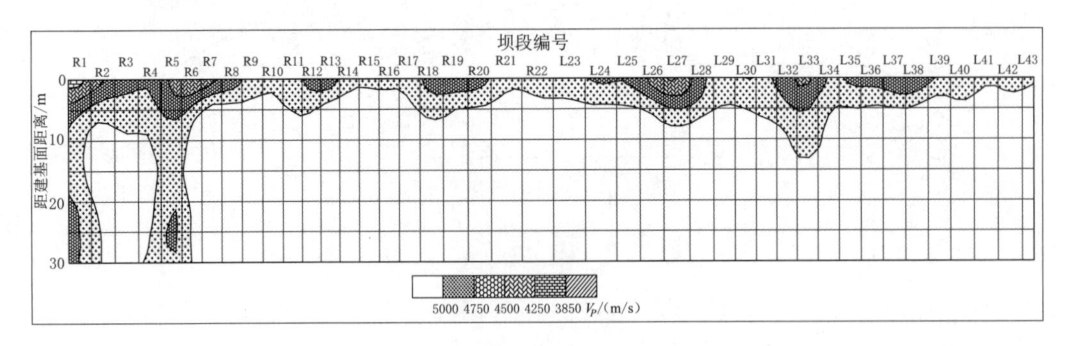

图 4.1-8 坝基岩体单孔声波速度剖面等值线图

坝基面相对低波速区域主要分布在R5及R6坝段中下部、R6～R10坝段坝趾部位、L24～L26坝段坝踵部位、L30～L32坝段中下游侧以及L33～L36坝段坝趾局部。其中：R5及R6坝段受E1蚀变带的影响；R6～R10坝段坝趾与E9及f2、f12等Ⅳ级结构面有关，形成地质缺陷槽；R12坝段，因建基面坡度较陡，侧向临空卸荷松弛造成岩体质量变差，波速降低；L23坝段受E10蚀变带影响；L24～L26坝段上游侧位于河床冲槽部位的浅表部岩体质量较差；L30～L32坝段中部和下游侧主要受f64-1断层及其破碎带的影响；L33～L36坝段由Ⅳ级结构面发育所致。

3. 动静对比

动静对比的目的在于将坝基岩体弹性波测试的速度空间分布规律转化为变形模量分区，从而为坝基应力分析和稳定性评价提供定量依据。

在水电站施工阶段，根据任务要求，对坝基长期观测孔和固结灌浆试验区先导孔、灌前孔进行了大量的钻孔弹模和声波测试。在资料整理过程中，按工程部位、地质单元和钻孔测试条件，对测试资料进行了数据处理和相关分析。

将钻孔变形模量与相应的单孔声波速度构成动静对比方案，按指数函数模式，用最小二乘法进行相关分析，形成E_0-V_P的关系曲线（图4.1-9）及关系式：

$$E_0=0.02437e^{0.001314V_P} \tag{4.1-1}$$

式中：E_0为岩体的变形模量，GPa；V_P为声波波速，m/s。

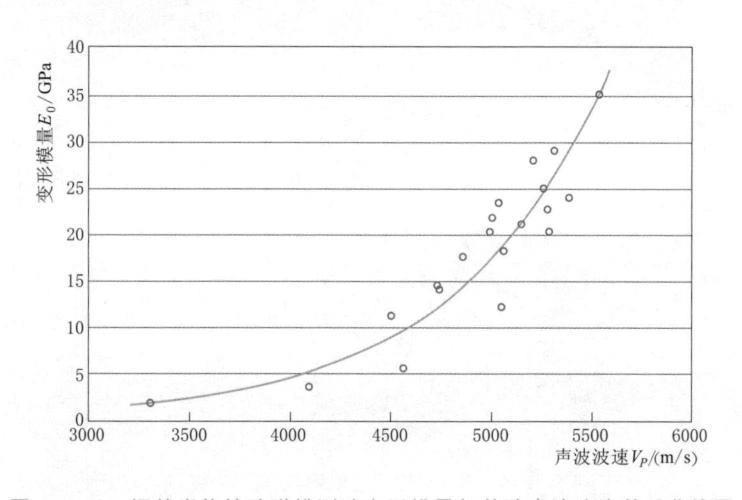

图4.1-9 坝基岩体钻孔弹模测试变形模量与单孔声波速度关系曲线图

水电站动静对比关系曲线应用波速区间在3000～5750m/s之间。

利用单孔声波测试资料及动静对比关系，绘制了坝基岩体距建基面0～5m和5～30m单孔声波速度与变形模量分区等值线图（图4.1-10～图4.1-12）。分析坝基岩体单孔声波速度与变形模量分区平面等值线图：距建基面0～5m声波速度小于4770m/s、变形模量小于12GPa的岩体主要分布在个别坝段中下部、坝趾等部位。建基面5m以下绝大部分声波速度大于4970m/s，变形模量大于16GPa。

利用声波测试资料及动静对比关系，绘制了坝基岩体距建基面0～30m单孔声波速度

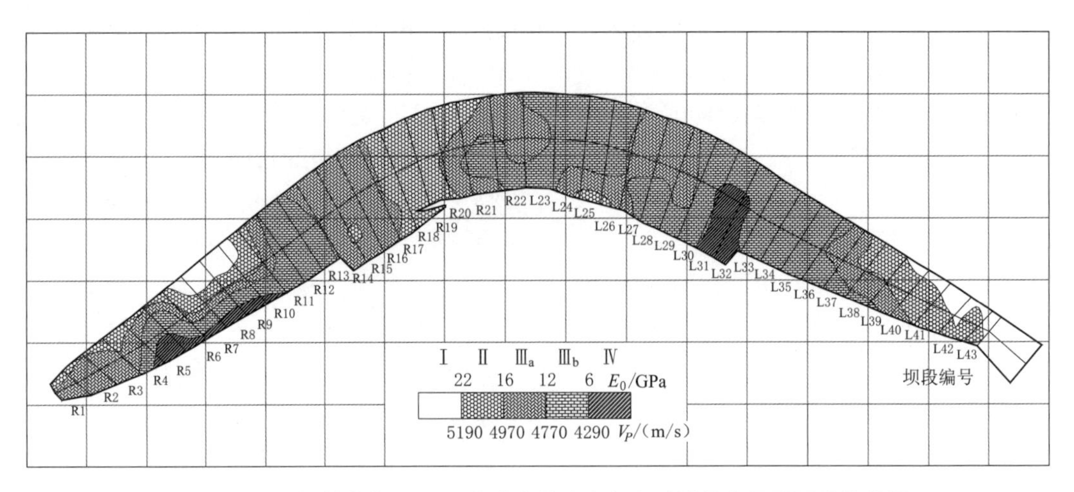

图 4.1-10 坝基岩体 0～5m 单孔声波速度与变形模量分区平面等值线图

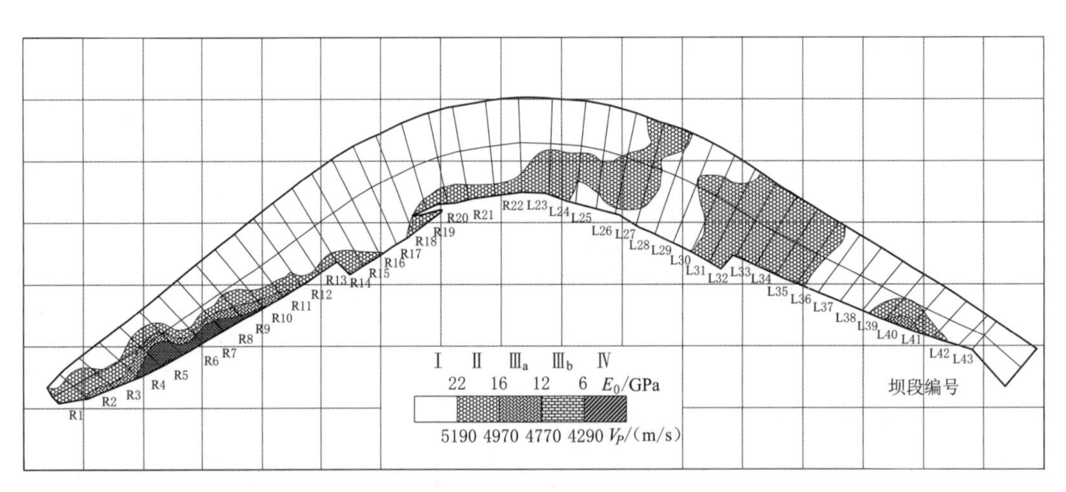

图 4.1-11 坝基岩体 5～30m 单孔声波速度与变形模量分区平面等值线图

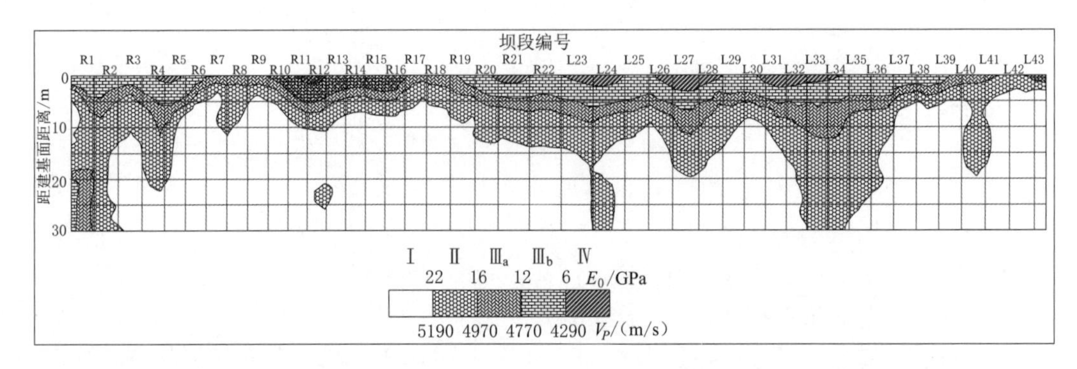

图 4.1-12 坝基岩体 0～30m 单孔声波速度与变形模量分区剖面等值线图

与变形模量分区剖面等值线图（图 4.1-12）。分析坝基岩体距建基面 0～30m 单孔声波速度与变形模量分区剖面图：波速在 4770m/s（变形模量 12GPa）以下的波速岩体主要分布在坝基 5m 之内的浅表部，局部坝段岩体质量较差。除此之外，整个坝基在 30m 测试深度范围内波速大于4970m/s，变形模量大于16GPa。

4. 全孔壁数字成像与坝基优化

水电站坝基开挖中首次大规模引入全孔壁数字成像技术，采用全孔壁数字成像系统对河床坝基测试孔进行全孔壁连续数字拍照，通过分析全孔壁数字成像结果，了解岩体卸荷松弛裂隙发育状况，并统计裂隙分布规律，最终为坝基优化处理提供基础依据。坝基优化处理二次开挖后的全孔壁数字成像资料又再次充分地证明了优化的正确性。

为了更清楚地反映裂隙在不同孔段的发育密度，绘制了河床坝段二次开挖爆前、爆后坝基岩体卸荷松弛裂隙沿孔深累计密度统计图（图4.1-13）。

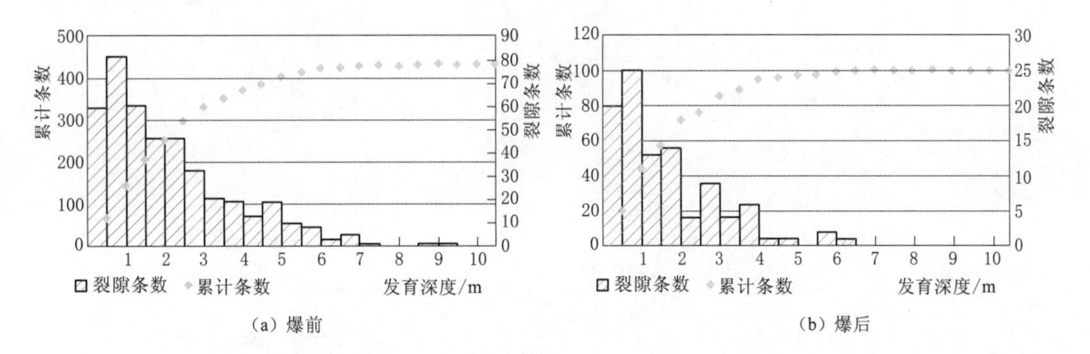

图4.1-13　小湾河床坝段二次开挖爆前、爆后坝基岩体卸荷松弛裂隙沿孔深累计密度统计图

统计结果表明（图4.1-13）：坝基二次开挖爆前卸荷松弛裂隙主要发育在3m以上孔段，累计332条，裂隙发育底界孔深为7m，累计425条，以下孔段零星分布；爆后卸荷松弛裂隙集中分布在2m以上孔段，累计72条，裂隙发育底界孔深为4m，累计95条。爆后与爆前相比，卸荷裂隙密度明显减弱，发育深度变浅，岩体质量有所改善。

将各坝段裂隙发育底界孔深以不同直径的圆圈表示，裂隙发育条数以圆圈内充填的阴影表示，按实际测试孔的坐标绘制在河床坝基平面图上，以此反映裂隙发育深度和密度在坝基平面位置上的分布特征（图4.1-14）。

统计分析结果表明（图4.1-14）：二次开挖爆前卸荷松弛裂隙发育较深，且发育密度较大的区域集中在左岸坝段，裂隙发育底界孔深一般大于5m，裂隙发育条数多在5条以上；右岸坝段也存在少量发育深度较深、发育密度较大的卸荷裂隙，只是相对分散一些；水平坝段卸荷裂隙发育底界孔深多数在2～3m，裂隙发育条数一般为2～5条。二次开挖爆后卸荷裂隙发育较深，且发育密度较大的区域只集中在左岸局部部位，裂隙发育底界孔深和发育密度相对于开挖前也有所减弱；大部分卸荷裂隙发育的底界孔深在2m以内，裂隙发育条数较开挖前也明显减少。

为客观评价坝基岩体质量，在工程施工过程中系统地开展了坝基岩体质量声波测试、全孔壁数字成像测试、钻孔弹模测试等工作，利用变形模量和原位声波测试结果建立岩体变形模量与声波纵波速度的关系，实现坝基岩体变形模量分区，对岩体变形特性进行研究与应用；针对高地应力地区的特点，探讨利用岩体波速衰减特征确定卸荷松弛深度的方法；根据裂隙发育的地质特性、裂隙发育特征、岩体波速特征等给出坝基岩体垂直分带的定性和定量特征，为综合评价坝基岩体质量、进行地质缺陷处理、基础灌浆设计、坝基岩

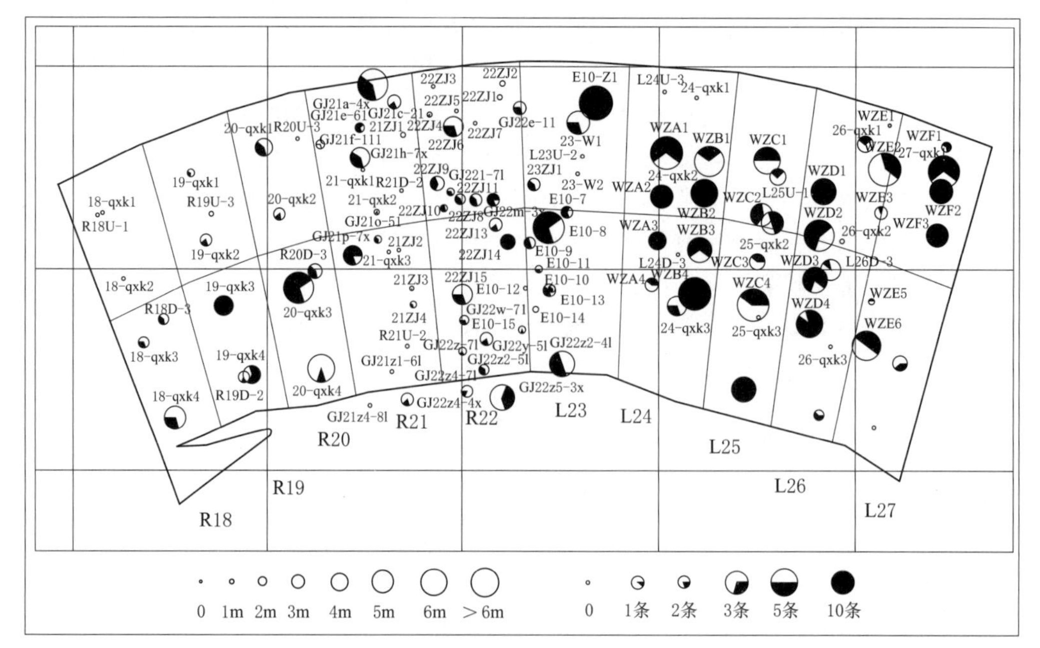

(a) 爆前

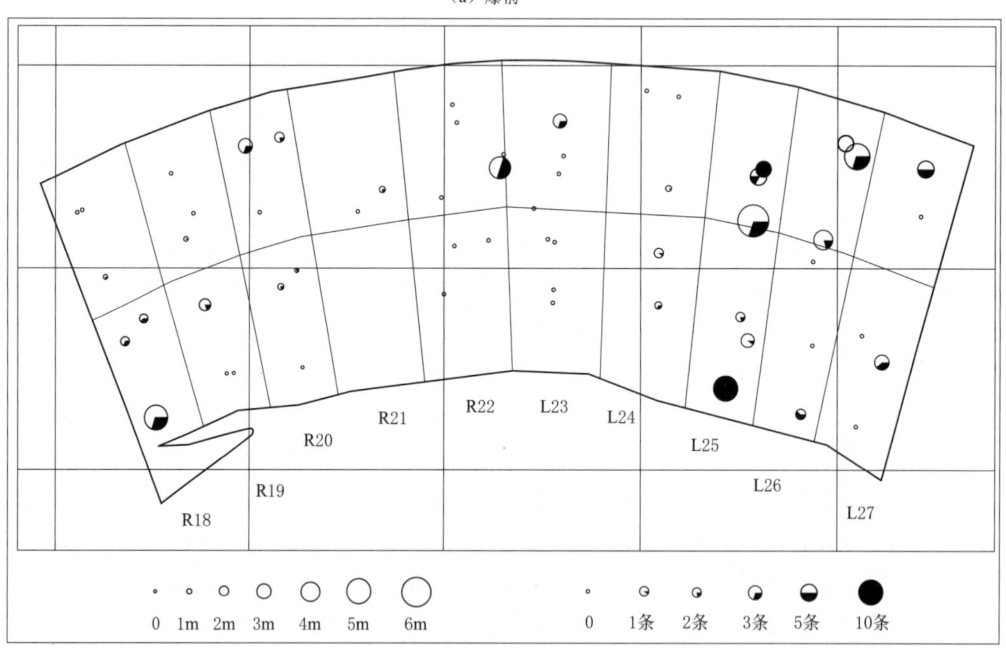

(b) 爆后

图 4.1-14　二次开挖爆前、爆后坝基卸荷松弛裂隙发育深度及密度统计图

体稳定复核评价等提供基础依据。值得一提的是：坝基开挖中大规模引入全孔壁数字成像技术，通过分析全孔壁数字成像结果，了解岩体卸荷松弛裂隙发育状况，并统计裂隙分布规律，最终为坝基优化处理提供了基础依据。坝基优化处理二次开挖后的全孔壁数字成像资料又再次充分地证明了优化的正确性。

4.2 高应力地区岩体松弛特征检测技术

在高应力地区，坝基开挖后地应力将重新分布，应力的重新分布会导致坝基岩体产生卸荷松弛，且随时间的推移趋于稳定。岩体松弛对工程是不利的，需要了解松弛深度、程度及其与时间的关系，以制定合适的工程处理措施。

国内外对高地应力地区岩体松弛检测的先例不多，早期的水电站建设过程中，仅采用单次、有针对性的少量地应力测试，而很少进行系统的检测。近年来随着地球物理检测技术方法的改进和仪器设备的更新，对坝基等部位的岩体卸荷松弛的了解除通过直接的地应力测试外，间接的地球物理检测方法也在使用，且结合坝基检测工作的开展可大规模、系统地进行，同时能完成随时间的变化检测，这种长期的观测对高地应力地区工程建设更为重要。

4.2.1 技术要点

坝基岩体开挖后，浅表部除受爆破影响松弛外，坝基应力重新分布，随时间推移岩体也会进一步松弛。为分析了解坝基岩体松弛随时间的变化特征，可以开展钻孔声波检测工作，并进行长期观测，利用坝基岩体开挖阶段声波长期观测资料进行统计分析，掌握声波速度随时间推移的衰减规律，从而了解因坝基开挖所引起的应力重新分布状态下岩体松弛深度、程度等的变化趋势，并伴随坝基施工可从开挖到灌浆各阶段、全过程跟踪，对比分析坝基施工过程中应力、波速的变化特征。

通过对比分析开挖前的波速与开挖后及长期观测的波速，计算衰减率，可按3种不同方式进行进一步的统计分析：①利用波速衰减率特征值（例如衰减率为5%）对应的深度，绘制坝基长期观测孔松弛深度随观测周期变化的曲线；②采用长期观测最后一次的观测成果与开挖前的结果对比，分析波速衰减率随孔深度变化的曲线及波速曲线的变化特征；③对坝基不同深度岩体波速衰减进行对比，分析松弛情况。在①、②两种分析方式中根据曲线的变化规律和趋势（斜率）可判断卸荷松弛的情况。

为了划分沿深度方向上松弛情况的变化，依据曲线的变化规律和趋势，从表层到深部引入“松弛带”“过渡带”和“基本正常带”，见图4.2-1。松弛带（图中OA段，岩体波速衰减快），在曲线上表现为斜率最大的一段，该段主要反映爆破影响和应力快速释放对岩体带来的松弛影响；过渡带（图中AB段，岩体波速衰减较慢），曲线上斜率较小的

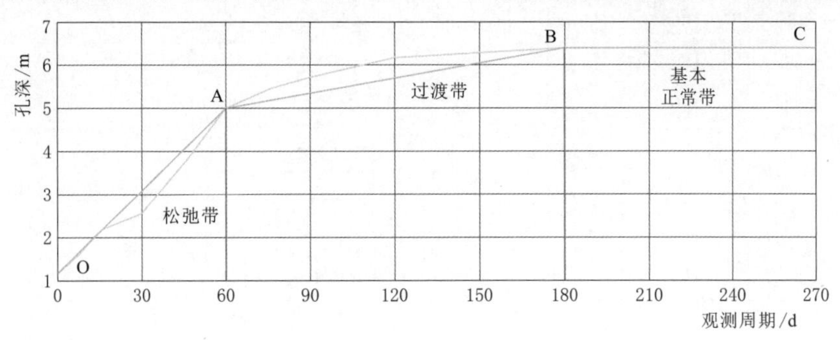

图4.2-1 坝基长期观测孔松弛深度随观测周期变化的曲线分带示意图

一段，主要反映爆后一段时间内岩体应力慢速调整导致的岩体松弛；基本正常带（图中BC段，岩体波速基本不衰减），该段曲线基本上平稳或波动很小，表明岩体基本不受松弛影响或影响很小。

4.2.2 工程实例

某水电站坝基开挖后，缓倾状卸荷松弛裂隙发育，呈现自坝基浅表至深部逐渐减弱的特征。为了了解坝基岩体松弛情况以指导下步施工，对坝基岩体进行松弛分带并研究其分带特征。根据声波测试和长期观测成果，获得岩体波速的分布特征、岩体波速衰减的时效性等，进而从不同角度反映出岩体松弛的特性，同时资料的整合利用可相互补充、相互印证。

1. 坝基岩体波速衰减与松弛深度分析

坝基开挖之后，岩体松弛深度是随观测时间延长而由浅渐深、由强变弱的过程，波速表现为随观测周期延长而逐渐变小直至基本稳定。取观测值为与爆前相比波速衰减率为5%时所对应的孔深作为判断松弛深度的底界，这是在分析不同孔段波速衰减率的总体变化规律之后确定的。统计分析中对观测时间较短的坝段，按松弛深度随观测周期变化曲线的趋势来推测相应的松弛深度，可作为松弛深度划分的参考依据。长期观测孔松弛深度随观测周期变化曲线分带划分成果的统计见表4.2-1，5%的波速衰减率所对应的孔深（松弛深度）随时间的变化曲线见图4.2-2。

表4.2-1　坝基长期观测孔松弛深度变化曲线分带划分成果统计表

部位	坝段	最终观测天数/d	松弛带		过渡带		备　注
			孔深/m	斜率	孔深/m	斜率	
右岸	R1	360	3.6	0.05	4.9	0.01	
	R2	270	3.9	0.06	5.1	0.02	
	R3	270	5.0	0.06	6.1	0.02	
	R4	270	2.7	0.03	—	—	过渡带的曲线趋势不明显
	R5	180	5.5	0.07	6.2	0.01	
	R6	180	3.0	0.04	4.0	0.01	
	R7	180	3.1	0.04	4.1	0.01	
	R8	120	3.6	0.05	4.2	0.01	
左岸	L33	120	3.8	0.06	5.0	0.02	
	L34	180	4.0	0.04	4.9	0.01	
	L35	180	3.1	0.05	4.1	0.01	
	L36	180	3.2	0.04	—	—	曲线变化趋势规律不明显
	L37	180	3.1	0.04	4.1	0.01	
	L38	180	3.0	0.04	4.0	0.01	
	L39	180	3.5	0.04	4.1	0.01	
	L40	180	3.3	0.05	3.8	0.00	

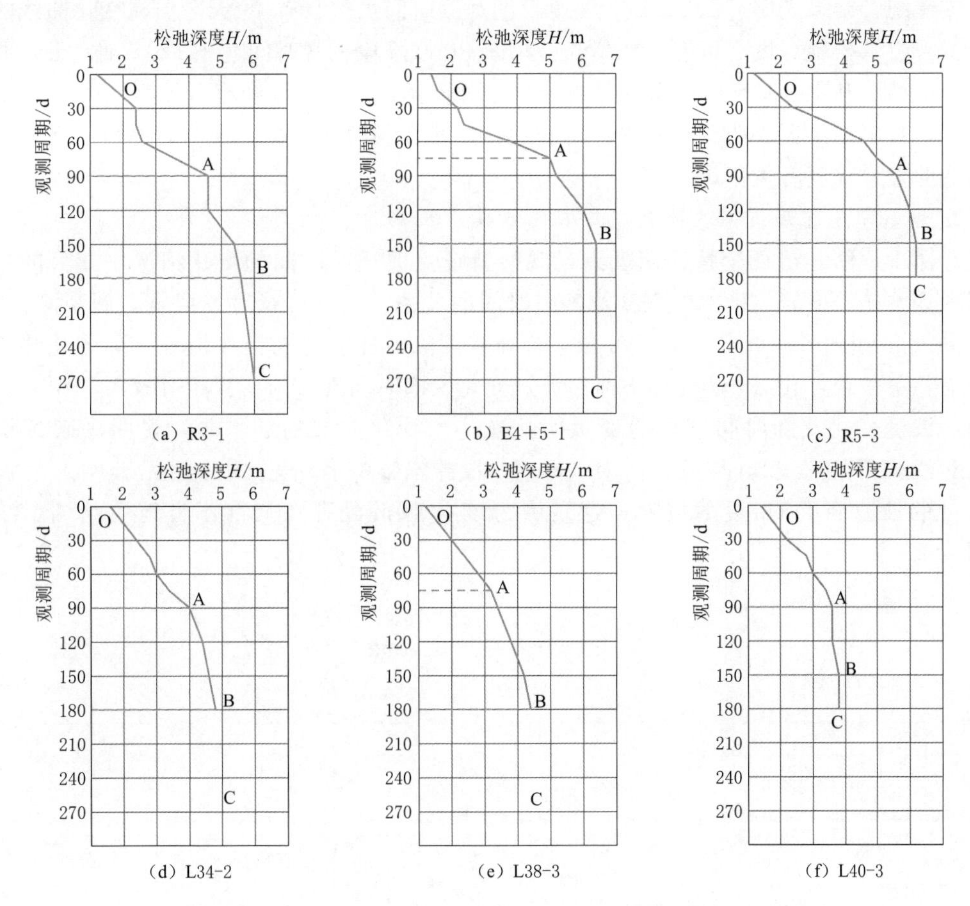

图 4.2-2 坝基长期观测孔松弛深度随观测周期变化曲线典型图

由表 4.2-1 和图 4.2-2 可以看出：

(1) 松弛带曲线上斜率最大的一段，一般大于 0.02；过渡带曲线上斜率较小的一段，一般在 0.01～0.02 之间；基本正常带该段曲线基本上平稳或波动很小，斜率一般小于 0.01。

坝基岩体松弛带底界孔深一般为 2.7～5.5m，过渡带底界孔深一般为 3.8～6.3m。右岸部分坝段比左岸观测时间长，变化曲线完整且规律明显，判断得出的松弛带深度比左岸大。

(2) 右岸各坝段松弛深度随时间推移有所加深，各坝段松弛深度增幅大小不一，总体增幅不大，且趋于稳定。其松弛深度变化规律是：在爆后 60 天或 90 天以内增加幅度较大，90～180 天之间增幅相对较小，180 天以后趋于平稳。右岸坝基统计结果表明：R1、R2、R3、R5、E4+5 观测时间较长，松弛深度也较大；R4、R6、R7、R8 坝段虽然观测时间较长，但松弛深度较小。

(3) 左岸各坝段松弛深度随时间推移有加深的趋势，增幅各不相同，但总的增幅不大。松弛深度在爆后 60 天以内增加幅度较大，在爆后 60～120 天之间增加幅度较小，爆后 180 天以后一般趋于平稳。

左岸统计结果表明：L31、L32 坝段长期观测时间虽然只有 45 天，但从变化曲线的形态分析来看，松弛深度有可能大幅增长。L33～L40 坝段长观时间达到 120～180 天，曲线已趋于平稳。其中 L37～L40 坝段观测时间相对较长，但松弛深度相对较小。

（4）观测结果还表明，坝基岩体的松弛深度不仅与时间有关，还与岩体所在区域的地质构造的发育程度有关。

2. 坝基不同深度岩体波速衰减与松弛特征

选择 1m 和 10m 两个特征深度点，观察特征点波速随时间的变化情况，其目的在于了解坝基不同深度岩体松弛的程度及其与时间的关系。从左、右岸各坝段长期观测孔 1m 和 10m 处波速随时间的变化曲线可知：特征深度点波速随时间推移均有下降的趋势，但其变幅并不一致，孔深 1m 处爆破前后波速变化及随时间推移的变幅相对较大；10m 处爆破前后波速变化及随时间推移的变幅明显减小，变化曲线趋于平缓，说明爆破开挖和松弛对浅表部岩体影响严重，而对 10m 以下岩体影响较为轻微甚至无影响。个别孔 10m 处的波速低于 1m 处的波速，这是因为该孔 10m 处存在局部不良地质结构，结果见图 4.2-3。

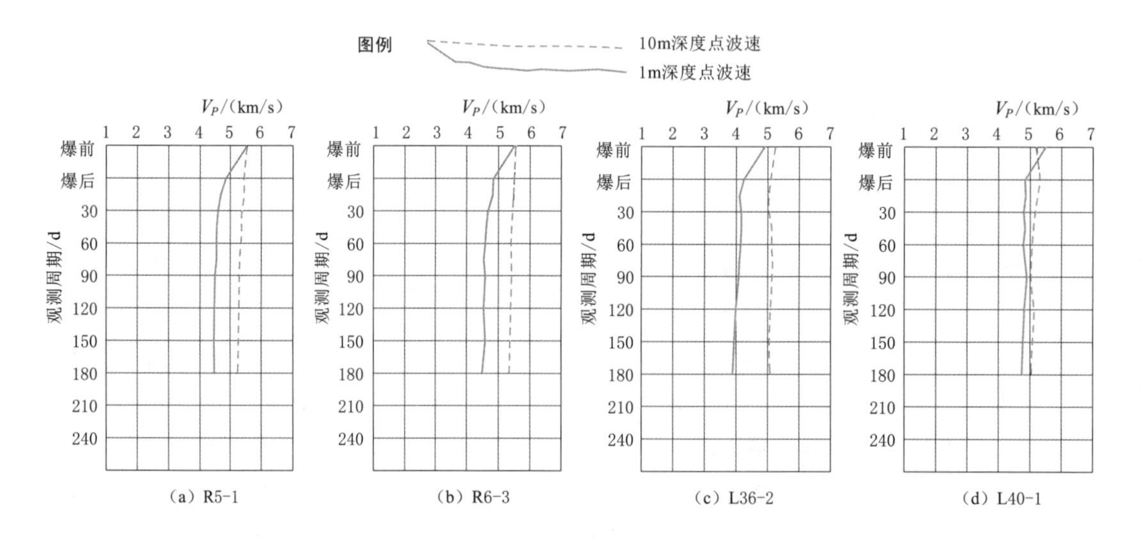

图 4.2-3　坝基长期观测孔特征深度点波速随观测周期变化的曲线典型图

3. 波速衰减率与岩体松弛深度沿孔深的变化特征

对最新波速衰减率即爆前波速与长期观测孔最后一次的波速测试结果进行比较，分析波速衰减率随孔深度的变化曲线及波速曲线的变化特征，将坝基岩体大致分成 3 个带（图 4.2-4）：①松弛带（曲线斜率较大的一段，图中的 OA 段），可反映应力快速释放和爆破对坝基岩体的影响情况，一般在孔口段；②过渡带（曲线斜率较小的一段，图中的 AB 段），应力释放在一段时间内随着时间推移对坝基岩体有一定的影响，但影响较小；③基本正常带（曲线斜率很小的一段，图上 BC 段），该深度以下的岩体基本不受应力释放的影响，曲线上波速衰减率围绕一个值上下小幅波动或沿孔深无大变化。

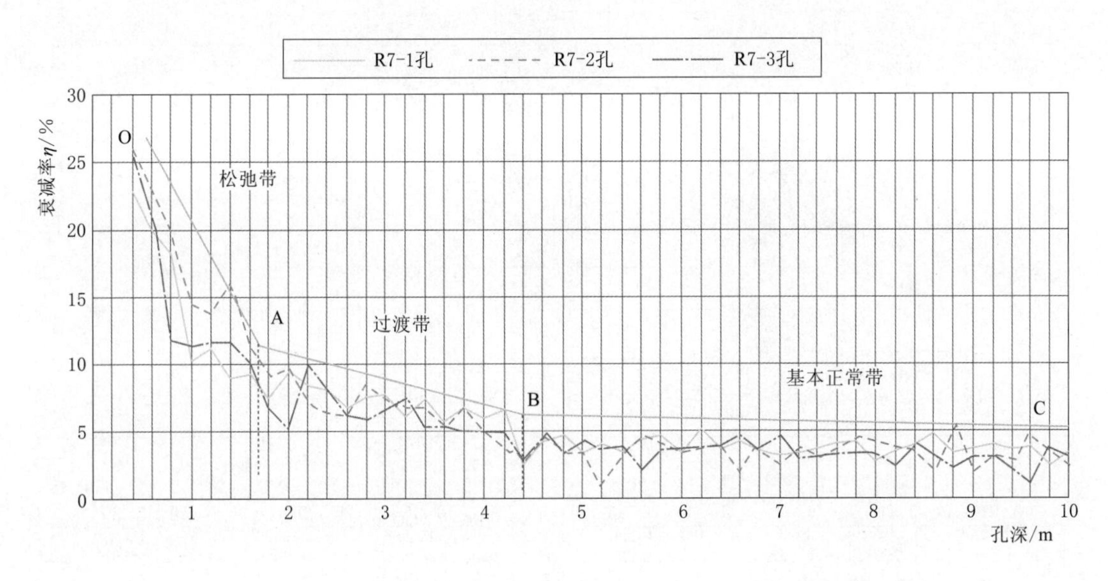

图 4.2-4　坝基长期观测孔波速衰减率沿孔深变化关系曲线分带划分示意图

由于观测周期短的坝段随时间推移其波速衰减率沿孔深分布在持续变化，此时的分带深度与实际情况不是很相符。对观测时间超过 60 天的坝段，松弛深度是根据波速衰减率随孔深的变化曲线得出的，具体见表 4.2-2 和图 4.2-5。

表 4.2-2　　坝基长期观测时间与松弛深度统计表

部位	坝段	观测周期/d	松弛带影响深度/m	过渡带影响深度/m	备注
右岸	R1	360	—	5.7	无爆前资料
	R2	270	3.1	6.1	
	R3	270	2.7	7.4	
	R4	270	2.1	3.2	
	R5	180	2.6	5.1	
	R6	180	3.2	4.6	
	R7	180	2.7	4.2	
	R8	120	3.3	4.3	
	R9	90	3.0	4.0	
	R10	60	2.5	3.7	
左岸	L33	120	1.6	3.4	
	L34	180	2.8	5.0	
	L35	180	2.4	4.7	

续表

部位	坝段	观测周期/d	松弛带影响深度/m	过渡带影响深度/m	备注
左岸	L36	180	2.6	4.7	
	L37	180	2.3	4.4	
	L38	180	2.6	4.6	
	L39	180	2.3	4.3	
	L40	180	2.4	4.1	
	L41	60	2.2	3.8	
	L42	90	1.8	4.4	
	L43	90	2.5	4.8	

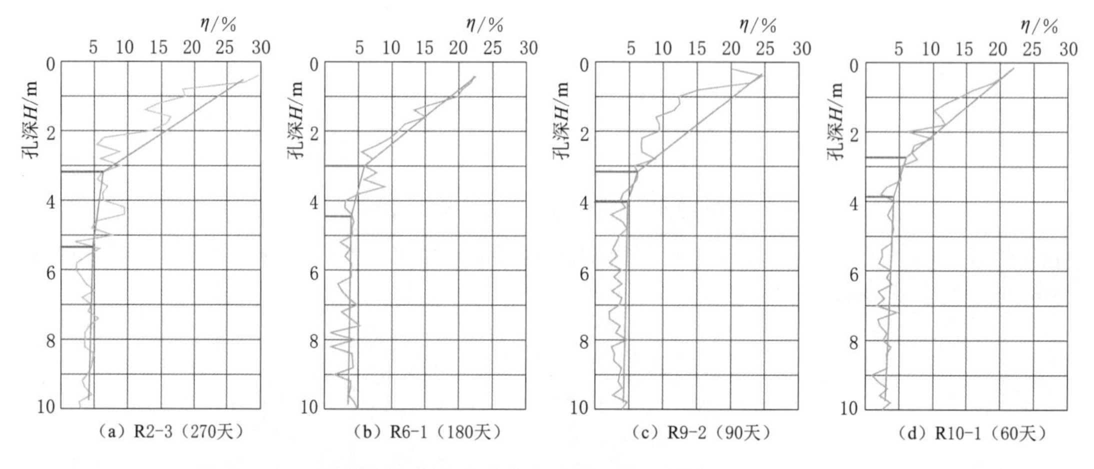

图 4.2-5　坝基长期观测孔波速衰减率沿孔深的变化关系典型曲线图

统计结果表明：多数坝段基本正常带、过渡带和松弛带规律比较明显。各个坝段开挖的浅表部位波速衰减率比较大，波速衰减率随着孔深的增加而减小，最后达到一个平稳的趋势。

（1）松弛带：主要表现为曲线斜率大、波速衰减率较大，分布在各坝段开挖的浅表部位，波速衰减率最大可达到30%，一般为5%～25%，波速衰减率随着孔深的增加而减小。松弛带深度左岸平均为2.3m，一般集中在1.6～2.8m之间；右岸平均为2.8m，一般集中在2.1～3.3m之间，左右岸总体上一般集中在1.6～3.3m之间。

（2）过渡带：主要表现为曲线的斜率较小、波速衰减率相对较小，过渡带处在松弛带的下面、基本正常带的上面。过渡带深度主要集中在4.0～5.1m之间，一般在孔深3.2～7.4m处；左岸平均4.4m，一般集中于3.4～5.0m之间；右岸平均为5.0m，分布于3.7～7.4m之间。

（3）基本正常带：曲线平稳或曲线斜率很小，其波速衰减率较小，处在松弛带的下面。

由松弛深度随观测周期变化曲线推测得到的松弛深度与上述结果基本一致。只是波速衰减率沿孔深变化曲线是一条波动曲线，推测松弛深度时更不易准确把握，另外，对观测时间较短的坝段，虽然每次观测均能获得一条完整的衰减率-孔深曲线，但因时间较短松弛仍在继续，衰减率-孔深曲线处于变化中，由此推测出的松弛深度与实际情况差异更大一些。基于上述分析，在粗略判断松弛带、过渡带时宜采用“松弛深度随观测周期变化曲线”。

在该水电站首次大规模采用岩体声波作为长期观测的手段，评价坝基岩体质量的时空分布特征。通过对不同观测周期的测试结果进行统计分析，找出坝基岩体声波速度随时间推移的衰减规律，掌握坝基岩体波速变化的时效特征，从而了解因坝基开挖所引起的应力重新分布状态下岩体松弛深度以及岩体松弛随时间推移的变化趋势，最终为设计制定固结灌浆深度、盖重大小以及其他措施提供依据。

4.3　灌浆效果综合检测及评价

岩体灌浆，即将具有胶凝性的材料或化学溶液按照一定配比制成的浆液，通过压送设备（或浆液自重）使其灌入地层或围岩之间的裂隙并最终形成结石，从而起到固结、黏合、防渗，提高基础承载强度和抗变能力以及传递应力等作用[18-19]。在水电水利工程中主要依据灌浆作用对灌浆进行分类，包括：固结灌浆、帷幕灌浆、回填灌浆、接触灌浆以及接缝灌浆等。岩体灌浆作为一项隐蔽工程的处理，早期多以钻孔芯样和压水试验成果对工程处理质量进行评价。目前国内外主要采用新型地球物理检测方法针对不同类型岩体灌浆效果进行评价，其中主要有单孔声波、对穿声波、钻孔全景成像、钻孔变模、探地雷达及弹性波层析成像（CT）等。通过对灌浆施工全程跟踪、快速检测，获取客观、准确数据，评价岩体灌浆效果，促进灌浆施工工艺的提高，为提高岩体灌浆质量和灌浆工程验收提供定量依据，并为工程安全运行提供科学保障。

4.3.1　技术要点

1. 灌浆检测方法特点分析

在灌浆效果检测评价中，不同的地球物理检测方法具有各自的特点，见表4.3-1。

表4.3-1　　灌浆效果检测评价各方法技术特点分析表

检测方法	优　势	局　限
单孔声波	1. 检测孔布置便利，检测范围广； 2. 测试精度高； 3. 提供灌浆评价定量指标	1. 无法反映平行钻孔轴线方向构造； 2. 需要与变形模量建立相关关系
对穿声波	1. 波速反映两孔间的岩体质量和灌浆效果； 2. 提供灌浆评价定量指标	1. 检测孔布置受限制； 2. 无法反映垂直钻孔轴线方向构造； 3. 需要与变形模量建立相关关系
钻孔全孔壁数字成像	1. 观测图像直观，可为岩体质量等级划分提供重要依据； 2. 可直观检测孔壁裂隙中水泥浆液填充情况	1. 对测试钻孔有一定要求，孔壁应顺直，孔内液体清澈； 2. 不能直接定量评价灌浆效果

续表

检测方法	优势	局限
钻孔变形变模	检测结果直接反映岩体抗变形能力	1. 测试过程中对钻孔成孔质量要求较高； 2. 与承压板法存在差异，需建立相关关系
压水试验	1. 获取墙体渗透系数，评价防渗墙防渗性能； 2. 检查接触段和墙下基岩透水性，能直接反映透水性能	不能反映强度等性质
弹性波 CT	1. 检测范围大； 2. 可以开展一定区域范围灌浆效果综合评价	1. 检测剖面（断面）受限制； 2. 测试精度相对声波低； 3. 测试过程易受土建施工干扰
冲击回波	1. 易于布置检测，对混凝土脱空缺陷反应敏感； 2. 可判定缺陷范围	1. 不能直接定量评价灌浆效果； 2. 测试精度较超声横波三维成像低
探地雷达	1. 易于布置检测，对混凝土脱空缺陷、钢筋反应敏感； 2. 可判定缺陷范围	1. 易受混凝土中金属介质影响； 2. 带钢衬的压力管道不宜采用探地雷达检测回填灌浆质量
超声横波层析成像	1. 易于布置检测，对裂隙、脱空缺陷反应敏感； 2. 不受钢筋影响，检测精度高，三维成果实时显示	1. 可精确判定缺陷深度、范围； 2. 对垂直检测面发育裂隙检测受限

单孔声波具有方便、灵活及科学准确的特点，一般以单孔声波作为灌浆效果评价的主要检测手段；同时结合钻孔全景图像反映的直观性、钻孔变形模量表现的抗变形性能，地震波层析成像揭示的岩体整体完整性程度，作为灌浆效果评价的辅助手段；在系统灌浆效果评价的同时，尤其针对基础处理灌浆工程特别关注的软弱岩体或地质缺陷地段，同步增加对穿声波测试，以对穿声波资料作为特定指标参与灌浆效果评价；对于局部接触灌浆质量、回填灌浆质量等检测可辅以冲击回波法、探地雷达法或超声横波层析成像等方法进行定量评价或定性判断。在灌浆效果的检测中，各检测技术资料的整合可使检测成果整体与局部有机结合、检测成果更客观全面，使得灌浆效果隐蔽工程的评价更科学、准确。

2. 检测方法的综合应用

（1）固结灌浆效果检测。固结灌浆利用钻孔将水泥浆液或化学浆液，通过压送设备压入岩体中，使之充填岩体裂隙，提高岩体的整体性与均质性，改善岩体的抗压强度与弹性模量，减少岩体变形与不均匀沉陷等，最终达到提高基岩岩体整体稳定性的目的。岩体固结灌浆效果检测的目的是灌后岩体是否达到设计力学指标要求，评价固结灌浆效果。主要检测岩体灌后裂隙充填情况，灌浆前、后岩体波速及变形模量等岩体力学参数。目前水电工程基础岩体固结灌浆质量一般在灌浆前后分别开凿灌前检测孔和灌后检测孔进行地球物理检测，孔深与该区灌浆孔深度一致。检测主要利用单孔声波法、对穿声波法、变形模量测试、钻孔全孔壁数字成像法等，分析各类岩体波速及变模提高情况，结合固结灌浆试验资料，建立并完善钻孔变形模量与钻孔声波相关关系，配合设计、地质人员建立各岩级固结灌浆验收标准，综合评价岩体固结灌浆效果。

（2）帷幕灌浆效果检测。帷幕灌浆是将水泥浆液或化学浆液通过压送设备灌入岩体裂隙、孔隙，形成连续阻水帷幕的灌浆工程，主要用于在坝基和地下厂房上游面建立防渗帷幕，以增加渗流水的垂直渗径，消减渗流水压力，减小坝体扬压力等作用。帷幕灌浆效果在很大程度上决定了坝基岩体防渗处理的效果。检测的目的是判断帷幕连续成幕与防渗能力改善情况等。检测内容主要有岩体渗透系数、声波波速以及岩体灌后裂隙充填情况等。帷幕灌浆前采用单孔声波法、钻孔全孔壁数字成像、弹性波CT进行测试，可查明软弱带分布范围，结合水文地质资料，分析防渗帷幕线渗漏隐患，核对或补充灌浆地区地质资料，为帷幕灌浆施工提供一定指导。灌浆后质量检测可通过压水试验检测灌浆后岩体透水性，以单孔声波法测试结果定量分析岩体波速分布；以钻孔全孔壁数字成像法直观地观测岩石裂隙等地质构造中的水泥结石充填状态，以弹性波CT对检测发现的异常部位进行圈定和复核。

(3) 接触灌浆效果检测。接触灌浆主要是指以浆液灌入混凝土与基岩或混凝土与钢板之间的缝隙，以增加接触面结合能力的灌浆。这种缝隙是由于混凝土的凝固收缩而造成的。接触灌浆可加强两者间的紧密结合和基础的整体性，提高岩体或构件的抗滑稳定，并增进岩石固结与防渗的性能。接触灌浆检测目的是分析判断经接触灌浆处理后的混凝土与基岩或混凝土与钢板之间的缝隙填充密实情况。检测内容包括混凝土与基岩或混凝土与钢板之间存在的脱空及其位置、规模等。检测方法主要采用冲击回波法、超声横波层析成像法和钻孔全孔壁数字成像法。

(4) 回填灌浆效果检测。回填灌浆是采用浆液填充混凝土与围岩之间的空隙或孔洞，以增强围岩或结构的密实性的灌浆工程。这种空隙和孔洞是由于混凝土浇筑施工的缺陷或技术能力限制所造成的，通过回填灌浆可使混凝土衬砌与围岩结合成整体，共同抵御外力，防止渗漏。回填灌浆工程属于隐蔽施工，后期灌浆质量检测对其施工质量的控制尤为重要。回填灌浆检测目的是分析混凝土与围岩之间、混凝土衬砌与围岩之间的浆液填充情况等。检测内容主要包括混凝土与围岩、混凝土衬砌与围岩之间存在的脱空及其位置、规模等。一般采用探地雷达法、冲击回波法、超声横波层析成像法等。

4.3.2 工程实例

1. 坝基固结灌浆效果检测

某水电站大坝为混凝土双曲拱坝，大坝基础处理设计及施工是该水电站工程关键的技术问题之一。为提高岩体的抗变形能力、均匀性以及抗渗性能，基础处理工程采取了坝基固结灌浆、左岸抗力体固结灌浆、防渗帷幕灌浆、混凝土垫座及网格置换等一系列加固处理措施。

左岸抗力体分别分布在高程1885m、1829m、1785m、1730m和1670m设置5层灌浆平洞进行固结灌浆，灌浆平洞内灌浆孔以角度向下的孔为主灌孔，覆盖灌浆体的大部分范围，以角度向上的孔为辅灌孔，主要起搭接和补漏的作用。钻孔角度向下的灌浆孔孔深一般在50～60m以内，局部超过60m；钻孔角度向上的钻孔孔深一般在15～30m以内，局部最大不超过40m。在灌浆前后分别按5%、3%、1%比率布置单孔声波、钻孔全景图像、钻孔变形模量检测，局部补充对穿声波和弹性波（CT）检测。如岩体灌后质量达不到设计指标要求，则进一步加密孔排距，进行补强灌浆，并进行相应的补强灌浆灌后检测。

各检测数据分析方法如下：灌浆前后物探孔内声波、钻孔弹性模量、全孔壁数字成像测试成果采用对比分析法分析；灌后物探孔声波成果采用达标分析法分析，并绘制声波频态分布图；灌后全孔壁数字成像测试成果按现象描述法分析。最后结合灌浆前后各检测方法的灌浆效果进行综合分析，并按设计标准要求进行评定。

固结灌浆灌后效果评价以岩体声波波速为主、透水率为辅，必要时结合钻孔变形模量和钻孔全景图像综合评定。声波速度测点以每个检查孔为单位进行统计，每个单元检查孔的合格率应不小于90%，且不合格的孔不集中。压水试验采用“单点法”，压水压力为灌浆压力的80%，并不大于1MPa。每个单元检查孔压水试验合格率应不小于85%，不合格孔段的透水率不超过设计规定的150%且不集中。

左岸抗力体固结灌浆灌后质量评价主要技术指标见表4.3-2。

表4.3-2　　左岸抗力体固结灌浆灌后质量评价主要技术指标

灌浆分区	岩石质量等级		声波速度/(m/s)	单位透水率/Lu
高压区	大理岩	III_1	<4400测点小于5%，≥5200测点大于85%	≤3.0
		III_2	<4200测点小于5%，≥5000测点大于85%	≤3.0
		IV_2	<3900测点小于5%，≥4600测点大于85%	≤3.0
中压区	大理岩	III_1	<4200测点小于5%，≥5100测点大于85%	≤3.0
		III_2	<3900测点小于5%，≥4700测点大于85%	≤3.0
		IV_2	<3800测点小于5%，≥4500测点大于85%	≤3.0
	砂板岩	III_2	<3800测点小于5%，≥4600测点大于85%	≤3.0
		IV_2	<3600测点小于5%，≥4300测点大于85%	≤3.0
低压区	大理岩	III_1	<4100测点小于5%，≥5000测点大于85%	≤5.0
		III_2	<3800测点小于5%，≥4600测点大于85%	≤5.0
		IV_2	<3700测点小于5%，≥4300测点大于85%	≤5.0
	砂板岩	III_2	<3700测点小于5%，≥4500测点大于85%	≤5.0
		IV_2	<3600测点小于5%，≥4200测点大于85%	≤5.0

（1）单孔声波检测。由于左岸抗力体工程地质条件复杂，存在有大量断层、低波速岩带、层间挤压带等。为获取软弱结构岩带或岩体的有效声波数据，在灌前测试中采取了分段造孔跟踪或分段堵水方式进行检测；在固结灌浆完成后，检测孔要求重新造孔并且孔深与灌浆孔深一致，检测孔位置由设计人员确认，对不合格单元经补充灌浆后重新检测，查到达到指标要求。

表4.3-3为左岸抗力体各级岩体固结灌浆灌前、灌后单孔声波波速统计情况。分析该表得出：①各类岩体灌后平均波速相比灌前均有不同程度的提高，平均波速提高率介于2.97%～7.71%之间；其中IV_2级大理岩和IV_2级砂板岩灌后平均波速提高率最为显著，分别为7.71%和6.71%；②各类岩体的灌后离差Cv值均小于灌前值，说明灌后各类岩体波速分布较集中，灌后较灌前声波曲线均匀、平滑，灌后岩体均一性较好；③各级大理岩和各级砂板岩灌后低波速及小值平均均有较大提高，表明各级大理岩和各级砂板岩岩体经固结灌浆后，低波速岩体灌浆效果有明显提高；④断层及挤压带灌后较灌前平均波速提

高较小，灌后离差 Cv 值偏大，且声波曲线局部孔段仍有低波速锯齿出现，局部起伏较明显，表明断层及挤压带固结灌浆效果不显著。

表 4.3-3　左岸抗力体各级岩体固结灌浆灌前、灌后单孔声波波速综合统计表

岩性岩级	灌序	测段高程/m	单孔声波波速值/(m/s)				波速比例/%						提高率/%
			平均值	大值平均	小值平均	离差 Cv	<3900 m/s	<4200 m/s	<4400 m/s	≥4600 m/s	≥5000 m/s	≥5200 m/s	
Ⅲ$_1$D	灌前	19706.2	5567	5804	5173	371	0.67	1.61	2.79	95.7	91.19	86.51	3.09
	灌后	16307.2	5739	5890	5463	231	0.15	0.34	0.61	98.95	97.49	95.68	
Ⅲ$_2$D	灌前	765.8	5365	5727	4659	612	3.5	7.73	11.07	85.42	79	73.31	4.32
	灌后	752.4	5597	5852	5061	489	1.28	2.61	4.15	94.05	90.41	85.33	
Ⅳ$_2$D	灌前	1888.8	4993	5466	4411	632	5.71	12.18	19.5	72.57	55.19	43.67	7.71
	灌后	2424.4	5378	5739	4890	530	1.5	3.59	5.94	90.82	80.04	71.21	
Ⅲ$_2$S	灌前	5244.6	5182	5503	4757	479	1.83	4.28	7.1	88.73	72.83	57.03	4.09
	灌后	5671	5394	5653	5055	394	0.41	1.12	2.11	96.16	86.66	76.62	
Ⅳ$_2$S	灌前	1024	4712	5101	4266	528	6.31	14.85	25.81	60.2	32.58	19.3	6.71
	灌后	1944.8	5028	5392	4593	494	2.58	5.31	10.11	80.89	57.83	41.97	
f_2	灌前	1245.4	4936	5539	4162	812	12.8	20.4	25.99	67.54	54.52	46.44	6.26
	灌后	1415.2	5245	5720	4495	726	6.22	10.23	14.31	81.06	70.47	63.16	
f_5	灌前	610.8	4539	5104	4000	740	17.75	30.81	43.78	44.2	26.16	19.74	2.97
	灌后	1066.2	4674	5334	4075	679	16.43	28.15	39.1	50.77	37.34	30.31	
f_8	灌前	18.8	4224	4511	3885	579	14.89	41.49	75.53	15.95	4.25	1.06	5.11
	灌后	10	4440	4923	3874	437	26	46	46	42	32	10	
X	灌前	1168.2	4224	4619	3795	699	25.05	45.18	63.74	21.79	6.86	3.37	5.71
	灌后	1587.8	4465	5017	3922	525	20.17	31.59	44.09	40.61	22.12	15.19	

注　表中ⅡD、Ⅲ$_1$D、Ⅲ$_2$D、Ⅳ$_2$D 分别为Ⅱ、Ⅲ$_1$、Ⅲ$_2$、Ⅳ$_2$ 级大理岩；ⅡS、Ⅲ$_1$S、Ⅲ$_2$S、Ⅳ$_2$S 分别为Ⅱ、Ⅲ$_1$、Ⅲ$_2$、Ⅳ$_2$ 级砂板岩；f 为断层；X 为煌斑岩；下同。

（2）压水试验检测。左岸抗力体固结灌浆灌前、灌后检测孔均进行“单点法”压水试验。灌前测试孔利用Ⅰ序灌浆孔进行，灌后压水试验在灌浆完成 7 天后进行并按照灌浆总孔数 5%进行布孔。灌后压水试验采用自下而上分段做单点法压水试验，压水试验段长与相邻灌浆孔灌浆段长一致。灌后压水试验设计指标为每个单元检查孔压水试验合格率不小于 85%、不合格孔段透水率不大于设计要求的 150%且不集中。

左岸抗力体固结灌浆灌后压水试验成果综合统计见表 4.3-4。由表 4.3-4 可以看出：左岸抗力体固结灌浆灌后压水试验共检测 1890 孔，压水段数累计 7969 段次，其中透水率 $q \leqslant 3$Lu 的段次为 7742 段，3Lu$<q\leqslant$5Lu 的段次为 116 段（且均不集中，满足设计要求），$q>5$Lu 的段次为 111 段，故左岸抗力体固结灌浆灌后检测孔透水率平均合格率为 98.74%。左岸抗力体固结灌浆各灌区灌后检测孔透水率指标满足设计指标要求，对不合格单元经补充灌浆后均满足设计指标要求。

表 4.3-4　　左岸抗力体固结灌浆灌后压水试验成果综合统计表

高程/m	灌浆孔数	检查孔数	压水段数	透水率分布/段			合格率/%
				≤3Lu	3～5Lu	>5Lu	
1885	1673	88	518	508	5	5	99
1829	6454	422	1811	1773	26	12	99.3
1785	8566	435	1888	1835	35	18	99
1730	8027	406	1618	1617	1	0	100
1670	10806	539	2134	2009	49	76	96.4
总计	35526	1890	7969	7742	116	111	98.74

(3) 钻孔全景图像检测。钻孔全景图像检测成果可综合评价左岸抗力体固结灌浆灌后裂隙填充率等灌浆效果，其灌前、灌后检测孔数分别占灌浆孔总数的 3%。检测前应对钻孔进行反复冲洗，去掉孔壁残留附着物，使钻孔内水清澈透明，以利于图像清晰；如钻孔内积水仍浑浊，处理方法主要采用明矾净水后再检测。图 4.3-1 为左岸抗力体某灌区固结灌浆灌前、灌后检测孔钻孔全孔壁数字成像对比情况。

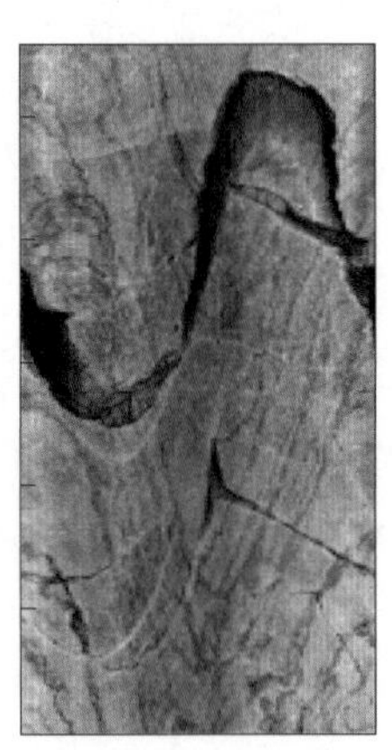

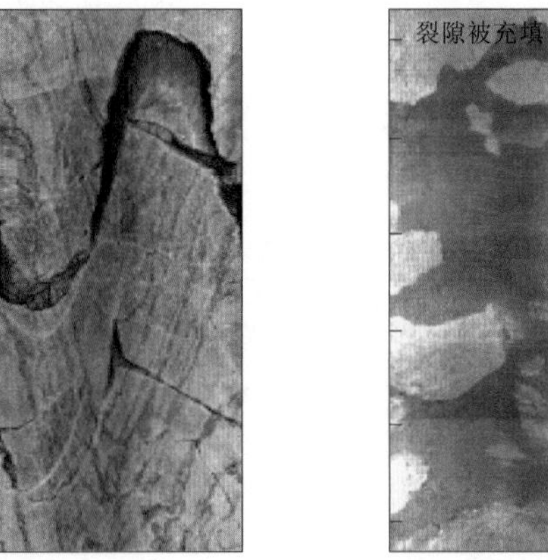

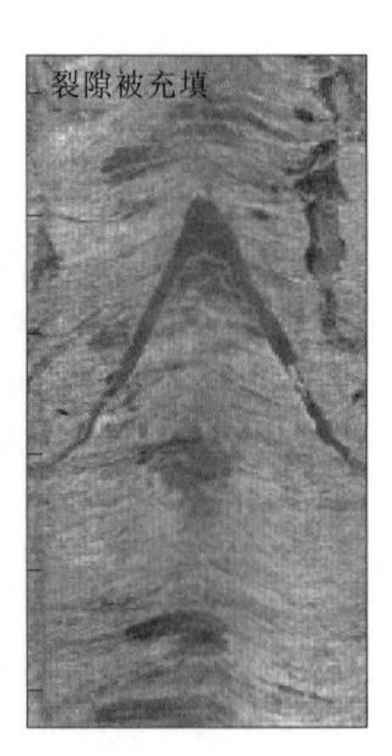

(a) 灌前　　(b) 灌后

图 4.3-1　左岸抗力体某灌区固结灌浆灌前、灌后检测孔钻孔全孔壁数字成像对比

从图 4.3-1 可以看出，左岸抗力体某灌区灌前检测孔大理岩张开裂隙发育，局部岩体较破碎，裂隙无充填物，完整性较差；经系统固结灌浆处理后大理岩裂隙有明显水泥浆液充填，填充率较高，并形成结石，提高了岩体的完整性。

(4) 钻孔变形模量检测。受左岸基础处理工程软弱结构面 f_2、f_5、f_8 断层、煌斑岩脉、深部裂缝及层间挤压带等影响，部分断层及Ⅳ$_2$ 级岩体孔段由于钻孔扩孔或孔壁一定范围内岩体破碎，在设备探头变形范围内探头施压区域岩体还未挤压密实，致使探头无法升压完成测试，从而导致部分Ⅳ$_2$ 级岩体变形模量点无测试数据。其他部位通过开展灌浆前的变形模量测试反映出岩体的结构特征，通过灌浆前后变形模量的提高幅度可综合评价各类岩体的灌浆效果。

分析表 4.3-5 得出：①Ⅲ$_1$ 级大理岩灌前、灌后平均变形模量值分别为 10.47GPa、

13.11GPa，灌后较灌前提高 25.2%；$Ⅲ_2$ 级大理岩灌前、灌后平均变形模量值分别为 7.99GPa、11.41GPa，灌后较灌前提高 42.8%；$Ⅳ_2$ 级大理岩灌前、灌后平均变形模量值分别为 7.64GPa、10.35GPa，灌后较灌前提高 35.5%；②$Ⅲ_2$ 级砂板岩灌前、灌后平均变形模量值分别为 9.73GPa、11.68GPa，灌后较灌前提高 20.0%；$Ⅳ_2$ 级砂板岩灌前、灌后平均变形模量值分别为 7.19GPa、9.46GPa，灌后较灌前提高 31.6%；③f_2 断层灌前、灌后平均变形模量值分别为 8.79GPa、12.03GPa，灌后较灌前提高 36.9%；f_5 断层灌前、灌后平均变形模量值分别为 6.44GPa、10.15GPa，灌后较灌前提高 57.6%；煌斑岩灌前、灌后平均变形模量值分别为 6.44GPa、7.08GPa，灌后较灌前提高 9.94%；④各类岩体灌后平均变形模量值均有较大提高，表明各类岩体固结灌浆效果均较好；从灌后各级岩体变形模量提高率可以看出，煌斑岩固结灌浆效果相比其他岩性或断层灌浆效果较差；⑤断层及挤压带局部岩体较破碎，以致探头无法升压而无有效变模值，故有效测点偏少。

表 4.3-5　　左岸抗力体固结灌浆灌前、灌后岩体钻孔变形模量值综合统计表

岩性岩级	灌序	测点数	变形模量值/GPa			变形模量值分布特征/%						提高率/%
			平均值	大值平均	小值平均	0～3GPa	3～5GPa	5～7GPa	7～10GPa	10～15GPa	＞15GPa	
$Ⅲ_1D$	灌前	1551	10.47	14.35	7.12	3.55	7.16	11.86	27.27	36.23	13.93	25.2
	灌后	1438	13.11	17.58	9.6	0.7	2.78	5.84	17.04	44.02	29.62	
$Ⅲ_2D$	灌前	76	7.99	11.96	4.61	14.47	13.16	19.74	21.05	25	6.58	42.8
	灌后	78	11.41	15.11	8.24	0	3.85	5.13	34.62	33.33	23.08	
$Ⅳ_2D$	灌前	84	7.64	10.87	4.96	10.71	13.1	23.81	30.95	14.29	7.14	35.5
	灌后	204	10.35	14.04	7.39	2.45	4.41	11.27	34.31	34.31	13.24	
$Ⅲ_2S$	灌前	771	9.73	13.36	6.49	4.28	9.73	12.97	28.53	33.07	11.41	20.0
	灌后	605	11.68	15.83	8.44	0.83	3.8	8.93	25.62	41.16	19.67	
$Ⅳ_2S$	灌前	102	7.19	10.58	4.51	7.84	24.51	21.57	24.51	18.63	2.94	31.6
	灌后	242	9.46	12.44	6.58	2.89	7.02	15.29	33.06	33.88	7.85	
f_2	灌前	72	8.79	14.61	5.3	8.33	20.83	16.67	20.83	15.28	18.06	36.9
	灌后	102	12.03	16.74	8.01	3.92	4.9	5.88	25.49	35.29	24.51	
f_5	灌前	37	6.44	10.56	3.3	24.32	27.03	10.81	18.92	13.51	5.41	57.6
	灌后	36	10.15	14.62	6.96	8.33	2.78	13.89	33.33	30.56	11.11	
X	灌前	52	6.44	9.21	4.42	11.54	15.38	36.54	25	9.62	1.92	9.94
	灌后	124	7.08	10.45	4.88	8.06	23.39	25.81	24.19	14.52	4.03	

（5）地震波 CT 成像检测。地震波 CT 测试成果可综合反映成像洞室间岩体质量情况。以高程 1670m 层固结灌浆为例，通过布置灌前地震波 CT 测试，查明左岸抗力体内 $Ⅳ_2$ 级岩体分布，为断层破碎带及软弱带设计相应处理措施提供了有效依据，并在灌后再次进行检测，以整体评价该部位固结灌浆效果。

左岸抗力体高程 1670m 洞室固结灌浆灌前地震 CT 成像成果见图 4.3-2。结合开挖揭露工程地质条件，在低波速 1 区有 4 个地质构造穿过，形成一个低波速区；低波速 2 区

没有明地质构造，但是声波测试成果表明该区域声波测试曲线起伏变化很大，岩体均一性差。低波速区地震波波速多介于 2500～4000m/s 之间，而非低波速区地震波波速则多介于 3500～5500m/s 之间。

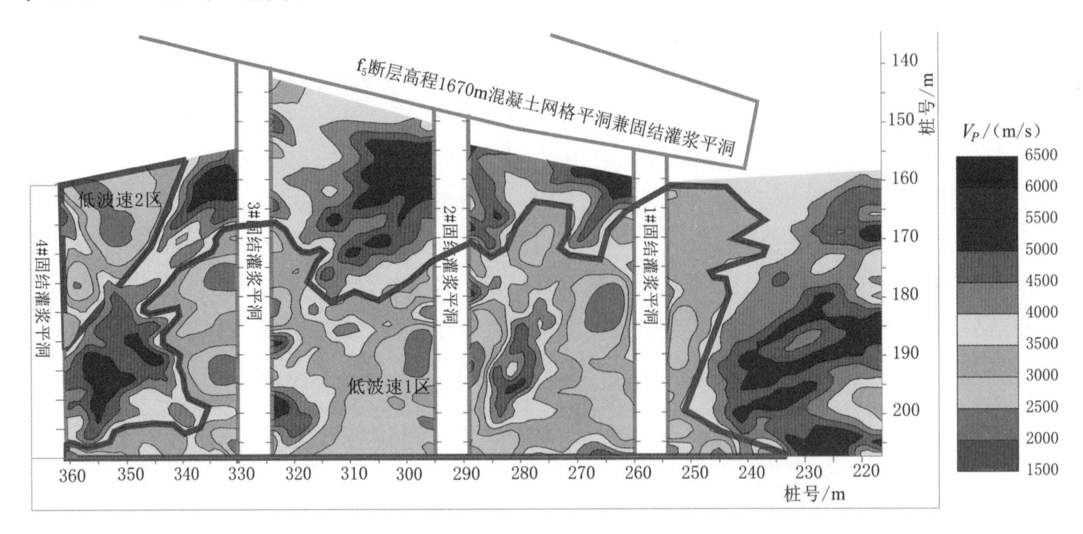

图 4.3－2　左岸抗力体高程 1670m 洞室固结灌浆灌前地震 CT 成像成果图

左岸抗力体高程 1670m 洞室固结灌浆灌后地震 CT 成像成果见图 4.3－3。高程 1670m 洞室经系统固结灌浆处理后，非低波速区岩体地震波波速较平稳、集中，岩体均一性较好，地震波波速则多介于 4500～5500m/s 之间。

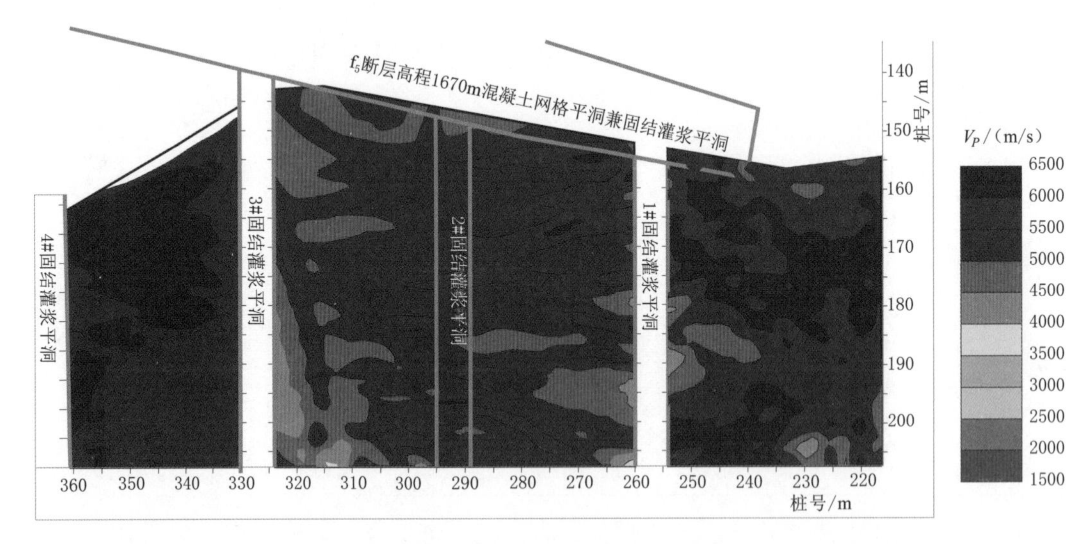

图 4.3－3　左岸抗力体高程 1670m 洞室固结灌浆灌后地震 CT 成像成果图

2. 防渗帷幕灌浆效果检测

某水电站左岸防渗帷幕沿线地层岩性为第二段大理岩与第三段砂板岩，其中存在对防渗不利的顺河向 f_2 断层及上下盘层间挤压错动带、f_5 断层、煌斑岩脉。为提高防渗能力，该工程布置了大量的搭接帷幕、深孔帷幕、底板固结灌浆，其中在大坝左岸高程 1601m

水平基础廊道内布置深孔帷幕灌浆孔共3排，孔排距1.3m，孔间距2.0m。上游排为副帷幕孔，孔深114.25m（含混凝土钻孔）；中间排及下游排为主帷幕孔，孔深171.25m。

帷幕灌浆检测按照灌浆孔数量1%系统布置检测孔，于灌浆前、后分别进行检测。其中灌前检测孔选取先导孔或Ⅰ序孔，灌后检测孔为新造孔。检测主要采用单孔声波法、压水试验、钻孔全孔壁数字成像法。现场检测完成后，依据物探和压水试验相关规程规范处理单孔声波、钻孔全景图像和压水试验测试资料并进行综合统计分析，最后按照设计指标评价帷幕灌浆效果。

左岸高程1601m深孔帷幕共布置117个灌后检查孔（受化学灌浆影响8个灌后检查孔未施工），共压水2791段，图4.3-4为各序帷幕灌浆孔灌前平均透水率柱状图。如图所示：整个廊道上、中、下游排帷幕灌浆孔随灌浆次序的增进，Ⅱ序孔、Ⅲ序孔灌前平均透水率明显小于Ⅰ序孔灌前平均透水率，符合一般灌浆规律。但Ⅱ序孔、Ⅲ序孔灌前平均透水率递减规律不明显。其中$q \leqslant 1$Lu共计2770段，占压水总段数的99.2%，有21段超过设计规定，其中13段小于1.5Lu，8段大于1.5Lu。除7个单元共12段灌后压水透水率指标不满足设计要求外，其余29个单元帷幕灌浆质量满足设计要求。对帷幕灌浆质量评定不合格的，在灌后检查不合格孔的两端（间距2m）各布置1个检查孔进行加密检测，并根据加密检测情况，进行补强灌浆处理。

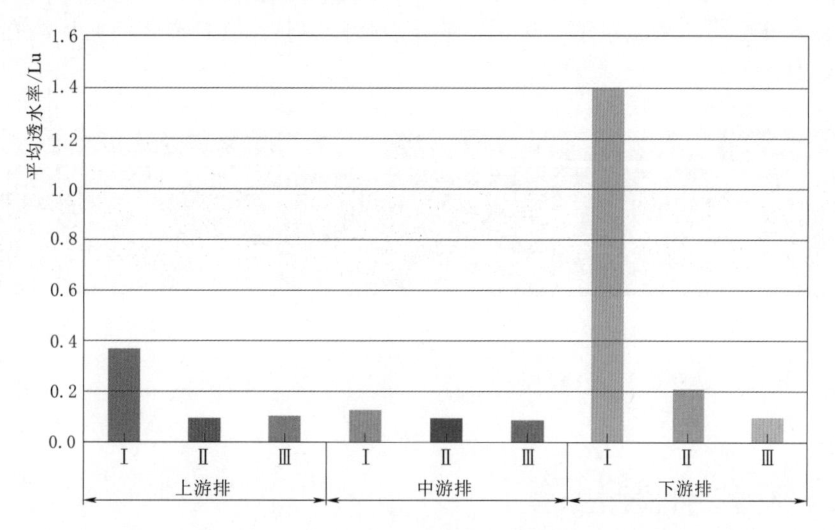

图4.3-4　左岸高程1601m深孔帷幕灌浆孔灌前平均透水率柱状图

对左岸高程1601m深孔帷幕灌浆37～39单元灌后进行单孔声波测试，岩体声波波速按岩级综合统计分析结果见表4.3-6。由表分析可见，按照单孔声波速度比例低限值不大于5%、高限值不低于85%的评价标准，大坝左岸高程1601m水平廊道深孔帷幕灌浆灌后检测孔除39单元的Ⅱ级大理岩、$Ⅲ_1$级大理岩灌后岩体声波波速不满足设计指标要求外，其他37、38单元的Ⅱ级、$Ⅲ_1$级、$Ⅲ_2$级大理岩灌后岩体声波波速均满足设计指标要求。对左岸39单元深孔帷幕灌后声波检测不合格的检查孔，鉴于第三方检测孔未封孔，要求对第三方检查孔（压水检测透水率合格）进行声波波速和透水率比较。

表 4.3-6 左岸高程 1601m 深孔帷幕灌浆单孔声波波速按岩级综合统计分析表

单元	灌序	岩级	波速特征/(m/s)			点数	波速标准/(m/s)		波速比例/%		合格孔数/检测孔数	单元检测孔合格率/%
			平均速度	大值平均	小值平均		低限值	高限值	小于低限值	大于等于高限值		
37	灌后	ⅡD	5698	5817	5523	1402	4500	5500	0.79	91.80	3/3	100
		$Ⅲ_1$D	5613	5718	5338	340	4300	5200	0.29	95.88		
		$Ⅲ_2$D	5483	5599	5353	51	4200	5000	0	100		
38	灌后	ⅡD	5729	5847	5570	984	4500	5500	0.20	93.9	3/3	100
		$Ⅲ_1$D	5612	5861	5254	785	4300	5200	1.53	91.08		
		$Ⅲ_2$D	5452	5607	5303	466	4200	5000	0	99.57		
39	灌后	ⅡD	5641	5751	5508	763	4500	5500	0.39	86.76	0/3	0
		$Ⅲ_1$D	5449	5648	5159	909	4300	5200	0.66	87.67		

左岸高程 1601m 深孔帷幕灌浆 37～39 单元灌后岩体钻孔全孔壁数字成像解译资料表明：37～39 单元基岩岩性主要为大理岩，除局部岩体较破碎、局部有空洞现象、张开裂隙水泥浆液填充不明显、岩体完整性较差外，其他灌后检测孔等孔段孔壁较光滑，张开裂隙发育，裂隙可见明显水泥浆结石充填，整体岩体较完整。帷幕灌浆灌后检测孔水泥结石充填典型见图 4.3-5。

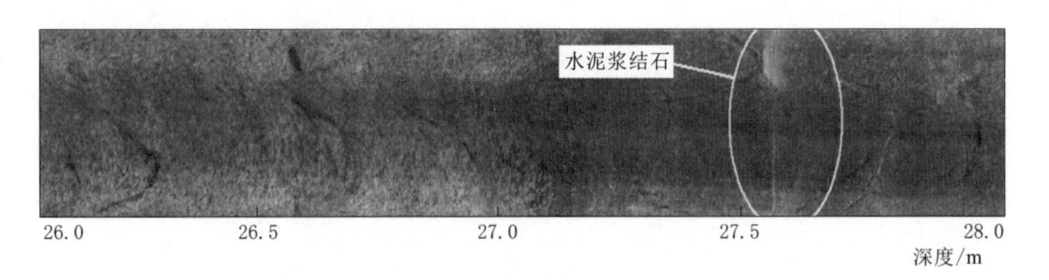

图 4.3-5 帷幕灌浆灌后检测孔水泥结石充填典型图

4.4 地下空间综合检测技术

在高山峡谷的水电工程建设中，地下厂房、隧洞等是经常碰到的地下空间形式。在这些地下空间的开挖和支护施工过程中，为了保证施工安全和后期运营安全，需要开展隧洞超前预报、围岩质量检测、支护工程质量检测、围岩稳定性微震监测等工作，下面对其中的关键技术加以介绍，微震监测技术的相关内容见 2.4 节。

4.4.1 技术要点

1. 隧洞综合超前预报探测技术

水工隧洞是水电工程中常见的地下建筑物，为保证隧洞施工安全，开挖前应进行隧洞超前预报工作。隧洞超前预报工作目的是通过地质超前预报，及时掌握隧洞前方围岩变化情况，预报掌子面前方不良地质体的位置、规模及其围岩结构的完整性与含水的可能性，从而为隧道施工单位优化施工方案提供依据，为预防隧道突水、突泥、突气等可能形成的灾害性事故及时提供信息，使施工单位提前做好施工准备，保证工程稳定与施工安全，同时反馈设计，使设计更趋合理。

(1) 隧洞地质超前预报的内容主要包括以下几个方面：

1) 不良地质体及地质灾害预报。预报掌子面前方一定范围内有无突水、突泥、坍塌、有害气体等地质灾害，并查明其范围、规模、性质，提出施工措施意见。

2) 水文地质预报。预报掌子面前方的涌水量情况及其变化规律，并评价其对环境地质、水文地质的影响。

3) 断层及其破碎带的预报。主要预报断层的位置、规模、产状、性质、充填物的状态及充水断层情况，并判断其稳定性程度，提出施工对策。

4) 围岩类别及其稳定性的预报。预报掌子面前方的围岩类别与设计是否吻合，并判断其稳定性，随时提出修改设计、调整支护类型、确定二次衬砌时间的意见等。

隧洞地质超前预报应该按照“由未知到已知、由粗略到精细、由定性到定量”的思路来进行，在实施过程中应遵循“地质先行、物探紧随、开挖验证、动态调整”的流程。

(2) 隧洞地质超前预报具体步骤如下：

1) 进行宏观地质分析与预报。宏观预报以区域地质为基础，通过分析已有设计阶段的勘探资料和地表地质调查资料，推测隧洞全洞段不良地质体的发育情况，如发育规模、范围、类型和严重程度等。重点给出断层、岩溶等不良地质体在隧洞洞身可能赋存的段落，为后续中长距离和短距离预报提供依据。

2) 隧洞地质复杂程度分级。根据宏观预报成果以及隧洞的工程地质与水文地质条件、可能发生的地质灾害对隧洞施工及环境的影响程度，对隧洞分段进行地质复杂程度评价、分级。

3) 编制预报工作大纲。根据宏观预报成果完成隧洞地质复杂程度分级后，针对不同的地质复杂程度等级，建立对应的预报体系等级。预报体系等级可分为“常规预报”“加强预报”“重点预报”三个等级。地质复杂程度为“很复杂”“复杂”的洞段，相应的预报等级为“重点预报”；地质复杂程度为“中等”的洞段，相应的预报等级为“加强预报”；地质复杂程度为“简单”的洞段，相应的预报等级为“常规预报”。

4) 预报的实施。针对不同的地质复杂程度等级，实施相应的预报体系等级。同时在实施工程中，还应根据隧洞开挖实际揭露的地质实际情况，动态调整预报体系等级，以使预报能较好地适应现场条件，发挥最佳的探测效果。

5) 施工方案的确定。根据预报结果，及时调整、优化施工方案，确保施工安全。

6) 施工跟进。在施工过程中，应对开挖洞段揭露的地质情况及时进行地质编录，及时开展预报成果与开挖揭露情况对比，对发现存在差异的地方，及时分析、总结原因并改进后期的预报方案，不断提高预报质量和水平。

隧洞地质超前预报工作流程见图4.4-1。

(3) 超前预报中采用的地球物理方法主要包括以下几种：

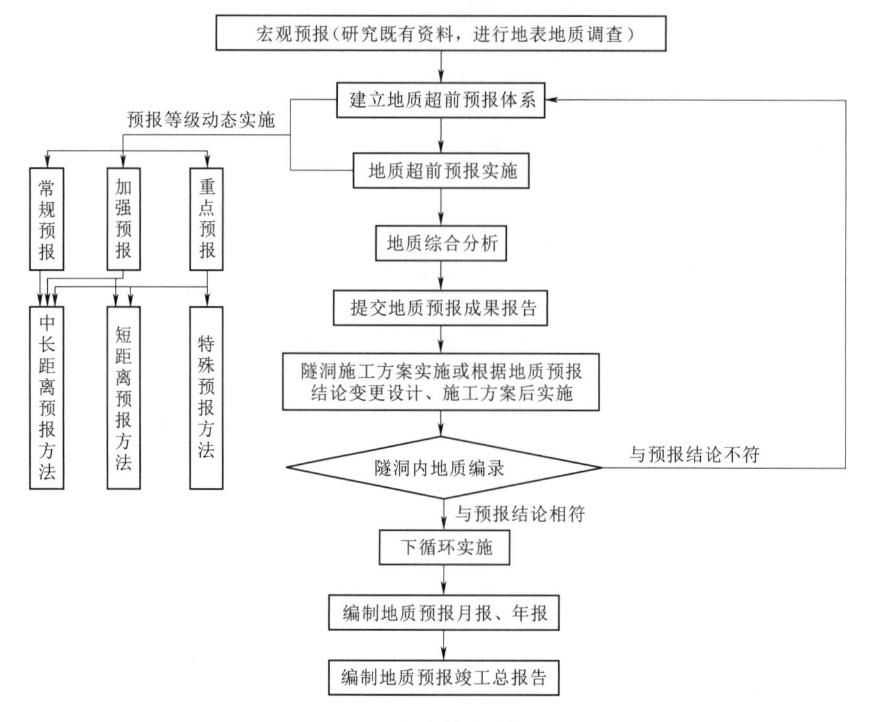

图 4.4-1　隧洞地质超前预报工作流程图

1）中长距离预报方法。中长距离预报建立在宏观预报的基础上，其目的除了为短期预报提供指导意义外，还能够为施工单位制定一个相对长期的施工计划提供科学依据。中长距离预报一般指预报距离在 80～150m 之间的预报。目前主要的地球物理方法有：①弹性波法（地震反射波法），主要包括 TSP、TST、TRT、TGP 和地震负视角法；②电磁法，主要包括瞬变电磁法、复频电导法。

2）短距离预报方法。在宏观预报和中长距离预报的基础上应进一步开展短距离预报，特别是在地质条件复杂的重点开挖段，短距离预报必不可少，如果说中长距离预报具有战略意义，而短距离预报则具有战术的特点，做好短距离预报对确保超前地质预报的准确率具有决定性的作用。短距离预报探测距离一般为 20～30m。目前的主要地球物理方法有：①电磁波法，主要是探地雷达法；②电法，包括 BEAM 法、激发激化法；③其他，包括红外探水、超前水平钻、超前炮孔等。

3）特殊预报方法。特殊预报方法主要用于复杂地质条件情况，其充分利用超前钻孔，将目前地球物理领域较新的孔内地球物理技术用于预报。目前孔内主要地球物理技术有：钻孔雷达、钻孔全孔壁数字成像、电磁波 CT、钻孔雷达 CT 及钻孔声波 CT 等。

需要说明一点，由于地球物理方法的多解性和局限性，不同的地球物理方法均有其自身的适应范围、探测优势和预报距离。同时不同种类的地质体可以引起强度和形态相近的地球物理异常，同一地质体也可以产生强度不一、形状不同的地球物理异常，而单一的地球物理技术只能获取某一方面的物理性质，对某些地质条件简单、岩性单一的隧洞，一种地球物理方法常常就可以解决预报问题。但对于复杂地质条件下的隧洞工程，由于地球物理技术的特点，加之地质构造的复杂性，单一预报技术的准确性并不十分可靠，常常存在漏报、错报等问题。为了较全面准确地获得地质异常体的空间位置、赋存形态及围岩质量等诸多信息，就需要从异常体多方面的物理性质来刻画和描述。解决这一问题就需要从地质体的不同物理性质入手，以地质分析为基础，地球物理方法为手段，并根据工程自身的工程地质及水文地质特点，选择多种方法进行预报，扬长补短、相互补充、相互验证、相互约束，通过多种预报结果的综合对比和联合解译实现对掌子面前方不良地质体的定性和定量解释，并分析可能发生的地质灾害，同时提出相应的处理措施和避险方案，确保施工安全。

在实际工作中，应根据隧洞自身的工程地质特点，针对不同隧洞的工程地质和水文地质条件，对隧洞分段进行地质复杂程度评价、分级，建立不同地质条件下的超前预报体系[20]。

2. 洞室围岩质量综合检测技术

水电工程中的常见水工洞室有地下厂房洞室群、引水隧洞、尾水隧洞、导流洞、泄洪洞等，为对洞室开挖后的岩体质量进行评价及指导后期施工，需要进行洞室围岩质量检测工作。

洞室围岩质量检测与建基岩体质量检测类似，通过获得岩体的物理力学参数和结构面发育特征，为岩体质量评价提供基础依据。洞室岩体质量检测在洞室开挖完成后进行，一般通过爆破后单孔、跨孔声波和全孔壁数字成像检测，查明洞室开挖后各部位波速分布情况、卸荷松弛深度、围岩波速衰减情况，以及松弛岩体随时间的变化过程，以此客观评价围岩质量、开挖卸荷松弛圈范围，同时以此作为指导基础灌浆设计的直接依据。在洞室岩体存在软弱夹层、岩溶等特殊地质体时，可以采用探地雷达法进行探测，查明不良地质体位置、规模等，为后期处理提供依据。

岩体质量检测的主要方法有：

(1) 弹性波测试。一般采用单孔声波、跨孔声波测试，必要时可采用地震波对穿法、地震波折射法。

(2) 全孔壁数字图像测试，也可用钻孔电视法。

(3) 必要时还可采用探地雷达法等。

各检测方法在围岩质量检测中各有其特点和用途，详见4.1.1节中的内容，在围岩质量检测中应根据情况采用多种方法开展综合应用。

3. 衬砌支护工程质量检测

在水电工程建设中，地下厂房、引水隧洞、导流洞等要采取混凝土衬砌或者钢衬支护，以保证洞身的稳定性和安全性。根据施工部位、用途、地质条件等不同情况，其混凝土衬砌的类型也不尽相同，大体可分为喷射混凝土支护、素混凝土衬砌、钢筋混凝土衬砌、其他类型混凝土衬砌。由于多种原因，支护工程可能存在一些缺陷，如衬砌开裂、渗漏，衬砌混凝土厚度不够，强度不够，衬砌后部脱空、回填不密实、钢筋网、格栅拱错断变形等质量问题；钢衬支护的缺陷主要表现在与混凝土之间的脱空。

结合水电工程建设中混凝土衬砌施工存在的质量问题、衬砌混凝土有关的结构、材料及其地球物理特征，混凝土衬砌质量检测的内容主要为：①钢筋保护层厚度、钢筋、钢支撑的位置和数量；②衬砌厚度、脱空情况、衬砌缺陷、衬砌强度；③喷射混凝土厚度、空洞。通过以上检测为混凝土衬砌的工程质量控制、质量验收及缺陷处理提供依据。

混凝土衬砌检测方法众多，为保证对混凝土衬砌不产生破坏，常用的无损检测技术有：探地雷达法、超声横波成像法、声波反射法、超声回弹法、脉冲回波法等[21]。钢筋保护层厚度可用探地雷达法、超声横波成像法、声波反射法和钢筋保护层检测仪检测；当衬砌配筋较少时，可采用探地雷达法检测衬砌厚度、脱空、内部缺陷[22-24]；当衬砌配筋较密时，可选用超声横波成像法、声波反射法、脉冲回波法或瑞雷波法检测衬砌厚度、脱空、内部缺陷；衬砌强度可以采用回弹法、声波法、超声回弹法综合进行检测。

钢衬脱空主要采用冲击回波法、锤击法以及部分钻孔法进行综合应用。

4.4.2 工程实例

1. 隧洞综合超前预报

某工程隧洞全长 7.37km，位于贵州省黔南州，地处苗岭山脉的腹部，最大埋深 470m。地层岩性为志留系中统翁项组（S_{wx}）的灰绿色、黄绿色黏土质页岩夹钙质粉砂岩、泥质灰岩，地层产状为 125°∠15°，以及奥陶系下统桐梓组红花园组（O_{lt+h}）的中厚层状夹薄层状白云岩，地层产状为 245°∠25°。隧洞进口发育硝洞 1 号正断层，与隧洞呈 65°左右斜交，倾角 80°～90°，断层上盘为砂页岩地层，下盘为灰岩地层，断层破碎带宽 5～10m，断层带内岩体破碎，且可能顺断层带沿可溶岩一侧发育溶洞，施工中可能发生大规模的涌水、涌泥情况。地下水类型主要为第四系孔隙潜水、碳酸盐岩岩溶水及基岩裂隙水。

（1）宏观预报。隧洞为长大隧洞，区域跨度较大，地质情况复杂，为一级高风险隧洞，隧洞主要不良地质体为岩溶、断层破碎带，施工中可能发生大规模的涌水、涌泥情况，尤其是 1 号正断层带附近，可能顺断层带沿可溶岩一侧发育溶洞。

（2）中长距离预报。为确定该断层的具体桩号和评估该断层对隧洞开挖的影响程度，预报项目部分别在 DK10＋699 掌子面和 DK10＋765 开展了两次 TSP 预报及在 DK10＋657 掌子面开展瞬变电磁预报。

1）TSP 预报结论：在 DK10＋770～DK10＋834 段围岩的纵波波速、密度较低；泊松比 σ 较高，解释为硝洞 1 号正断层及断层影响带，岩溶发育、岩体溶蚀破碎，含水量较丰富。图 4.4－2 为 DK10＋765 掌子面 TSP 岩石物理力学参数显示结果及成果分析图。

2）瞬变电磁预报结论：DK10＋765～DK10＋817 段存在一低阻异常体，解释为硝洞 1 号断层及断层影响带，其中 DK10＋767～DK10＋792 段低阻异常明显，推测该段存在涌水涌泥的可能性。图 4.4－3 是 DK10＋767 掌子面瞬变电磁预报成果。

（3）短距离预报。

1）探地雷达法预报。为了进一步探明掌子面前方硝洞 1 号正断层的不良地质体情况，预报项目部在 DK10＋765 掌子面上布置了 5 条雷达测线进行探测（图 4.4－4），探测结果见图 4.4－5～图 4.4－9，图 4.4－10 为该对应地表位置发生塌陷的照片。从雷达色谱图可知：掌子面前方雷达信号同相轴不连续，反射能量分布不均匀且局部，说明掌子面前方岩体均匀性差，在强反射区域发育岩溶空腔并富水的可能性较大。

2）红外探水预报。为探明掌子面前方的富水情况，在掌子面上布置 4 条测线

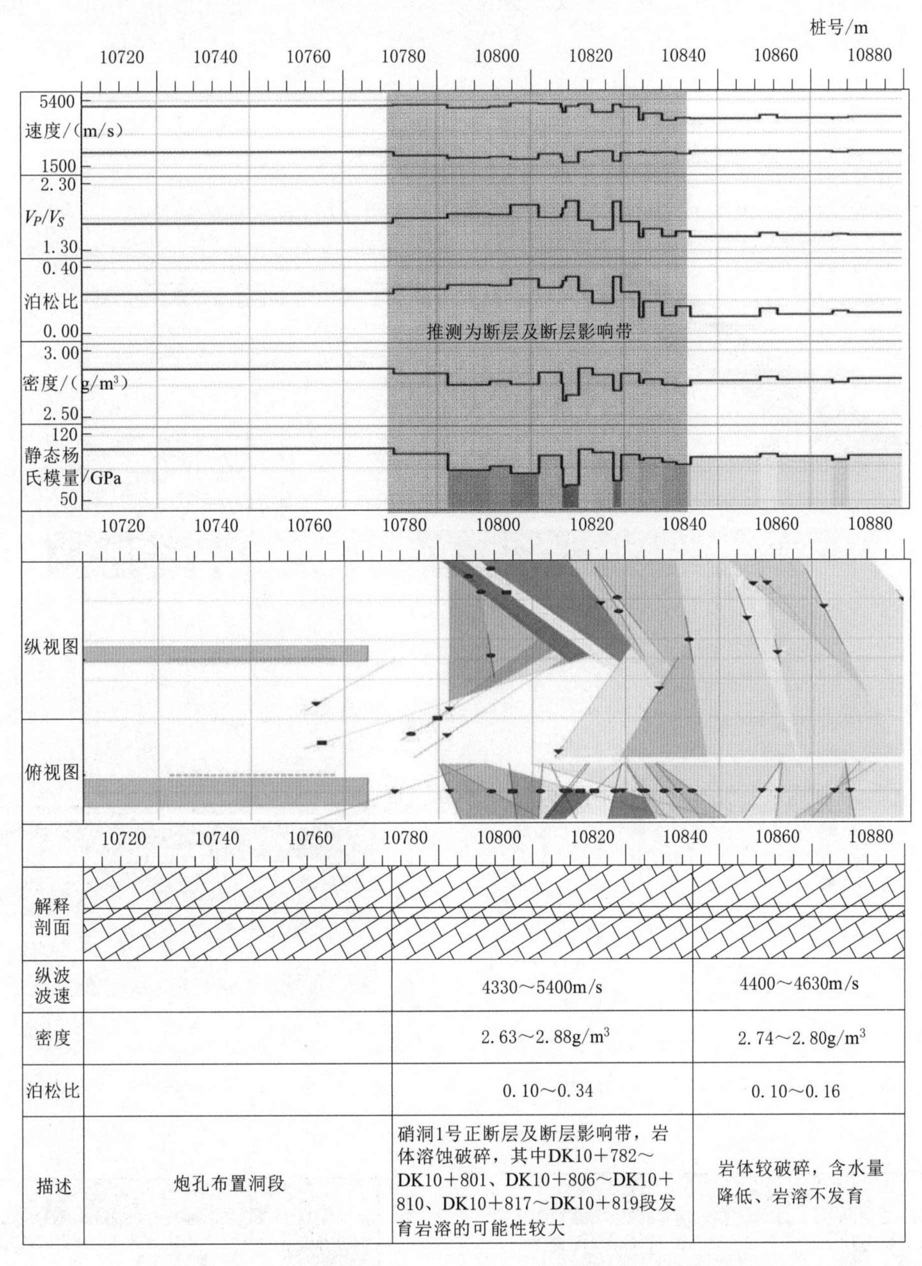

图 4.4-2　DK10+765 掌子面 TSP 岩石物理力学参数显示结果及成果分析图

(图 4.4-11)(每条测线上均匀布置 5 个测点，从左至右、从上到下）进行红外线测试，探测结果如下：①由掌子面上 20 个测点的红外辐射场强数值（表 4.4-1）可知其最小值为 335μW/cm²，最大值为 345μW/cm²，差值为 10μW/cm²，达到了允许的最小安全值 10μW/cm²；②根据现场所测左边墙脚、左边墙、拱顶、右边墙、右边墙脚的辐射场强值（从掌子面往已开挖段每隔 5m 布置 1 个测点）绘制曲线（图 4.4-12），从图中可以看出：往掌子面方向，靠近掌子面附近红外辐射场强值曲线呈上升趋势。

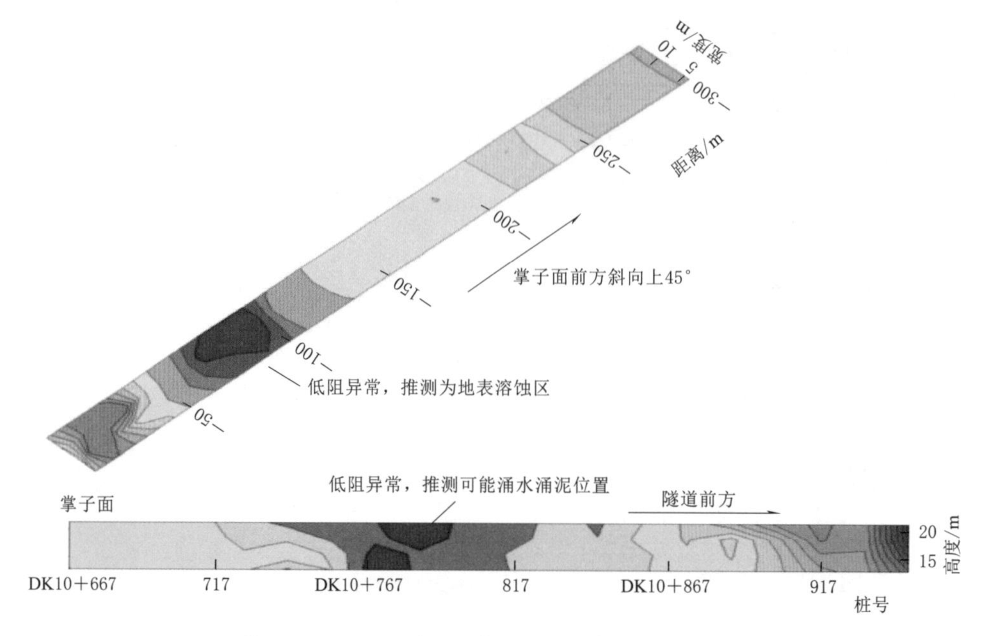

图 4.4-3 DK10+767 掌子面瞬变电磁预报成果图

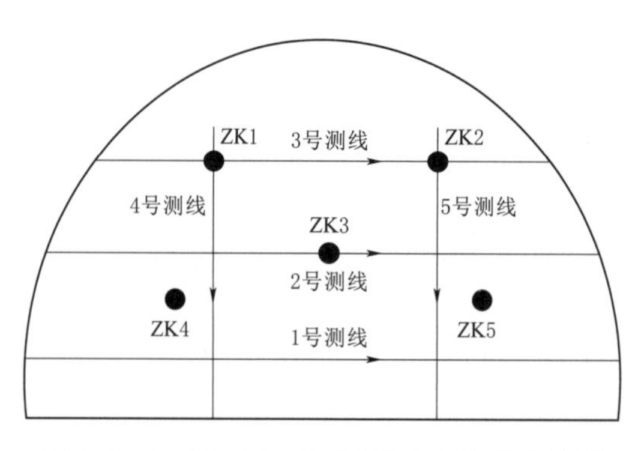

图 4.4-4 DK10+765 掌子面雷达测线布置图

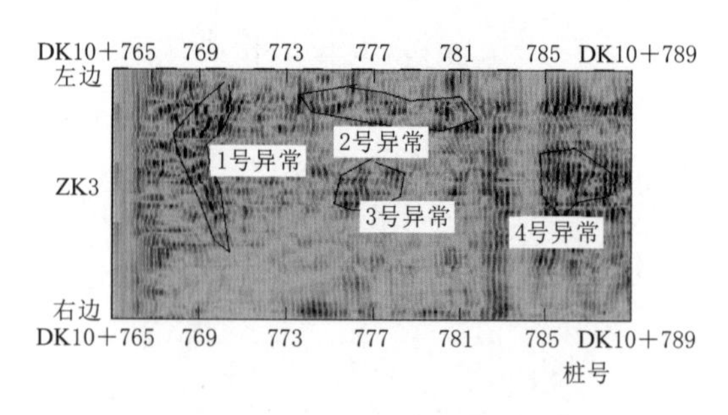

图 4.4-5 1 号雷达测线成果图

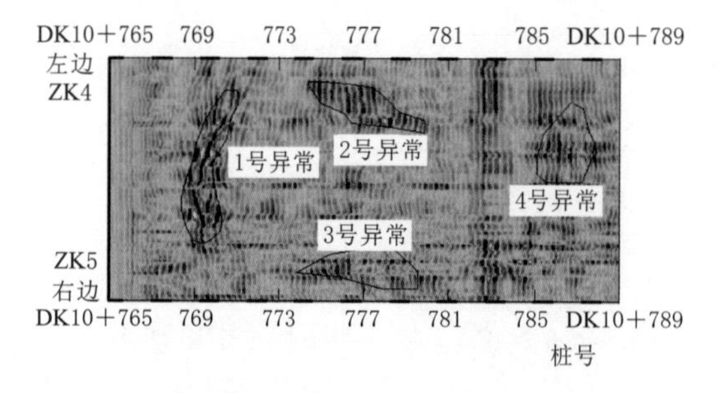

图 4.4-6 2 号雷达测线成果图

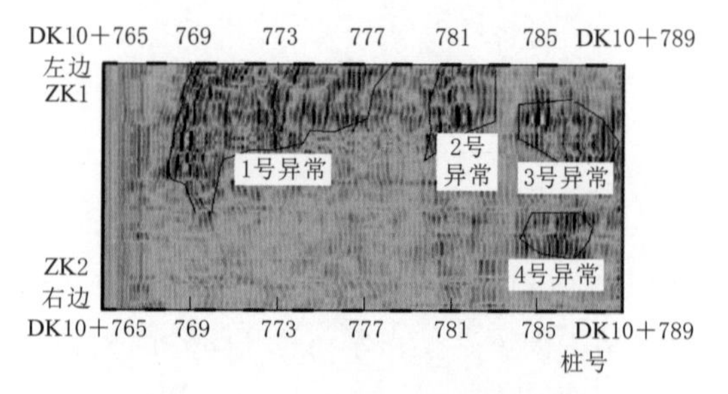

图 4.4-7 3 号雷达测线成果图

根据上述两种方法判别情况，结合已开挖揭示的围岩情况及探地雷达预报结果，可以判定 DK10+765～DK10+789 段存在一定规模的含水体。

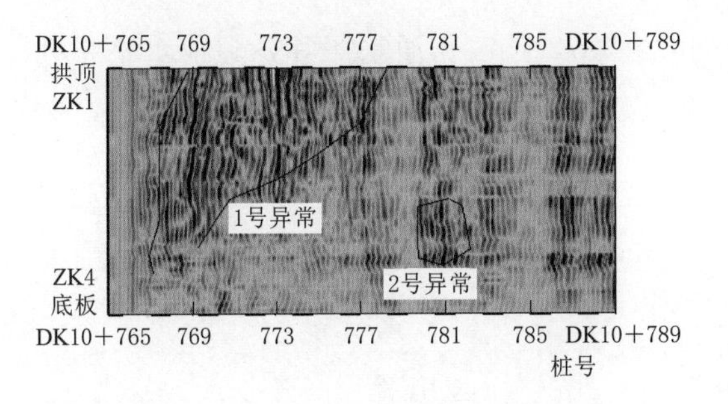

图 4.4-8　4号雷达测线成果图

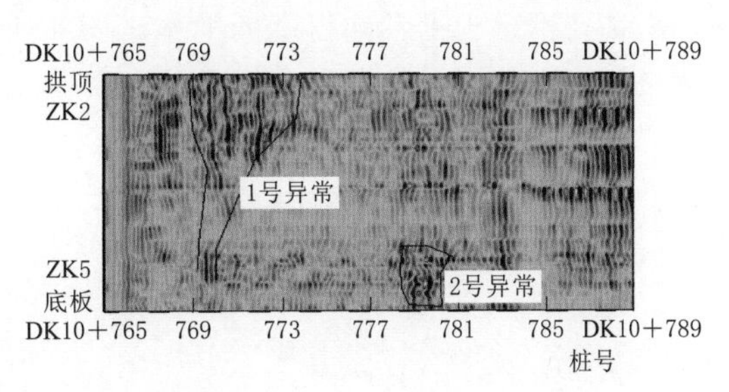

图 4.4-9　5号雷达测线成果图

图 4.4-10　地表坍塌情况

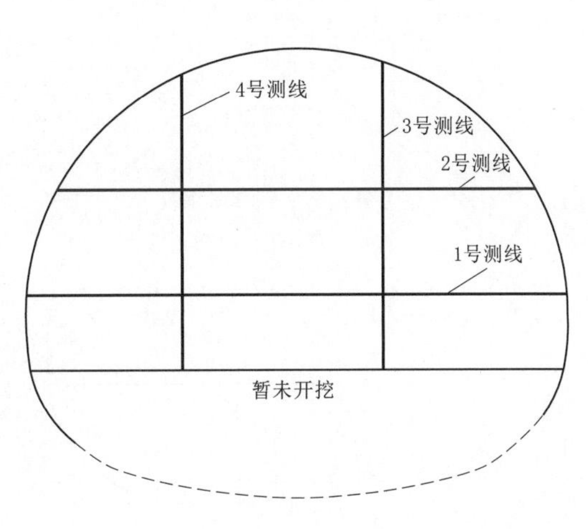

图 4.4-11　DK10+765 掌子面红外线探测测线布置图

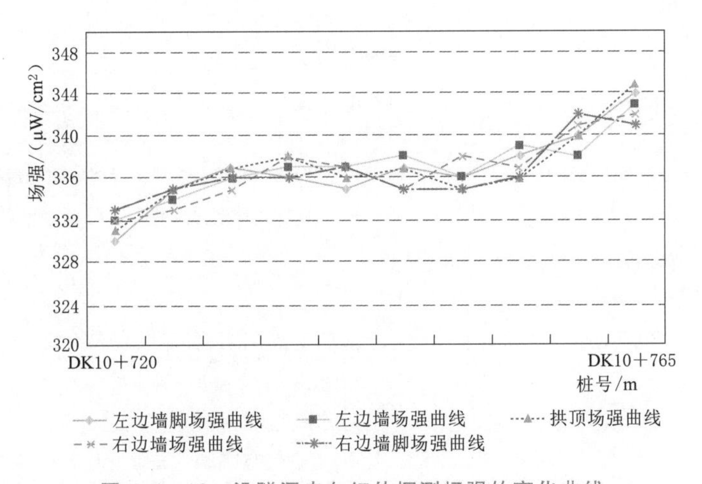

图 4.4-12　沿隧洞走向红外探测场强的变化曲线

3）特殊方法预报。本次特殊方法预报采取的主要方法为加深炮孔和超前水平钻探。施工单位在 DK10+765 掌子面施工加深炮孔过程中出现承压水流出，水呈黄色泥浆水，水流持续时间长，且未有减弱的趋势。为了进一步探明掌子面前方地质情况及形态，确保施工安全，随后在掌子面上布置了7个超前水平钻孔，钻孔布置图见 4.4-13。5个超前水平钻孔都出现了不同程度的涌水，图 4.4-14 为 ZK2 号钻孔涌水照片，超前水平钻孔成果详见表 4.4-2。

表 4.4-1　　掌子面红外探测辐射场强记录表　　单位：$\mu W/cm^2$

测点号 / 测线号	1 号测点	2 号测点	3 号测点	4 号测点	5 号测点
1 号测线	336	336	335	338	335
2 号测线	338	339	336	337	336
3 号测线	340	338	340	341	342
4 号测线	344	343	345	342	341

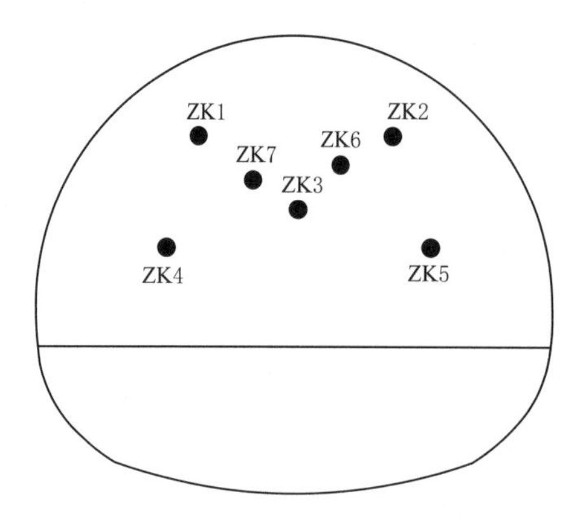

图 4.4-13　DK10+765 掌子面超前水平钻孔布置图

图 4.4-14　ZK2 号钻孔涌水照片

表 4.4-2　　DK10+765～DK10+795 段超前水平钻孔成果表

钻孔编号	终孔深度/m	钻孔位置	钻进成果		
			深度/m	地层岩性	成果
ZK1	30	距左边墙 2m，距拱顶 2m	0～3.5	灰黑色中至厚层白云质灰岩	岩体较完整，无明显异常，钻进速度较平稳
			3.5～22		钻进速度缓慢，孔口返水明显增大，水略浑浊呈浅黄色。钻进至 4.5m 时水量变化较大，返水量达 10～15L/s，水呈黄色伴随泥沙。进尺至 8m 时有卡钻现象，溶蚀裂隙发育
			22～28		有溶蚀成宽缝或溶洞，未听见冲击器声响，速度较快，钻杆不时突进前方溶腔，非正常钻进，钻杆全部取出时水呈自流状态
ZK2	30	距右边墙 2m，距拱顶 2m	0～2.5	灰黑色中至厚层白云质灰岩	岩体相对完整，钻进中无异常，钻进速度较平稳
			2.5～11		2.5m 左右遇含水层，孔口返水突然增大，水呈灰黄色含泥沙。水量 10L/s 左右，钻进速度缓慢，该孔出水后，先钻的 ZK1 号孔出水量有明显减小
			11～30		返出半流体状泥浆，初步分析该洞段发育一定规模溶洞，终孔后当钻杆全部取出时，水呈自流状态，水量约 20L/s

续表

钻孔编号	终孔深度/m	钻孔位置	钻进成果		
			深度/m	地层岩性	成果
ZK3	30	掌子面正中部	0～4.5	灰黑色中至厚层白云质灰岩	岩体较完整，无明显异常，钻进速度较平稳
			4.5～30		钻进至4.5m时遇岩溶水，从钻杆周边喷出，水呈黄色伴随泥浆及泥沙。水量20L/s左右，钻进速度缓慢，钻进中忽快忽慢，推测此段溶蚀严重，局部溶蚀成宽缝。此外先钻的ZK2号孔水量明显减小
ZK4	30	距左边墙2m，距隧洞底部2m	0～11	灰黑色中至厚层白云质灰岩	岩体较完整，无明显异常，钻进速度较平稳
			11～13		钻杆进尺突然变快，推测为间隙性空腔。钻进至20m左右返出半流体状泥浆，进尺缓慢，有卡钻现象。ZK4号孔经隔日观察出水浑浊度略有减轻，水量无变化
ZK5	30	距右边墙2m，距隧洞底部2m	0～8	灰黑色中至厚层白云质灰岩	岩体较完整，无明显异常，钻进速度较平稳
			8～30		8～30段为灰黑色中至厚层白云质灰岩。其中当钻进至15m后左右遇岩溶水，孔口返水突然增大，水量18L/s左右，水呈灰黄色含泥沙。进尺缓慢，破碎带内富水

(4) 预报结论。综合上述各类预报成果，可以得到如下预报结论：

1) 预报洞段岩性为灰黑色中至厚层白云质灰岩，其中在DK10+768～DK10+795段为硝洞1号断层及断层影响带（该影响带将继续向前延伸），发育有管道型溶洞及溶蚀破碎带，以黏土充填为主，夹少量碎石，岩溶水较发育。隧洞开挖过程中，该管道（破碎带）在水平方向上将在隧洞右边墙先揭露、垂直方向上将在隧洞顶板先揭露。隧洞横向岩溶管道（破碎带）贯穿于整个隧洞，纵向推测大于6m，岩溶分布平剖面、横断面图见图4.4-15。

2) 沿断层影响带发育的管道型溶洞及溶蚀破碎带对隧洞施工安全有一定影响，建议根据预报成果进行必要的处理后方能进行隧洞开挖掘进。

通过打设管棚、注浆处理后，开挖至预报的不良地质洞段时，溶蚀破碎带已基本被注浆填实，从浆液充填情况看，实际的溶蚀管道与隧洞超前预报结论吻合。

2. 坝肩抗力体置换洞岩体质量检测

某水电站大坝为300m级的特高拱坝，不仅对坝基的要求较高，对拱座的基础要求也较高。该水电站坝肩抗力岩体地下洞井塞加固处理是根据前期地质勘探资料和拱座抗滑稳定、变形稳定及模型实验等成果，对两岸坝肩抗力体加固处理，在施工过程中依照开挖所揭示的实际地质情况对实施方案进行及时跟踪优化。

抗力体地段岩体风化以表层均匀风化为主，在断层带、节理密集带、蚀变带和较厚的云母片岩夹层分布部位常出现局部囊状风化和夹层风化现象。风化层厚度主要受岩性、构造和地形控制。片岩抗风化能力较弱，角闪斜长片麻岩次之，黑云花岗片麻岩抗风化能力最强；地形凸出的山脊部位的风化厚度大，冲沟地段的风化层相对较薄，在山坡顶部和角闪斜长片麻岩分布地段的地形较平缓部位利于风化物质的残留，其风化厚度一般较大，常出现较厚的全风化层。两岸山坡岩体卸荷作用强烈，卸荷裂隙发育。抗力岩体部位分布有

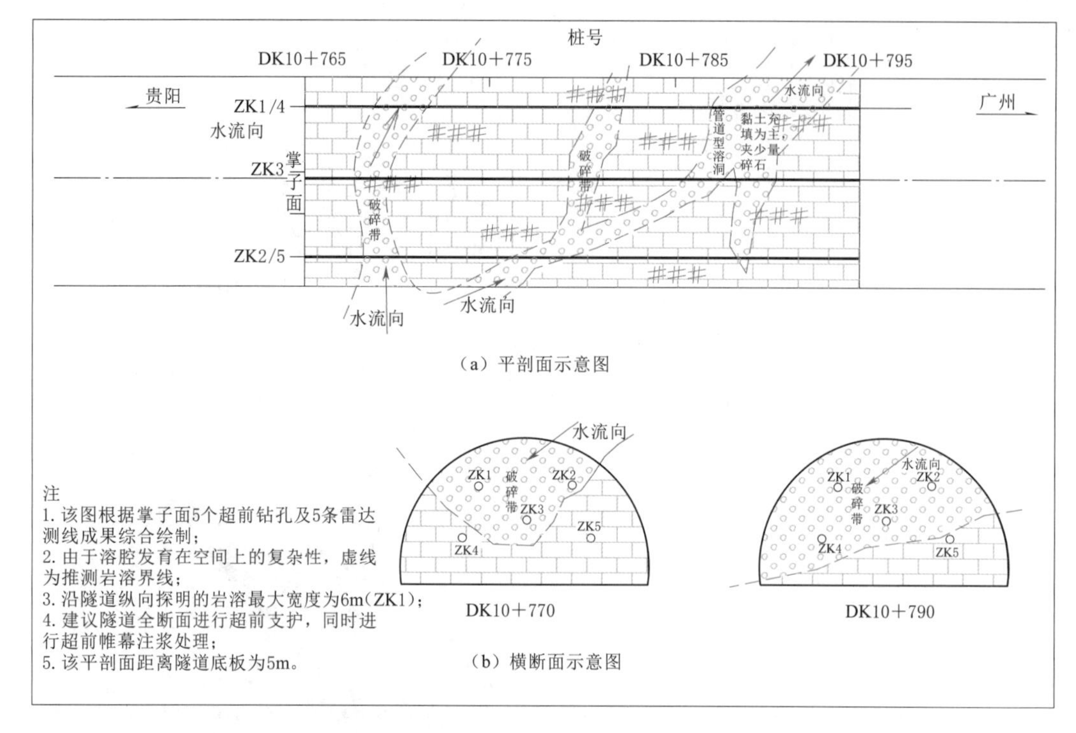

图 4.4-15　DK10+768～DK10+795 段岩溶分布平剖面、横断面图

5 条相对较大的蚀变带。

抗力体加固处理平面范围为：以坝基上游角点切向延伸，下游角点外延 10m 后再按 30°角扩散延伸至 2 倍拱端基宽深度，形成下游侧分别以左岸 F_{11}、右岸 F_{10} 位置为界限的核心处理区域；高程范围为：右岸在 1225～1010m 之间，左岸在 1235～1145m 之间。

图 4.4-16　水电站拱坝抗力体位置示意图

拱座加固处理以对断层、蚀变带等软弱岩带进行混凝土置换为主，并辅以高压固结灌浆对断层、蚀变带、结构面及开挖爆破松弛岩体进行加强和恢复，结合拱座锚固、排水加强及坝后地形缺失回补，形成综合加固处理实施方案，提高拱座岩体刚度和整体性。水电站拱坝抗力体位置见图 4.4-16，相应地质构造情况见图 4.4-17。

在坝肩抗力体加固处理中对置换洞爆破开挖后进行了声波检测，其目的是根据波速分布规律，判断拱座抗力岩体的质量、爆破对置换洞围岩的影响深度及开挖后围岩的卸荷松弛情况，以便及时跟踪不

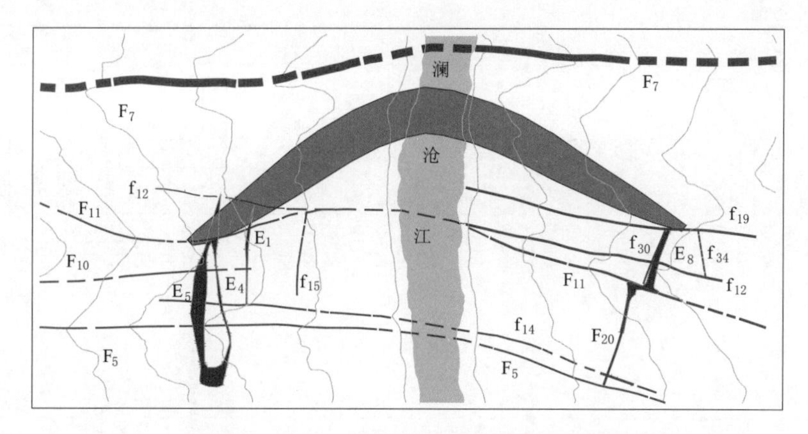

图 4.4-17 拱坝抗力体地质构造示意图

良地质体，并为混凝土衬砌和回填灌浆施工处理提供依据。

坝肩抗力体置换洞断面尺寸在 5m×5m～10m×10m 之间，各置换洞声波检测以断面为抽检单元，每条置换洞间隔 20m 左右布置 1 个检测断面，每个断面设 8 个声波检测孔；沿置换洞桩号增加方向左、右壁边墙各布置一组 3 个水平孔，呈三角形分布，底板一组 2 个铅直孔；声波检测孔孔深为 10m，孔距为 3～5m，均进行爆后单孔和跨孔测试（图 4.4-18)。

（1）为综合评价左、右岸坝肩抗力体置换洞爆破开挖后围岩质量，将各层置换洞围岩松弛圈平均深度及平均声波速度分布状况绘制成图（图 4.4-19 和图 4.4-20)。根据置换洞检测断面的声波测试统计结果，分析左、右岸坝肩抗力体置换洞围岩松弛深度概率分布及密度峰值，围岩爆破影响及卸荷松弛深度绝大部分在 1.5m 以内，在 1.5～2m 之间所占比例较小，大于 2m 的仅右岸有零星分布，概率密度集中分布在 0.7～1.5m 之间，置换洞开挖质量基本满足施工技术要求。

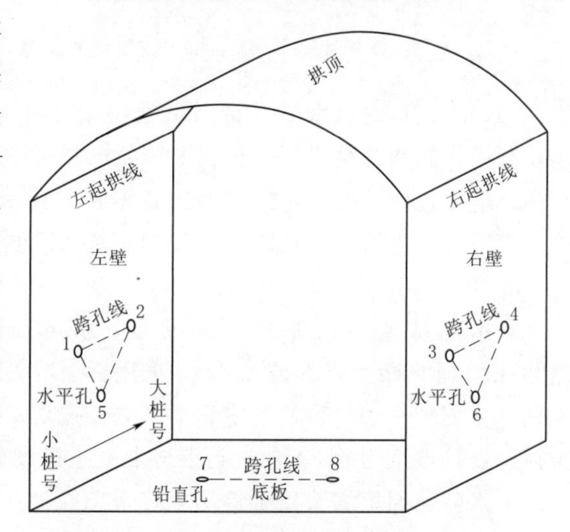

图 4.4-18 坝肩抗力体置换洞检测断面声波测试孔位布置图

（2）为综合评价左、右岸坝肩抗力体置换洞围岩质量，按高程统计并绘制了坝肩抗力体置换洞开挖后围岩单孔声波速度及沿孔深的概率分布图（图 4.4-21 和图 4.4-22)。根据置换洞检测断面的声波测试统计结果，分析左、右岸坝肩抗力体各高程置换洞在 10m 检测范围之内，围岩声波平均速度 V_P≥5000m/s 所占比例平均为 70.17%，随孔深呈递增趋势；在 4750～5000m/s 之间所占比例为 8.36%，在 4500～4750m/s 之间所占比例为 5.56%，在 4250～4500m/s 之间所占比例为 3.58%，在 4000～4250m/s 之间所占比例为 3.64%；V_P<4000m/s 所占比例为 8.70%，随孔深呈递减趋势。

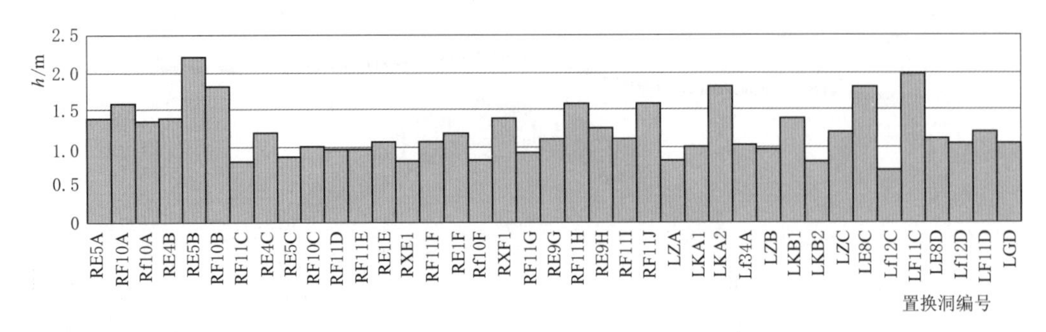

图 4.4-19　坝肩抗力体置换洞围岩松弛圈平均深度 h 分布图

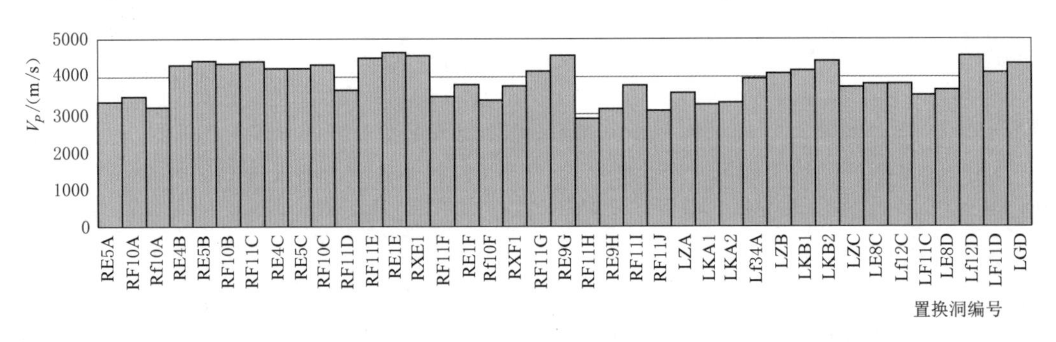

图 4.4-20　坝肩抗力体置换洞围岩松弛圈平均声波速度 V_P 分布图

(3) 小结。对该水电站特高拱坝拱座（抗力体）系统地开展了围岩质量声波测试工作，利用声波测试结果，分析判断围岩的松弛圈范围，给出了围岩声波波速的分布，并针对高地应力地区的特点，探讨利用岩体波速衰减特征确定卸荷松弛深度的方法，为综合评价围岩质量、进行地质缺陷动态处理、基础灌浆设计等提供了基础依据。

3. 引水隧洞衬砌质量检测

某水电站开发任务主要为发电，水电站装机容量 240MW，有压引水隧洞总长 21797m，圆形断面，直径 6.2m，采用钢筋混凝土衬砌。混凝土衬砌厚度根据围岩类别的不同，分三种衬砌类型，其中Ⅲ类围岩洞段混凝土衬砌设计厚度为 0.3m，Ⅳ类围岩混凝土衬砌设计厚度为 0.5m，Ⅴ类围岩混凝土衬砌设计厚度为 0.6m。

引水隧洞回填灌浆质量检测主要采用探地雷达进行现场测试，检测位置主要分布在隧洞塌方段和变形洞段，对回填灌浆后的脱空情况进行了普查，并在普查中对发现脱空异常的位置进行复灌处理及复检。

在探地雷达检测过程中，结合现场洞内情况，采用施工台车或装载机托举测试人员手持天线贴壁移动的方式开展现场测试工作。在引水隧洞上拱部，测线沿洞轴线方向分别于顶拱和左、右拱角位置各布置 1 条测线，共 3 条测线，测线布置详见图 4.4-23。

该水电站引水隧洞混凝土衬砌浇筑完成 1 年左右，局部位置上拱部存在塌方。图 4.4-24 (a) 为普查时顶拱测线发现脱空异常的探地雷达成果图，从图中可见，脱空异常区埋深为 0.3～0.5m，沿测线方向的宽度约为 4.0m；图 4.4-24 (c) 为此脱空区的开孔验证照片，从中可见混凝土衬砌与围岩间存在明显的空腔；图 4.4-24 (b) 为此脱空区经过

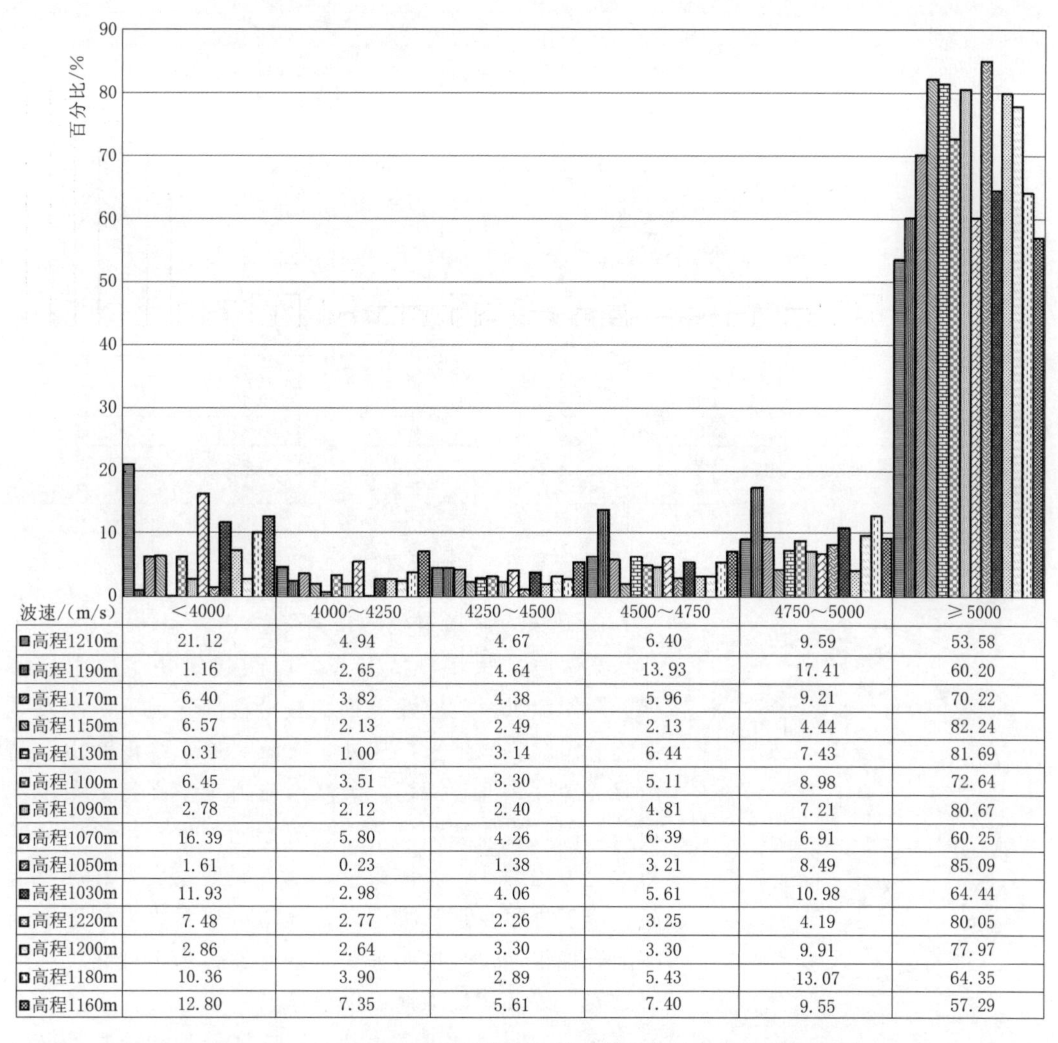

波速/(m/s)	<4000	4000~4250	4250~4500	4500~4750	4750~5000	≥5000
高程1210m	21.12	4.94	4.67	6.40	9.59	53.58
高程1190m	1.16	2.65	4.64	13.93	17.41	60.20
高程1170m	6.40	3.82	4.38	5.96	9.21	70.22
高程1150m	6.57	2.13	2.49	2.13	4.44	82.24
高程1130m	0.31	1.00	3.14	6.44	7.43	81.69
高程1100m	6.45	3.51	3.30	5.11	8.98	72.64
高程1090m	2.78	2.12	2.40	4.81	7.21	80.67
高程1070m	16.39	5.80	4.26	6.39	6.91	60.25
高程1050m	1.61	0.23	1.38	3.21	8.49	85.09
高程1030m	11.93	2.98	4.06	5.61	10.98	64.44
高程1220m	7.48	2.77	2.26	3.25	4.19	80.05
高程1200m	2.86	2.64	3.30	3.30	9.91	77.97
高程1180m	10.36	3.90	2.89	5.43	13.07	64.35
高程1160m	12.80	7.35	5.61	7.40	9.55	57.29

图4.4-21　坝肩抗力体置换洞开挖后围岩声波速度概率分布图

复灌处理后的探地雷达成果图，从图中脱空区的雷达波反射明显减弱，交界面未见异常强反射，表明此脱空区经复灌处理后，混凝土衬砌与围岩之间由脱空变为接触紧密，灌浆效果明显。

压力钢管背后浇筑混凝土与围岩间回填灌浆质量检测主要采用超声横波层析成像进行现场测试。在压力管道上拱部，测线沿洞轴线方向分别于顶拱和左、右拱角位置各布置1条测线，共3条测线，测线布置详见图4.4-25。

超声横波三维成像资料处理较为简单便捷，主要处理步骤为：导入数据→生成三维图像→色谱调整→三维看图并截取各角度或各方位图像→回填灌浆缺陷识别。

该水电站压力钢管混凝土浇筑2个月左右完成、回填灌浆1个月左右完成，局部位置上拱部存在超挖。图4.4-26为压力钢管脱空层析成像检测成果，图像左侧中部可见两处脱空，脱空异常区埋深为0.6~0.7m，沿测线方向的宽度约1.5m和0.7m；图像左侧顶部竖向强反射区为预埋空心灌浆管。后期经开孔验证，与检测结论相符。

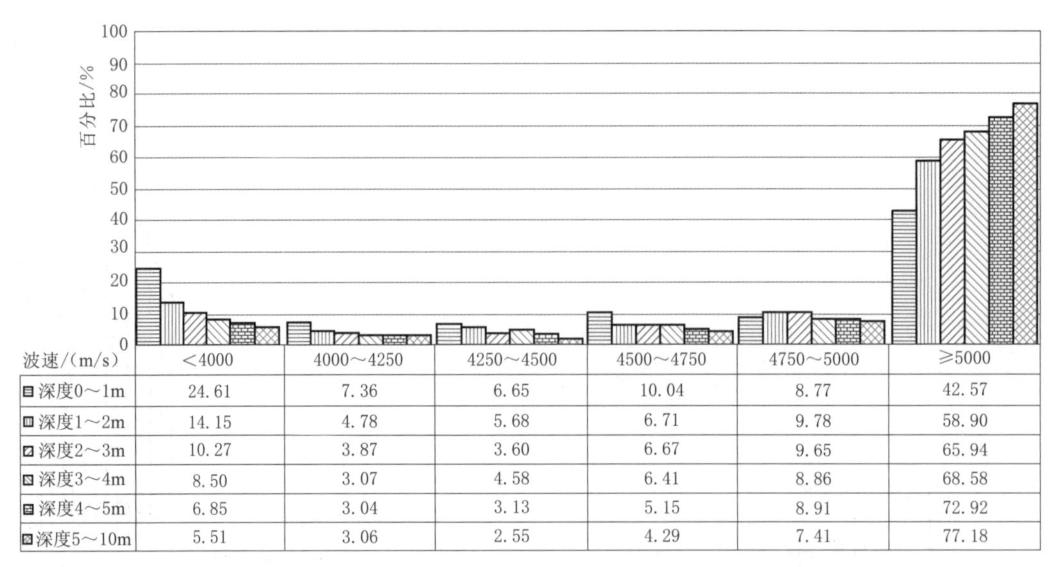

波速/(m/s)	<4000	4000～4250	4250～4500	4500～4750	4750～5000	≥5000
深度0～1m	24.61	7.36	6.65	10.04	8.77	42.57
深度1～2m	14.15	4.78	5.68	6.71	9.78	58.90
深度2～3m	10.27	3.87	3.60	6.67	9.65	65.94
深度3～4m	8.50	3.07	4.58	6.41	8.86	68.58
深度4～5m	6.85	3.04	3.13	5.15	8.91	72.92
深度5～10m	5.51	3.06	2.55	4.29	7.41	77.18

图 4.4-22　坝肩抗力体置换洞开挖后围岩声波速度沿孔深概率分布图

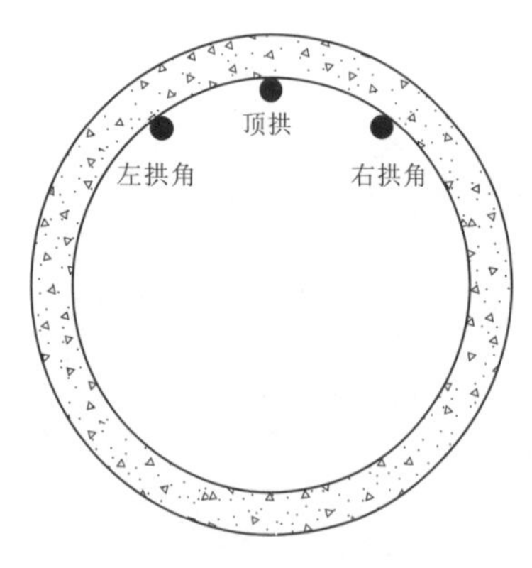

图 4.4-23　混凝土衬砌探地雷达测线布置示意图

4. 地下厂房围岩稳定性微震监测

某水电站采用坝式开发，枢纽建筑物主要由拦河坝、两岸泄洪及放空建筑物、右岸首部式地下引水发电系统等组成。该地下厂房处于青藏高原东缘横断山系高山峡谷地区，河谷深切，天然地应力水平高且分布很不均匀，同时岩体结构复杂，软弱结构面发育，岩体强度与地应力比偏低，岩体质量、施工周期及安全标准要求高，施工程序复杂、难度大，迫切需要解决大型地下洞室围岩稳定性及其控制等一系列问题，为工程建设和运行的安全以及建设工期提供保障。

研究表明，微震活动是地下洞室开挖卸荷失稳破坏的前兆，微震活动规律可识别和圈定地下洞室潜在失稳

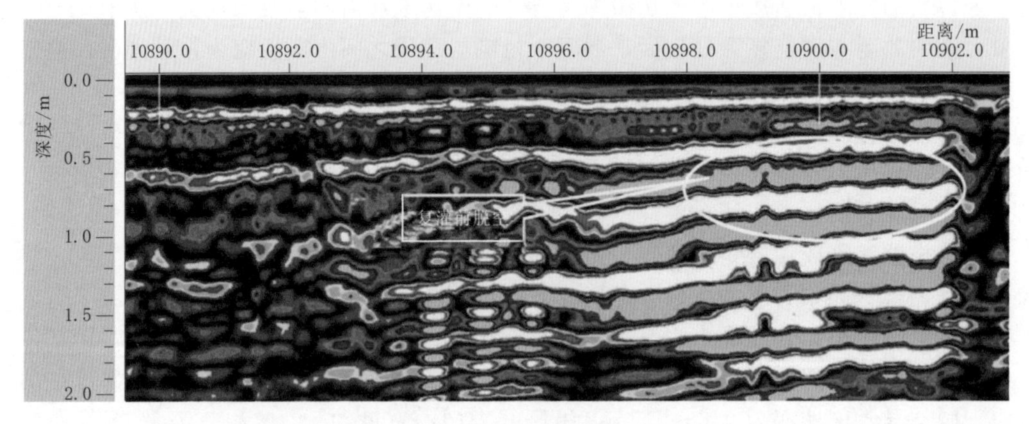

(a) 回填灌浆前

图 4.4-24（一）　回填灌浆前、后探地雷达检测成果图及开孔验证照片

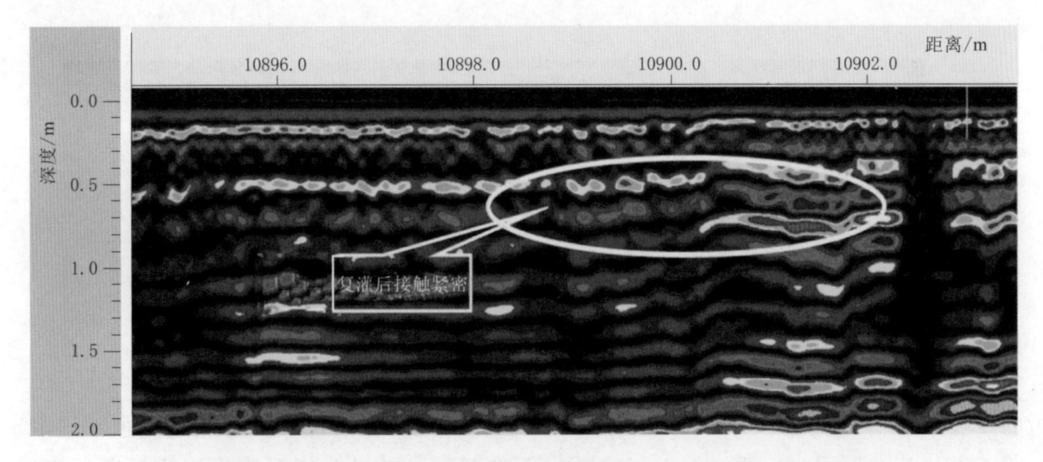

（b）回填灌浆后

（c）开孔验证照片

图 4.4-24（二）　回填灌浆前、后探地雷达检测成果图及开孔验证照片

区域。基于这一学术思想，引入微震监测技术实时分析地下洞室失稳破坏前的微震活动特征，构建地下洞室群典型断面模型来开展针对性研究，通过大规模的科学计算，解读地下洞室群开挖过程中背景应力场、位移变化与微震活动的联系，结合现场踏勘、施工动态、地质构造以及常规监测，紧密围绕该水电站地下洞室群深埋高地应力条件下开挖强卸荷特征，全方位、多角度分析研究地下洞室开挖过程中微震活动演化机理。研究结果不仅可以揭示地下洞室围岩失稳的本质，而且还为同类大型地下洞室开挖失稳研究提供新的思路；同时，对于现场施工安全以及施工方案、支护措施的选取，具有非常重要的指导意义。

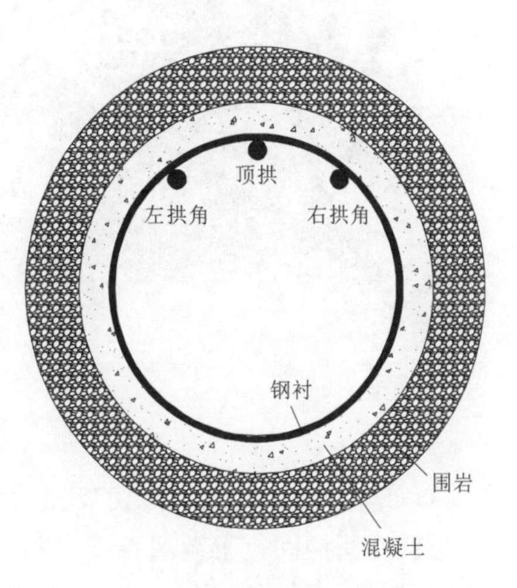

图 4.4-25　压力钢管回填灌浆质量超声横波三维成像测线布置示意图

（1）主厂房下游边墙微震活动特征。图 4.4-27 为地下厂房下游边墙岩石微震事件空间分布。从图 4.4-27 可以看出，地下厂房下游

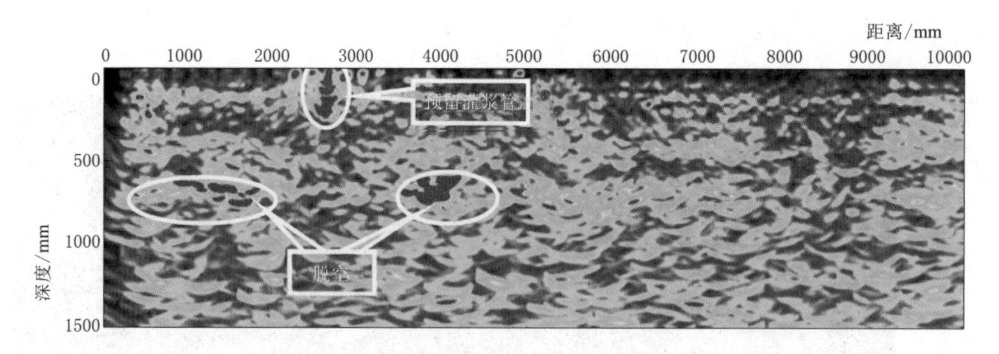

图 4.4-26　压力钢管脱空层析成像检测成果图

边墙微震事件主要聚集于2号~4号母线洞之间，并且自主厂房底部到尾调室顶部形成明显的条带状分布，同时地质资料显示该部位存在断层及节理，表明围岩损伤受断层影响。在主厂房与主变室之间的围岩体中，靠近主变室部位微震事件集中尤为明显，高程在1675~1720m之间；该部位是母线洞大断面与主变室交叉面，洞室开挖以后，形成较多临空面，岩体卸荷严重，诱发岩石微破裂，导致岩体损伤不断加剧。地质资料显示，该处发育有断层 f_{1-1-3} 以及 f_{m1}、f_{m2}、f_{m3}、f_{m4}、f_{m5} 等多个次级断层，这些软弱结构面相互交汇，控制了岩石微破裂的萌生和扩展，表明该区域围岩损伤具有爆破开挖诱发和断层控制的特征。

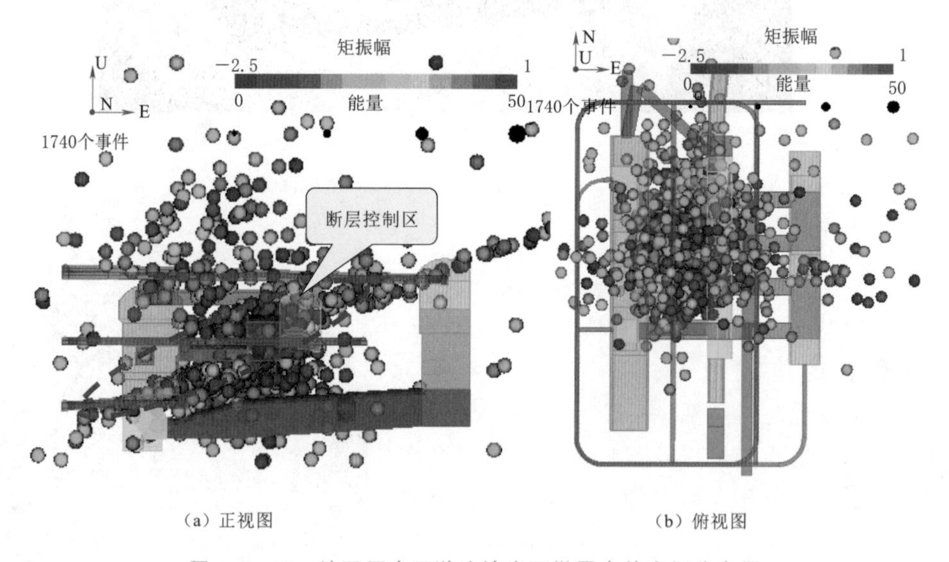

(a) 正视图　　(b) 俯视图

图 4.4-27　地下厂房下游边墙岩石微震事件空间分布图

(2) 地下厂房开挖卸荷诱发微震活动特征。在2013年11月至2014年3月主厂房Ⅴ~Ⅸ层开挖期间，下游边墙2号与3号母线洞之间由于发育多个断层，相互交汇控制了下游边墙微震事件的聚集演化，形成条带状分布倾向主厂房下游侧，与断层走向基本一致，见图4.4-28。该区域微震事件活动受断层控制影响，聚集显著且震级高、能量大，是微震活动揭示的重点损伤区域。图4.4-29(a)给出了微震事件的密度云图，清晰地识别和圈定了围岩的损伤位置，与微震事件空间分布大致相同，微震聚集区引起的2号母线洞衬砌混凝土裂缝见图 4.4-29（b）。

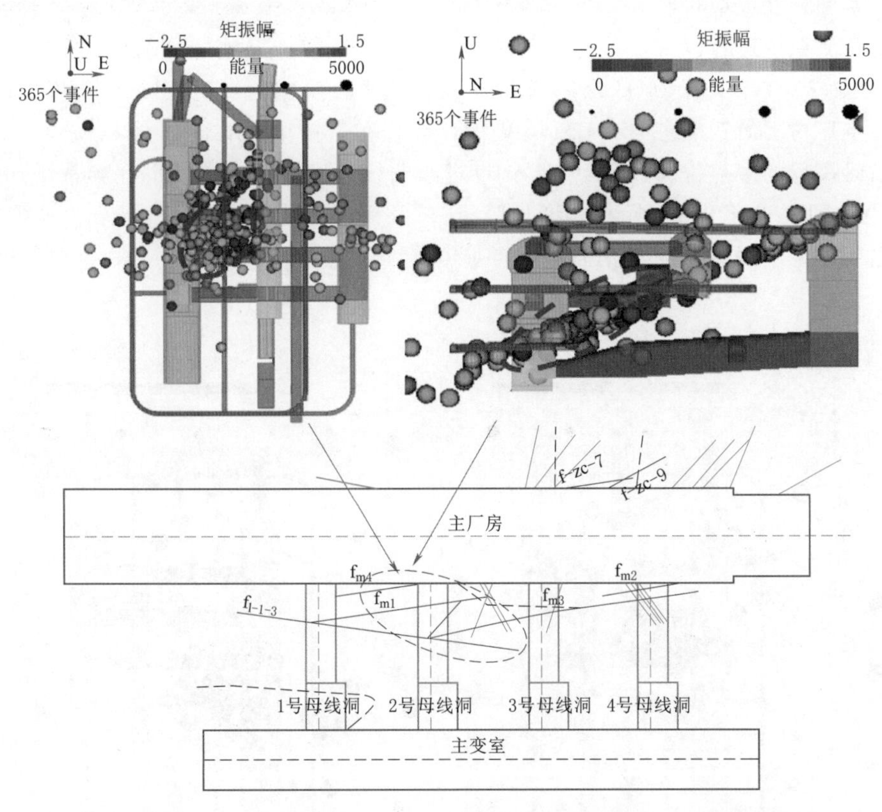

图 4.4-28　主厂房开挖诱发下游边墙微震事件空间分布与地质构造对比

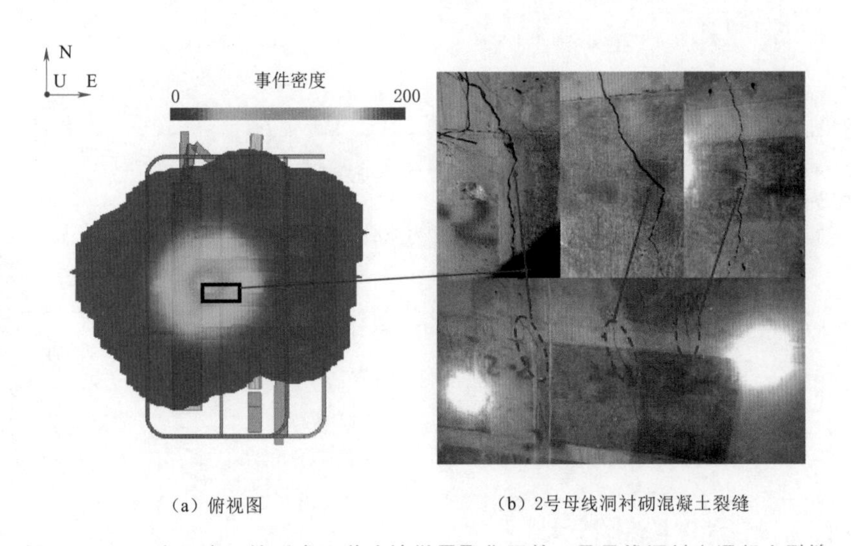

（a）俯视图　（b）2号母线洞衬砌混凝土裂缝

图 4.4-29　主厂房开挖诱发下游边墙微震聚集区的 2 号母线洞衬砌混凝土裂缝

（3）微震聚集与围岩变形的联系。由于该水电站地下洞室埋深大、地应力高，地质构造复杂，“群洞效应”问题突出，开挖强卸荷过程中围岩整体变形偏大，针对多点位移计几次大的变形增长曲线，结合该区域的微震时空聚集演化特征，建立微震活动与围岩变形的内在联系和相互反应机制。

微震监测系统运行以来，共出现2次微震事件异常增加现象，分别是2013年5月19日的72个和2013年7月24日的55个，两次微震事件突增均发生在爆破事件之后，聚集位置都在主厂房下游边墙桩号0+51.3周围，高程在岩锚梁区域，见图4.4-30。结合该桩号岩锚梁高程的多点位移计$M^4CF3-6D$过程曲线，发现两次微震事件异常增加之后的1～3日内，围岩变形出现“阶梯式增长”，孔口及浅表层位移增量约10mm。两次微震事件突增之后，主厂房进行停工支护，从而避免持续开挖导致围岩变形过大。

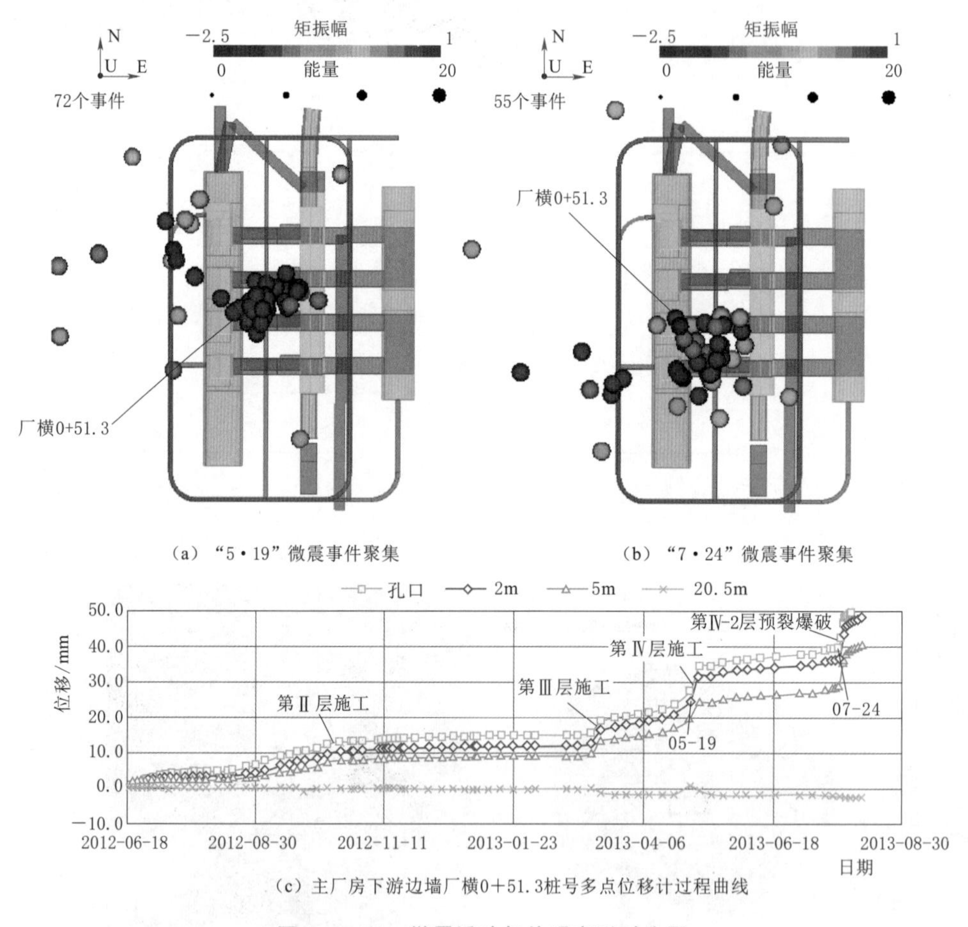

(a) “5·19”微震事件聚集　　(b) “7·24”微震事件聚集

(c) 主厂房下游边墙厂横0+51.3桩号多点位移计过程曲线

图4.4-30　微震活动与外观变形对比图

4.5　坝体质量综合检测技术

混凝土坝是用混凝土浇筑（或碾压）或用预制混凝土块装配而成的坝。混凝土坝按结构特点可分为重力坝、拱坝和支墩坝。混凝土坝具有本身受力复杂、结构尺寸大的特点，由于设计、施工质量控制不严、自然灾害或结构老化等原因，混凝土坝体结构在施工及使用过程中可能存在如裂缝、蜂窝、孔洞、磨损和侵蚀、强度降低等损伤，严重时可能会危及整个大坝结构的安全，因此混凝土坝质量检测已成为世界范围内关注的问题。目前混凝土坝检测内容主要包括混凝土强度检测和混凝土内部缺陷（架空、蜂窝、离析、裂缝延伸深度）检测，检测的主要目是为混凝土施工质量验收及缺陷处理提供依据[25-29]。

土石坝泛指由当地材料坝，即土料、石料或混合料经过抛填、碾压等方法堆筑成的挡水坝。当坝体材料以土和砂砾为主时，称土坝；以石渣、卵石、爆破石料为主时，称堆石坝；当两类当地材料均占相当比例时，称土石混合坝。土石坝按照土料在坝身内的配置和防渗体的材料，可分为心墙堆石坝和面板堆石坝。近年来，我国的水电工程和基础设施建设发展迅猛，堆石坝、堆石路基、堆石围堤等各类堆石体建筑工程大量涌现。土石坝施工质量直接影响到坝体的质量，质量问题严重时会造成坝体沉降甚至破坏。目前土石坝质量检测的内容主要包括堆石体密度检测和面板脱空检测。

4.5.1 技术要点

1. 混凝土坝综合检测技术

(1) 混凝土强度检测。混凝土强度检测方法包括：回弹法、超声波法、超声回弹综合法。一般尽量进行超声回弹综合法检测，在一个工地开展正式检测之前，有条件时宜通过试验建立测强曲线。

(2) 混凝土内部缺陷检测。混凝土内部缺陷检测方法包括：超声波法（包括声波CT)、脉冲回波法、探地雷达法、钻孔电视录像、超声横波层析成像法、全孔壁数字成像和微震监测等方法。混凝土裂缝延伸深度检测一般根据被测裂缝所处部位的具体情况，浅裂缝（＜0.5m）一般采用单面平侧法、穿透斜测法，深裂缝（＞0.5m）采用跨孔声波幅值法。

2. 土石坝堆石（土）体密度检测技术

堆石（土）体密度检测的方法主要有坑测法（灌沙法和灌水法)、附加质量法、瑞雷面波法、核子密度法等。由于坑测法测试堆石（土）体密度时，试坑直径和深度一般为堆石料最大粒径的3～5倍，测试速度慢、检测周期长，不适合施工过程中的质量控制。因此，在施工过程中，往往选择附加质量法、瑞雷面波法和核子密度法进行动态实时检测。

当堆石（土）体分层碾压施工、粒径较大（0.2m以上)、堆石（土）体成分相对均一时，可选用附加质量法和瑞雷面波法。

当堆石（土）体分层碾压施工、碎石粒径较小（0.2m以下）或堆积物为土时，可采用核子密度法测试。

3. 面板脱空综合检测技术

面板堆石坝作为特大型的填筑体，由于填筑料本身物理性质不稳定，其在自身的重力作用下，会随着时间的推移而发生较大的位移变形；而大坝面板为刚性体，强度较大，在重力作用下只会发生较小的变形沉降，因此，大坝面板和坝体填筑料之间容易形成脱空。同时，因为两者不同步变形量存在渐变地带，面板脱空区一般不会以小面积出现，脱空高度与其处在脱空区中心位置有关，呈现出中部深、四周浅的“锅底”形态。

（1）面板脱空综合地球物理方法检测。一般采用探地雷达法、声波垂直反射法（声波映像）、红外热成像法、超声横波层析成像法四种方法进行面板脱空综合检测。

1）在同等面积的面板吸收或辐射同等的能量时，面板各点的温度因内部热传导率差异而存在差异，因此面板脱空区与非脱空区存在温度差异，可采用红外热成像进行普查。

2）面板脱空区与非脱空区存在明显介电常数差异，导致雷达电磁波反射的信号明显不同，可采用探地雷达进行详查。

3）面板脱空区与非脱空区存在明显的弹性波速差异，导致弹性波反射的信号明显不同，可采用声波垂直反射法和超声横波反射成像法进行验证检测。

目前国内常用的各型探地雷达均可用于面板脱空检测，但要求能够进行多次叠加，天线频率一般采用900MHz和500MHz左右。声波仪接收换能器主频要求10kHz及以上，源检距小于5cm。远红外仪要求温度差最小分辨率0.1℃，镜头焦距0.5m至无穷远。超声横波层析成像法工作频率要求在25～80kHz之间。

（2）检测工作布置有下列原则和要求。

1）工作布置采用网格状测线，线距宜为1～5m，点距宜为0.2～0.5m。在检测过程中，当发现有脱空或缺陷时，应加密测线和测点。

2）超声横波层析成像法针对探地雷达检测发现面板异常的部位进行检测，并在探地雷达检测未发现异常的部位也抽取了一部分进行检测，以与探地雷达的资料互相印证。

3）红外热成像法现场测试时尽量选择空腔与面板温度差较大的时段进行测量，一般情况是在上午温度最低时段和下午温度最高时段分别进行成像测试，以及分别检测面板散热和吸热结束时的温度分布情况。

如果条件允许，可以用高压清水清洗面板表面，减少面板的颜色差异，同时每隔30～60min进行一次成像测试，以便通过分析面板温度变化过程和最终温度分布情况来确定异常区。

4）探地雷达探测时采用了两种测量方式进行探测，一种是连续剖面法，另一种是点测法。由于面板中钢筋较密，为保证信号强度和了解钢筋分布情况，一般要求同时进行连续剖面法和点测法。点测法时叠加次数建议不小于128次，点距一般不大于25m。

5）声波垂直反射法由于频率较高，对于埋藏较浅的空洞也具有较高的分辨率，能很好地从中分辨出空洞。声波垂直反射法现场测试要求接收换能器与面板耦合良好，应尽量使收发距靠近，源检距一般为5cm，点距根据实际情况调整，为提高分辨率，建议点距一般不大于50cm。

6）宜布置一定数量的钻孔来验证检测的异常点，可在验证孔中进行声波测试，以验证其他检测方法的准确性。

（3）面板脱空检测资料解释的基本步骤和方法。

1）解释红外热成像资料：首先查看数码照相图片，圈定可能出现虚异常的区域范围，称红外虚异常区；然后处理红外热成像图片，查找下午时段的高温异常区和上午时段的低温异常区，圈定它们的共同区域，称红外异常区；最后，如果红外异常区不在红外虚异常区之内，则该区域定为红外可能脱空异常区，其他的区域定为红外非脱空区。

2）解释探地雷达测试资料：首先对雷达数据进行处理，查看面板混凝土的厚度和钢筋实际分布情况，圈定下层钢筋保护为零的剖面范围，称雷达虚异常区；然后查找面板底界面的雷达波反射信号强（或者形成多次反射，或者可以发现面板底部附近还存在分层）的剖面范围，称为雷达异常区；最后，如果雷达异常区不在雷达虚异常区之内，则该区域定为雷达可能脱空异常区，其他的区域定为雷达非脱空区。

3）解释超声横波层析成像法或声波垂直反射法测试资料：首先对外业记录，查看面板表面混凝土平整度不良的剖面范围，称声波虚异常区；然后查找面板底界面的声波反射信号很强的剖面范围，称为超声横波或声波异常区；最后，如果超声横波或声波异常区不在声波虚异常区之内，则该区域定为超声横波或声波可能脱空异常区，其他的区域定为超声横波或声波非脱空区。

4）综合解释，确认检查工作的范围：①如果三种方法同为可能脱空异常区且范围基本相同，则认定此区域为面板脱空区且不做检查；②如果两种方法同为可能脱空异常区且范围基本相同，而另一种方法为非脱空区，则需用解释结果不一致的方法进行检查；③如果一种方法为可能脱空异常区，另外两种方法同为非脱空区，则此区域全部采用三种方法进行检查；④如果有三种方法同为非脱空区且范围基本相同，则认定此区域的面板没有发生脱空区且不做检查；⑤如果三种方法的可能脱空异常区、非脱空区的范围交叉混乱，则认定此区域的面板没有发生脱空区且不做检查。

5）检查资料，确认异常区域：在第4）步确定的检查工作范围检查完成后，按照上述步骤进行解释，面板脱空与否则以新解释为准；如果解释结果与检查前一样，则认定此区域为面板脱空区。

4.5.2　工程实例

1. 大坝综合检测

某水电站开发任务以发电为主，兼顾航运、防洪等综合利用，属Ⅰ等工程，大坝、泄洪建筑物、电站厂房等主要建筑物为1级建筑物，次要建筑物为3级建筑物。通航建筑物级别为4级，通行500t级船舶，其主要水工建筑物垂直升船机闸首、船厢室及通航隧洞、渡槽、中间渠道等为3级建筑物，次要建筑物导航墙、靠船墩、隔流堤等为4级建筑物。

该水电站垂直升船机（图4.5-1）体积大，无法做到每个部位都进行混凝土声波CT检测，因此声波CT检测布置在升船机结构复杂、钢筋和钢结构埋件多、施工难度大、同时又是结构传力的关键部位。

图4.5-1　某水电站垂直升船机

图4.5-2是该水电站垂直升船机横墙的声波CT检测布置示意图，在横墙两侧水平面布置2个检测剖面，剖面的测线点距0.1m，采用全扫描的扇形观测系统。

对检测资料进行CT处理，形成切面V_P图像，见图4.5-3。该抽检部位结构混凝土整体上均匀，剖面CC′D′D在桩号0.27～1.25m、厚度0～0.25m处的波速

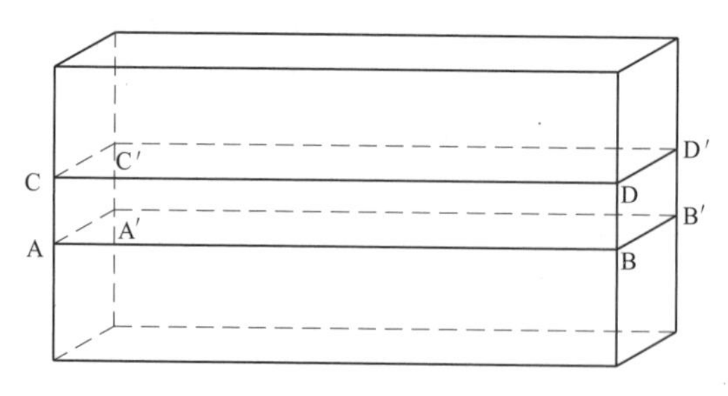

图 4.5-2　右 1 横检测布置示意图

值偏低。

此外，对声波 V_P 值进行统计分析，结果见表 4.5-1。本部位检测的波速值分布主要集中在 4600～4700m/s，占整个部位的 54.78%，标准差为 79，体现了波速值的离散情况，宏观显示了检测部位混凝土整体上比较均匀。

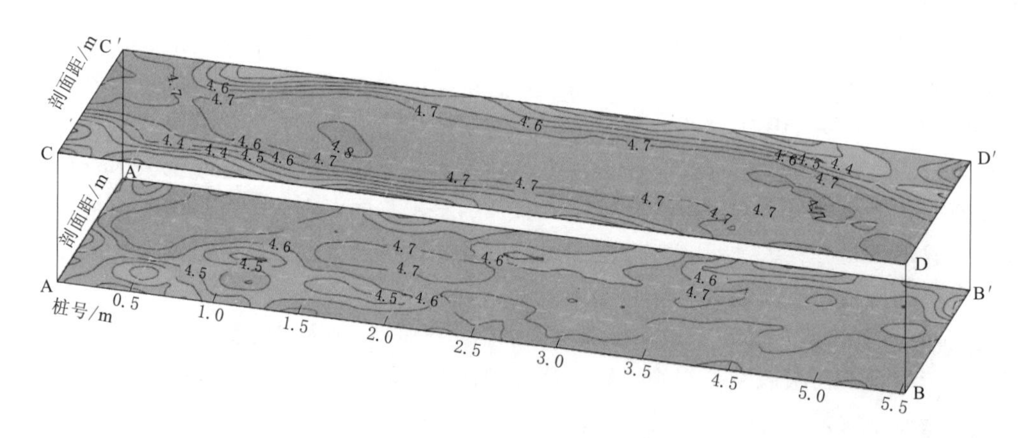

图 4.5-3　右 1 横墙（5）部位声波 CT 检测 V_P 成像图

表 4.5-1　　　右 1 横墙（5）部位混凝土声波 V_P 特征值及频态分布

最小值/(m/s)	最大值/(m/s)	平均值/(m/s)	集中范围/(m/s)	标准差
4134	4884	4621	4500～4800	79

V_P 频态分布		
V_P 区间/(m/s)	百分比/%	频态图
<4100	0.00	
4100～4200	0.11	
4200～4300	0.30	
4300～4400	1.35	
4400～4500	5.04	
4500～4600	25.02	
4600～4700	54.78	
4700～4800	12.68	
>4800	0.71	
>4500	93.19	

在混凝土浇筑结束后，发现坝后距离顶表面深 2.5m 有多处渗水。为检查非溢流坝段混凝土的浇筑质量问题，重点探明坝顶施工缝结合面缺陷的影响程度及范围，考虑探测条

件选择探地雷达法。原因是当混凝土内部均匀性差（有裂缝、架空、蜂窝）时，混凝土性质差异增大，反射波同相轴和反射能量就会出现异常现象；当混凝土完整致密时，性质相对均一，反射波同相轴连续且能量稳定。

根据现场的实际情况，每个坝段布设3条测线，依次距上游面1.5m、3.5m、5.5m各布设1条，分别为1线、2线、3线，每条测线测试方向均为从右岸到左岸，见图4.5-4。

图4.5-4　测线布置示意图

经过检测发现多处混凝土缺陷，探地雷达检测成果见图4.5-5，在桩号0+10.90～0+11.30、深度2.20m和桩号0+13.10～0+13.50、深度2.40m处，发现明显的异常信号，经过分析判断，确定该异常部位为混凝土内部欠密实。

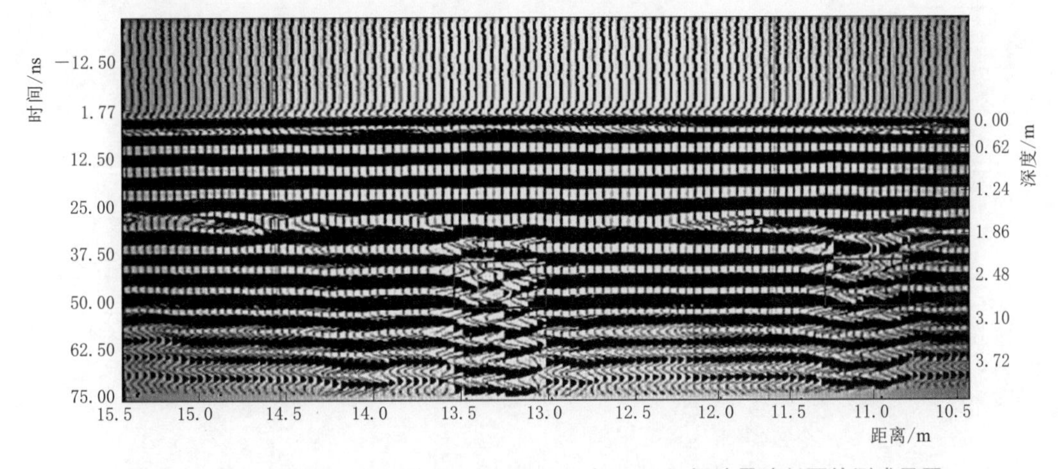

图4.5-5　6号坝段2线（桩号0+10.50～0+15.50）探地雷达剖面检测成果图

在大坝17号坝段出现部分混凝土裂缝，需查明裂缝向下张裂深度，为后期对裂缝处理提供基础资料。选择的方法是利用跨孔声波波幅、波速的变化来判断裂缝的深度，测试示意图及波幅曲线见图4.5-6。裂缝宽度的一般规律是从表面至内部逐渐变窄，直至闭合。裂缝越宽，对超声波的反射程度越大，波幅值越小。随着孔深增加，波幅值越来越大，当波幅达到最大并随着往深处测量基本稳定时，表示T、R换能器之间的混凝土是完好的，则可以判定波幅达到最大值，此时所对应的钻孔深度即是裂缝深度值。

针对现场情况，在已知裂缝两侧布置2～3个钻孔，两两对穿，每组声波孔孔距为0.7m左右，组成跨裂缝检测剖面（检测裂缝深度）和未跨裂缝检测剖面（对比声幅），沿垂向进行水平同步声波检测，检测点距0.1m，初步设计检测孔深1.5～6.0m。检测成果见图4.5-7和图4.5-8，未跨裂缝检测剖面7号和8号波幅值均大于220mV，表明穿

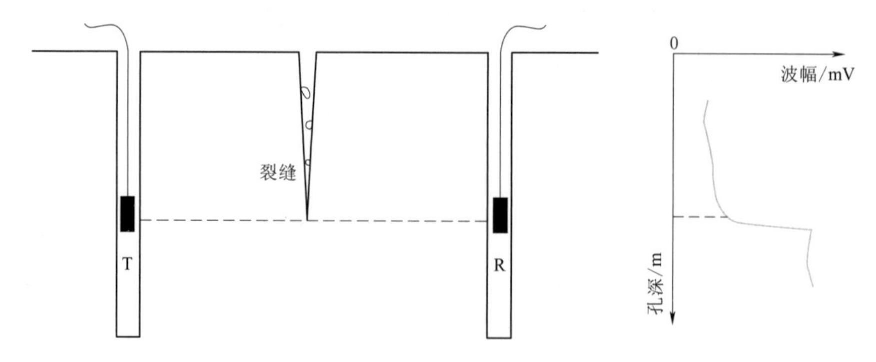

图 4.5-6　裂缝及声波跨孔测试示意图及波幅曲线

透没有裂缝的混凝土的声波波幅值大于 220mV；而跨裂缝检测剖面 3 号和 4 号在孔深 0～4.4m 的声波波幅值为 3.92～88mV，在孔深 4.5～6.0m 处声波波幅值为 225～823mV，因此确定 3 号和 4 号孔处的裂缝深度为 4.4～4.5m。

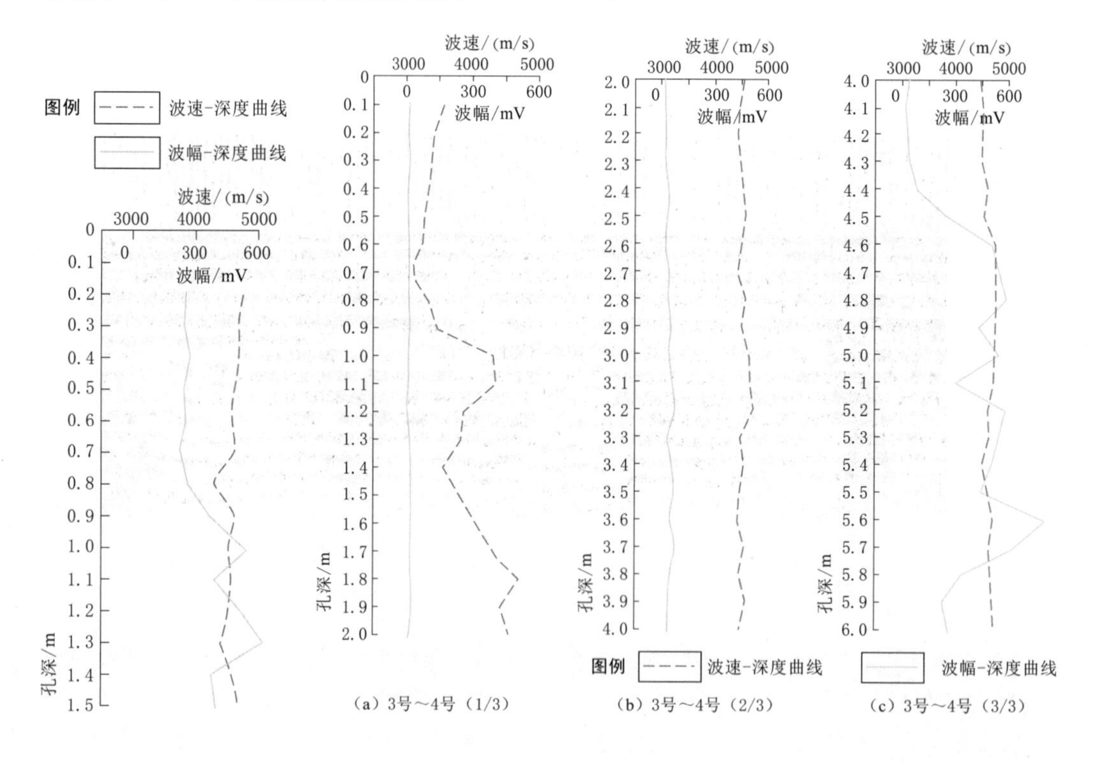

图 4.5-7　大坝坝顶 17 号非溢流段 7 号和 8 号钻孔裂缝检测成果图

图 4.5-8　大坝坝顶 17 号非溢流段 3 号和 4 号钻孔裂缝检测成果图

泄水闸混凝土厚 2.5m，底板分两期施工，第一期混凝土浇筑厚度约为 1m，第二期混凝土浇筑厚度约为 1.5m。底板顺流向长 25m，底板基础为粉细砂层。因泄水闸大部分闸孔底板出现不同程度的顺流向裂缝，且检查孔出现涌水现象，怀疑为两期混凝土结合部位有缺陷，为此采用超声横波断层成像法开展检测工作，为验证该方法检测效果，结合实际钻孔资料进行了试验工作。

试验工作分为两步：首先在已知存在层间缺陷的部位进行探测，探测结果见图 4.5-9，在 1.3～1.5m 范围内的层间结合处异常区有 3 处，其中出现渗水的 1 号检查孔位于反射最明显且面积最大的一块异常区；其次在已知不存在层间缺陷的部位进行探测，探测结果见图 4.5-10，整个测试区呈现微弱反射，位于测试区的 2 号检查孔层间结和处胶结良好。通过对比发现，层间结合处胶结好则无反射界面或较弱反射界面，层间结合处胶结差则出现强反射界面，与推断情况相吻合。

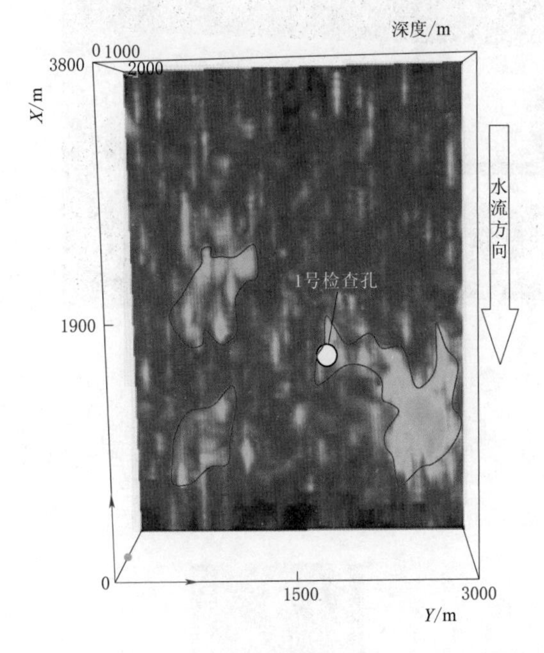

图 4.5-9　已知缺陷区的异常（红色线圈内）分布图

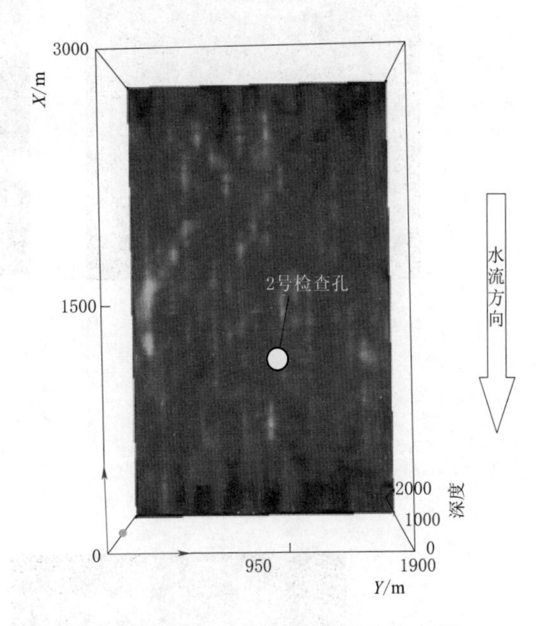

图 4.5-10　无缺陷区的异常分布图

本次对多个怀疑有缺陷的闸孔底板进行了检测，发现存在部分异常反射点。检测完毕之后，选取了一部分异常反射点和无异常反射点进行了打孔验证。通过对 53 个验证钻孔的岩芯进行分析，可知缺陷主要位于深度 1.3～1.5m 范围内的层间结合处。根据缺陷大小将发现的缺陷分为三种，分别为结合处欠密实、结合处局部欠密实、结合处细骨料胶结差，缺陷情况见表 4.5-2。

表 4.5-2　层间结合处缺陷情况表

层间结合处胶结情况	缺陷描述
结合处欠密实	在深度 1.3～1.5m 存在大于 5cm 孔洞，位于层间结合面上方，岩芯为较破碎且包裹着水泥浆的粗骨料
结合处局部欠密实	在深度 1.3～1.5m 存在小于 5cm 孔洞，位于层间结合面上方，岩芯为破碎的包裹着细沙的粗骨料
结合处细骨料胶结差	细骨料形成饼状，结合处易分离，可能产生裂缝，形成渗水通道

图 4.5-11 和图 4.5-12 中，检测图像 1.3～1.4m 处有较强异常反射，而检查孔岩芯长度 1.3～1.4m 处发现较大孔洞。

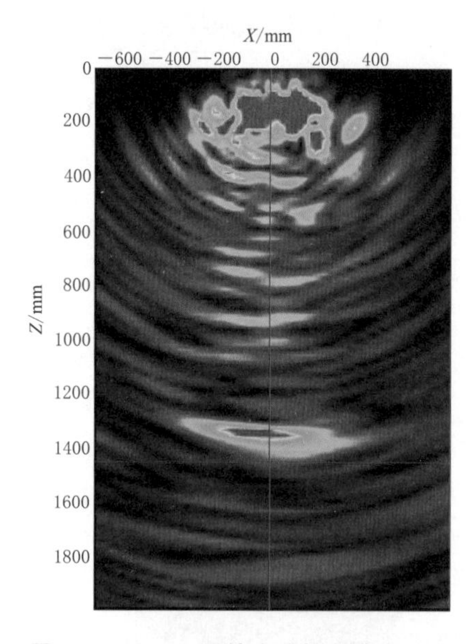

图 4.5-11　56 号检查孔超声横波断层成像法检测图像

图 4.5-12　56 号检查孔岩芯图

图 4.5-13 和图 4.5-14 中，25-3 号检查孔在 1.37～1.40m 处存在局部孔洞，检测图像在 1.37m 处有较强异常反射。

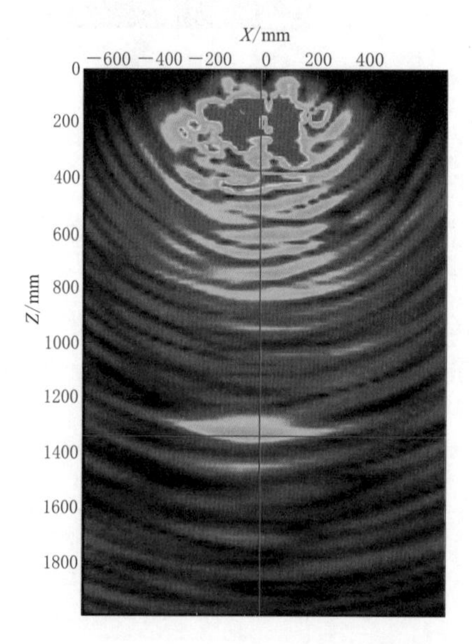

图 4.5-13　25-3 号检查孔检测图像

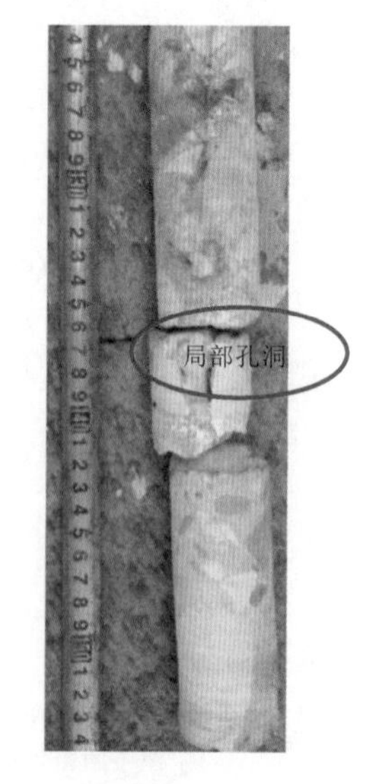

图 4.5-14　25-3 号检查孔岩芯图像

图 4.5-15 和图 4.5-16 中，10-8 号检查孔检测发现 1.4m 处有较强异常反射，在钻孔时发现岩芯长度 1.40m 处为层间缝。

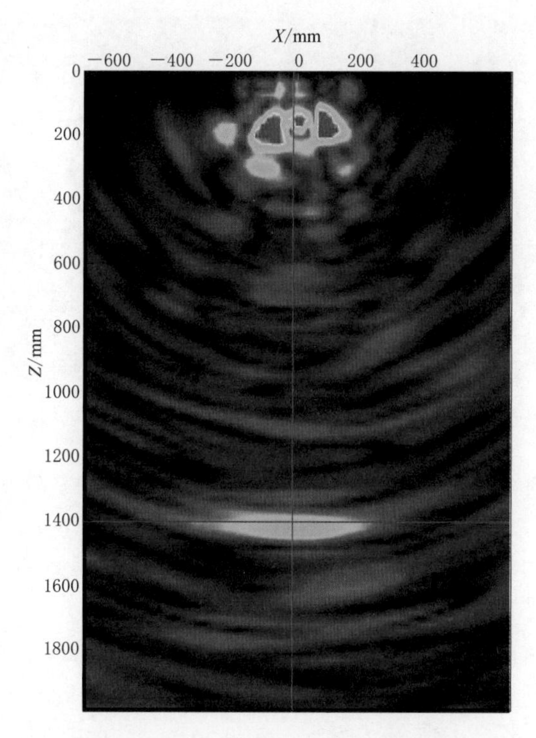

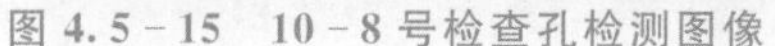
图 4.5-15　10-8 号检查孔检测图像

图 4.5-16　10-8 号检查孔岩芯图

2. 大坝填筑体附加质量法的检测应用

某水电站工程枢纽由土心墙堆石坝、左岸岸边开敞式溢洪道、左右岸各一条泄洪隧洞、左岸引水系统和地下厂房组成。坝体填筑达 3432 万 m^3，心墙填筑达 464 万 m^3，填筑工程质量控制是该工程的关键。施工工期约 66 个月。

先期针对该水电工程的特点，如心墙堆石坝高、工程填筑量大、持续时间长、施工强度高、坝料填筑种类多、料源分布广、料物特性复杂、掺砾料施工工艺复杂等，在进行大坝碾压试验的同时，开展了附加质量法与坑测法对比试验研究，建立了附加质量法检测参数与施工碾压参数的相关关系。

附加质量法与坑测法对比试验在坝体坝Ⅰ、Ⅱ区进行。Ⅰ区采用的是具有较高强度指标、透水性好的弱风化以下的花岗岩、角砾岩开挖料；Ⅱ区采用的是强度指标稍微低的强风化花岗岩和弱风化以下 T_{2m} 岩层（主要由泥岩、粉砂质泥岩、泥质粉砂岩、粉砂岩、砂砾岩和角砾岩 6 种岩石组成）的开挖料。两种料现场照片见图 4.5-17 和图 4.5-18。

先期开展的 31 个点的坝Ⅰ、Ⅱ区的附加质量法（Δm 法）和坑测法试验成果见表 4.5-3。此次所进行的 31 个测点测试工作均在堆石料碾压了 6 遍后进行，每个测点所需要时间为 15～20min。31 个测点中 $\omega^{-2}-\Delta m$ 的相关系数除 B2-3 为 0.947 外，其余 30 个点均在 0.97 以上，为高度相关，说明所测 K、m_0 是准确可靠的。其密度的回归反演结果如下。

（1）上游侧坝Ⅱ料 3 个测点和下游侧坝Ⅰ料的 24 个点，共 27 个测点（不包括下游侧坝Ⅰ料测点 B-17、B-20、B-25、B-27），均为堆石料。回归湿密度最大值为 2.20g/cm^3，

图 4.5-17 糯扎渡水电站坝Ⅰ料现场照片

图 4.5-18 糯扎渡水电站坝Ⅱ料现场照片

最小值为 2.15g/cm³，平均值为 2.18g/cm³；干密度最大值为 2.15g/cm³，最小值为 2.11g/cm³，平均值为 2.14g/cm³。湿密度回归相对误差最大值为 4.83%，最小值为 0.00%，平均值为 2.05%，每个测点的精度均大于 95%；干密度回归相对误差最大值为 4.46%，最小值为 0.00%，平均值为 1.95%，每个测点的精度均大于 95%。

(2) B-17、B-20、B-25、B-27 四个测点回归湿密度最大值为 2.02g/cm³，最小值为 1.93g/cm³，平均值为 1.98g/cm³；干密度最大值为 1.99g/cm³，最小值为 1.92g/cm³，平均值为 1.96g/cm³。湿密度回归相对误差最大值为 2.58%，最小值为 0.49%，平均值为 1.40%，每个测点的精度均大于 95%；干密度回归相对误差最大值为 2.62%，最小值为 0.00%，平均值为 1.29%，每个测点的精度均大于 95%。

表 4.5-3 某水电站坝体坝Ⅰ、Ⅱ料附加质量法试验成果汇总表

序号	测点编号	填料类型	坑测法（灌水法）			附加质量法（Δ*m* 法）					相对误差/%		绝对误差 /(g/cm³)	
			湿密度 P_ω /(g/cm³)	干密度 ρ_d /(g/cm³)	含水率 ω /%	地基刚度 *K* /(MN/m)	参振质量 m_0/kg	湿密度 ρ_ω /(g/cm³)	干密度 ρ_d /(g/cm³)	含水率 ω /%	湿密度	干密度	湿密度	干密度
1	B1-1	坝Ⅰ料	2.24	2.20	1.6	106.9	513	2.17	2.14	1.4	3.13	2.73	0.07	0.06
2	B1-2	坝Ⅰ料	2.14	2.10	1.7	138.3	599	2.18	2.14	1.9	1.87	1.90	0.04	0.04
3	B1-3	坝Ⅰ料	2.19	2.14	2.4	135.3	583	2.18	2.14	1.9	0.46	0.00	0.01	0.00
4	B1-4	坝Ⅰ料	2.16	2.13	1.3	96.7	359	2.16	2.12	1.9	0.00	0.47	0.00	0.01
5	B1-5	坝Ⅰ料	2.14	2.10	1.9	77.4	298	2.15	2.11	1.9	0.47	0.48	0.01	0.01
6	B1-6	坝Ⅰ料	2.278	2.22	2.6	124.4	534	2.18	2.14	1.9	4.30	3.60	0.10	0.08
7	B1-7	坝Ⅰ料	2.18	2.14	1.8	96.2	438	2.17	2.13	1.9	0.46	0.47	0.01	0.01
8	B1-8	坝Ⅰ料	2.249	2.20	2.3	128.2	767	2.19	2.15	1.9	2.62	2.27	0.06	0.05
9	B1-9	坝Ⅰ料	2.15	2.13	1.0	137.6	678	2.18	2.14	1.9	1.40	0.47	0.03	0.01
10	B1-10	坝Ⅰ料	2.07	2.04	1.0	108.3	489	2.17	2.13	1.9	4.83	4.41	0.10	0.09
11	B-11	坝Ⅰ料	2.18	2.12	3.1	108.8	698	2.19	2.14	2.3	0.46	0.94	0.01	0.02

续表

序号	测点编号	填料类型	坑测法（灌水法）			附加质量法（Δm 法）					相对误差/%		绝对误差/(g/cm³)	
			湿密度 P_{ω} /(g/cm³)	干密度 ρ_d /(g/cm³)	含水率 ω /%	地基刚度 K /(MN/m)	参振质量 m_0/kg	湿密度 ρ_{ω} /(g/cm³)	干密度 ρ_d /(g/cm³)	含水率 ω /%	湿密度	干密度	湿密度	干密度
12	B-12	坝Ⅰ料	2.16	2.10	2.6	149.6	902	2.19	2.15	1.9	1.39	2.38	0.03	0.05
13	B-13	坝Ⅰ料	2.15	2.11	1.7	192.8	1133	2.20	2.15	2.3	2.33	1.90	0.05	0.04
14	B-14	坝Ⅰ料	2.21	2.17	1.9	144.7	594	2.18	2.14	1.9	1.36	1.38	0.03	0.03
15	B-15	坝Ⅰ料	2.14	2.10	2.1	101.2	384	2.16	2.13	1.4	0.93	1.43	0.02	0.03
16	B-16	坝Ⅰ料	2.14	2.11	1.6	131.8	568	2.18	2.14	1.9	1.87	1.42	0.04	0.03
17	B-18	坝Ⅰ料	2.10	2.08	1.0	115.0	394	2.16	2.13	1.4	2.86	2.40	0.06	0.05
18	B-19	坝Ⅰ料	2.09	2.06	1.4	149.9	669	2.18	2.14	1.9	4.31	3.88	0.09	0.08
19	B-21	坝Ⅰ料	2.14	2.10	1.7	124.2	474	2.17	2.13	1.9	1.40	1.43	0.03	0.03
20	B-22	坝Ⅰ料	2.17	2.14	1.6	99.1	390	2.16	2.13	1.4	0.46	0.47	0.01	0.01
21	B-23	坝Ⅰ料	2.12	2.09	1.5	148.8	754	2.19	2.15	1.9	3.30	2.87	0.07	0.06
22	B-24	坝Ⅰ料	2.22	2.17	2.5	141.7	697	2.18	2.14	1.9	1.80	1.38	0.04	0.03
23	B-26	坝Ⅰ料	2.17	2.14	1.3	126.1	564	2.18	2.14	1.9	0.46	0.00	0.01	0.00
24	B-28	坝Ⅰ料	2.21	2.19	1.0	111.9	496	2.17	2.14	1.4	1.81	2.28	0.04	0.05
25	B2-1	坝Ⅱ料	2.271	2.24	1.6	128.6	513	2.17	2.14	1.4	4.45	4.46	0.10	0.10
26	B2-2	坝Ⅱ料	2.281	2.25	1.3	207.9	1070	2.20	2.15	2.3	3.55	4.44	0.08	0.10
27	B2-3	坝Ⅱ料	2.25	2.20	2.3	178.4	578	2.18	2.14	1.9	3.11	2.73	0.07	0.06
28	B-17	坝Ⅰ料	2.03	1.99	1.9	217.6	1076	2.02	1.99	1.5	0.49	0.00	0.01	0.00
29	B-20	坝Ⅰ料	1.94	1.91	1.5	122.1	599	1.99	1.96	1.5	2.58	2.62	0.05	0.05
30	B-25	坝Ⅰ料	1.97	1.94	1.7	81.9	332	1.93	1.92	0.5	2.03	1.03	0.04	0.02
31	B-27	坝Ⅰ料	2.00	1.99	0.5	139.3	609	1.99	1.96	1.5	0.50	1.51	0.01	0.03

最终共进行了319个测点的坑测法和附加质量法对比试验，附加质量法测试结果与实际的坑测成果基本相符。检测密度差值最大值为0.13g/cm³，只有7个点的相对误差大于5%，其余点的相对误差都小于5%，测试的密度平均相对误差最大为8.24%，测试的密度平均相对误差为1.69%，附加质量法测试结果与坑测值相比的吻合率为92.16%。对两者不吻合的原因也进行了分析，除测试现场干扰因素外，与空隙大时波的频散有关。

最终针对心墙堆石坝工程的坝体Ⅰ区粗堆石料、坝体Ⅱ区粗堆石料、细堆石料3个分部工程的堆石体密度进行了附加质量法检测，共检测了1435个单元13238个测点。检测成果见表4.5-4，从检测成果看：有13092个测点现场一次性检测合格，合格率为98.9%，有146个测点现场检测不合格，补碾后重新检测为合格。

表 4.5-4 检测成果统计分析表

分部工程名称	工程部位	检测单元数	检测点数	检测干密度/(g/cm³)		
				最大值	最小值	平均值
坝体Ⅰ区堆石料	上游坝壳区	283	3248	2.22	1.96	2.115
	下游坝壳区	225	2936	2.21	2.02	2.117
坝体Ⅱ区堆石料	上游坝壳区	266	2159	2.24	2.03	2.188
	下游坝壳区	340	2507	2.25	2.05	2.167
坝体细堆石料	上游	162	1215	2.17	2	2.091
	下游	159	1173	2.18	2.01	2.089
合计		1435	13238			

3. 大坝面板脱空综合检测

某水库枢纽工程由混凝土面板堆石坝、溢洪道、引水发电系统和导流洞等组成，水库总库容 $1.45\times10^9m^3$，最大坝高 116.5m，坝顶高程 121.3m，坝顶长度 930m，坝顶宽度 10m，装机容量 2×50MW。为了对已经完工的大坝面板脱空情况进行评判，开展了面板脱空综合检测工作，见图 4.5-19（红色线圈定范围为此次检测区域）。

在脱空检查范围内，钢筋混凝土面板厚度设计值为 30～65cm，面板厚度不大，表面平整，为了对大坝面板脱空情况进行检测，采用红外热成像法、探地雷达法和声波映像法开展了综合探测。

根据工作效率的高低及技术性要求，按下述的先后顺序安排检查工作。

（1）用红外热成像仪进行远景成像：在距面板 10～150m 的上游面进行照相，每幅图包括 1～4 块面板。

（2）选择 50%左右的红外热成像非异常区进行检查，测线剖面布置见图 4.5-20，剖面线间距 4m；步骤是先用地质雷达进行检查，如果地质雷达发现可能存在脱空异常（有地质雷达异常区），则采用声波映像法做进一步的检查。

图 4.5-19 施工中的大坝混凝土面板

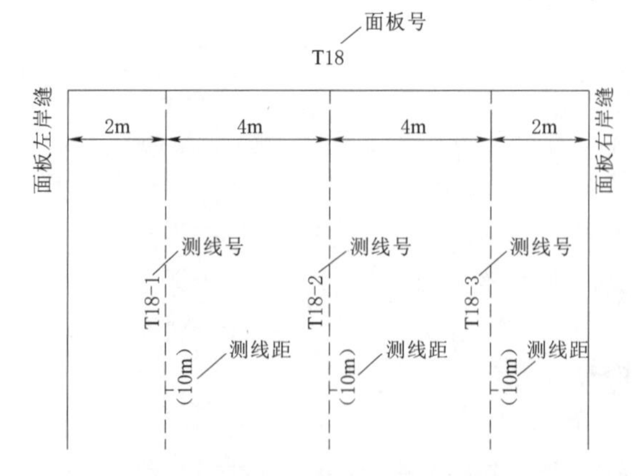

图 4.5-20 红外热成像非异常区检查的测线布置图

（3）采用探地雷达法或声波映像法对所有的红外热成像异常区进行检查，测线剖面布置见图4.5-21，剖面间距2m；图中的剖面不一定全部检查，具体分以下4种情况。

1）用探地雷达法进行第一步测试剖面的检查，如果探地雷达法发现的可能脱空区异常边界与红外热成像法一致，则不做声波映像法检查和第二步测试剖面检查而直接确认为脱空区。

2）用探地雷达法进行第一步测试剖面的检查，如果探地雷达法发现的可能脱空区异常边界与红外热成像法基本一致，则做第二步测试剖面检查，在各剖面都表明存在脱空异常的情况下则确认为脱空区。

3）在用探地雷达法完成第一步和第二步测试剖面的检查后还无法确认脱空状态时，用声波映像法进行所有剖面的检查，如果声波映像法发现的可能脱空区异常边界与红外热成像法基本一致，则确认为脱空区。

4）在用探地雷达法和声波映像法完成第一步和第二步测试剖面的检查后，最后确认为非脱空状态时，则认定该区为非脱空区。

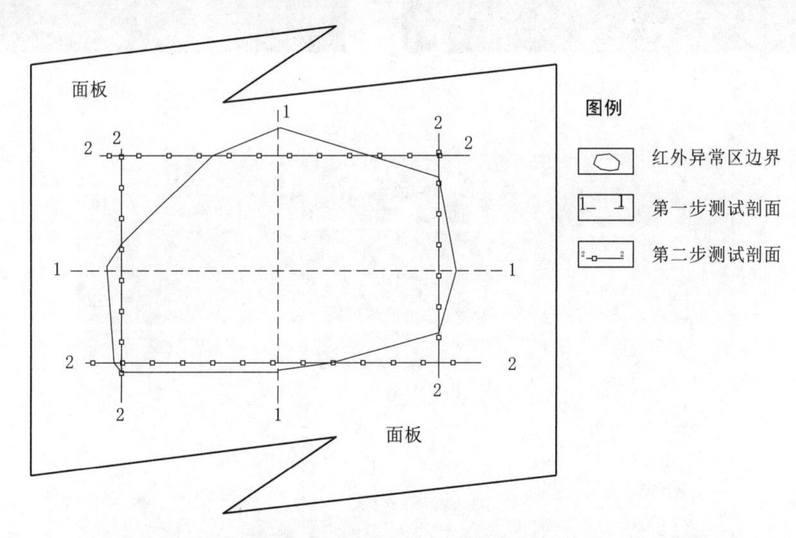

图4.5-21　红外热成像异常区的验证检查剖面布置图

(4) 做上述第2）步的检查工作时，探地雷达法和声波映像法都发现存在可能脱空异常，则必须按上述第3）步要求进行进一步的检查工作，如果探地雷达法和声波映像法的各剖面可能脱空异常情况基本一致，则确认为脱空区，否则确认为非脱空区。

红外热成像数据处理完成后，查看面板的数码照相图片，圈定可能出现虚异常的区域范围，称虚异常区。T17号面板（图4.5-22）左侧，特别是左下区域，而T18号面板（图4.5-23）不存在虚异常区。查找上午时段的低温异常区和下午时段的高温异常区（图4.5-24～图4.5-26），称温度异常区。T17号面板下午时段红外热成像图（图4.5-25）的左侧“A”区，特别是左下区域，此区域为高温异常区；分析温度异常形成原因（包括外观原因在内），如果有明确的原因可解释为非脱空引起的异常，则将相应的区域判定为红外非异常区。如T17号面板（图4.5-25）中的“A”区，异常原因是此区颜色为深色引起，此原因也可在图4.5-24中得到验证说明；T18号面板（图4.5-26）中的下段高温异常区，异常原因是此区颜色稍为深色，加上红外热成像时此区距摄像点更

近，此原因也可在图 4.5-24 中得到验证说明；如果温度异常区不在虚异常区之内，或者两种异常区无法吻合且可解释为脱空引起，则该温度异常区域定为红外异常区。图 4.5-26 中的“K18-1”区，高温异常原因与虚异常区（颜色）无关，判定为红外异常区，最后圈定红外非异常区和红外异常区的范围界线。

图 4.5-22 T17 号面板外观图

图 4.5-23 T18 号面板外观图

图 4.5-24 T17 和 T18 号面板上午时段红外热成像图

探地雷达资料有两个重要的作用：一是验证红外热成像法成果，另一个是独立查找面板可能存在脱空的区域。图 4.5-27 和图 4.5-28 为实测过程中的地质雷达反射波形图。图 4.5-27 为面板布设双层（或单层）钢筋、非脱空状态下的地质雷达反射波形图，主要特征为两层钢筋、砂浆垫层和砂垫层料（ⅡA 层）反射明显，砂浆垫层和砂垫层料（ⅡA 层）反射波相位为负，钢筋反射相位为正。图 4.5-28 为面板布设双层钢筋、脱空状态下的地质雷达反射波形图，与非脱空状态下不同的主要特征为明显出现正相位的地质雷达反射波，但砂浆垫层反射波已无法准确判别。

声波映像资料的重要作用是验证红外热成像法和地质雷达法成果，但作为资料解释，也是相对独立的过程。图 4.5-29 为声波映像法实测波形图。声波映像反射波的主要特征

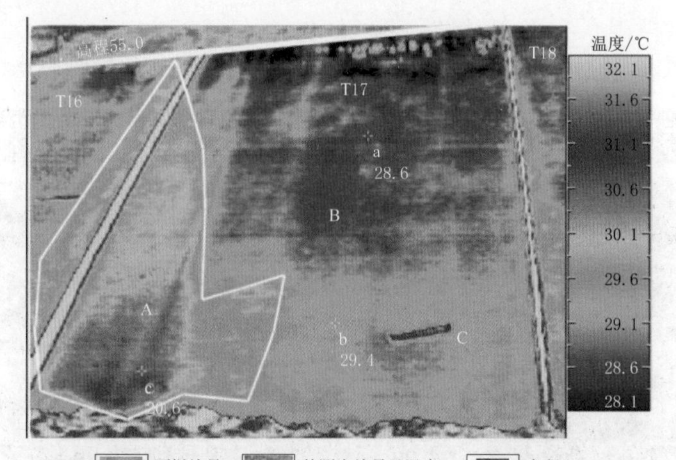

图 4.5-25　T17号面板下午时段红外热成像图

图 4.5-26　T18号面板下午时段红外热成像图

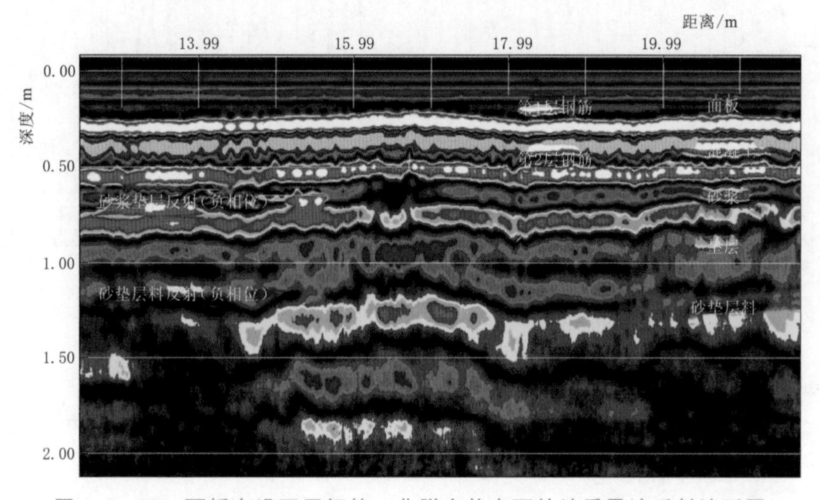

图 4.5-27　面板布设双层钢筋、非脱空状态下的地质雷达反射波形图

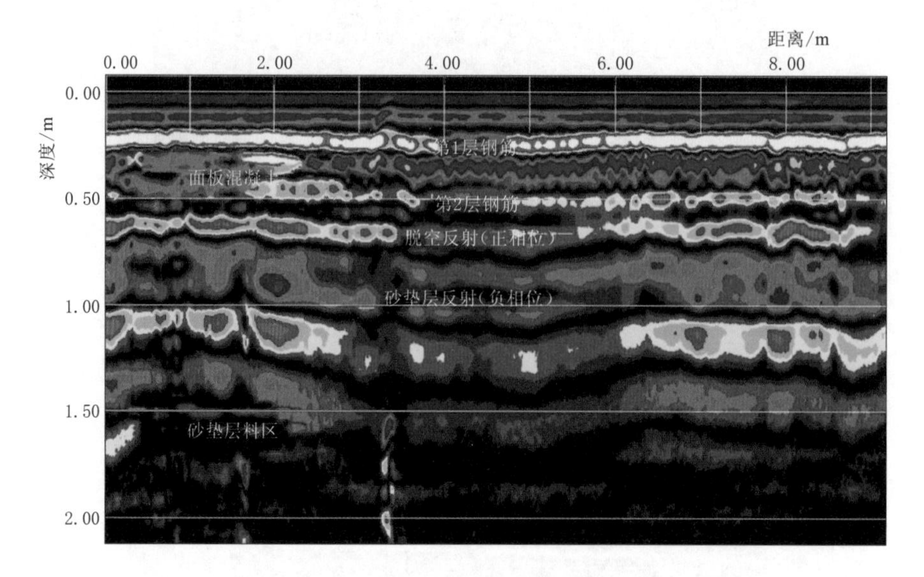

图 4.5-28　面板布设双层钢筋、脱空状态下的地质雷达反射波形图

是：声波反射相位为负相位；非脱空区反射波振幅最小，频率最高，衰减最快；脱空区的反射波振幅最大，频率最低，衰减最慢。

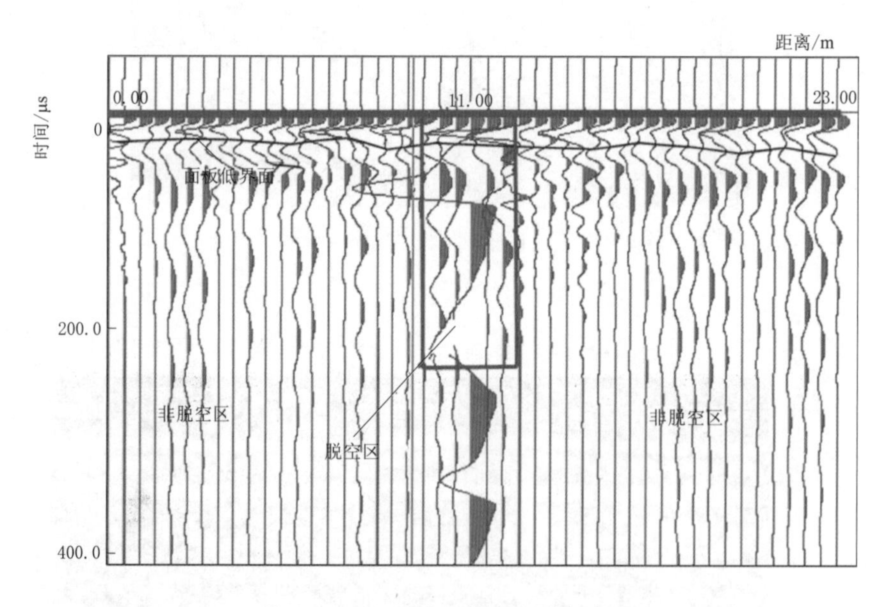

图 4.5-29　声波映像法实测波形图

最后综合三种方法的结果，得到最终的脱空区域见图 4.5-30。面板 T28～T37 左侧、高程 31.5m 以下发现 10 处脱空区，脱空总面积 1682.2m^2（按面板表面积计算），其中脱空高度小、连通性差的脱空区分布于脱空区上部，总面积 636.4m^2。

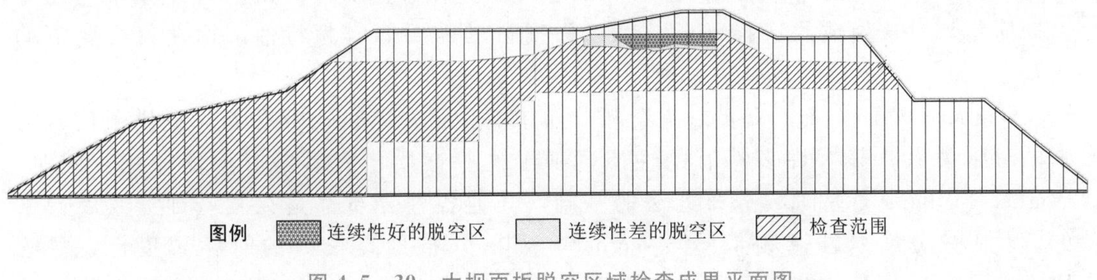

图 4.5-30　大坝面板脱空区域检查成果平面图

4.6　基于时频分析方法的锚杆检测技术

砂浆锚杆锚固技术目前在水电工程中普遍应用在隧洞和高边坡等工程支护中。锚杆的锚固质量直接关系到这些工程部位的安全，为了保证锚杆施工质量，一套行之有效的锚杆质量检测技术必不可少。目前比较常用的无损检测方法是弹性波反射法。为了提高数据分析的可靠性，可结合时频谱进行综合分析。

4.6.1　技术要点

各时频分析方法均有各自的特点，通过模型数据试验分析，各方法的要点如下。

1. 短时傅里叶变换分析方法

短时傅里叶变换分析方法是线性变换中最早也是最简单的时频分析形式，概念、算法简单直观，在工程中广泛应用。该方法将窗口内的信号看作是平稳信号，将原信号分割成无数小块来分别进行处理分析，具有其他算法难以比拟的优点，能够区分出各个频率而不产生交叉项干扰。显然，短时傅里叶变换分析方法只对其附近窗口内的信号作分析，能够粗略地反映信号在该时刻附近的局部频谱特征。整个变换结果也能反映信号频谱在该时间段的演化特性，性能优于傅里叶变换分析方法。能够保证该方法有效性的一个隐含假设是，信号在窗函数的有效持续时间内应该是平稳的，但此条件通常无法满足或近似满足。这种方法还有另一个无法克服的缺点，就是窗函数的选择。也就是说，短时傅里叶变换分析方法在利用长窗口时，频率分辨率较高，但时间分辨率低；短窗口时，时间分辨率高，但频率分辨低。因此，短时傅里叶变换分析方法不能很好地反映窗口内的信号突变，只适用于分析具有固定不变带宽的非平稳信号[30]。

2. Cohen 类分布分析方法

在对信号进行分析时，除了线性变换方法以外，还希望能用直观的时频能量分布表示信号，试图通过设计时间和频率的联合密度函数来描述信号在不同时间和频率的能量密度或强度。时间和频率的这种联合函数又被称为信号的频率分布函数，即采用双线性的二次时频来反映信号的能量分布。

Cohen 统一了双线性变换中具有时移和频移不变性的时频分布，构成 Cohen 类二次时频分布，所有的时频分布都可以用统一的形式来表示。因此，时频分布的建立可以简化为对核函数的选择问题，可以根据自己需要的时频特性来构造符合要求的核函数。

Wigner - Ville 分布，Cohen 类时频分布中一种最基本的时频分布，提供了信号清晰的时频关系。其有许多特有的性质，基于这些性质，有着多方面的应用。同时，Wigner - Ville 分布是时频分布方法的基础，其他各种分布都是在其基础上发展起来的。对于单分量线性调频信号，Wigner - Ville 分布具有很好的时频聚集性，尽管 Wigner - Ville 分布的结果看似不如短时傅里叶变换分析方法所成时频谱图清晰，但不存在窗函数的选取问题，因此，还是被广泛应用。但是这种分布也有自身的缺点，例如，正负性，当分析含有多个成分的信号时，分布存在着交叉项，影响了对时频分布的正确解释。

Cohen 类中的其他分布是为了减少交叉项而提出的改进方法，如伪 Wigner 分布、Choi - William 分布等，均以 Wigner - Ville 分布为基础。其实质都是设法在保持 Wigner - Ville 分布良好的时频聚集性的同时尽可能地消除其交叉项。但减少交叉项的同时，时频分辨率也将被同时降低[31]。

3. *Wigner 双谱分析方法*

Wigner 双谱实际上是一种高阶的 Wigner - Ville 分布，除了具有 Wigner - Ville 分布的基本特点外，能量聚集性更好，其频率分辨率得到很大程度的提高，但不利的是需要更长的计算时间，而且需要更多的计算内存空间。

锚杆检测信号时频分析方法步骤一般包括如下几步：

（1）按照各时频分析公式进行算法实现。

（2）读取锚杆检测波形数据。

（3）锚杆检测波形数据预处理，包括数据编辑、增益和滤波。

（4）进行时频分析计算，其流程图见图 4.6 - 1。

（5）时频谱分析，根据锚杆底部反射、缺陷反射信号特点进行成果分析。

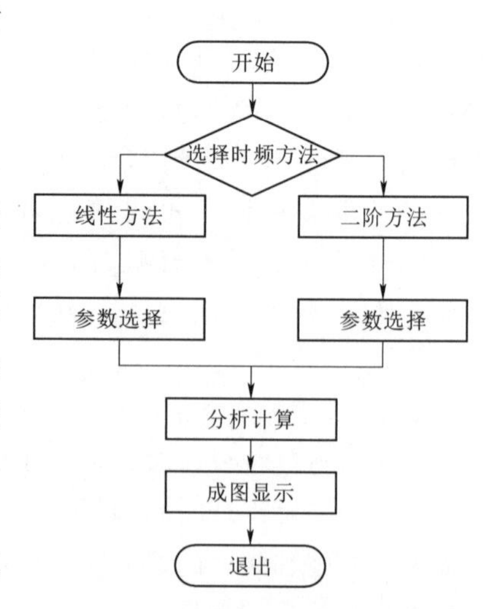

图 4.6 - 1　时频分析解释模块程序设计流程图

4.6.2　工程实例

某水电站为混凝土双曲拱坝，引水发电系统布置在左岸，采用地下厂房方案。坝区河谷呈“V”形，两岸坡较陡峻，在水电站左岸坝前饮水沟附近的 2 号山梁（图 4.6 - 2）制作了一批现场试验锚杆，为了验证时频分析方法的有效性，对该批锚杆的声波波形进行了重新分析。图 4.6 - 3 为试验锚杆外露钢筋照片，图 4.6 - 4 为试验锚杆现场检测照片。

以下对其中的几根具有代表性的锚杆检测声波波形进行分析。

图 4.6 - 5 和图 4.6 - 6 分别为 P1 - 1 号砂浆锚杆

应力波检测数据的短时傅里叶变换和Gabor分布时频谱综合分析图（原始信号经过线性增益），由图可以看出：除了0.77ms以前的直达波强幅值信号外，在1.9～2.6ms和3.0～3.7ms分别存在两个反射信号，幅值较大，其中1.9～2.6ms位置为杆底缺陷反映，3.0～3.7ms位置为杆底反射。现场开挖后，验证情况见图4.6－7，0.22～2.2m锚杆被砂浆包裹，2.2～2.62m锚杆被打入到原状土层中。

图4.6－2　2号山梁施工期间的照片

图4.6－3　试验锚杆外露钢筋照片

图4.6－8和图4.6－9分别为P2－1号砂浆锚杆应力波检测数据的短时傅里叶变换和光滑伪Wigner－Ville分布时频谱综合分析图（原始信号经过线性增益），由图可以看出：除了0.77ms以前的直达波强幅值信号外，在2.5～2.8ms幅值较大的反射信号，应为杆底反射，而在其他位置频谱谱幅值均较小。现场开挖后，验证情况见图4.6－10，整条锚杆没有缺陷段。

图4.6－4　试验锚杆现场检测照片

图4.6－11和图4.6－12分别为P3－3号砂浆锚杆应力波检测数据的短时傅里叶变换和光滑伪Wigner－Ville分布时频谱综合分析图（原始信号经过线性增益），由图可以看出：除了0.6ms以前的直达波强幅值信号外，在0.77～1.0ms、1.7～2.2ms和2.3～2.5ms分别存在3个反射信号，幅值较大，其中0.77～1.0ms和1.7～2.2ms位置为杆体缺陷反映，2.3～2.5ms位置为杆底反射。现场开挖后，验证情况见图4.6－13，0.38～2.3m锚杆被砂浆包裹，2.3～2.63m锚杆被打入到原状土层中，在1.2m处有长13cm的夹泥段。

通过以上例子说明：采用时频分析方法，并结合原始信号进行分析，将大大提高锚杆波形识别的准确性。

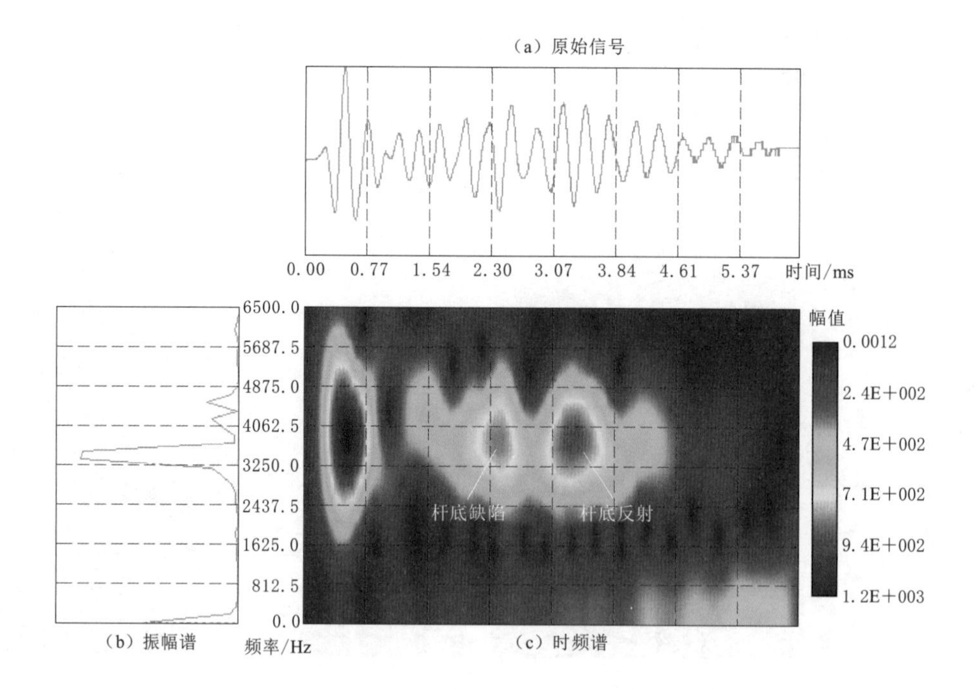

图 4.6-5 P1-1 号砂浆锚杆应力波检测数据的短时傅里叶变换时频谱

注 分析参数：频率点数 1024 个采样点，hamming 窗，窗长 256 个采样点，图中振幅和波形大小为相对值。

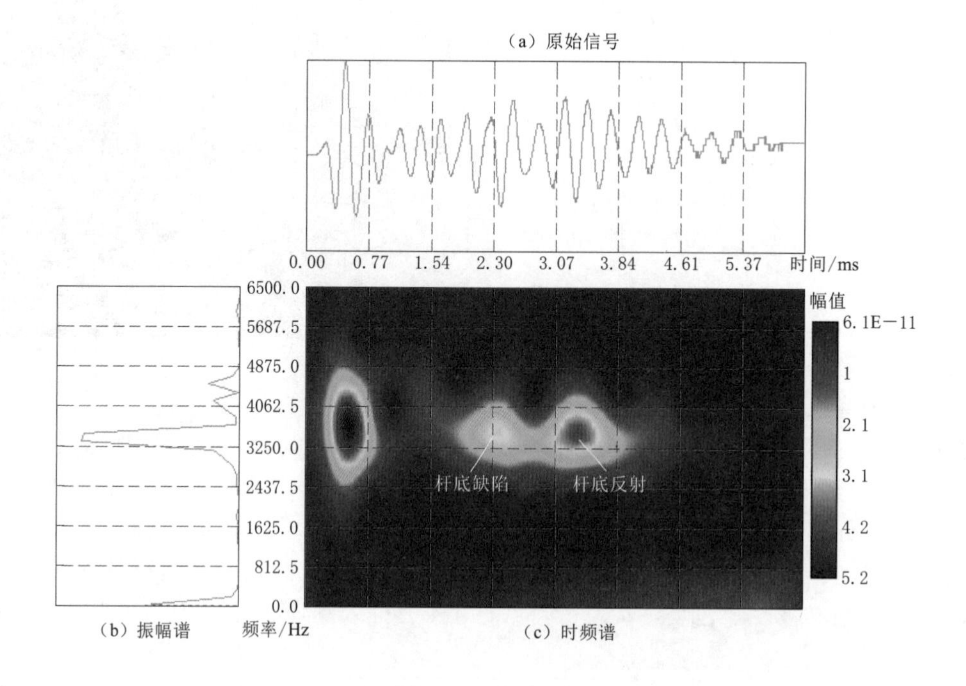

图 4.6-6 P1-1 号砂浆锚杆应力波检测数据的 Gabor 分布时频谱

注 分析参数：重叠点数 512 个采样点，时间点数 512 个采样点，图中振幅和波形大小为相对值。

图 4.6-7　P1-1 现场开挖验证照片

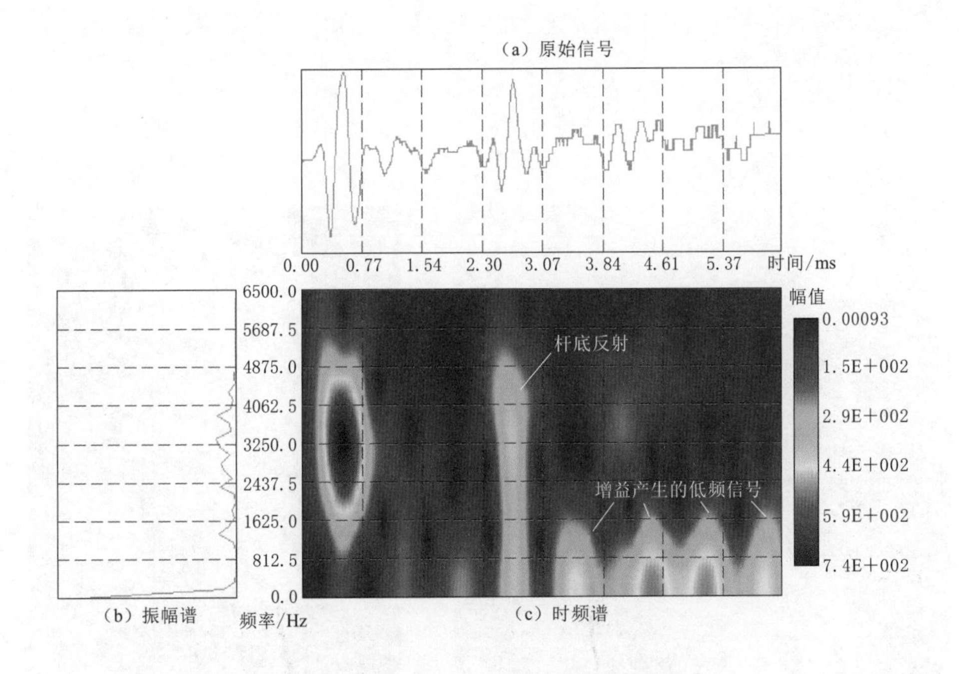

图 4.6-8　P2-1 号砂浆锚杆应力波检测数据短时傅里叶变换时频谱

注　分析参数：频率点数 1024 个采样点，hamming 窗，窗长 256 个采样点，图中振幅和波形大小为相对值。

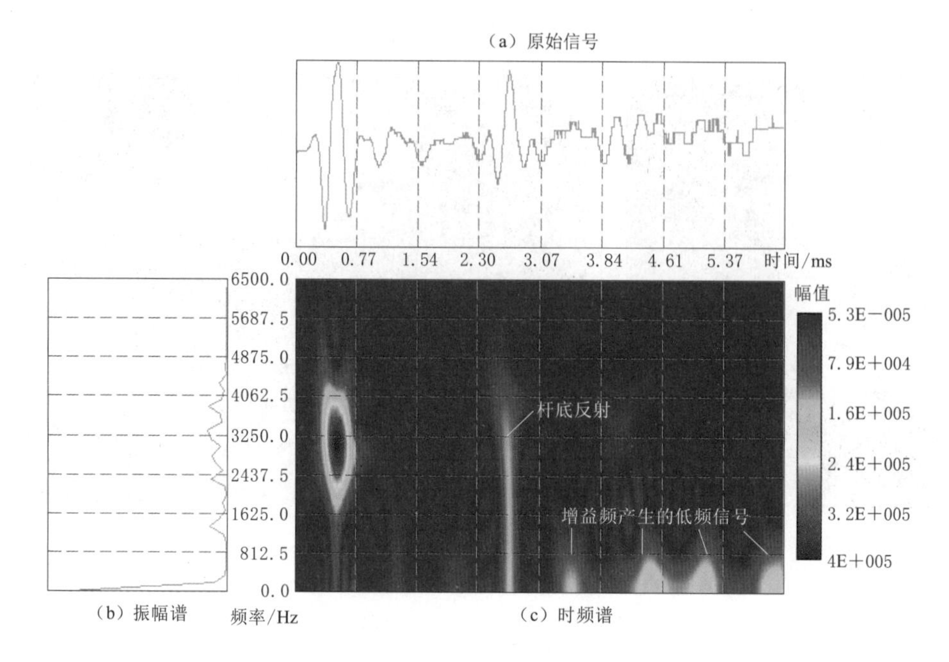

图 4.6-9　P2-1 号砂浆锚杆应力波检测数据光滑伪 Wigner-Ville 分布时频谱

注　分析参数：频率点数 1024，时间窗为 Gauss 窗、时间窗长度 102，频率窗为 Gauss 窗、频率窗长度 256，图中振幅和波形大小为相对值。

(a) 锚杆上部

(b) 锚杆下部

图 4.6-10　P2-1 现场开挖验证照片

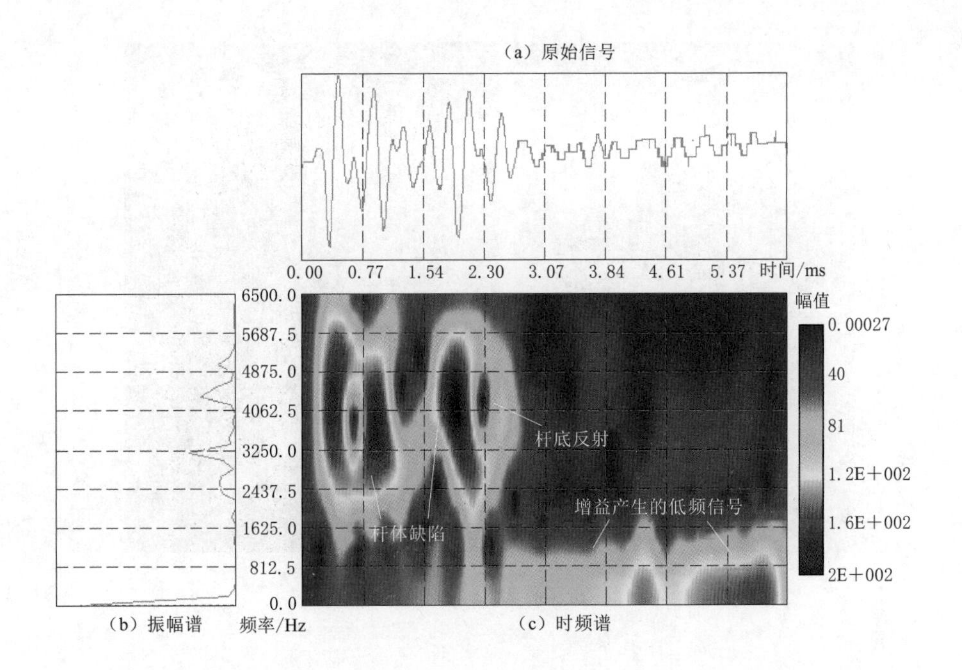

图 4.6-11 P3-3号砂浆锚杆应力波检测数据的短时傅里叶变换时频谱

注 分析参数：频率点数1024个采样点，hamming窗，窗长256个采样点。

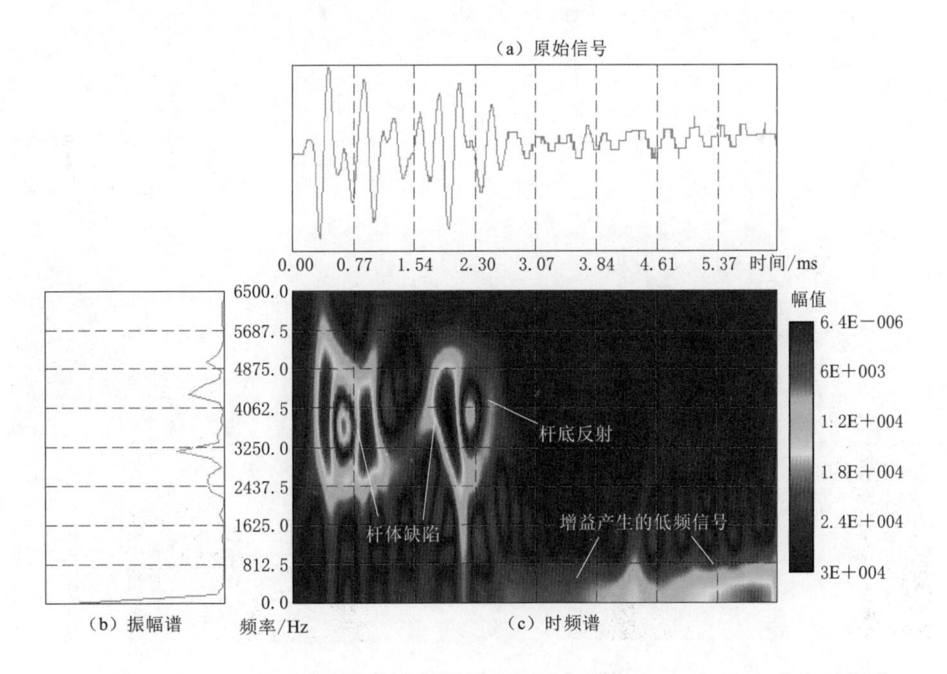

图 4.6-12 P3-3号砂浆锚杆应力波检测数据的光滑伪 Wigner-Ville 分布时频谱

注 分析参数：频率点数1024，时间窗为Gauss窗、时间窗长度102，频率窗为Gauss窗、频率窗长度256，图中振幅和波形大小为相对值。

（a）底部为无砂浆段

（b）中间为夹泥段

图 4.6-13　P3-3 现场开挖验证照片

第 5 章

运行期综合检测关键技术

随着水电站大量建成进入到运营阶段，为保障水电站运行安全，检测、监测技术的需求被提到日程上来，这些检测、监测技术手段，一部分可以从施工期的工程质量检测技术中延续下来，比如针对大坝、地下工程混凝土结构、钢结构的检测技术，在运行期可以继续采用；也有一些是针对运行阶段检测所特有的技术，比如水工建筑物水下检测技术、水库渗漏综合探测技术、水库淤积物综合探测技术、水库诱发地震监测技术等，这是本章所重点介绍的内容。

5.1 水工建筑物水下检测技术

水电站水工建筑物的安全检查是保障电站安全、稳定运行的重要手段。常规的巡视检查通常是针对有检查通道条件的水工建筑物的水上部分，对建筑物的水下部分的检查和运行状态评估工作受技术手段的制约，基本无法开展巡视检查，尤其是针对深水环境和复杂工程部位更是如此。

以往有限的水工建筑物水下检查多是靠潜水员探摸、录像来进行，该方式成本大、作业周期长、作业深度有限（多在60m水深内，部分在100m水深范围内），检测结果依赖于潜水员的业务素质，存在无法准确量化缺陷信息、定位不准确等问题，且存在一定的安全风险，因此局限性较大。随着水下探测及测绘技术的不断进步，相关技术的精度有了较大程度的提高，目前采用遥控式水下机器人搭载声学、光学检测设备进行检测的新型检测模式在水工建筑物的检测中正逐步得到推广应用，并形成了检测体系，该技术体系在水工建筑物水下检测作业中展现了准确、高效的特点[32-33]，不仅清晰展示了探测目标的水下三维结构，直观、定量地查明了水下建（构）筑物的运行现状，大大提高了工作效率、降低了作业安全风险，而且也拓展了检测范围、提高了检测精度，为水电站大坝安全管理及水库调度优化等多方面的工作部署提供了可靠的数据支持，解决了潜水员探摸检测方式存在的录像不清晰、无法量化缺陷信息、定位不准确等问题。

目前水下检测主要对大坝坝体、坝面、消能建筑物、金属结构、水工洞室等工程部位开展，主要检测项目见表5.1-1。

5.1.1 技术要点

水工建筑物水下检测主要采用的技术有：水下声呐（多波束测声系统、侧扫声呐、二维声呐、三维声呐）、水下三维激光、水下无人潜航器（搭载光学成像设备等）等，相关介绍见2.6节。这些检测新技术不仅能对水下缺陷的三维空间形态精确量化，而且能客观反映缺陷的表观影像，检测结果清晰准确，多种检测技术之间也可以相互配合、相互验证，进一步提高检测精度，检查效果是潜水员探摸及单点声呐检测方法不能比拟的。

表 5.1-1　　水工建筑物主要水下检测项目对应检测技术一览表

<table>
<tr><th>序号</th><th>工程类型</th><th>工程部位</th><th colspan="2">水下检测项目</th><th>检测技术</th><th>检测思路</th></tr>
<tr><td>1</td><td>消能建筑物</td><td>消力池、二道坝、泄洪明渠</td><td colspan="2">消力池底板、左右贴坡式边墙、二道坝混凝土表面冲蚀与淤积情况调查</td><td>水下声呐检测/水下三维激光扫描、水下无人潜航器检查及潜水员水下探摸</td><td rowspan="6">以“面积性普查与局部详查”为原则，采用水下声呐、水下三维激光进行全覆盖检测；采用水下无人潜航器、潜水员水下探摸进行局部缺陷逐一详查</td></tr>
<tr><td>2</td><td>土石坝</td><td>大坝面板</td><td>坝体面板状况调查</td><td>面板破损、裂缝情况调查（水下部分）</td><td>水下声呐检测、水下无人潜航器检查</td></tr>
<tr><td>3</td><td>混凝土坝</td><td>大坝上游坝面</td><td>坝体表面混凝土情况调查</td><td>混凝土缺陷、裂缝发育及渗漏情况（水下部分）</td><td>水下声呐检测、水下无人潜航器检查</td></tr>
<tr><td>4</td><td>金属闸门</td><td>检修门槽、工作门槽</td><td colspan="2">闸门门槽内异物情况探查</td><td>水下声呐检测/水下三维激光扫描、水下无人潜航器检查</td></tr>
<tr><td>5</td><td>水工洞室</td><td>引水隧洞</td><td colspan="2">混凝土结构冲刷情况调查</td><td>水下声呐检测/水下三维激光扫描、水下无人潜航器检查</td></tr>
<tr><td>6</td><td>河道护岸冲刷调查</td><td>下游河道</td><td colspan="2">下游河道护岸的冲刷情况调查</td><td>水下声呐检测、水下无人潜航器检查</td></tr>
</table>

水工建筑物水下检测应结合测区水工建筑物机构特点、水下地形、水流条件和能见度等综合因素，合理选用一种或几种方法，以达到较好的测试效果，另外，在测试成果的解译过程中应充分利用已有的设计资料、建筑物运行资料，以提高检测的解译精度。

水工建筑物水下检测各主要部位检查项目分述如下。

（1）消能建筑物运行状况检测。消能建筑物运行状况检测项目主要包括消力池底板、左右贴坡式边墙（水下部分）和二道坝混凝土表面冲蚀与淤积情况调查。主要采用水下声呐和水下三维激光扫描进行全覆盖探查，并采用水下无人潜航器检查及潜水员水下探摸对所发现的异常或存在问题的部位逐一进行复核、拍照。

（2）大坝坝体运行状况检测。大坝坝体运行状况检测项目主要包括土石坝坝体面板运行状况调查、坝体混凝土缺陷情况调查（含水上水下部分），具体如下。

1）土石坝坝体面板运行状况调查：对于水下部分，采用水下声呐、水下无人潜航器组合探查方式构建模型，并查清混凝土面板的缺陷分布状况。

2）混凝土坝体缺陷情况调查：对于水下部分，采用水下声呐检测、水下无人潜航器组合探查方式构建模型，并查清混凝土缺陷分布状况。

（3）水电站闸门检测。水电站闸门检测项目主要针对水下闸门淤积情况及闸门门槽内异物残积情况进行调查。闸门门槽内异物残积情况探查采用水下声呐/水下三维激光扫描、水下无人潜航器进行检查，确定是否有异物影响闸门提放，其中，水下无人潜航器作为搭载平台，搭载二维图像声呐检查可以获得闸门门槽内检测的实时影像资料，搭载三维全景扫描声呐/水下三维激光扫描将获得闸门门槽的空间三维实测模型。

（4）水电站水工洞室检测。水电站水工洞室检测项目主要针对洞室混凝土结构表观缺陷进行调查。采用水下声呐检测/水下三维激光扫描、水下无人潜航器检查进行探测，确定是否有混凝土结构表观缺陷，其中，水下无人潜航器作为搭载平台，搭载二维图像声呐检查可以获得混凝土结构表观缺陷的实时影像资料；搭载三维全景扫描声呐/水下三维激光扫描将获得混凝土结构表观缺陷的空间三维实测模型。

（5）河道护岸检测。河道护岸检测主要针对河道的左右护岸、边坡的冲蚀、淤积情况进行调查。河道护岸的冲蚀、淤积情况采用水下声呐检测进行全覆盖探查，并采用水下无人潜航器搭载二维图像声呐检查等设备对所发现的异常或存在问题的部位逐一进行复核、拍照。

5.1.2 工程实例

1. 消能建筑物运行状况检测

某水电站大坝为混凝土重力坝，枢纽布置于“U”形河谷，水面较窄，河床覆盖层深10～30m，坝顶长370m，左河床为溢流坝段，布置4孔表面式溢洪道，左1孔，右3孔，两者之间设宽9m、长330m的漂木道。右河床为厂房坝段，地下式厂房位于左岸岸边，其控制室和副厂房布置在下游左岸岸边，为减少泥沙对水轮机磨损，在溢洪道两侧和坝后式厂房安装间的一侧设有泄洪排沙底孔，在左岸地下厂房进水口处设有拦沙坎。

为了及时掌握该水电站消力池底板、边墙等部位的混凝土冲刷情况，为后续修补等工作的部署提供基础数据，需要对该水电站消力塘及周缘混凝土结构表观完整情况进行检查。检测部位包括：7号～9号溢洪道过流面水下部分、两侧导墙及护坦、6号底孔右导墙、10号底孔左导墙、漂木道右侧墙、厂房左端墙、混凝土潜堰等，具体探测范围（蓝色阴影）见图5.1-1。

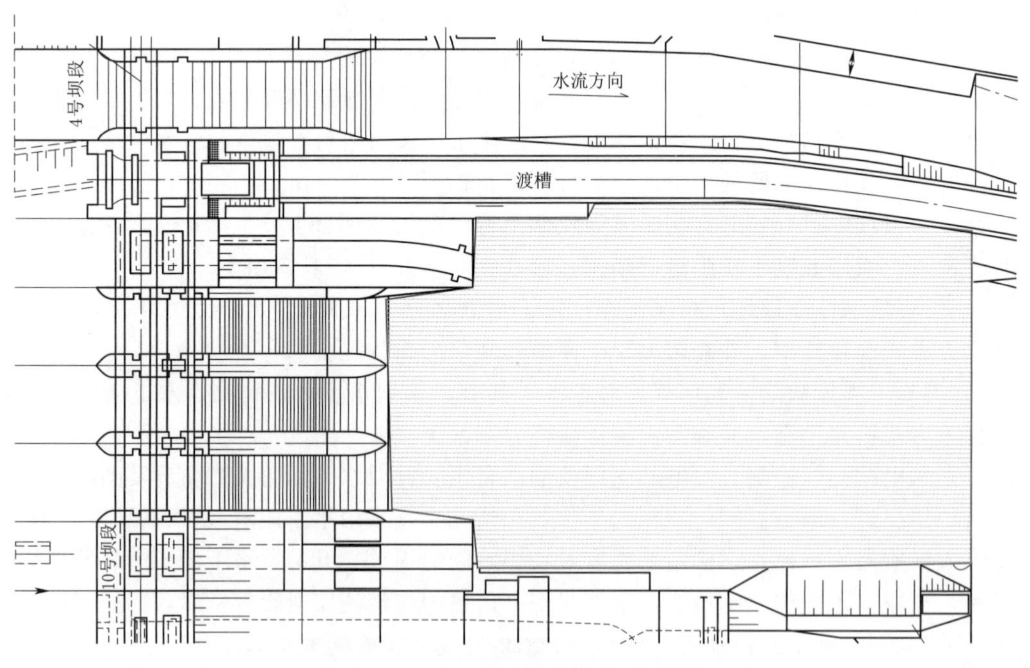

图5.1-1　消力池水下检测范围示意图

（1）检测思路。整个检测项目采用多波束测深系统检测、水下无人潜航器检查进行联合探测，总体思路为“面积性普查与局部详查”相结合，具体如下。

1）采用多波束测声系统检测对消力塘混凝土结构进行全覆盖扫描，获取混凝土结构外形数据资料，分析消力塘混凝结构表观完整性情况，初步圈定混凝土结构破损的空间分布。

2）以多波束测深系统检测成果为基础，使用水下无人潜航器系统为载体，搭载水下成像设备对探测区内的各个异常点及存在疑问的区域逐一进行详查，进一步检测混凝土破损、裂缝、露筋等情况的空间分布。

3）综合两种水下检测技术的实测资料及成果，对圈定的异常位置进行综合分析，最终确定混凝土表观缺陷的规模、类型、深度等参数，为后期的施工处理提供依据。

（2）工作布置。多波束测深系统和水下无人潜航器检测工作布置如下。

1）在检测中，多波束测深系统检测测线以两相邻测线扫测范围至少有20%重合为原则进行布设，测线尽量保持直线，特殊情况下测线可以缓慢弯曲，实际航迹点见图5.1－2中红色曲线。

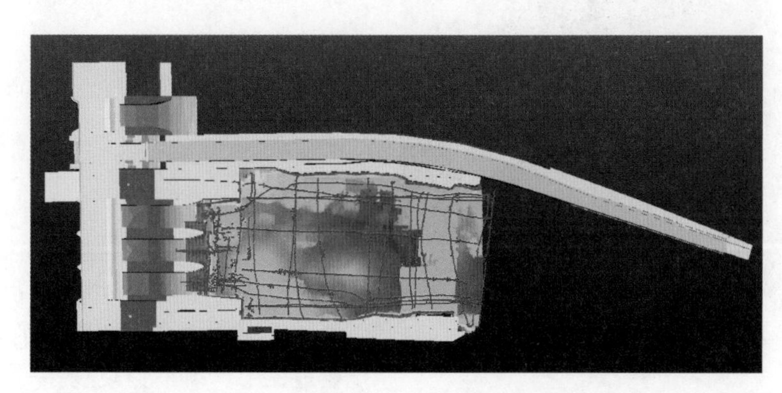

图5.1－2　多波束测深系统检测测线示意图

2）水下无人潜航器在7号～9号溢洪道过流面水下部分、两侧导墙及护坦、6号底孔右导墙、10号底孔左导墙、漂木道右侧墙、厂房左端墙、混凝土潜堰部位沿测线进行局部详查，其中溢洪道过流面及护坦检查测线布置见图5.1－3。

（3）检测工作步骤。相关检测工作按下列步骤展开。

1）各项传感器的安装：以定制的冲锋舟为波束测深系统的载体，安装多波束测深系统水下发射及接收换能器、表面声速探头、罗经、三维运动传感器及RTK流动站，各项安装须确保设备与船体摇晃一致，见图5.1－4。

2）定位坐标系的测量与转换：采用GPS RTK技术为水下检测技术提供定位参数。在工作现场首先将RTK基准站架设在人员干扰相对较少的区域并架设稳固，见图5.1－5（a）；其次使用RTK流动站对坝顶控制基准点进行测量，见图5.1－5（b），作为本次水下检查项目的坐标框架；最后完成实测坐标系与目标坐标系之间的转换参数及高程拟合参数的计算。

3）船体各传感器相对位置的测量：船体坐标系统定义船右舷方向为X轴正方向，船

图 5.1-3　溢洪道过流面及护坦水下无人潜航器系统检查测线布置示意图

图 5.1-4　多波束探测系统各项传感器安装照片

头方向为 Y 轴正方向，垂直向上为 Z 轴正方向。分别量取 RTK 天线、罗经天线、接收换能器相对于参考点（三维运动传感器中心点）的位置关系，往返各量一次，取其中值。

4）多波束测声系统检测全覆盖检查：多波束测深系统对消力池水下部分进行全覆盖扫测，相邻测线覆盖范围重合至少 20%，对于重点部位进行多次覆盖扫测。为进一步提高水下探测成果的可靠度，在作业过程中，须根据现场条件适时进行声

（a）RTK基准站

（b）船载RTK流动站

图 5.1-5　多波束探测系统所使用 GPS RTK 设备

速剖面的测量，且两相邻声速剖面采集时间间隔不应超过 6h。

5）多波束测深系统数据处理：实测数据的处理主要包括实测数据的姿态校正处理、实测数据噪声干扰预处理、各条测线实测数据合并。完成数据合并后，对得到的水深及位

置进行精细处理，其主要内容是对两条相邻测线重叠覆盖范围的噪声干扰逐一进行筛选、删除，以保留高精度的水深数据，最后绘制等深线图（图 5.1-6）。

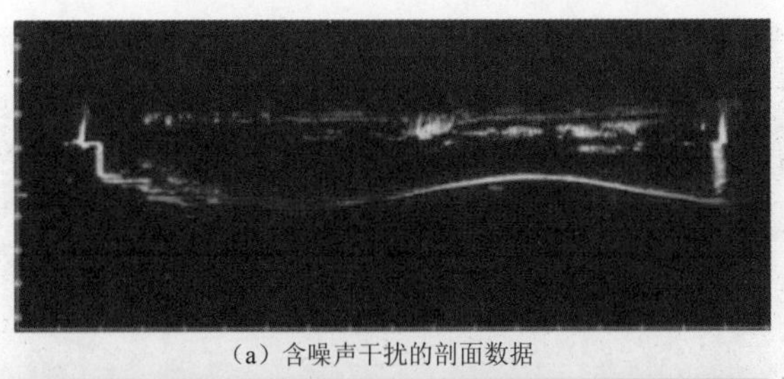

（a）含噪声干扰的剖面数据

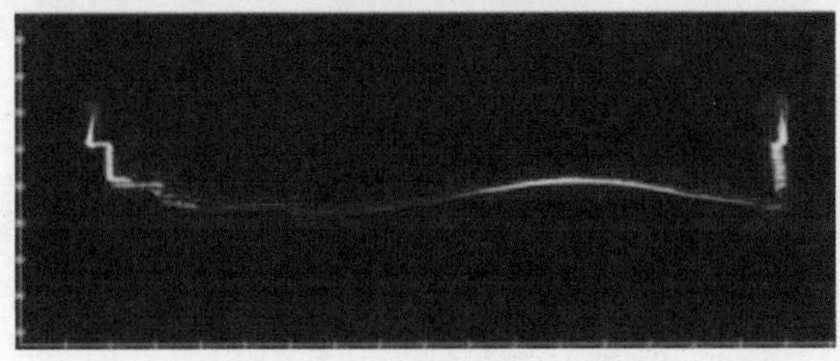

（b）提出噪声干扰数据后的剖面数据

（c）处理完成后的最终检测成果

图 5.1-6　多波束测深系统实测数据典型剖面噪声干扰剔除对比示意图

6）水下无人潜航器水下检查：在检查中使用了观察级水下无人潜航器，见图 5.1-7，通过搭载水下光学成像设备进行直观摄像检查，水下检查的路线紧贴参照目标，沿测线行进。

（a）水下无人潜航器主体

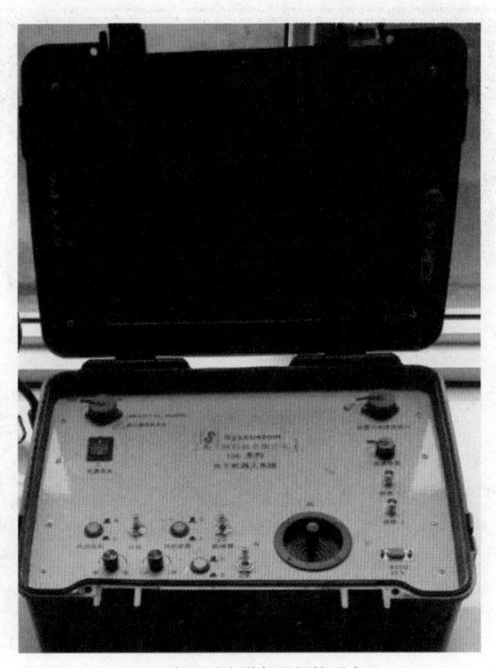

（b）水下无人潜航器操控平台

图 5.1-7　观察级水下无人潜航器系统

（4）检测成果。通过多波束测深系统检测、水下无人潜航器水下检查，在该水电站消力池范围内发现7处具一定规模的异常区，典型异常见图5.1-8和图5.1-9。

图5.1-8　冲砂底孔右导墙及下游面范围异常①位置示意图

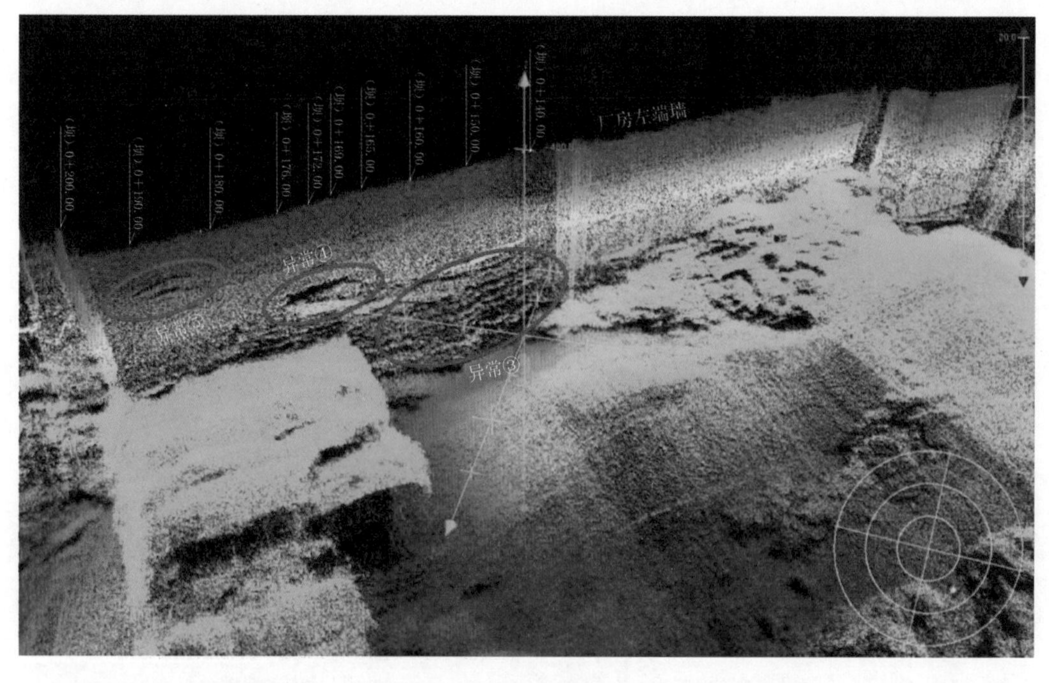

图5.1-9　厂房左端墙范围异常③至异常⑤位置示意图

异常①位于冲砂底孔右导墙，表现为陡立混凝土墙面的淘蚀损伤，沿水流方向水平展布，规模约为2.7m×1m×0.6m（长×宽×深），体积为1.1m³。多波束测深系统计算的冲刷异常见图5.1-10和图5.1-11，水下摄像成果显示该凹陷范围为混凝土淘蚀损伤，见图5.1-12。

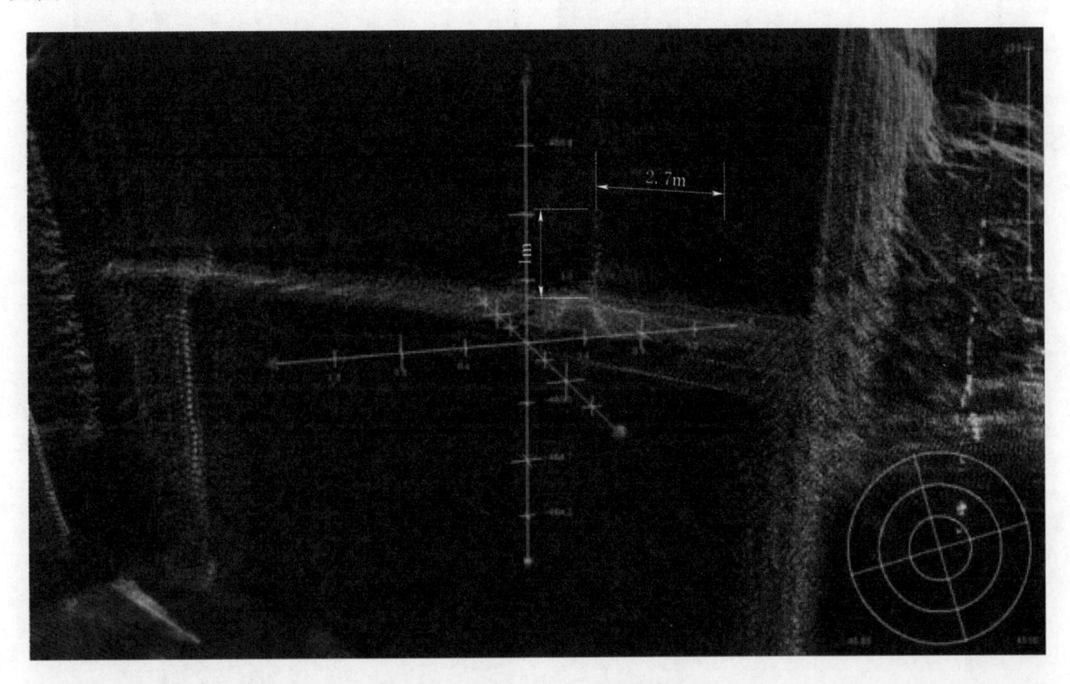

图5.1-10　异常①规模示意图

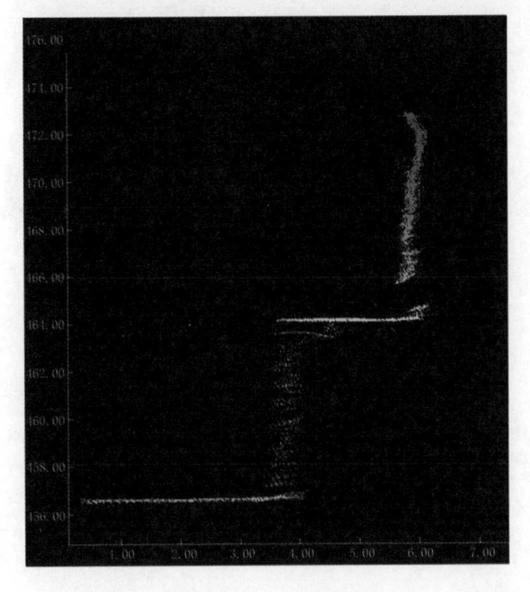

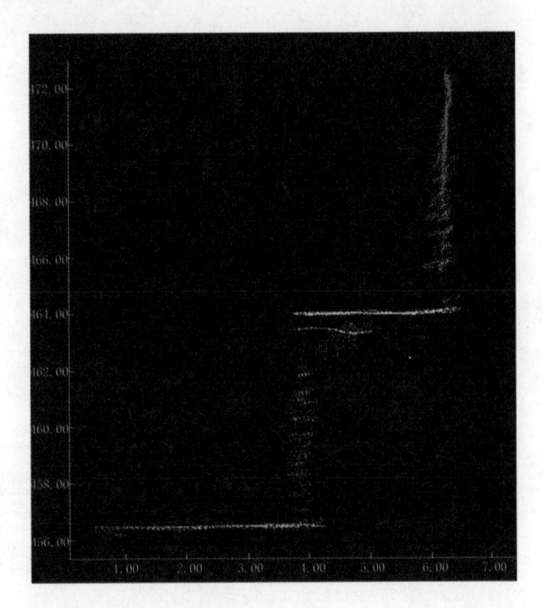

图5.1-11　多波束测深系统探查成果典型断面

2. 大坝坝体运行状况检测

某水电站工程拦河坝为混凝土面板堆石坝，最大坝高为144m，水库为Ⅱ等大（2）

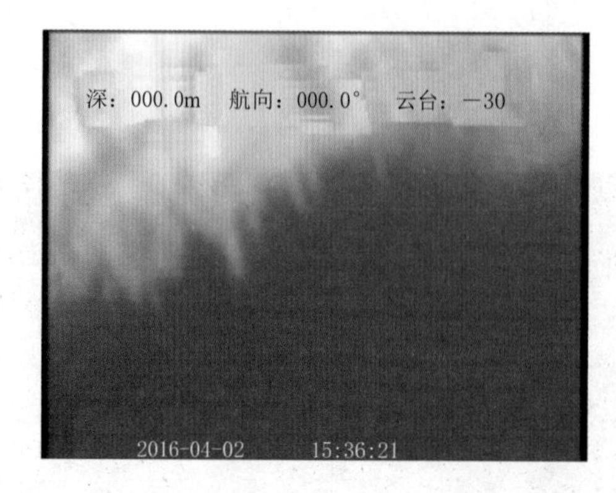

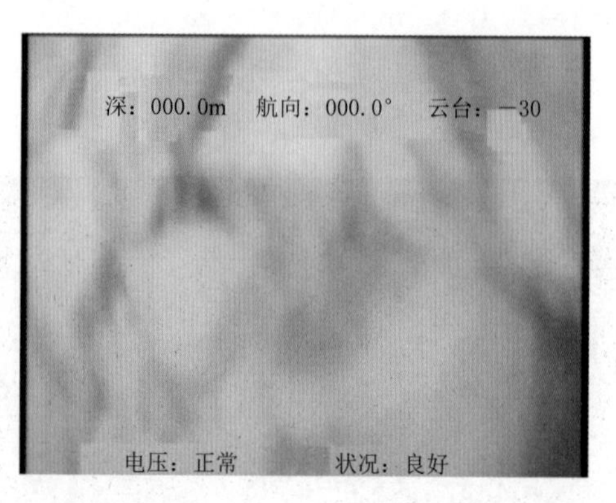

图 5.1-12 异常①水下摄像详查成果

型工程。

为了及时掌握某水电站大坝水下面板、趾板混凝土结构表观缺陷及淤积情况，为后续工作的部署提供基础数据，开展了大坝水下面板、趾板水下检查工作，检测工作范围见图 5.1-13。

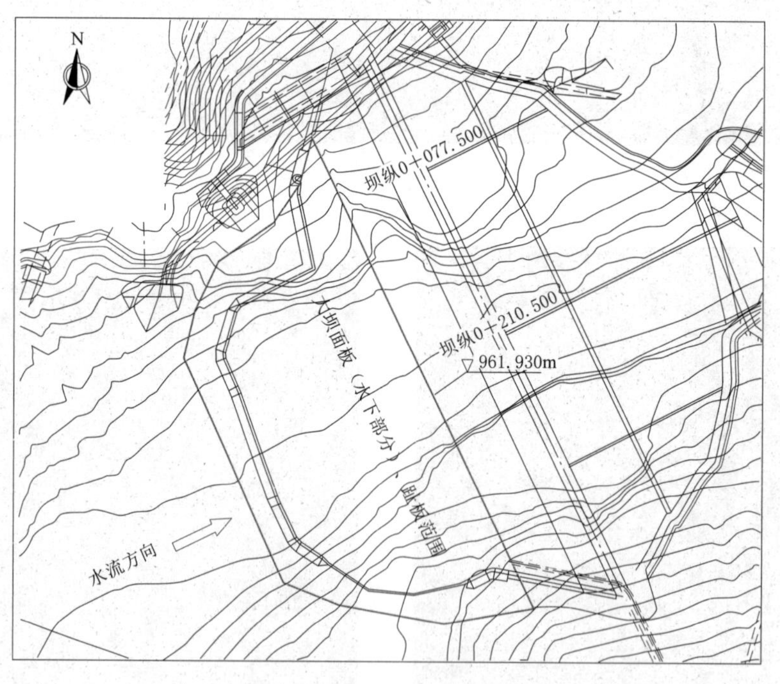

图 5.1-13 大坝水下面板、趾板工作范围示意图

(1) 检测思路。采用面积普查和重点部位详查相结合的方式，使用多波束测深系统和水下无人潜航器检查进行综合检测。

首先采用多波束测深系统检测技术对大坝面板（水下部分）、趾板进行面积性普查，对发现缺陷的部位进行加密测试，初步确定异常位置。

其次采用水下无人潜航器搭载水下高清光学摄像设备对大坝面板（水下部分）、趾板进行探查，对多波束测深系统检测成果发现的缺陷或存在疑问的范围进行详细探测，并进一步确认混凝土缺陷的位置和表面淤积情况。

最后综合两种检测方法的探测成果，对圈定的异常位置进行分析，最终确定混凝土缺陷或淤积层的规模、类型、深度等参数，为后期处理提供依据。

（2）工作布置。多波束测深系统检测测线以两相邻测线扫测范围至少有20%重合为原则进行布设，测线尽量保持直线，特殊情况下测线可以缓慢弯曲；采用水下无人潜航器沿测线进行局部详查。其中多波束测深系统测线布置见图5.1-14，水下无人潜航器测线布置图见图5.1-15。

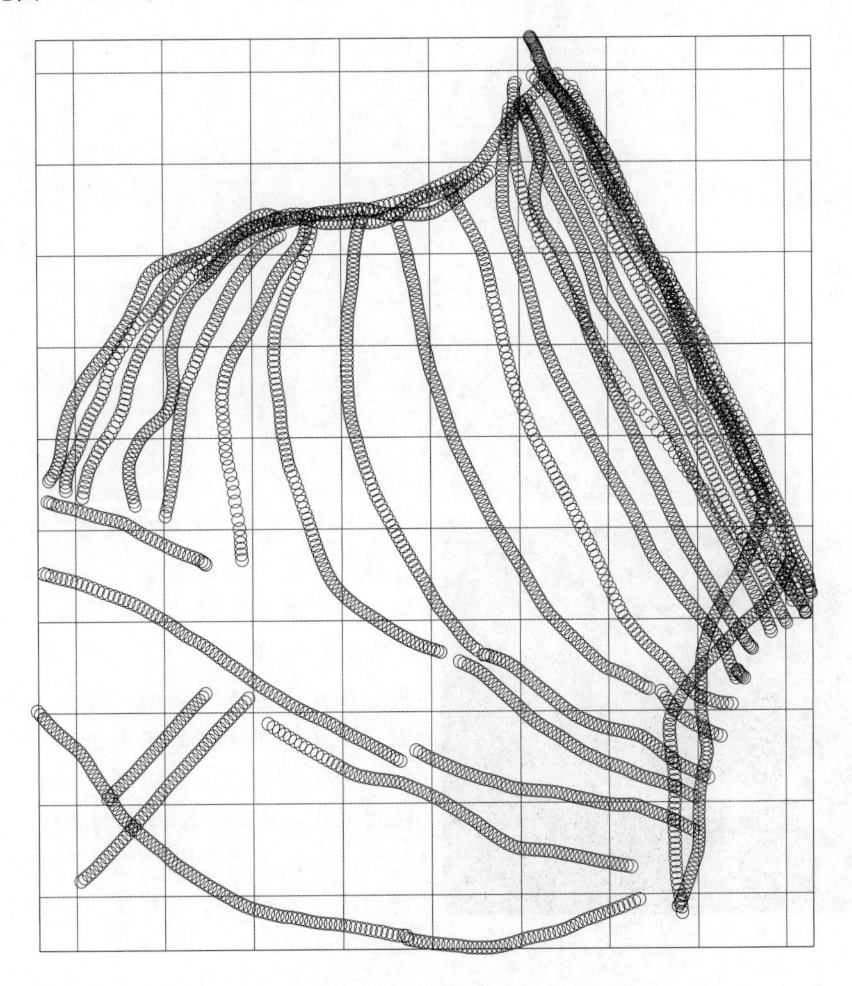

图5.1-14　多波束测深系统测线布置示意图

（3）现场工作。现场工作按照先开展的波束测深系统检测，再进行无人潜航器检测的顺序开展，具体如下。

1）多波束测深系统检测全覆盖检查：采用多波束测深系统对大坝水下面板、趾板进行全覆盖扫测，相邻测线覆盖范围重合至少20%，对于重点部位进行多次覆盖扫测。为进一步提高水下探测成果的可靠度，在作业过程中，须根据现场条件适时进行声速剖面的

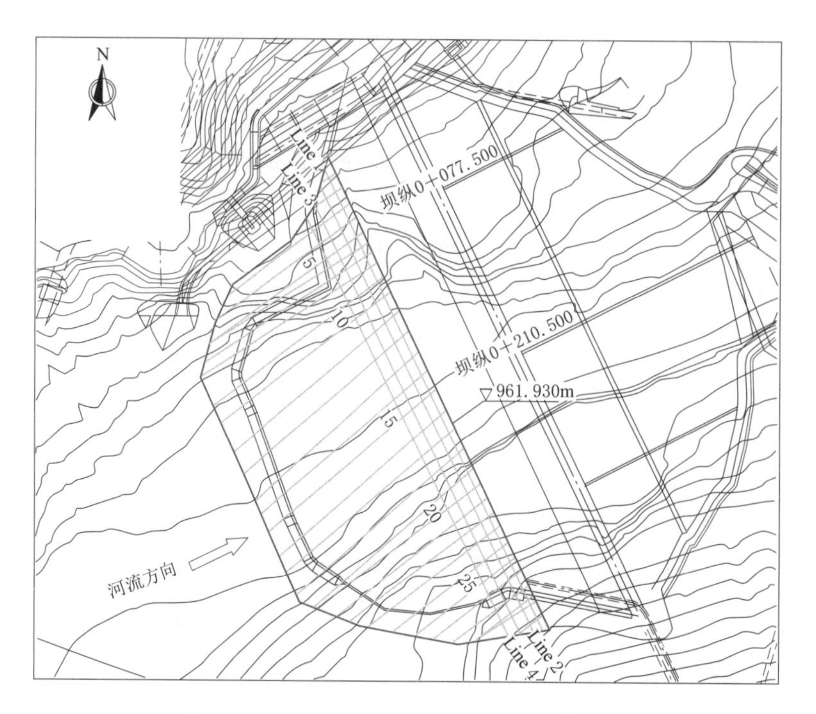

图 5.1-15　水下无人潜航器测线布置示意图

注　图中蓝色实线为水下无人潜航器测线。

测量。多波束测深系统现场作业见图 5.1-16。

图 5.1-16　多波束测深系统现场作业

2）水下无人潜航器检测。在多波束测深系统实测成果的基础上，采用水下无人潜航器搭载水下高清光学摄像设备进行水下检查，水下无人潜航器照片见图 5.1-17。在完成水下无人潜航器各单元的连接后，建立拦河坝上游水下平面定位辅助格网。对格网两端、各块混凝土面板的接缝位置采用 GPS RTK 或者全站仪进行定位，使得拦河坝上游的几何形态和视频检查数据均统一至目标坐标系统。具体工作流程如下。

首先工作船只行驶到指定混凝土面板位置，沿着面板建立的定位辅助格网，轻轻放下水下无人潜航器系统，沿着钢丝绳的位置下沉到需要检测的范围；在水下静止几分钟，准确确定水下无人探测系统的平面位置，并检查水下无人潜航器的工作状态、姿态控制设备和视频记录是否正常。

然后水下无人潜航器沿着计划航线，紧贴混凝土面板上表面缓缓移动，由一端逐步移动至另一端，并记录视频文件，在异常部位需停留进行确认。

（4）检测成果。经过探测，该水电站大坝面板（未覆盖黏土铺盖）上没有发现明显的混凝土缺陷，趾板上覆盖有厚层的黏土铺盖，整体检测成果图见5.1-18。

为进一步分析大坝面板及趾板形态，在大坝上游面板中部提取典型断面（图5.1-19），由图5.1-19可知，断面0m点位于水面线附近，止于坝底趾板边缘；断面0～69.2m段，淤积层厚度为0.49～2.49m，随着水深的增加，淤积厚度增加，坡比约为1∶1.45；断面69.2～132.4m段，淤积层厚度随水深迅速增加，厚度范围为2.49～24.64m，坡比约为1∶2.62。

图5.1-17　水下无人潜航器照片

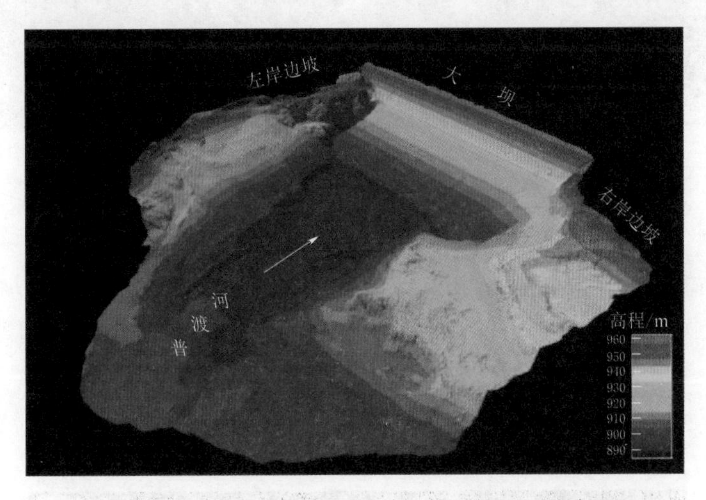

图5.1-18　大坝面板、趾板多波束检测成果示意图

(a) 断面位置示意图

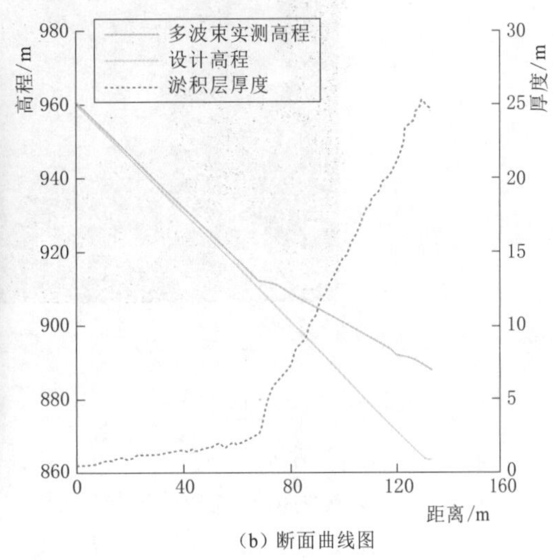

(b) 断面曲线图

图5.1-19　典型断面图

通过采用水下无人潜航器搭载水下高清光学摄像设备对大坝面板上的淤积层进行详查，发现了以黏土、碎石为主的淤积层，未发现大坝面板、趾板存在明显混凝土表观缺陷，见图 5.1-20。

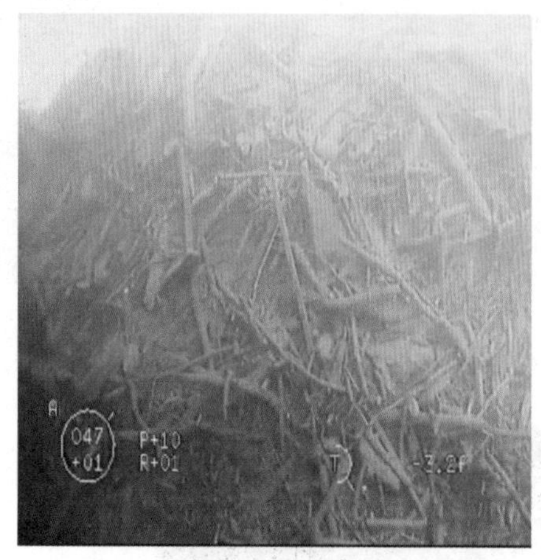

(a) 左岸边坡坡脚范围，残积有树枝、沙土等

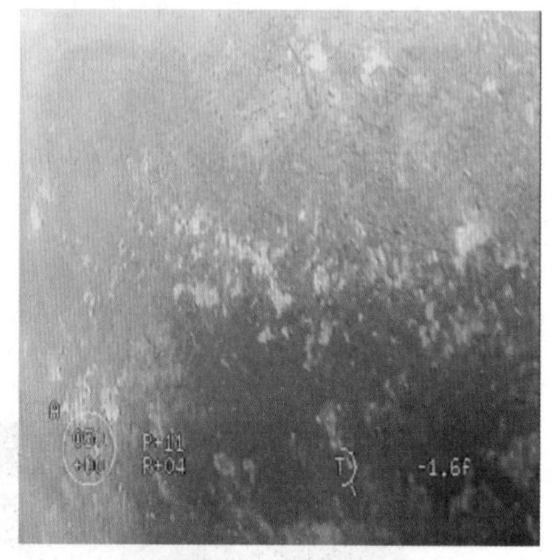

(b) 大坝面板中部，淤积有薄层沙土

图 5.1-20　水下无人潜航器检查典型记录

综合多波束测深系统实测成果和水下无人潜航器的检测成果，在大坝面板（水下部分）的淤积层上发现了 3 处具有一定规模的淤积层凹陷坑，位置见图 5.1-21 中①、②、③，但根据水下无人潜航器在大坝面板淤积层凹陷坑内染料投放检查记录（图 5.1-22），未发现存在集中渗漏现象。

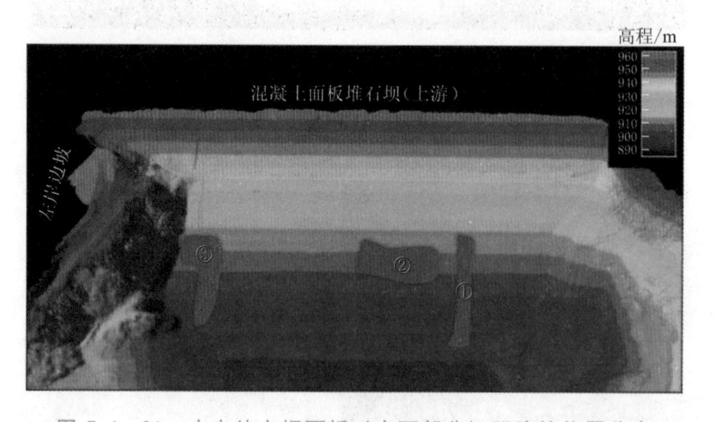

图 5.1-21　水电站大坝面板（水下部分）凹陷坑位置分布

3. 水电站闸门状况检测

某水电站泄洪闸最大闸高 49.5m，3 孔泄洪闸沿坝轴线总长 39.0m，3 孔闸为同一闸室单元。闸室型式为胸墙式平护坦宽顶堰，孔口尺寸 7.0m×17.0m（宽×高），闸室顺水流方向长 65.0m，闸护坦顶面高程为 620.00m，护坦厚 7.0m。闸室下游以 1∶4 的坡度与长 121.85m 的消力池连接（其中 16.85m 在闸室内），消力池后接 50.0m 长的钢筋混凝

土防冲护固段。为掌握该水电站 3 孔泄洪闸门槽运行情况，开展闸门水下检查。

对该水电站 3 孔泄洪闸门槽运行情况采用二维水下声呐检测技术和水下无人潜航器光学检查进行综合检测。

（1）采用水下无人潜航器搭载二维水下声呐对 3 孔泄洪闸门槽及其上下游流道，以测站的形式进行面积性普查，发现缺陷部位后进行加密测试，初步确定异常位置。

（2）采用水下无人潜航器搭载水下高清光学摄像设备对 3 孔泄洪闸门槽及上下游流道进行探查，对水下声呐检测成果发现的缺陷或存在疑问的范围进行详细探测，并进一步确认混凝土结构、钢结构表观缺陷的位置和表面淤积情况。

图 5.1-22　大坝面板淤积层凹陷坑内染料投放检查

（3）综合两种检测方法的成果，对圈定的异常进行分析，最终确定混凝土缺陷的类型、规模、位置等参数，为后期处理提供依据。

泄洪闸门槽及上下游流道水下无人潜航器检测布置见图 5.1-23 和图 5.1-24。

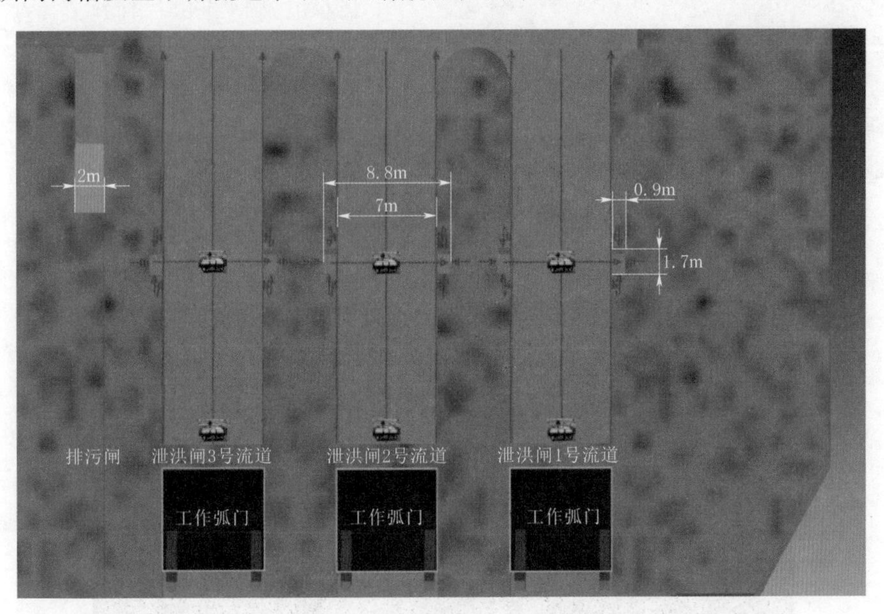

图 5.1-23　泄洪闸门槽及上下游流道水下无人潜航器检测布置俯视图

水下无人潜航器搭载水下高清光学摄像设备、水下声呐分别完成了 3 孔泄洪闸检修门槽及其上下游流道水下检查，无人潜航器系统现场吊放见图 5.1-25，水下声呐扫描以测站的形式进行，水下光学摄像检查以测线的形式开展。

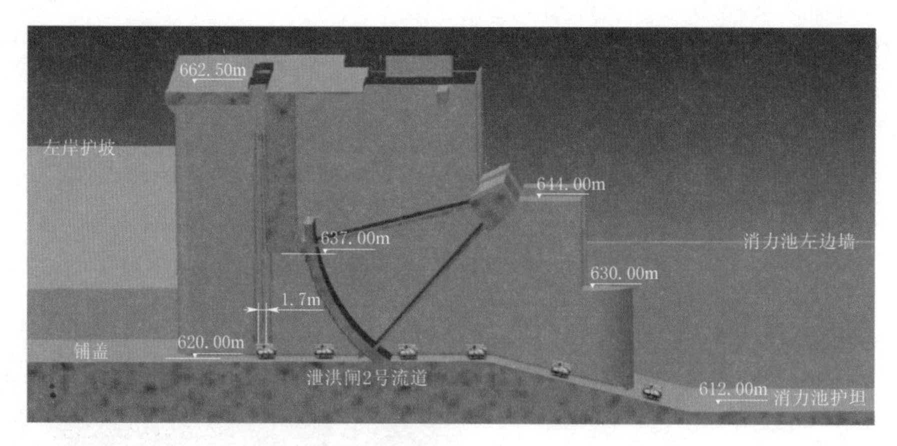

图 5.1-24 泄洪闸检修门槽及上下游流道水下无人潜航器检测布置侧视图

图 5.1-25 检测级水下无人潜航器系统现场吊放

检查结果表明：3 孔泄洪闸门槽整体完好，未发现明显混凝土结构、钢结构缺陷，只是在 2 号泄洪闸门槽上游侧发现局部混凝土剥落，缺陷尺寸约为 0.2m（长）×0.12m（宽）×0.2m（深），检测成果见图 5.1-26 和图 5.1-27。

4. 水电站水工洞室检测

某水电站枢纽由拦河坝、泄水消能建筑物、地下厂房、引水和尾水系统等组成，水电站进水口为岸塔式，位于大坝上游约 100m 处的左岸山坡，由 6 条直径为 9m 的引水隧洞平行布置，进水口平台高程为 1207m，依次设置拦污栅、检修闸门、快速闸门及相应启闭设备。

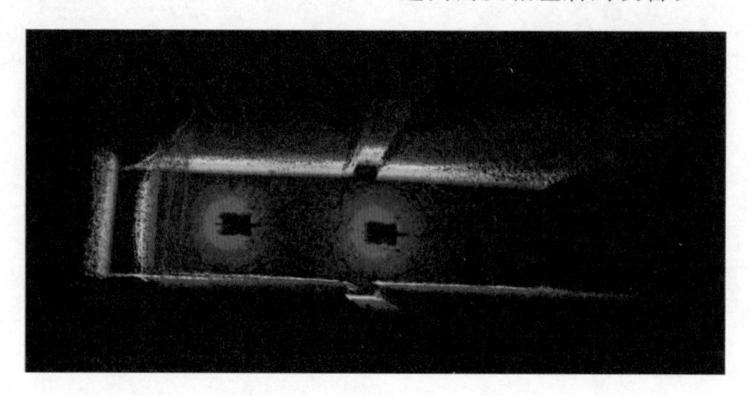

图 5.1-26 2 号泄洪闸门槽及上游流道水下声呐扫描成果

水电站引水隧洞由渐变段、上平段、上弯段（弯道半径 $R=30$m）、竖井段（垂直高度为 70m）、下弯段（弯道半径 $R=30$m）、下平段等组成。引水隧洞上平段底板高程为

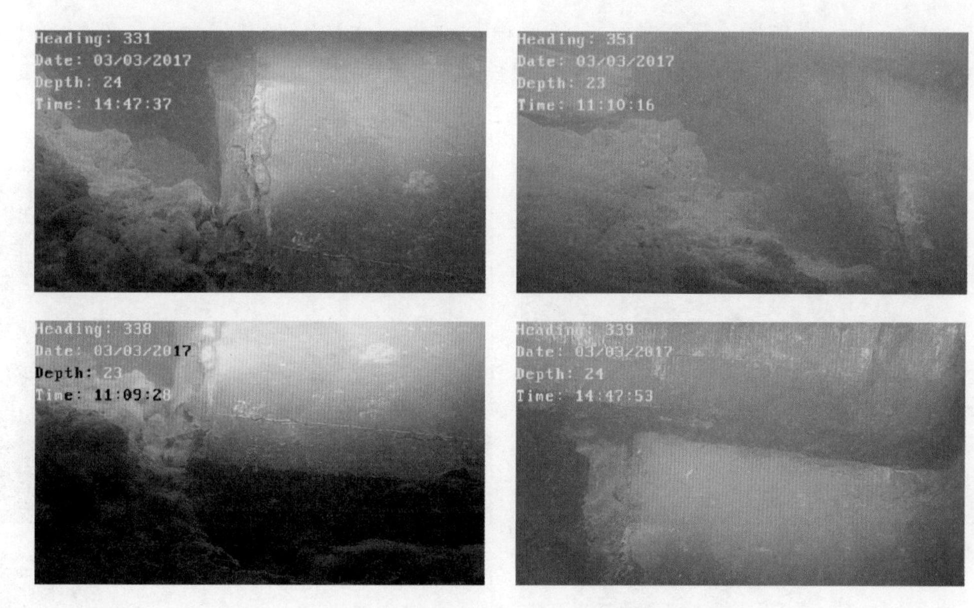

图5.1-27　2号泄洪闸门槽上游局部混凝土剥落摄像图

1128m，下平段底板高程为998m。隧洞衬砌采用两种类型，进口渐变段至竖井段末端为钢筋混凝土衬砌结构（衬砌厚度渐变段为1.5m，其他为0.8m）；下弯段起点至下平段为双层衬砌结构，表层为钢衬，内层回填混凝土。

为了掌握该水电站引水隧洞衬砌内壁表观缺陷的运行情况，采用水下无人潜航器搭载水下高清光学成像设备进行检测，探查混凝土缺陷的性质、规模和分布部位等情况。

检测中，水下无人潜航器搭载水下高清光学摄像设备沿隧洞环形截面布置测线，具体见图5.1-28，无人潜航器单元配置见图5.1-29。

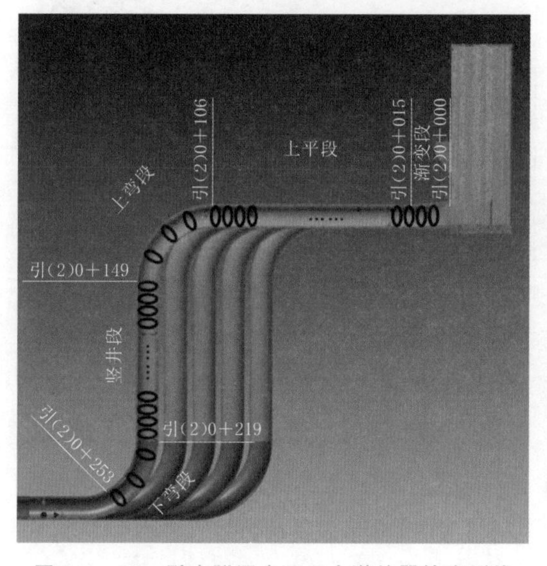

图5.1-28　引水隧洞水下无人潜航器检查测线布置示意图

图5.1-29　无人潜航器单元配置示意图

通过水下无人潜航器水下检查，在该水电站6号引水隧洞竖井段发现局部混凝土剥落，该缺陷沿混凝土衬砌环形接缝分布多处较大规模的局部混凝土剥落，较大规模的剥落尺寸约为80cm×10cm×10cm（长×宽×深），见图5.1-30。

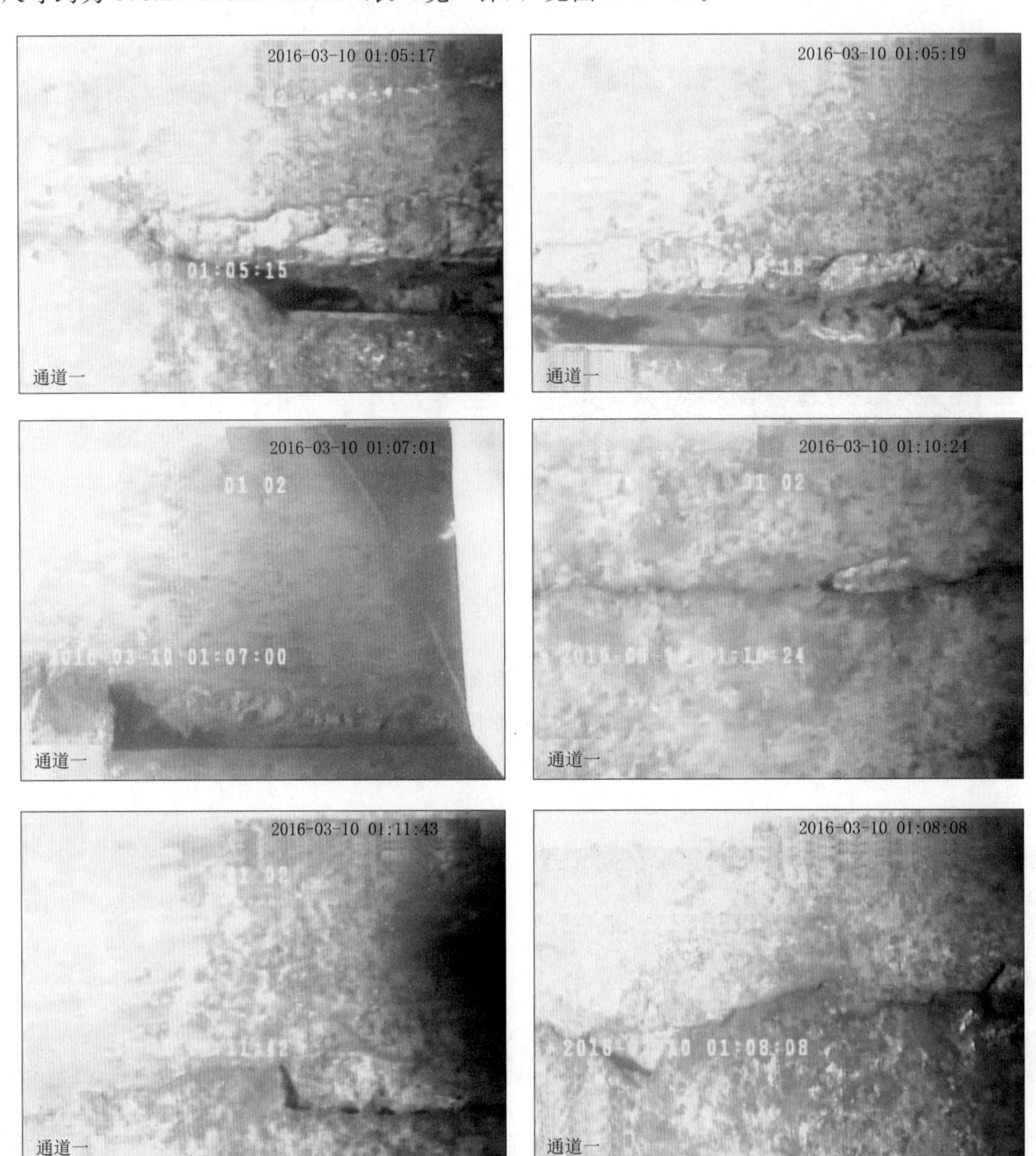

图5.1-30　6号引水隧洞混凝土衬砌环形接缝分布多处局部混凝土剥落

5. *河道护岸检测*

某水电站水库在初期蓄水期间，主、支库局部库段出现坍岸现象，为了及时开展库岸稳定复核、坍岸治理设计和护坡处理工作，采用水下声呐完成了抛石护坡处理段局部滑塌坍岸现状水下检查，为后续工作的部署提供基础数据。

检测采用定制声呐工作船搭载多波束测探系统对消力池混凝土结构进行全覆盖扫描，

获取原抛石护坡处理段局部滑塌坍岸现状水下地形资料，分析局部滑塌坍岸现状。

通过采用多波束测深系统进行水下检查，发现一处滑塌坍岸区，坍岸顺河向长度约为50m，坍岸后缘距离公路挡墙基础约2m，相关检测成果见图5.1-31和图5.1-32。

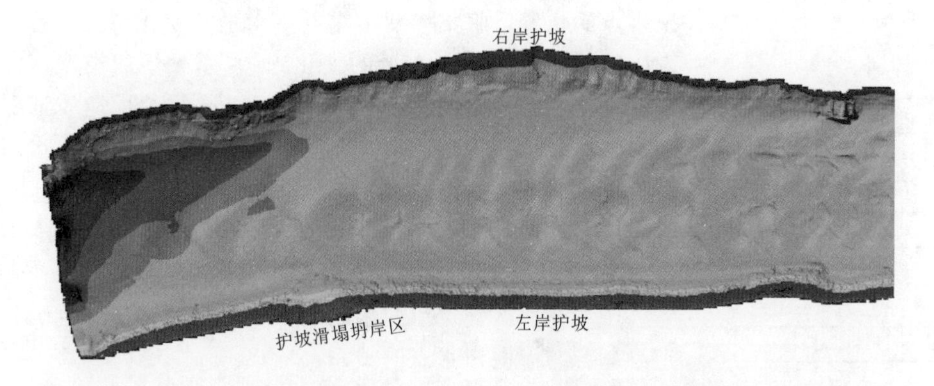

图5.1-31 原抛石护坡处理段水下声呐实测成果

图5.1-32 原抛石护坡处理段局部坍岸点云成果

5.2 水库渗漏综合探测技术

水库渗漏会造成经济损失，如不及时处理可能会造成水库溃坝，严重威胁下游人民群众的生命财产安全，因此对渗漏严重的水库进行除险加固势在必行。在除险加固之前，查明渗漏原因，找准渗漏位置是决定最终处理效果的关键因素。

目前水库渗漏探测主要采用钻探法、工程地质调查法和地球物理方法等。钻探法是破损性的探查方法，存在效率低、成本高且有“一孔之见”的局限性；工程地质调查法能够对可能造成渗漏的原因进行初步分析，但在没有钻探、地球物理探测资料的情况下，所得结论有限，对后期的施工处理针对性不强。地球物理方法可以直接针对渗漏问题开展探测工作，获得可能造成渗漏的薄弱位置，但由于存在多解性，单一地球物理方法往往难以获得理想的探测结果，针对不同的渗漏情况，合理运用多种方法开展最优化组合探测是水库渗漏探测的理想模式。

5.2.1 技术要点

1. 基本思路

水库渗漏综合探测解决的问题主要包括：①探明渗漏源平面位置；②探明渗漏源深

度、高程；③分析渗漏类型；④探明渗漏路径或渗漏范围。

水库渗漏综合探测的基本思路如下（图 5.2-1）。

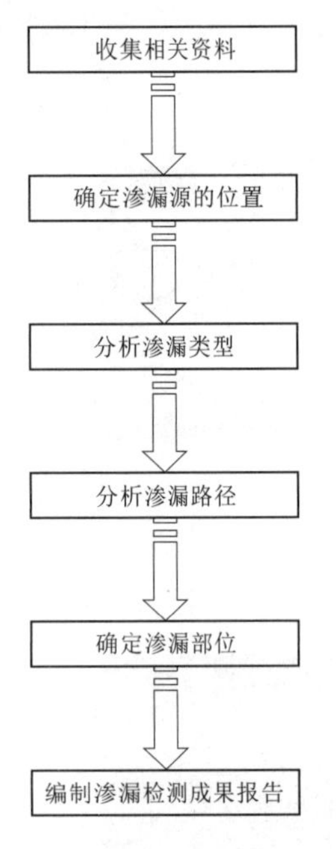

图 5.2-1　水库渗漏综合探测的基本思路图

（1）在进行水库渗漏探查之前应进行现场踏勘，观察渗漏出水点的位置，收集渗漏出水点渗水量的变化情况（包括渗漏发生的起始时间和渗水量的变化）、水库大坝的类型（土石坝或混凝土坝）、大坝的结构、工程枢纽区的工程地质情况（地貌、岩性、地质构造）、水文地质资料等，初步判定水库渗漏类型（坝区或库区渗漏）。

（2）在进行水库渗漏探查时，首先应采用适当的地球物理方法在库区初步查明渗漏源（入水口）的平面位置和高程分布范围。

（3）在库区确定渗漏源之后，应采用示踪法或连通试验确定渗漏源与渗漏出水点的关系。

（4）在库区渗漏源与渗漏出水口之间的区域布置测线，采用适当的方法（如地球物理、钻探等）查明渗漏的大致路径或范围。

（5）根据测试成果结合工程地质资料、水文资料及工程设计资料综合分析渗漏类型。

（6）综合以上探查成果圈定库区渗漏源位置、阐述渗漏的类型、分析渗漏原因、标明渗漏大致路径或范围、确定发生渗漏的具体工程部位。

2. 工作流程

（1）土石坝渗漏探测。土坝、土石坝水库渗漏探测流程及常用地球物理方法见图 5.2-2。

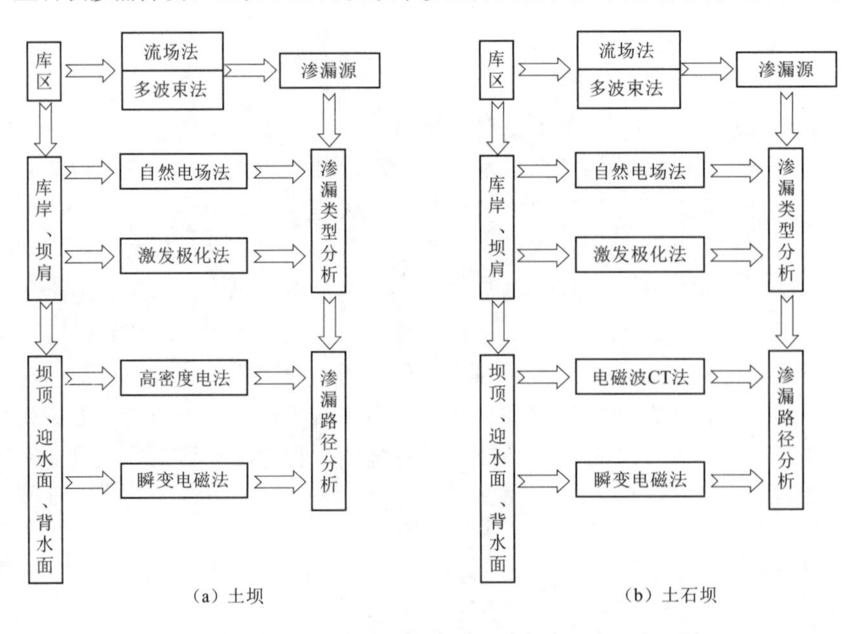

图 5.2-2　土坝、土石坝水库渗漏探测流程及常用地球物理方法图

对于土坝而言，由于其坝体填筑料为黏土，地球物理方法工作布置范围比较广，可布置在坝顶、迎水面、背水面、库岸及坝肩，可选用的地球物理方法也比较多，基本不受坝体材质的影响；土石坝坝体本身为堆石碾压体，有一定的刚度，同时坝顶、迎水面、背水面基本为“硬壳”，部分电性、电磁性方法在地表无法实施，只能采用孔中的方法和电磁感应类的方法。

1）库区渗漏源的确定：可采用流场法对渗漏源平面位置进行确定，也可采用水下声呐探测技术对大的可能导致渗漏的变形和缺陷位置进行初步确定，再利用水下无人潜航器配备颜料，通过颜料的吸入情况等对缺陷是否发生渗漏进行判断，如图5.2-3所示。

2）渗漏类型的探查分析：主要采用排除法进行，可在库岸、坝肩等部位采用自然电场法、激发极化法开展工作，探测渗水的流向，结合渗漏源所在位置对渗漏的类型进行分析（坝基、绕坝肩、坝体及低邻谷渗漏等）。

3）渗漏路径（大致范围）的探查分析：土坝可在大坝坝顶、迎水面、背水面布置高密度电法、瞬变电磁法等，土石坝只能采用瞬变电磁法或孔中的电磁波CT法进行，再结合上述渗漏源和类型的分析成果进行综合分析，同时可采用电阻率示踪法，验证渗漏源水体与渗漏出水口之间的连通性。

（2）混凝土坝渗漏探测。混凝土坝水库渗漏探测流程见图5.2-4。

图5.2-3　水下无人潜航器配备颜料对裂缝渗漏情况进行判断

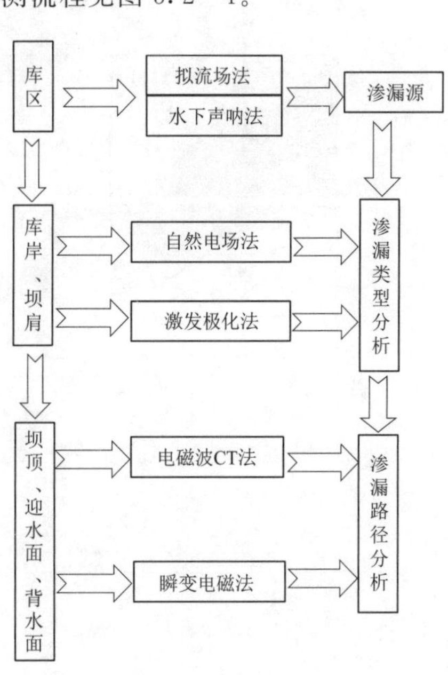

图5.2-4　混凝土坝水库渗漏探测流程及常用地球物理方法图

混凝土坝是一种刚性防渗体系，包括了地下帷幕灌浆体系和地上的混凝土坝体。混凝土坝的渗漏一般分为绕坝渗漏（包括绕坝肩渗漏、绕坝基渗漏）、防渗帷幕渗漏和坝体渗漏。绕坝渗漏一般是由坝址区地质情况比较复杂、地质勘察的精细程度不够导致防渗体设置范围偏小引起的，也可能是因为水库蓄水之后，受到水位上升和下降的水力作用，使原本不很稳定的结构出现裂隙等，冲刷出裂隙的填充物质，库水得以沿着薄弱环节逐步渗透。防渗帷幕渗漏和坝体渗漏可能是由施工质量不过关造成工程缺陷引起的；坝体渗漏还有可能是长期受水力作用和机组运行的微震影响，混凝土壁长期受水浸泡，使混凝土表面剥蚀，特别是当混凝土壁有蜂窝、砂眼与裂缝时，形成集中的快速渗水通道，使得渗水量增大或产生集中渗流；另外混凝土坝伸缩缝以木板、沥青条、塑料泡沫等作为填充物，伸缩缝充填物老化，在湿度大并带有微震的机组廊道伸缩缝中的填充材料易于老化、部分腐烂，成为混凝土坝的渗水薄弱环节。

混凝土大坝通常在坝体内部设有廊道，在廊道内布置有排水孔和灌浆孔，该类大坝的防渗通常在大坝上游和下游采用防渗帷幕等防渗构筑物，在进行此类大坝渗漏的检测时，除了在其大坝表面采用无损检测方法，还应考虑在大坝廊道排水孔、灌浆孔内开展工作，而地表地球物理方法仅能在库岸、坝肩部位实施。

库区渗漏源的确定和渗漏类型的探查分析与土坝、土石坝基本相同；渗漏路径（大致范围）探测可在廊道排水孔、灌浆孔内采用温度场法建立大坝特别是坝基部分的温度场，从而对渗漏区域进行判断，见图 5.2-5。也可采用电磁波 CT 法及钻孔电视观察法进行探测，再结合渗漏源和渗漏类型探测成果进行综合分析，同时可采用电阻率示踪法，验证渗漏源水体与渗漏出水口之间的连通性。

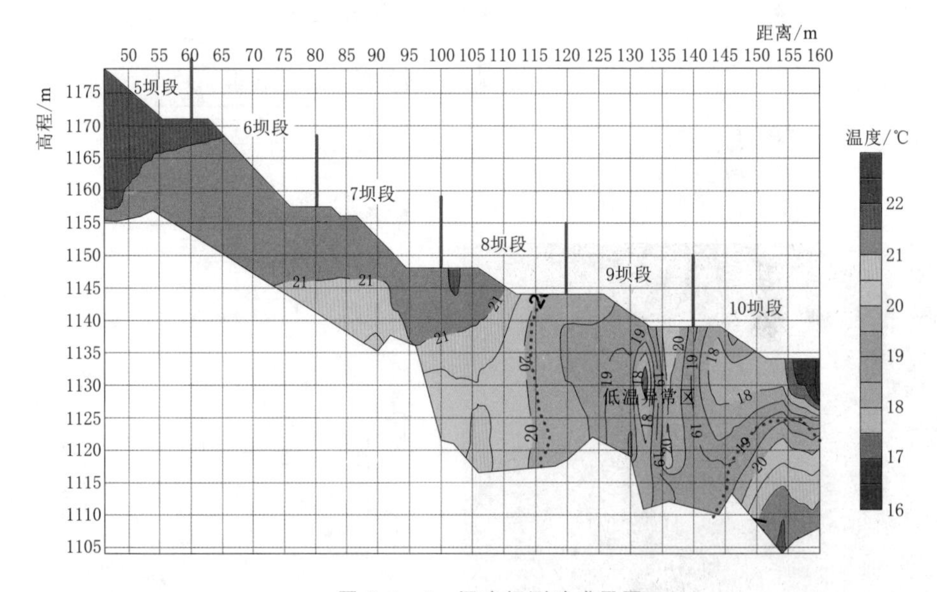

图 5.2-5　温度场测试成果图

5.2.2　工程实例

1. 土石坝坝基渗漏探测

某电站大坝为混凝土面板堆石坝，最大坝高 61.5m，坝顶长 330m，大坝坐落在覆盖层上，趾板下采用 80cm 厚混凝土防渗墙接基岩帷幕灌浆。该水电站蓄水后坝脚即出现明显渗漏，蓄水至正常水位时渗漏量约 220L/s，与相类似工程相比，渗水量偏大。

坝基左岸主要为长石石英砂岩、泥质粉砂岩、细砂岩夹少量炭质泥岩，弱风化，岩体结构完整性较好，发育节理主要为层节理，岩层产状为 N55°～80°W，NE∠50°～75°；右岸主要为泥质粉砂岩、细砂岩、粉砂质泥岩夹炭质泥岩，岩体完整性差，节理发育，强风化～弱风化，岩层产状 N15°E，NW∠35°。

趾板开挖，左岸趾板基础为弱风化长石石英砂岩，岩体完整性较好，层节理较发育，右岸趾板基础大部分为弱风化基岩，岩性主要为泥质粉砂岩、粉砂质泥岩夹少量长石石英砂岩，其中趾板 X6～X9 点段主要为强风化。

(1) 渗漏位置分析。根据现场情况，采用自然电场法和伪随机流场拟合法在库区内水库底部和浅部开展普查工作，在发现异常区进行加密测试，确定渗漏区域后，在异常区域内投入食盐，在坝后量水堰进行了电阻率测试。渗漏探测工作布置见图 5.2-6。

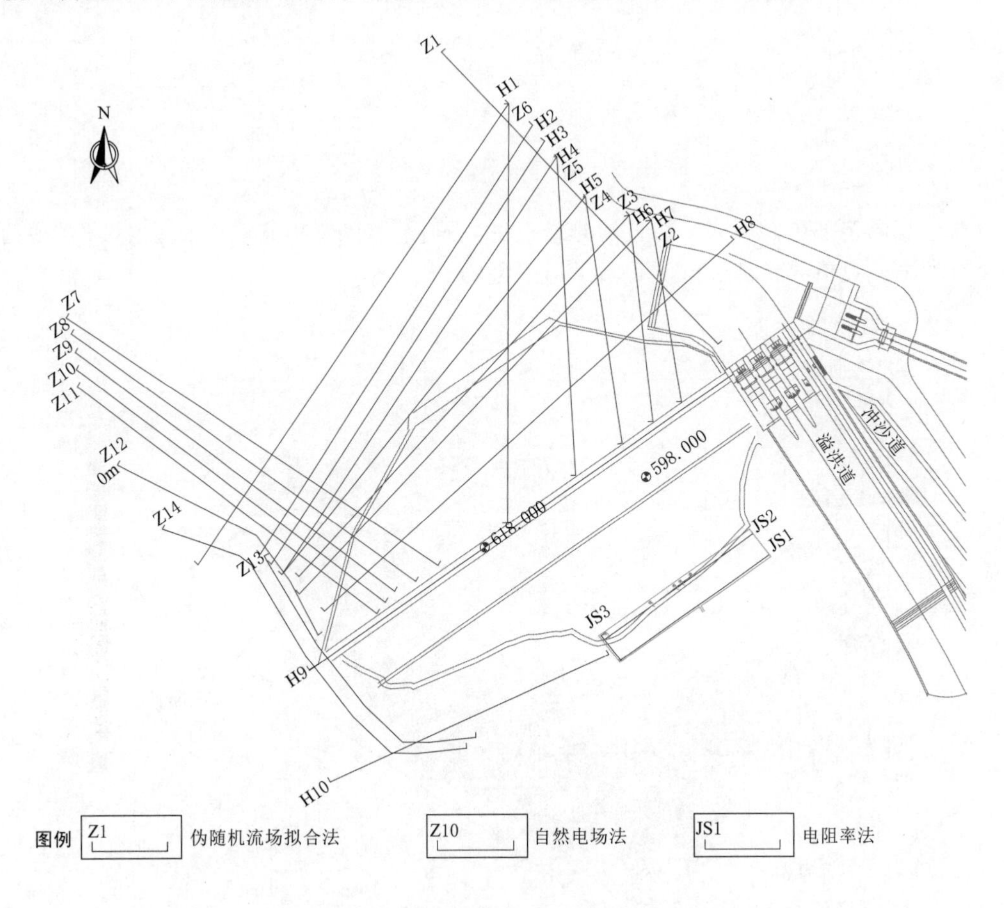

图 5.2-6　渗漏探测工作布置图（单位：m）

图 5.2-7 为其中一条典型的探测剖面图。从图中可以看出，电流密度曲线在剖面桩号 0～180m 段处于低值范围，无明显异常；270～295m 段有一明显高值异常，对应的自然电场值为谷值，应为库水垂直渗漏引起。自然电位曲线在 5～50m 段有谷值异常，而电流密度曲线无反应，结合现场情况，考虑由溢洪道闸门的水流造成，即为水平水流场，应不是渗漏位置。

图 5.2-8 和图 5.2-9 为水库底部电流密度和自然电位等值线图。从图中可以看，在图 5.2-8 电流密度高值异常区（红色线圈定部位）与图 5.2-9 自然电位负值异常部

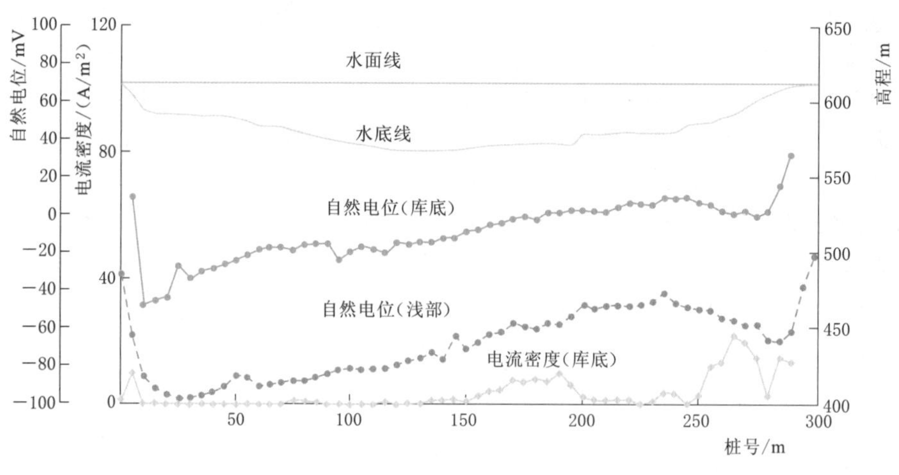

图 5.2-7　H6 剖面综合成果图

位（蓝色线圈定部位）为同一位置的异常反射，推测为水库渗漏区。而图 5.2-9 中的另一个自然电位负值异常部位推测是溢洪道引起的。

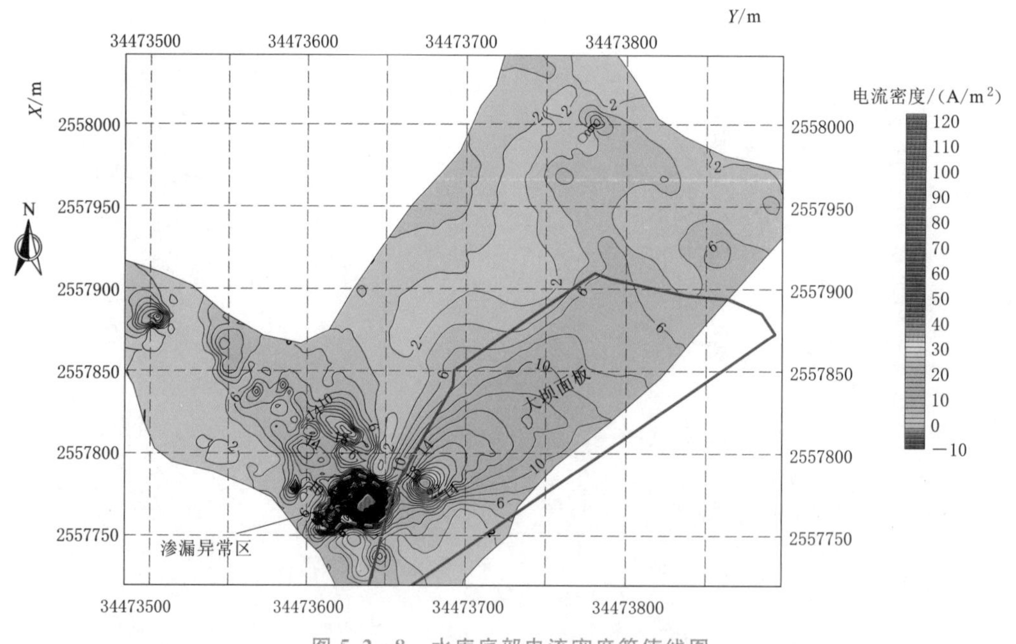

图 5.2-8　水库底部电流密度等值线图

（2）渗漏路径分析。图 5.2-10 和图 5.2-11 分别为水库右岸剖面 Z13 和 Z14 的自然电位变化曲线图。Z13 与 Z14 剖面基本平行，Z14 靠近右岸边坡坡脚，而 Z13 靠近水库库岸。在剖面 Z13 0～100m 和剖面 Z14 80～180m 段均有正电位异常反射，且异常幅度较大，说明水流接近出水位置；而剖面 Z14 幅度小于剖面 Z13，说明剖面 Z14 靠近上游方向，水流方向从右岸坡地流向库区，右岸坝肩地下水位高于库水位，渗流层较大的压差能形成较强自然电场，从而排除了绕右坝肩渗漏的可能性。

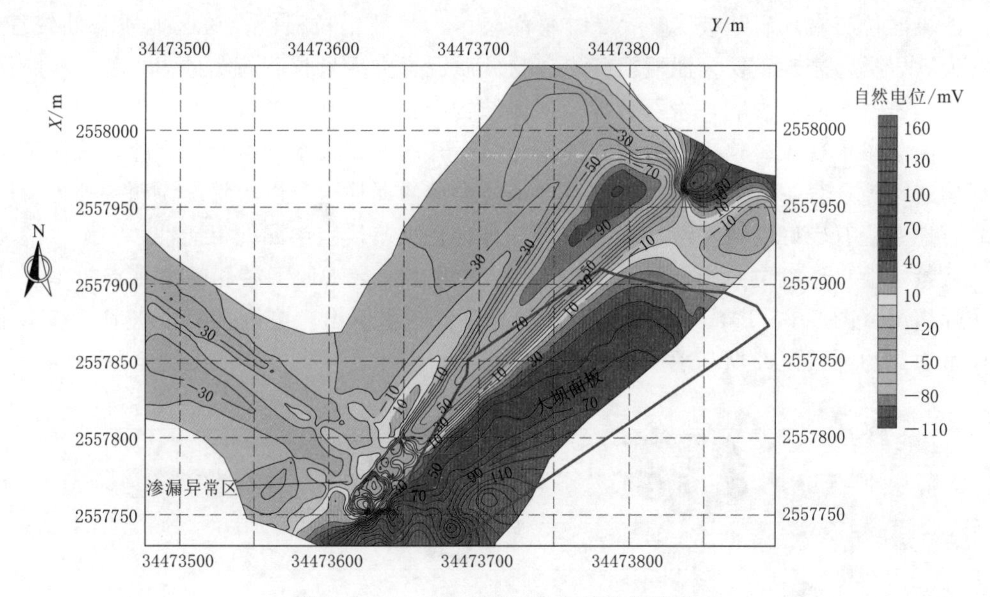

图5.2-9　水库底部自然电位等值线图

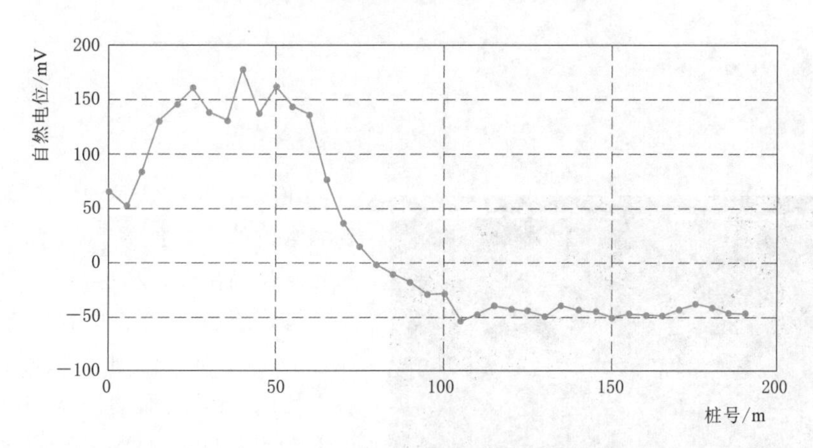

图5.2-10　剖面Z13自然电位变化曲线图

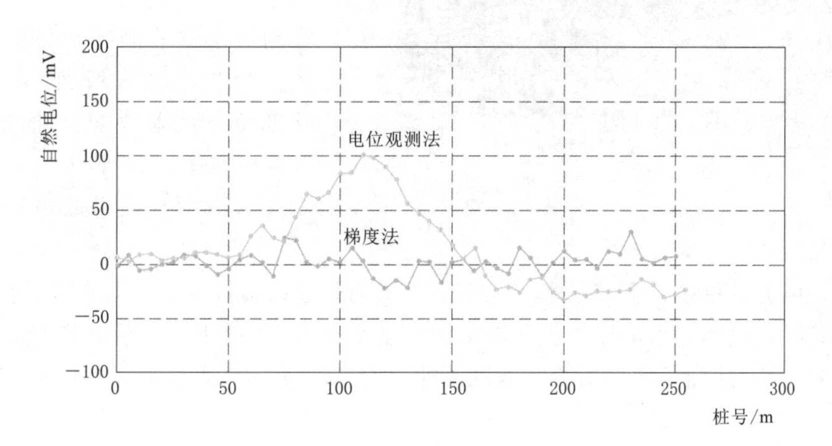

图5.2-11　剖面Z14自然电位变化曲线图

渗流区位于右坝肩趾板 X6～X9 帷幕灌浆区的护坡锚拉板区，该区地质条件较复杂，岩石为软岩类，岩性主要为泥质粉砂岩、粉砂质泥岩夹少量长石石英砂岩，受 F_{15} 断层和 Gb1 挤压带及小断层影响，岩石破碎，岩体结构为Ⅳ类。基础开挖时在趾板 X6～X9 段潮湿，局部见渗水现象。软岩类的泥岩开挖卸荷后开挖面易失水干裂产生裂隙，该裂隙会继承原构造裂隙发育，顺层或追踪裂隙直至贯通形成渗漏通道。以上情况说明裂隙发育的软质岩石地基仍有较好的透水性，坝的右半部分存在坝基浅表渗漏的可能性。

从量水堰自然电位曲线（图 5.2－12）可以看出：量水堰下游侧的渗水点较多，从现场实际情况（图 5.2－13）可以看出，在坝脚位置有水冒出，可以推测量水堰的渗水主要是库水通过渗漏区流经坝基承压后由量水堰渗出。

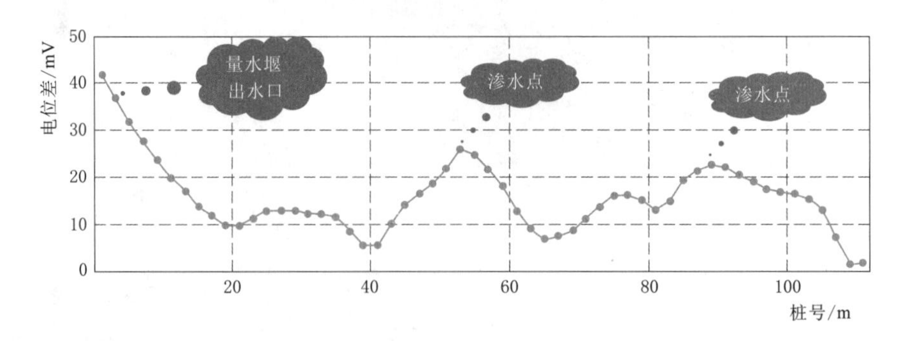

图 5.2－12　量水堰自然电位曲线图

图 5.2－13　渗水从坝脚冒出

在坝后 DB－HW－04 水位监测孔，观测水位的平均值为 565.4m，较相邻观测孔水位高出 5m 左右。图 5.2－14 是从库区渗漏异常区中心位置沿 SE70°方向，穿过 DB－HW－04 水位监测孔，至下游右岸切的分析剖面图。从图 5.2－14 中可以看出，DB－HW－04 孔水位高程仍在坝基基岩内，岩层顺河走向，倾向河床，推测该水位监测孔水位的壅高是由于岩体破碎渗水涌入所致。图 5.2－15 为坝顶部位自然电位变化曲线图，其低值异常部位水平位置与 DB－HW－04 水位监测孔大致对应，由此可以推测渗漏的大致路径，见图 5.2－16。

最后开展上游投盐、下游量水堰电阻率测试的联通试验，投盐约 18h 后量水堰水体电阻率发生陡降，说明盐水由库内渗漏异常区至量水堰所需的时间约 18h，路径长度（按直线算）约 237m，这样可估算出渗漏水的流速约为 13.2m/h，渗漏水流速较低。

2. 水库绕坝渗漏探测

某水电工程大坝蓄水后，由于蓄水压力形成透水层，从而产生了绕坝渗流，伴随着库

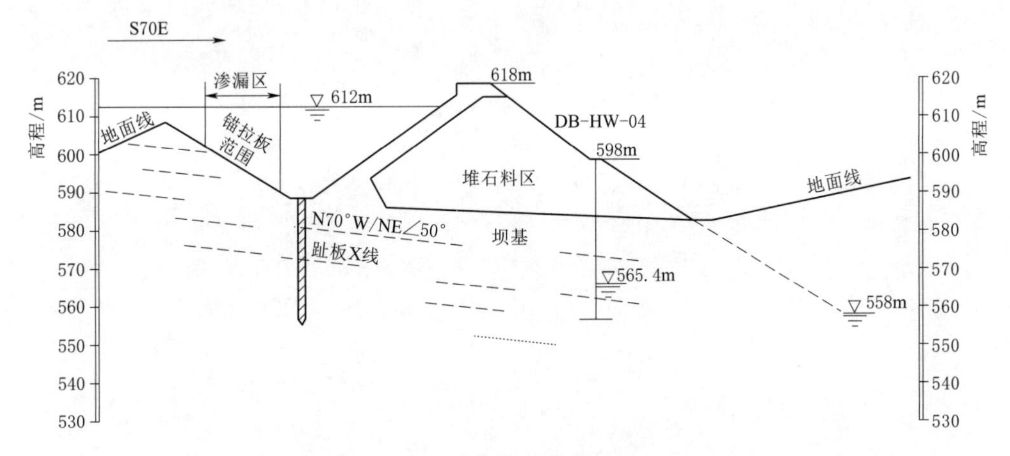

图5.2-14　坝基渗漏分析剖面图

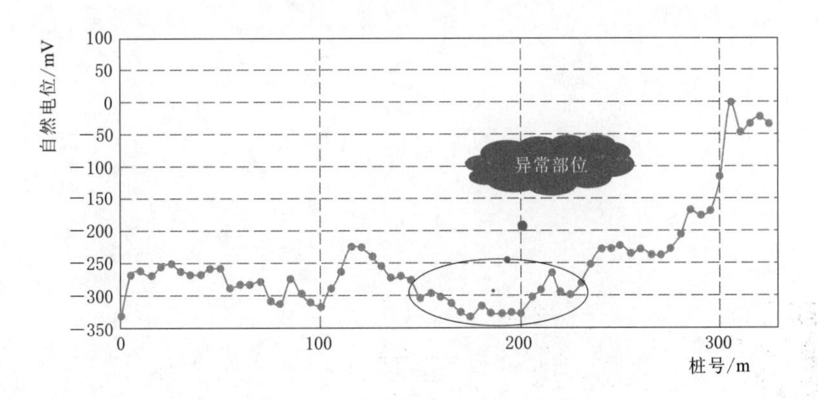

图5.2-15　坝顶部位自然电位变化曲线图

区水位抬高，大坝下游滩地及居民区的地下水位也随之升高，对房屋等建筑地基造成不利影响，大坝下游的村庄的地下水明显抬升，低洼地段和部分农田被水淹没。这些水的流失不仅浪费了水资源，影响了周边居民的正常生活，也使水库的功能被削弱。因此，须快速准确地找到绕坝渗流场，界定绕坝渗流通道的位置，为大坝加固处理工程提供依据。

该区域的地层主要为砂卵石层，粗细颗粒级配均匀，各位置初始含水性基本相差不大的，但随着渗漏的发生，水流不断地冲刷，细小的颗粒被带走，留下较大的骨架颗粒，形成了相对稳定的通道，渗漏的区域内含水率就有了很大的提升，极化效应也发生了改变，这为地球物理探测提供了前提条件。

潜水是一种重力水，其流动性主要是因受重力作用而形成的，其在流动时总是由高水位流向低水位且沿着最大的梯度方向流动，潜水位面的梯度变化情况也为渗漏探测提供了方向。

水库蓄水后，由于近坝区砂卵石层渗流作用，引起地下水位较大幅度上涨，产生绕坝渗流。为了模拟出近坝区渗流场的情况，采用水位矢量场法确定渗流通道的位置和分布区域。在保证库区水位稳定的情况下，测量近坝区各观测井的坐标及潜水面水位高程，再将

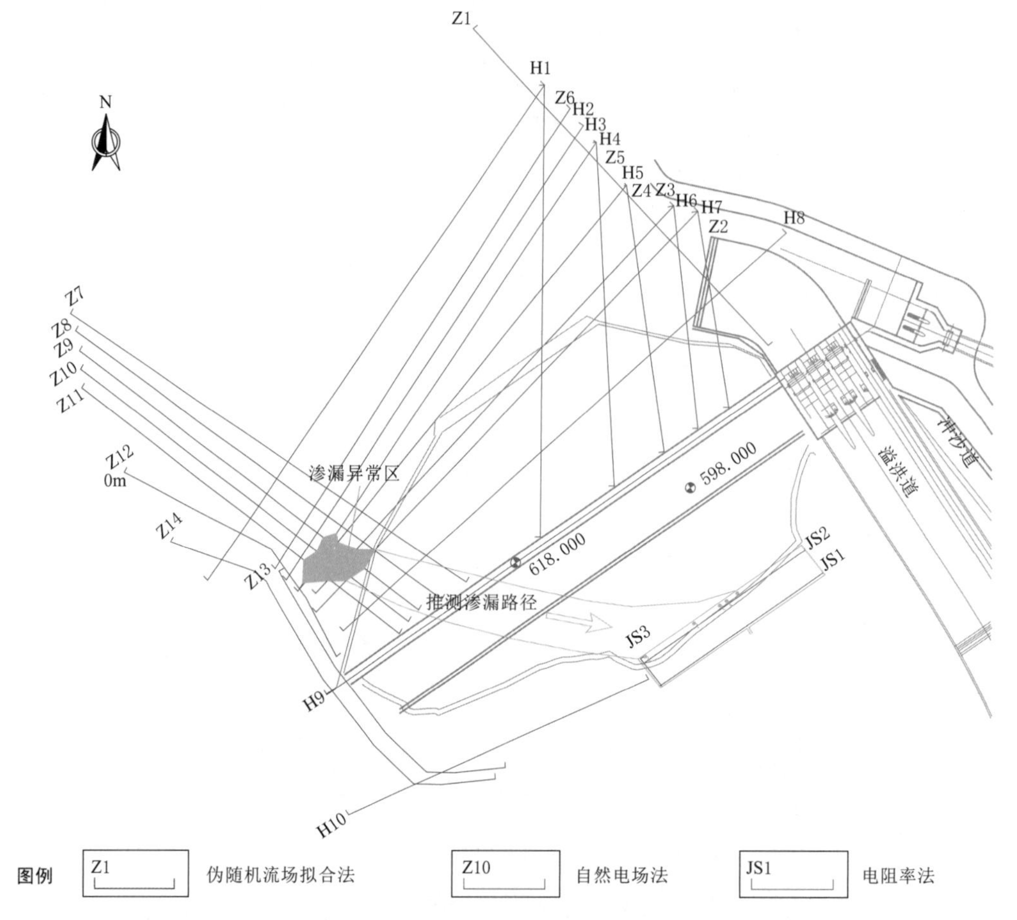

图 5.2-16　渗漏路径水平位置图（高程单位：m）

这些数据绘制到地形图上，勾勒出潜水面等势线图和矢量场图；在等势线和矢量场图中分析出地下砂卵石层中水流方向和渗流场的位置。根据观测到的渗流区域，在覆盖渗流区域左右坝肩布置了 6 条激发极化测线，利用激发极化法确定渗流通道的位置。

在整个近坝区范围内，分布有近 200 个民用机井和观测钻孔。利用这些观测孔的水位高程，勾勒出近坝区的水位等值线图和潜水面矢量场（图 5.2-17），可以判断出有两处明显的渗流区域。

激发极化电场的衰减速度具体化为半衰时、衰减度、激化比等特征参数，根据这些参数不仅能较准确地找到各种类型的地下水资源，而且可以在同一水文地质单元内预测涌水量大小，把激电参数与地层的含水性联系起来。实测的视极化率剖面曲线见图 5.2-18，从图上可以看出各测线均存在相对高的视极化率异常。如在 A 线的 100～175m 段，视极化率值在 4.16%～5.71%，远高于均值 2.16%～3.84%，可以推测此处应存在视极化率相对高的富水层。为判定整个渗流通道的准确位置和走向，把同区内的测线按其相对位置组合起来，勾勒出区域内的视极化率等值线图，从而可以直观地看出渗流通道位置。

左坝肩的 A、B、C 三线间距 200m，按其相对位置布置网格区域，勾勒出的视极化率等值线见图 5.2-19，从图中可以明显看出在 A 线 100～175m、B 线 100～150m 范围出现相对高的视极化率；并且在 A 线 600～700m、B 线 625～675m、C 线 625～700m 范围也出现有相对高的视极化率，推测两处存在有集中渗漏通道。在潜水面水位矢量场图中也发现有两处同向渗流现象。

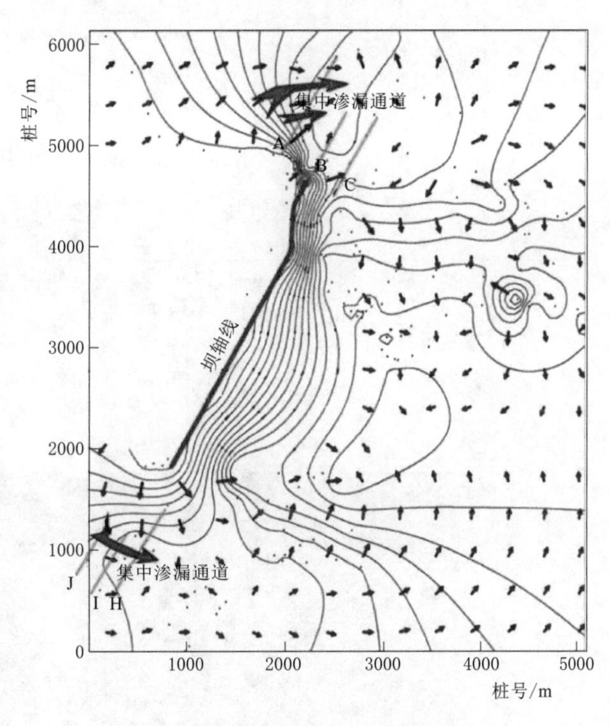

图 5.2-17 潜水面矢量场及测线布置图

右坝肩的 H、I、J 三线间距 300m，按其相对位置布置网格区域，勾勒出的视极化率等值线见图 5.2-20。其中在 H 线 375～475m、I 线 425～550m、J 线 550～625m 范围出现相对高的视极化率，推测该处存在有集中渗漏通道。而在潜水面水位矢量场图上，该处也同样有同向渗流现象。

利用水位矢量场法和激发极化法准确地界定了左、右坝肩部位集中渗漏通道的位置。在左岸 A 线 100～175m、B 线 100～150m 范围和 A 线 600～700m、C 线 625～700m 范围有 2 处集中渗漏通道；右岸 H 线 375～475m、J 线 550～625m 范围有 1 处集中渗漏通道。

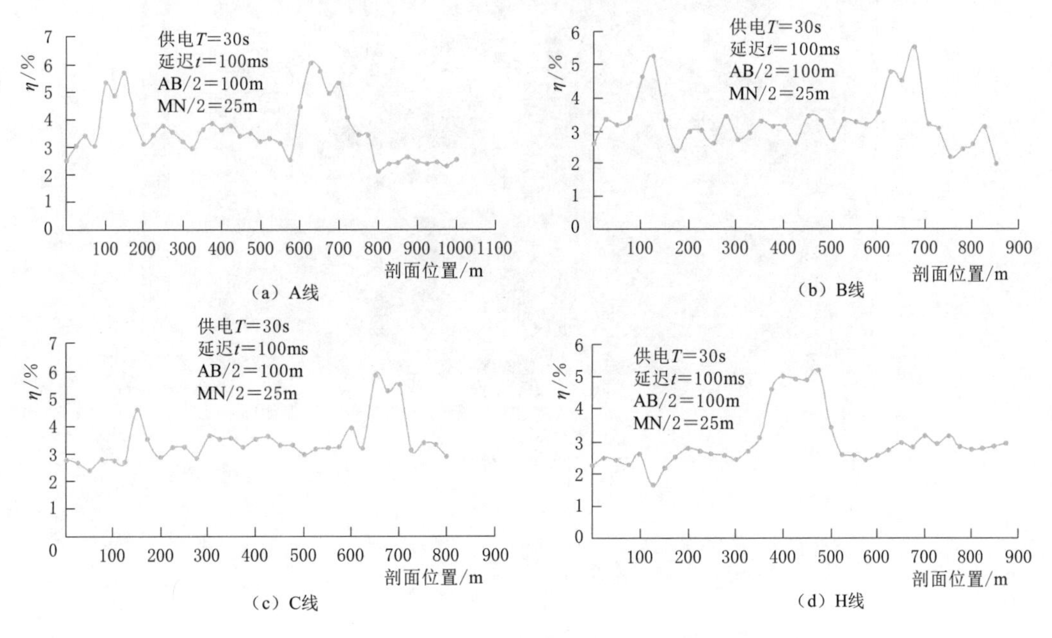

图 5.2-18（一） 视极化率剖面曲线图

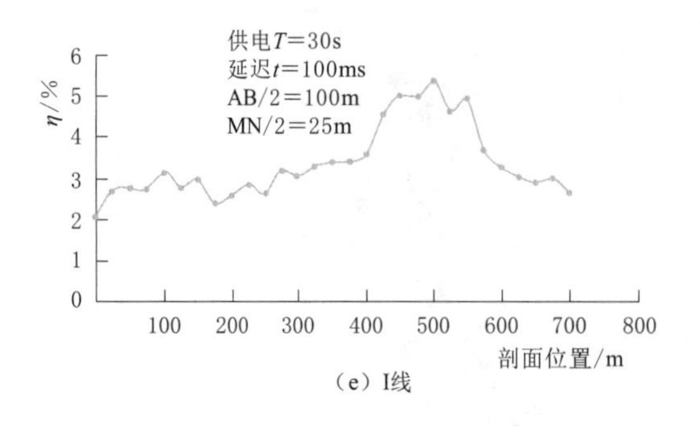

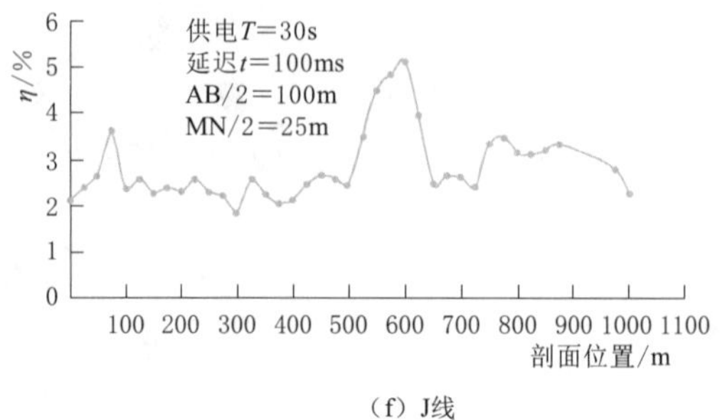

图 5.2-18（二） 视极化率剖面曲线图

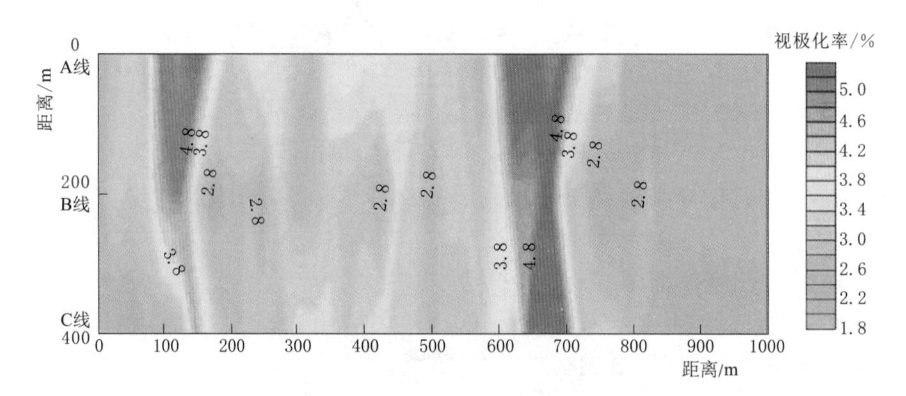

图 5.2-19 左坝肩视极化率等值线图

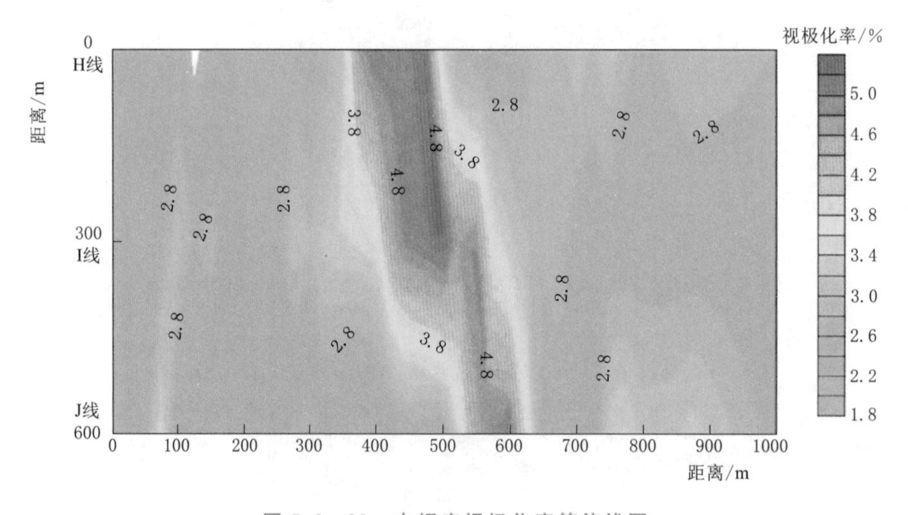

图 5.2-20 右坝肩视极化率等值线图

5.3 水库淤积地球物理探测技术

水库工程在防御洪水、调节径流、合理利用水资源等方面发挥了巨大的效益，但由于泥沙淤积造成的库容损失，使水库的功能、安全和综合效益不断受到影响。据 2001 年的统计数据，世界上大型水库库容的年均淤损量占剩余库容的 0.5%～1%，中国为 2.3%，远高于世界平均水平。因此水库库容和淤积量的变化是水利电力部门十分关心的问题，正确快速测定库容和淤积量对保证库区、大坝的安全和计划调度、发电等起着重要的作用。水库泥沙淤积探测内容主要包括：水库水深、淤积物（层）厚度和水底地形测量，水库淤积量的计算。

5.3.1 技术要点

目前水库、湖泊淤积厚度测量通常采用地形测量的方式，利用地形变化进行淤积层厚度计算，这种只能测量后期淤积层厚度变化，已有的淤积层的情况不适用，而且也无法对淤积层的分层变化进行探测。针对此种情况需要采用不同的地球物理方法，并结合地形测量进行综合探测。

（1）探测方法。针对不同的水库实际情况，淤积层探测可采用的地球物理方法包括：水上电法、水上地震、浅地层剖面法等；地形测量可采用单波束测深或多波束测深方法；基底介质辨别可采用侧扫声呐法，并配合一定的钻孔取样。

（2）工作步骤。针对无淤积前水底地形资料的水库，淤积层探测可采用以下工作步骤：

1）收集水库资料。包括含水库竣工资料、水位观测资料、水文资料等。

2）开展地形测量。在库区开展全覆盖水底地形测量，分析地形变化情况，计算目前库容。

3）开展水上地球物理探测工作。根据库区面积及探测精度要求，布置多条平行测线，分析计算淤积层厚度和淤积层分层情况。

4）开展淤积层基质分析工作。采用侧扫声呐法开展基底介质辨别工作，开展一定钻孔取样工作，对淤积层进行物理、化学分析工作，并验证地球物理探测工作成果。

5.3.2 工程实例

1. *淤积物和抛石地震反射法探测*

某水库总库容为 43.75 亿 m^3，水库功能为防洪，并向周边城市供水，除此之外，还兼具发电功能。

在水库主坝安全加固工程的设计过程中，确定了坝前不清淤，在淤泥上直接抛石压坡的加固设计方案。全面、详细了解淤泥的分布、厚度及淤泥的顶面高程、抛石后淤泥和抛石料分布的情况是做好加固设计的基础。

水库河床覆盖层为砂砾石料，最大厚度为 14m，阶地覆盖层为砂质黏土、砂、砂砾料组成，厚 2～9m。其中一处测区地层主要有：①库区建库以来沉积的淤泥，主要成分为粉质黏土；②库区原来的覆盖层，主要成分是砂卵石；③基岩为太古界密云群古老变质岩系的花岗片麻岩和角闪片麻岩。另一处测区地层主要有：①垭口底部沉积的淤泥，主要成分为砂质黏土；②基岩为太古界密云群古老变质岩系云母角闪片麻岩。

主坝坝前淤积物（淤泥）分布很不均匀，为查清抛石料的分布情况及抛石后淤泥的变化情况，采用地震反射法中的高密度地震映像技术进行探测。

高密度地震映像法野外采集类似于早期的单点反射波法，其形成剖面类似于共偏移距剖面，但处理手段、效果和解释方法却有很大不同。高密度地震映像法的优点在于资料处理和显示，将野外采集的地震波在计算机上进行压密，对反射能量以不同的、可变换的颜色表示，直观地反映地质体的变化和形态。当然，在数据处理时，常规地震所用的滤波、褶积、反滤波消除鸣震等方法均可采用，以达到最佳处理效果。

高密度地震映像法在水库安全加固工程测试中，常采用较小偏移距观测系统，主要接收来自震源激发经反射界面而来的地震波反射信息。地震波从一种介质入射到另一种介质的分界面时，会产生反射和透射，假设界面上反射波的反射系数为 R、透射波的透射系数为 T，则

$$R=(\rho_2V_2-\rho_1V_1)/(\rho_2V_2+\rho_1V_1) \tag{5.3-1}$$

$$T=2\rho_1V_1/(\rho_2V_2+\rho_1V_1) \tag{5.3-2}$$

式中：ρ_1、V_1 为第一种介质的密度和纵波波速；ρ_2、V_2 为另一种介质的密度和纵波波速。

由式（5.3-1）可知，当 $\rho_2V_2>\rho_1V_1$ 时，R 为正，说明反射波振幅和入射波振幅同相；反之，当 $\rho_2V_2<\rho_1V_1$ 时，R 为负，表示两者反相。分析式（5.3-2）可以看出，透射系数 T 永远为正，故透射波同入射波永远是同相的。

高密度地震映像法所采用的地震纵波，在主坝抛石检测过程中，考虑到炸药和电火花振激对水库的环境和生态会造成影响和破坏，落重震源的设备太笨重，且对测量船要求高，所用振源为自动振源船，每秒钟可自动锤击一次，且其激发的能量和频率均满足此次勘察的需要。

图 5.3-1 为测区Ⅰ号垭口抛石前所获得的高密度地震映像图，该图中在道号 1～50 之间，波组走时 10～15ms 范围内，共有 3 组映像同相轴，波组分布平坦，波形连续性

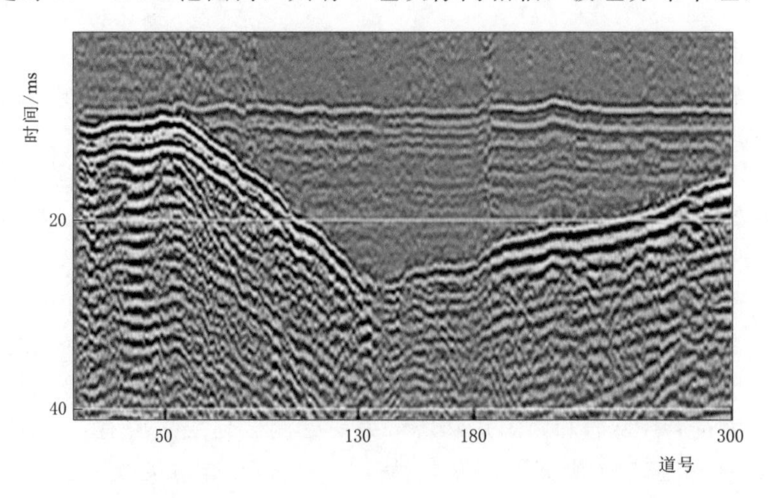

图 5.3-1　测区Ⅰ号垭口抛石前地震映像图

好，其中第1、3组同相轴频率相对较高、能量强，第2组波形粘连、略有散射，频率相对较高，能量相对较弱。结合建库时的地质测绘资料和水深测量资料，分析该位置为Ⅰ号垭口南侧壁顶部，地形较平坦，建库时的地面高程约为138m，而第1组同相轴对应高程约为141m（换算水的纵波波速约为1460m/s），据此推断第3组同相轴为原库底地形（换算淤泥的纵波波速约为1200m/s），淤泥厚度约为3m，且淤泥内部分为2层（第2组同相轴对应层位），根据此处淤泥原状样分析，上部为软塑，下部为硬塑；在道号50～130之间为垭口南侧壁，地形坡度较大，库底原高程为138～124m，根据高密度地震映像资料分析，该段淤泥的厚度为1.0～3.0m；在道号130～180之间为垭口底部，原地形变化不大，而此处映像同相轴略向上斜，水底高程为126～128m，推断该处淤泥厚度为2～3m；在道号180～300之间为垭口北侧壁，地形较平缓，库底原高程在126～133m之间，淤泥的厚度为1.5～3m。

抛石垫层刚铺完后所测试的映像剖面见图5.3-2，此时抛石料未压实，从T1界面的绕射波可以直观地判别每船石料在水下的分布情况。在桩号0+78～0+350处，抛石厚度为2.3～3.7m，抛石顶面略有起伏，抛石料已挤进软塑状淤泥中并挤走流塑状淤泥，使淤泥厚度由原来的4m变为2～3m；在桩号0+350～0+800处抛石厚度为1.5～6.3m，抛石面起伏且随地形抬升逐渐抬升，该处因受抛石绕射波的影响，抛石底面与原地形的界面反射信息不太明显。

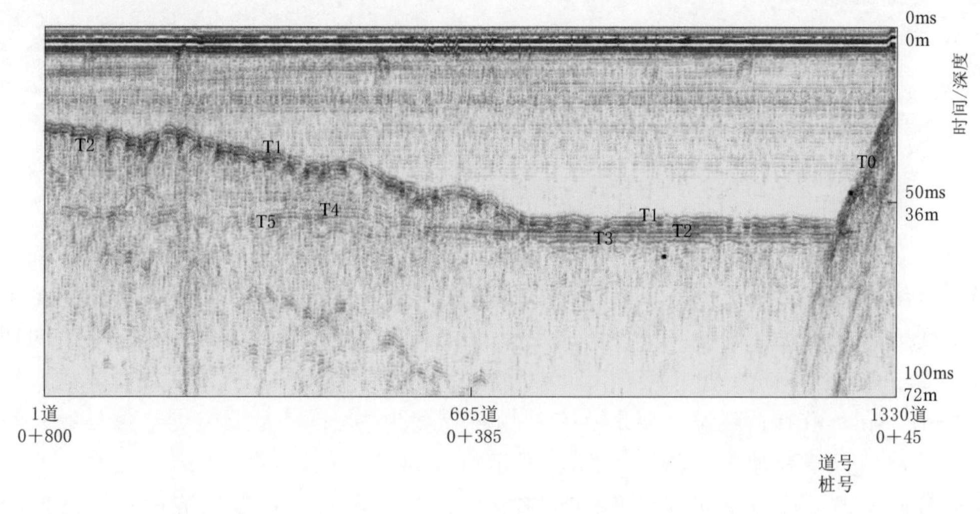

图5.3-2　主坝坝前平行坝轴线抛石试验阶段地震映像图

为弄清淤积物与抛石体之间的相互作用关系，及时解决施工过程中存在抛石不均或漏抛错抛等问题，在水下抛石基本完成期间，开展了高密度地震映象探测工作，用以监测抛石情况和抛石后淤泥厚度变化情况。

图5.3-2和图5.3-3分别为主坝坝前平行坝轴线抛石试验阶段和抛石基本结束阶段地震映像图，T0为坡度很陡的山坡，T1为抛石顶面与库水的分界面，T2为抛石底面与压密后淤泥顶面的分界面，T3为建库时的原地形，T4为残坡积与基岩全风化界面，T5为全风化与强风化基岩的分界面。在抛石体表层，抛石料比较松散，形成三组较连续的同

相轴。从图可以看出，在桩号0+85左右，受陡坎影响和施工原因，抛石厚度不够，后来施工单位根据地球物理探测结果进行补抛；在桩号0+90～0+350处为河道位置，此处在抛石前淤泥比较平坦，淤泥厚度约为4m，按照设计要求，该处抛石厚度为10m，实测中抛石厚度为11～14m，抛石顶面较平坦，局部略有起伏。受抛石垫层压淤的影响，当抛石厚度达到设计要求时，淤泥厚度未随抛石厚度的大幅增大而急剧减少，下部淤积物（硬塑层淤泥）比较稳定，厚度变化不大，实测厚度为1.7～2.5m；在桩号0+350～0+800处抛石厚度为6～16m，抛石面坡度比原地形缓，其中，在桩号0+650～0+800处，抛石面基本没有坡度，此时，因抛石厚度较大，在记录中能清楚地判别原地形与抛石底面的反射波同相轴。

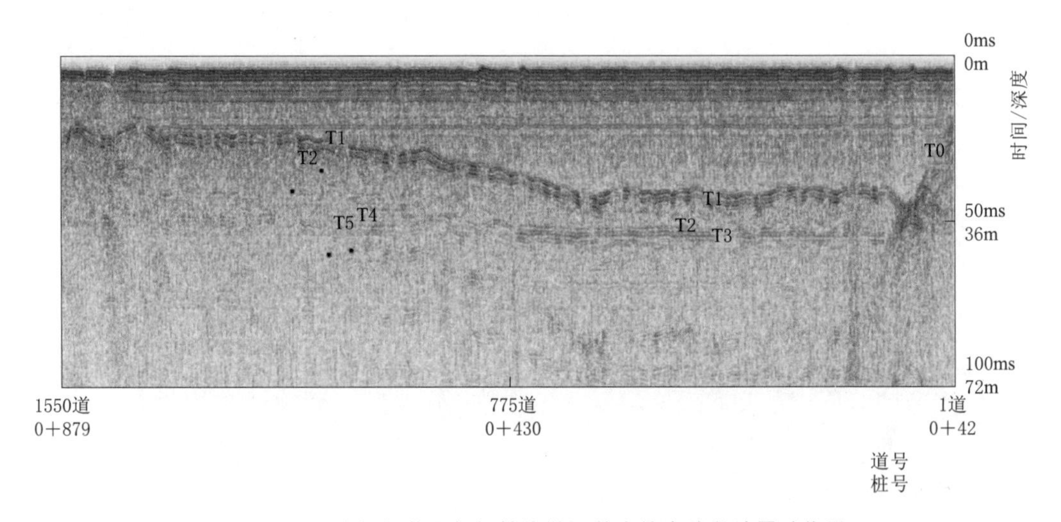

图5.3-3　主坝坝前平行坝轴线抛石基本结束阶段地震映像图

抛石施工全部完工一年以后，为评价抛石体形状及压淤效果，又开展了一次高密度地震映像法探测。图5.3-4～图5.3-6为垂直坝轴线桩号0+135断面第三期至第五期高密度地震映像成果资料。从各期成果资料分析：在距坝轴线65～153m（第四期是154m，第五期是164m）处，抛石顶面映像同相轴向下倾斜，第三期探测时，抛石厚度为7.5～9.8m，没有达到设计要求（设计抛石厚度为10m），要求施工单位补抛；第四期探测时，抛石厚度为10.6～11.8m，满足设计要求，从地震映像同相轴看，补抛料在原抛石面位置形成一个明显的界面，该反射面是补抛料较松散造成的；第五期探测时（这期因震源船激发能量不稳定，影响探测成果精度），抛石厚度为10.5～10.7m（抛石厚度比第四期薄），达到设计要求，且抛面附近没有形成反射界面，推断抛石体处于稳定状态。

在距坝轴线153～223m处地震映像同相轴比较平坦，为设计抛石平台，此处宽度约70m。根据第三期探测资料分析，抛石厚度为12～13.5m，通过该断面淤泥厚度和室内模拟抛石试验结论推算淤泥在固结沉降和抛石料密实稳定后的沉降量为2m左右，据此推断该段抛石厚度满足设计要求（抛石施工是由坝前往库区延伸，在抛石试验时，淤积物被挤到抛石垫层前方形成隆起，为了保证抛石平台前部不会因淤泥固结沉陷而

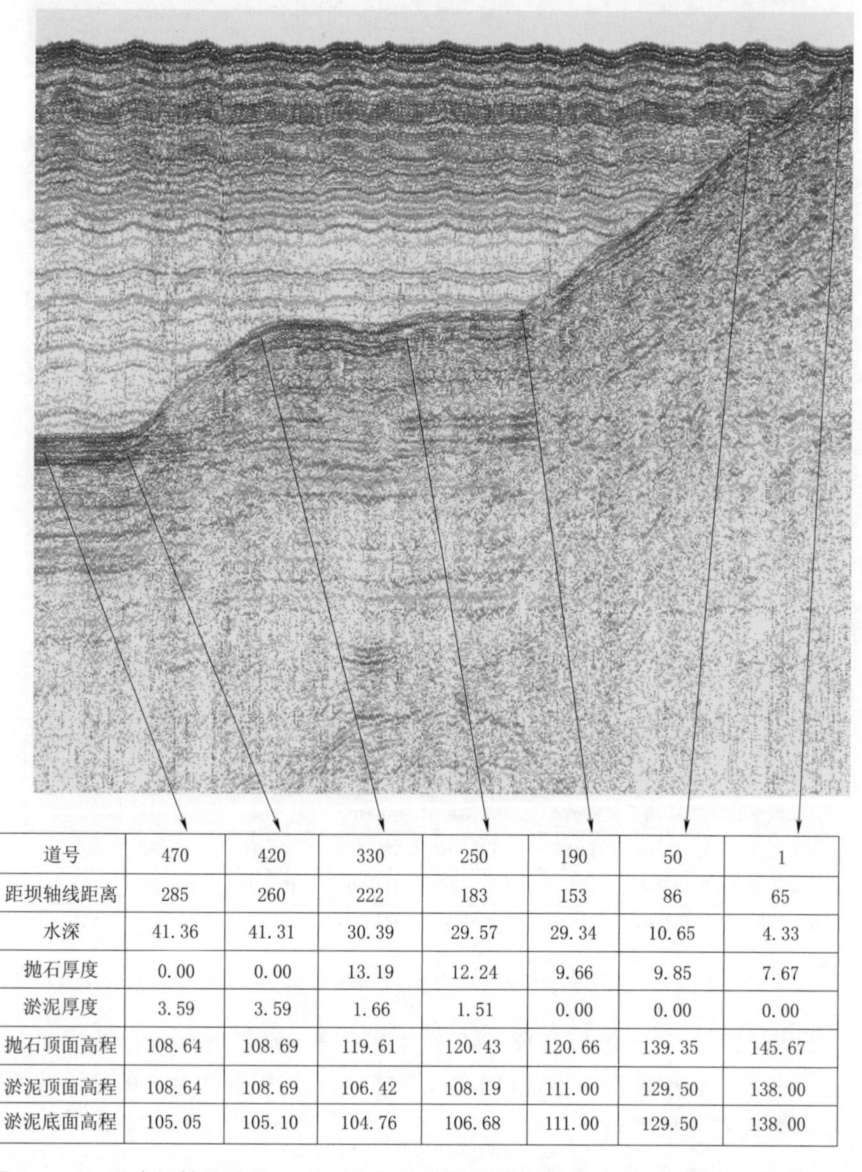

道号	470	420	330	250	190	50	1
距坝轴线距离	285	260	222	183	153	86	65
水深	41.36	41.31	30.39	29.57	29.34	10.65	4.33
抛石厚度	0.00	0.00	13.19	12.24	9.66	9.85	7.67
淤泥厚度	3.59	3.59	1.66	1.51	0.00	0.00	0.00
抛石顶面高程	108.64	108.69	119.61	120.43	120.66	139.35	145.67
淤泥顶面高程	108.64	108.69	106.42	108.19	111.00	129.50	138.00
淤泥底面高程	105.05	105.10	104.76	106.68	111.00	129.50	138.00

图5.3-4 垂直坝轴线桩号0+135断面处地震映像解译成果图（第三期）（单位：m）

造成抛石厚度不能满足设计要求，施工单位在抛石平台前部多抛石以造成该处抛石厚度较大）；根据第四期探测资料分析，抛石面形状与第三期相差不大，但局部抛石厚度不足10m，且表层也有明显的反射界面，推测抛石层还在沉降（淤泥层厚度变化在误差范围内，推测淤泥基本稳定），建议施工单位用小船进行局部补抛（抛石平台前方抛石厚度基本不变，原因不明）；根据第五期探测资料分析，抛石平台中后部抛石面平坦，抛石体内部无明显反射界面，抛石厚度满足设计要求；而抛石平台前部抛石体厚度无变化，形成一个明显隆起，因该位置抛石厚度大于设计要求，对坝坡稳定更有利，因此对其产生原因不再研究。

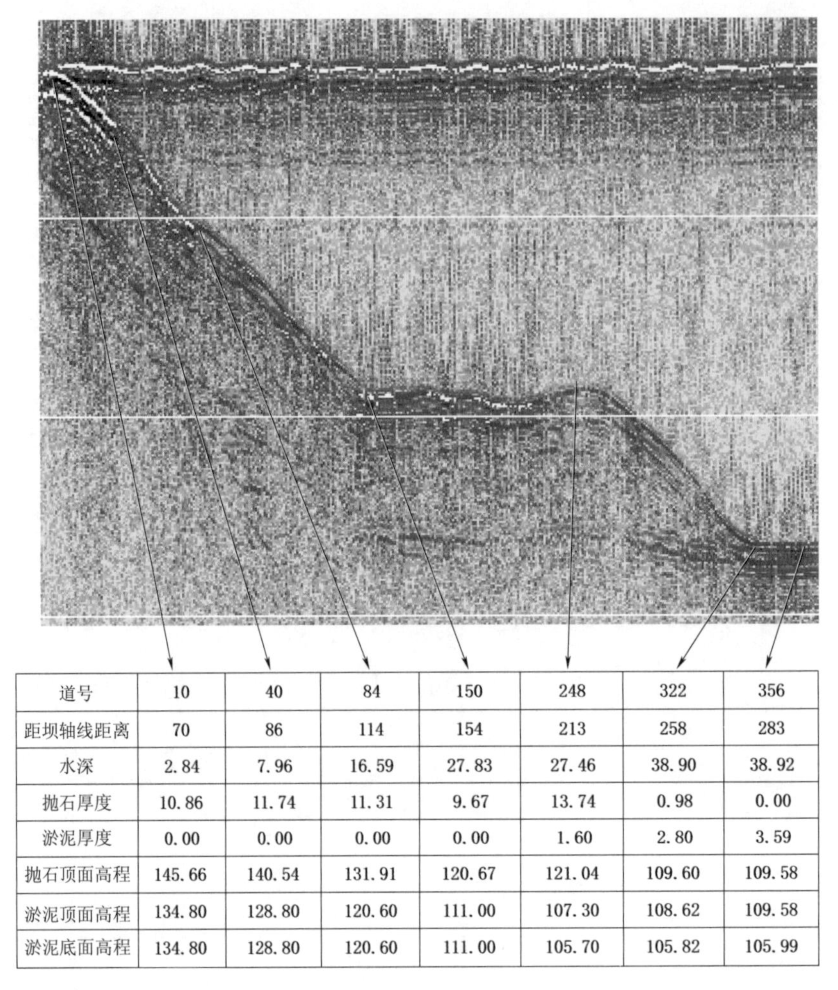

道号	10	40	84	150	248	322	356
距坝轴线距离	70	86	114	154	213	258	283
水深	2.84	7.96	16.59	27.83	27.46	38.90	38.92
抛石厚度	10.86	11.74	11.31	9.67	13.74	0.98	0.00
淤泥厚度	0.00	0.00	0.00	0.00	1.60	2.80	3.59
抛石顶面高程	145.66	140.54	131.91	120.67	121.04	109.60	109.58
淤泥顶面高程	134.80	128.80	120.60	111.00	107.30	108.62	109.58
淤泥底面高程	134.80	128.80	120.60	111.00	105.70	105.82	105.99

图 5.3-5　垂直坝轴线桩号 0+135 断面处地震映像解释成果图（第四期）（单位：m）

在距坝轴线 223～255m 处抛石顶面映像同相轴向下倾斜，为抛石平台前方放坡，根据第三期至第五期高密度地震映像资料分析，该段抛石面形状和抛石的厚度基本不变（变化值均在探测分辨误差范围内）。

2. 淤积层水上高密度电法探测

某水库枢纽主要由大坝、溢洪道、底涵组成，水库原设计总库容 184.3 万 m^3，该水库地貌形态特征以构造侵蚀作用为主，山坡陡峻，河谷深切，脊状山脉发育，库区径流区冲沟、冲槽比较发育。库区左岸出露地层为紫红色泥岩夹灰岩、泥灰岩，右岸为紫红色泥岩夹薄层泥灰岩（图 5.3-7）；第四系在河床及两岸山坡零星分布。根据前期地质资料和钻孔岩芯照片揭示，该水库库区地层主要由淤积层、耕土、黏土层、坡积层、冲积层、全强风化层、砂砾层等构成。

根据现场的实际情况，为了选择合适的探测方法，开展了水上地震反射波法、浅剖探测技术和水上高密度电法的试验工作，最后通过水上钻孔与取芯进行效果验证。

水上地震反射波法试验成果见图 5.3-8，从图中可以看出水底很平，基本都是多次

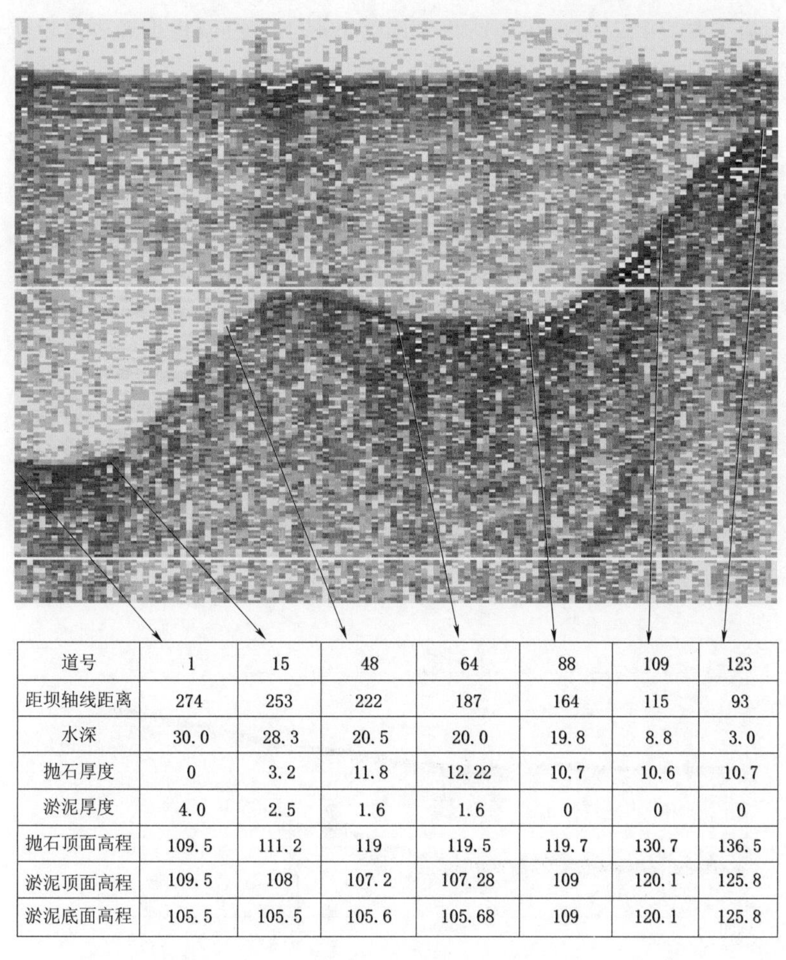

道号	1	15	48	64	88	109	123
距坝轴线距离	274	253	222	187	164	115	93
水深	30.0	28.3	20.5	20.0	19.8	8.8	3.0
抛石厚度	0	3.2	11.8	12.22	10.7	10.6	10.7
淤泥厚度	4.0	2.5	1.6	1.6	0	0	0
抛石顶面高程	109.5	111.2	119	119.5	119.7	130.7	136.5
淤泥顶面高程	109.5	108	107.2	107.28	109	120.1	125.8
淤泥底面高程	105.5	105.5	105.6	105.68	109	120.1	125.8

图5.3-6 垂直坝轴线桩号0+135断面处地震映像解释成果图（第五期）（单位：m）

波，无法辨认淤积层信息，基本只能看到水底。

浅地层剖面法试验成果见图5.3-9，从图中可以看出水底很平，区分水底与淤积层效果较好，但是区分淤积层和下伏为全、强风化层的效果不明显，基本只能看到水底。

综合水上地震反射波法和浅地层剖面法试验成果，均无法分辨淤积层与原始地层，结合钻孔揭示的情况，分析原因主要是淤积层与原覆盖层波速差异比较小。

水上高密度电法试验成果见图5.3-10。水底界线比较明显，淤积层界线次之，通过开展钻孔取芯进行验证，钻孔淤积层厚度依次为5.3m、5.8m，与试验

图5.3-7 坝前右岸全、强风化基岩

剖面探测结果基本对应，因此，在有钻孔对比的情况下，可以根据高密度电法电阻率等值线数值确定淤积层界线。

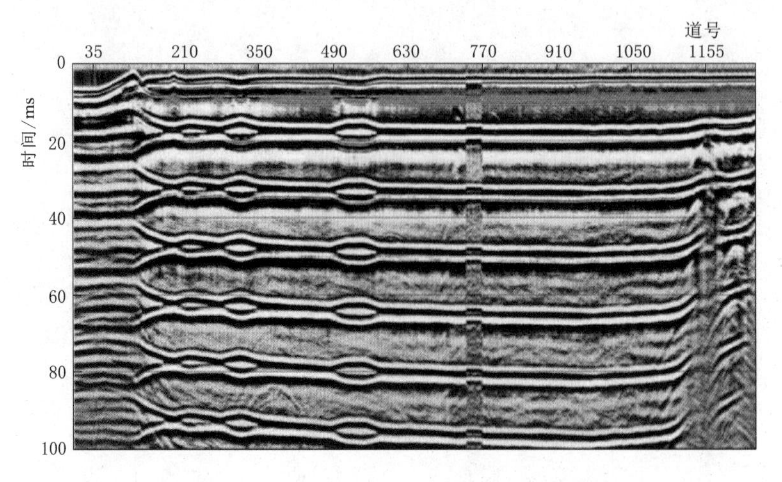

图 5.3-8　水上地震反射波法试验成果图

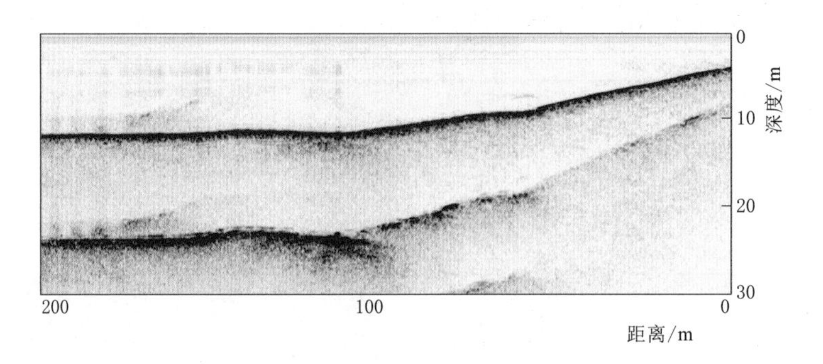

图 5.3-9　浅地层剖面法试验成果图

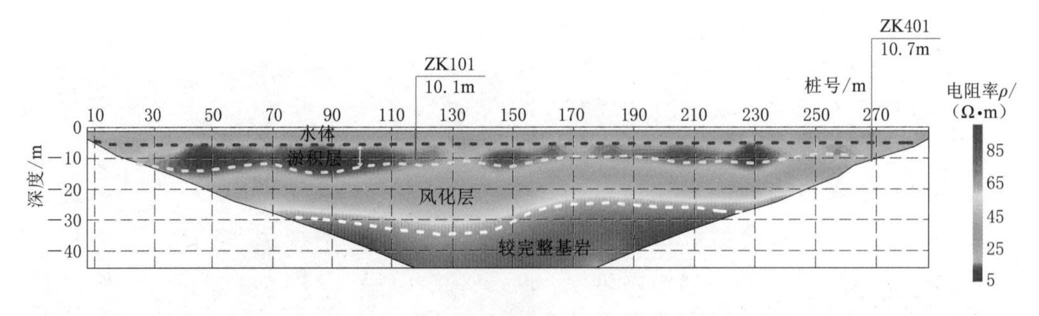

图 5.3-10　水上高密度电法试验成果图

淤积层探测共在库区布置 14 条物探剖面，共布置 10 个验证钻孔，物探测线、验证钻孔布置示意图见 5.3-11，水上高密度电法现场测试情况见图 5.3-12。

图 5.3-13 为其中 WT4 测线高密度电法视电阻率断面图，由图可以看出：测线视电阻率在 10～200Ω·m 之间，视电阻率分布均匀，基本呈层状分布；水平方向视电阻率变

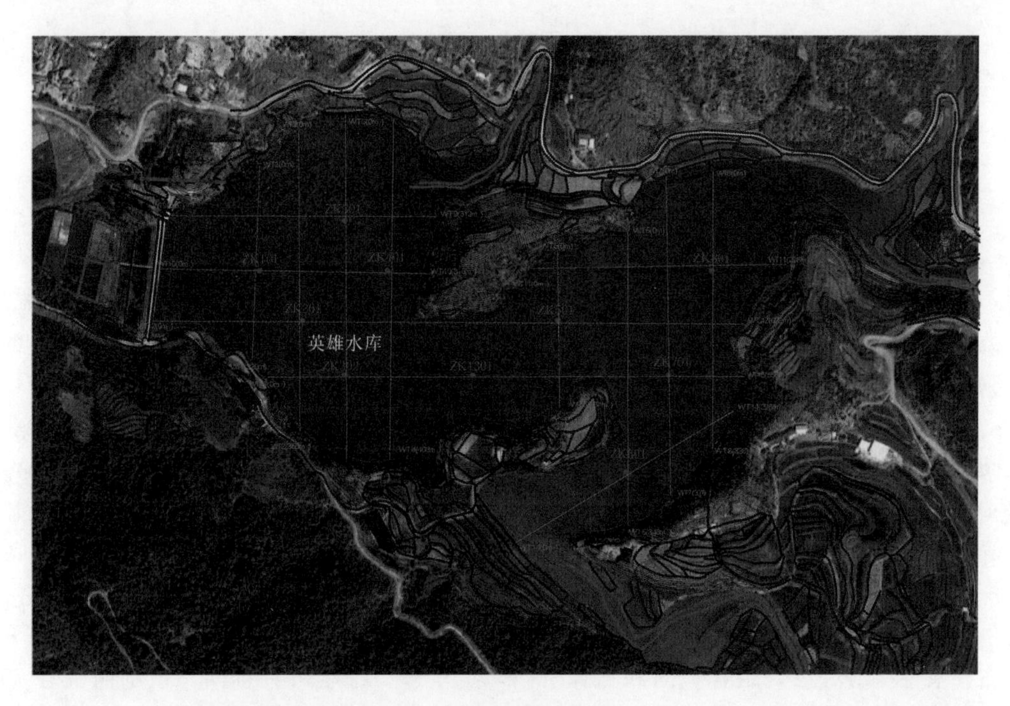

图 5.3-11　物探测线、验证钻孔布置示意图

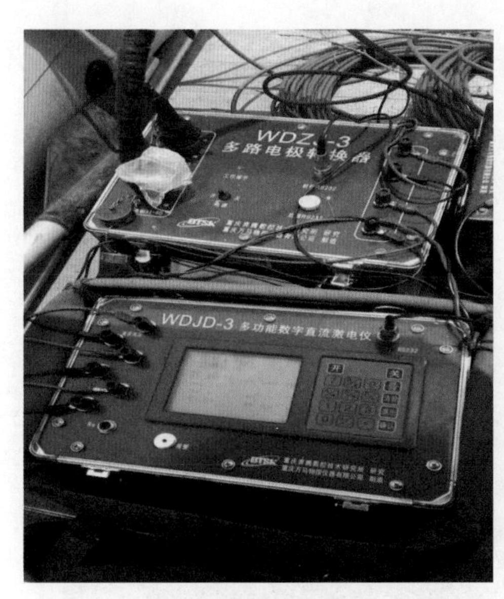

(a) 水上高密度电法仪主机

(b) 测试船

图 5.3-12　水上高密度电法现场测试情况

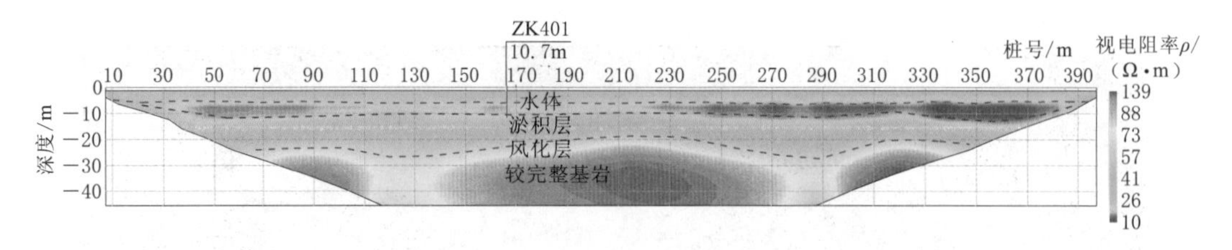

图 5.3-13 WT4 测线高密度电法视电阻率断面图

化不大。该测线最大水深为 5.1m，一般淤积层厚度为 5～7m，平均厚度为 5.8m，桩号 350m 处最厚，数值为 8.3m。ZK401 钻孔位于测线 178m 处，钻孔揭示淤积层厚度为 5.8m，物探解释厚度为 5.6m，误差为 0.2m，相对误差为 4.4%。

图 5.3-14 为 WT5 测线视电阻率断面成果图，由图可以看出：视电阻率在 2～220Ω·m 之间，视电阻率分布均匀，基本呈层状分布，整体有由浅部至深部视电阻率逐渐升高的趋势；水平方向，视电阻率随基岩起伏变化。根据电阻率等级分布，以等值线最密集（电性差异变化最大）的地方为界面，定性地将该剖面大致分为三个电性层：第一个电性层底界面深度为 4m 左右，视电阻率为 18Ω·m 左右；第二个电性层底界面深度为 10m 左右，视电阻率为 20Ω·m 左右；第三个电性层底界面深度为 10m 左右，视电阻率为 60Ω·m 左右。电性层分好后，结合地质和钻探资料，定量进行综合解释推断。该剖面桩号 79m 处通过钻孔 ZK501（图 5.3-15），由钻孔资料可知：钻孔 ZK501 终孔深度为 6.8m，该桩号处水深为 4.0m，淤积层厚度为 5.8m，5.8m 以下为全、强风化层。

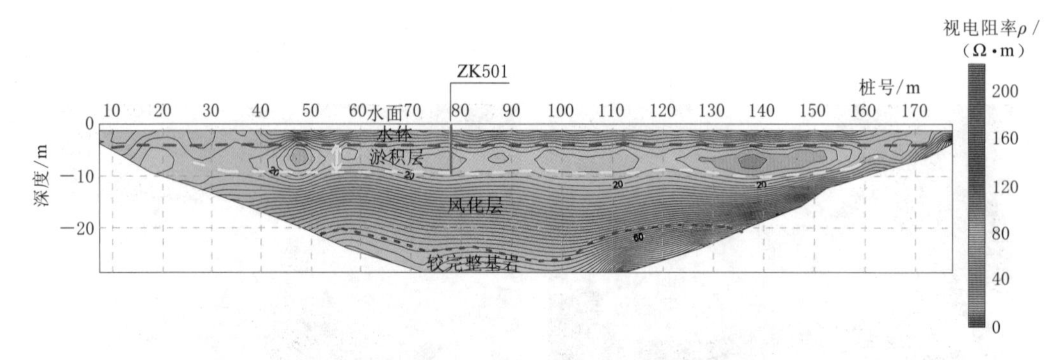

图 5.3-14 WT5 测线视电阻率断面成果图

图 5.3-15 ZK501 钻孔岩芯与现场工作照片

水库淤泥厚度分布成果图见5.3-16，由图可以看出：在纵断面上，泥沙淤积主要发展到坝前，成锥体状淤积形态，坝前淤积多，沿库尾方向淤积逐渐减少，甚至未发现明显淤积；在横断面上，水库淤积基本是平淤，差别很小；从等值线图上看，水库坝前放水口至库尾方向，两岸淤积层厚一些、中间薄一些，形态呈槽带状，并且左岸回弯淤泥层较为厚一些。淤积层平均厚度为4.6m，最大淤积厚度为8.7m。

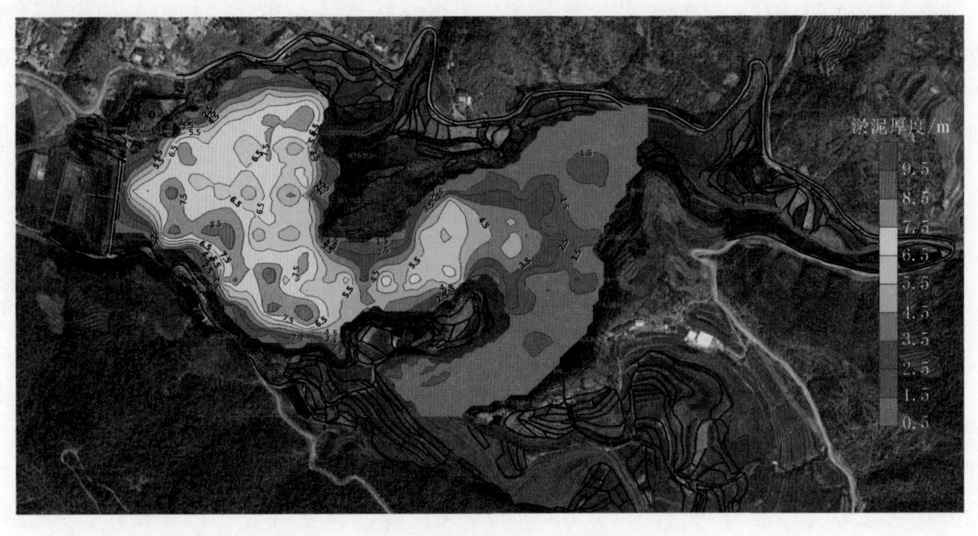

图例　WT1物探测线　ZK1验证钻孔

图5.3-16　水库淤泥厚度分布成果示意图

根据解释的淤积层厚度，计算的该水库淤积体积约为63.8万m^3，按照水库原184.3万m^3计算，淤积体积约占库容的34.6%。

5.4　水库地震监测技术

水库地震是指水库蓄水后引起库区以及库水影响所及的邻近地区新出现的地震或原有地震活动性的明显改变（加剧或减弱）的现象，也可以认为，水库地震是人类大规模水利水电建设工程活动与地质环境中原有的内生不稳定因素或外在不稳定因素相互作用的结果，是成因类型不同、最大发震强度及其危害程度不同的工程地质现象的总称[33-39]。20世纪30年代美国米德湖（胡佛大坝）发生水库地震的有关报道是世界上首次关于水库地震的报道，至今已有80余年，期间对水库地震的研究一直没有停止。

水库地震一般发生在水库蓄水以后，遇到适宜的地质条件即开始发生微震，随着水位的升高，地震活动逐渐增加。主震活动一般在满库或接近高水位时发生，而后震级与频度逐渐减弱至平稳。余震的持续时间有长有短，主要受库区地质条件所控制，与水位变化关系不明显。水库地震一般发生在水库周边3～5km范围内，远的不超过10km，有时发生在坝址附近上下游2～3km范围内。

我国开展水库地震监测预测以来，经历了从人工值守到遥测、从借用观测天然构造地

震的设备到研制水库地震专用设备、从分散记录到集中记录、从单台到组网、从手工处理到计算机处理数据等一系列的变化和进步[40-43]。现阶段，在我国广泛应用的是采用数字化遥测技术的第四代水库地震监测系统。

5.4.1 技术要点

目前采用的第四代水库地震监测系统即综合数字地震遥测模式，较以前的水库地震监测在两个方面有重大突破，第一是突破了仅用一种观测项目（测震数据）开展水库地震短临预测的高限，提出了用测震、形变和地下水三大项目监测预测水库地震的规划；第二个突破是采用最先进的数字地震遥测技术监测库区的地震。第四代水库地震监测系统是拥有多个子台的超大型台网系统，具有优于 ML0.5 级的高监测能力。

1. 通信方式

目前水库地震监测台网采用的主流的通信组网方式有：4G VPDN 通信、卫星、超短波、有线光纤以及以上多种通信方式搭接组合的方式。具体采用哪种通信方式根据野外子台实际条件进行选择。

（1）4G VPDN 通信。采用 4G VPDN 通信的台站主要通过插入 4G USIM 卡的路由器进行拨号连接附近的通信基站，通过 VPDN 专网到达通信运营商机房后，再由 SDH 专线到达地震监测台网中心。此种通信方式的优点在于：适应范围广，只要通信基站信号覆盖的地方均可以建立地震监测台站；采用 VPDN 无线专网保密性好、传输稳定，通信费用较低。但缺点在于台网通信受通信运营商基站设备故障等影响较大。

4G VPND 通信方式网络传输路径见图 5.4－1。

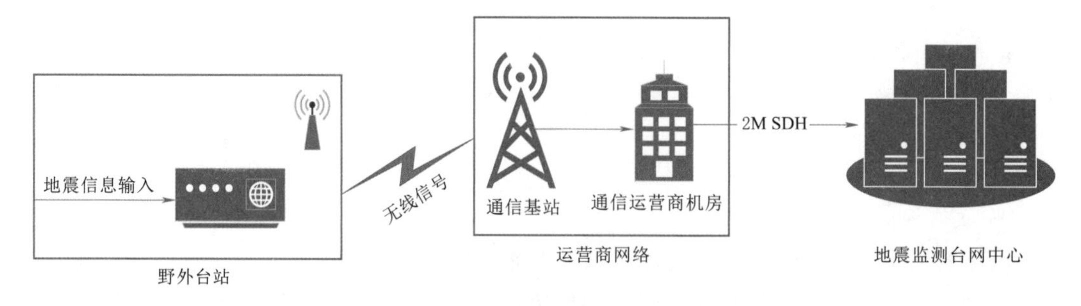

图 5.4－1 4G VPDN 通信方式网络传输路径示意图

（2）卫星通信。卫星通信是目前水库地震监测台网常用的通信方式，是通过人造地球卫星作为中转站来实现多个地球站点间的无线电波传递的通信技术。其将地震野外台站发出的信号转换成微波后发射到卫星，再由卫星反射到地面关口站，关口站与台网中心通过 SDH 专线相连。卫星通信方式具有电波覆盖范围广、通信质量好、稳定性好等优点，但容易受地面关口站区域暴雨等天气的影响，而且卫星通信费用昂贵。

卫星通信方式传输路径见图 5.4－2。

（3）超短波通信。超短波通信即是采用 30～300MHz 的电磁波进行无线电通信，也叫甚高频通信。

水库地震台网超短波传输方式的网络构架一般是：野外台站地震监测数据通过无线数

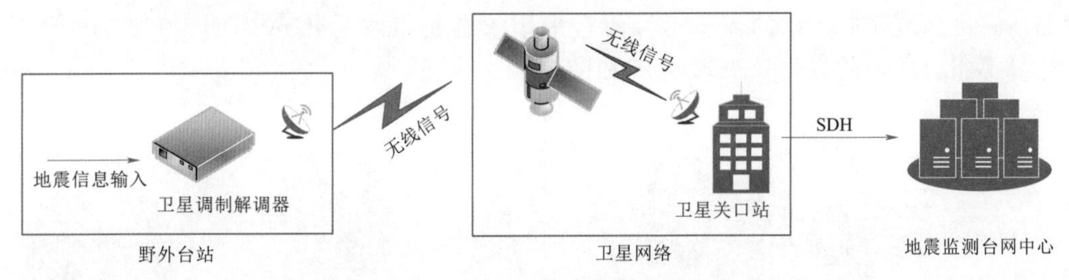

图 5.4-2　卫星通信方式传输路径示意图

传电台传至中转站，中转站将多个超短波台站的数据汇集成一路数据后传至数据汇集中心，在数据汇集中心重新将一路数据进行分解还原为多路数据后通过有线光纤传回台网中心。在距离较近且中间通视条件好的情况下，地震台站数据可以从子台直接通过超短波传至数据汇集中心。采用超短波进行传输的特点是：一般只能靠直线方式进行传输，其传输的距离受发射和接收点天线架设的高度影响较大。

超短波通信方式传输路径见图 5.4-3。

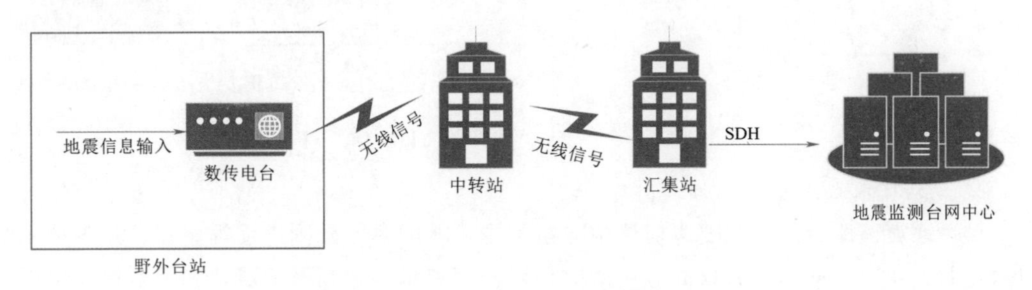

图 5.4-3　超短波通信方式传输路径示意图

(4) 有线光纤通信。有线光纤传输是在野外台站通过光电转换装置将地震信号转换为光信号，再通过有线光纤直接传回台网中心。其特点在于带宽高、抗干扰能力强、保密性好，同时也有设备功耗大、造价成本高等缺点[44]。

有线光纤通信方式传输路径见图 5.4-4。

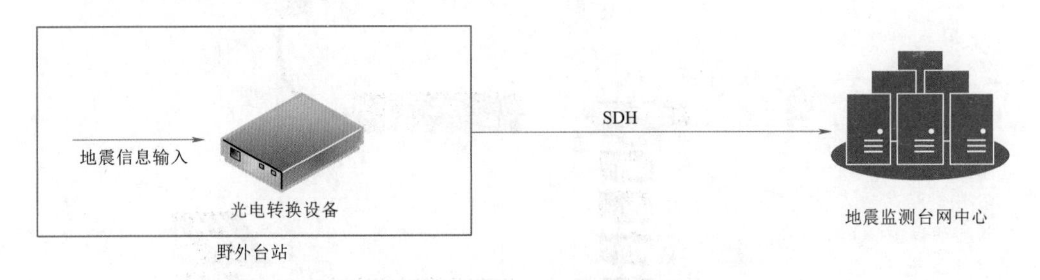

图 5.4-4　有线光纤通信方式传输路径示意图

(5) 多种通信方式组网。一个较大型的水库地震监测台网，其野外台站众多，地形条件、通信条件复杂，单一的一种通信方式常常不能满足所有地震台站的传输要求，则需要采用多种通信方式组合的组网模式。综合考虑野外子台、中转站的地形条件、通信条件、传输费用、建设投资等因素，多种通信方式可以按要求随意组合，以适应台网复杂的地形状况，满足台站数据传输的需要。目前常采用的有超短波＋4G VPDN、有线光纤＋4G VPDN 等组合传输的方式（图 5.4－5 和图 5.4－6）。

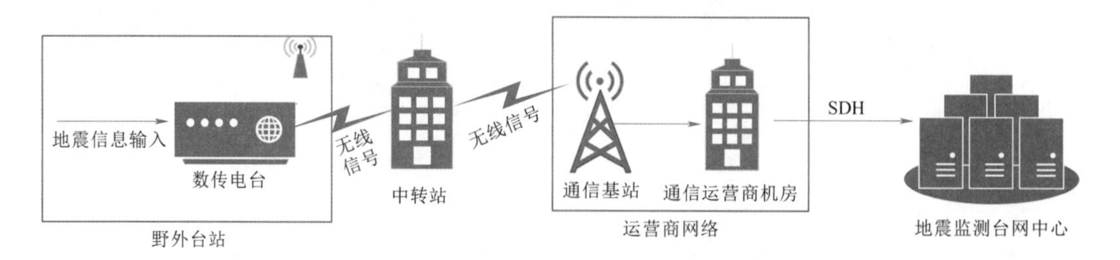

图 5.4－5　超短波＋4G VPDN 通信方式传输路径示意图

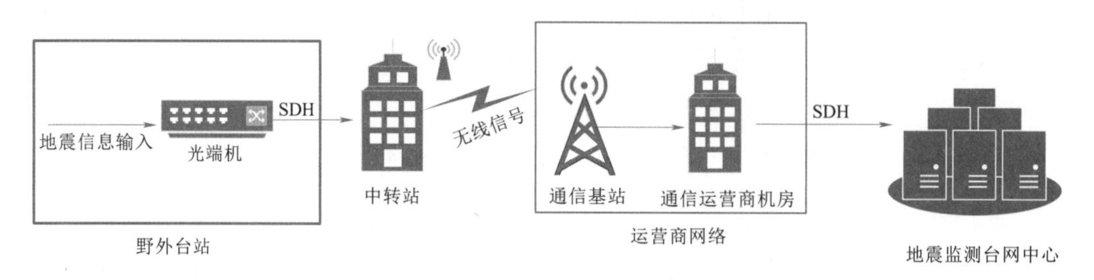

图 5.4－6　有线光纤＋4G VPDN 通信方式传输路径示意图

2. 台站技术系统

水库地震监测台网，主要以监测地方震为主，兼顾库区外围中强震。在台站观测系统的配置上主要以短周期地震仪为主，同时辅以一定数量的宽频带地震计和强震仪。可以在台网所属的测震台站中部分台站配以短周期（2～0.025s）三分向速度地震计，部分台站配以宽频带（0.0167～40Hz）三分向速度地震计，部分台站在配备上述两种地震计的同时还可以增加强震仪（DC－80Hz），用以弥补微震监测动态的不足。台站系统安装示意图见图 5.4－7。

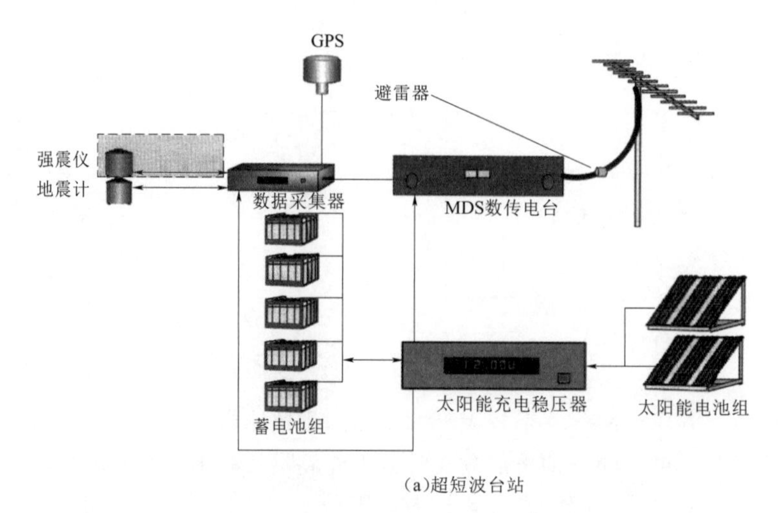

(a)超短波台站

图 5.4－7（一）　台站系统安装示意图

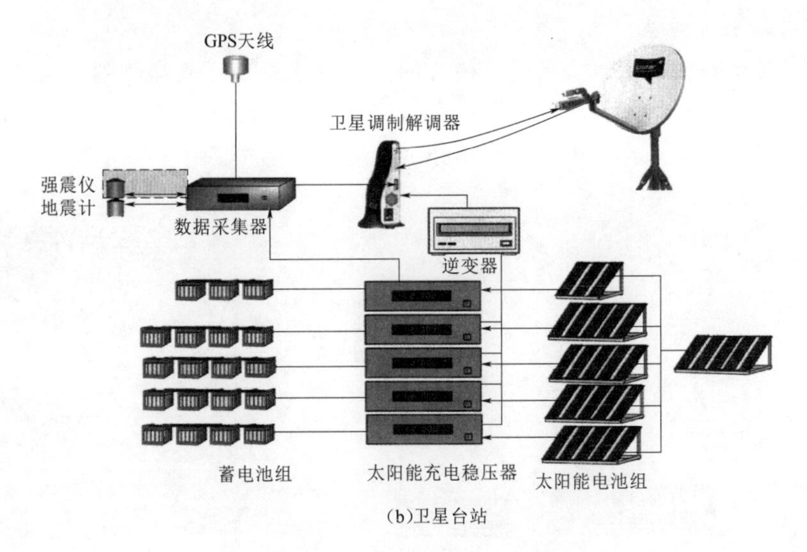

(b)卫星台站

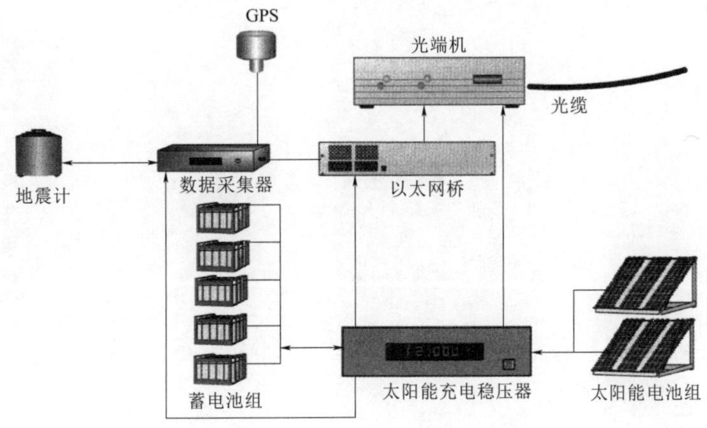

(c)有线传输台站

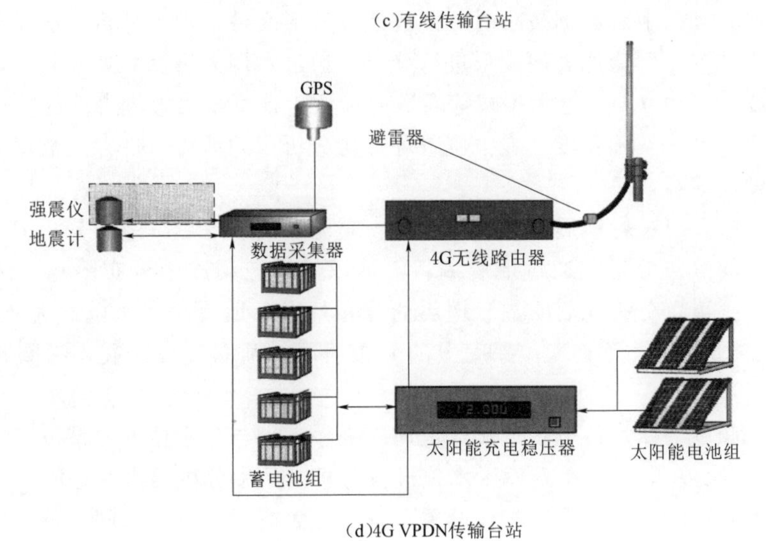

(d)4G VPDN传输台站

图5.4-7(二) 台站系统安装示意图

3. 台网中心技术系统

台网中心技术系统包括以交换机为核心的台网网络系统、磁盘阵列、高性能服务器、工作站和地震接收分析软件。全网的台站数据接入通过一台核心路由器实现，所有数据交换通过一台交换机进行。台网中心网络拓扑结构见图 5.4-8。

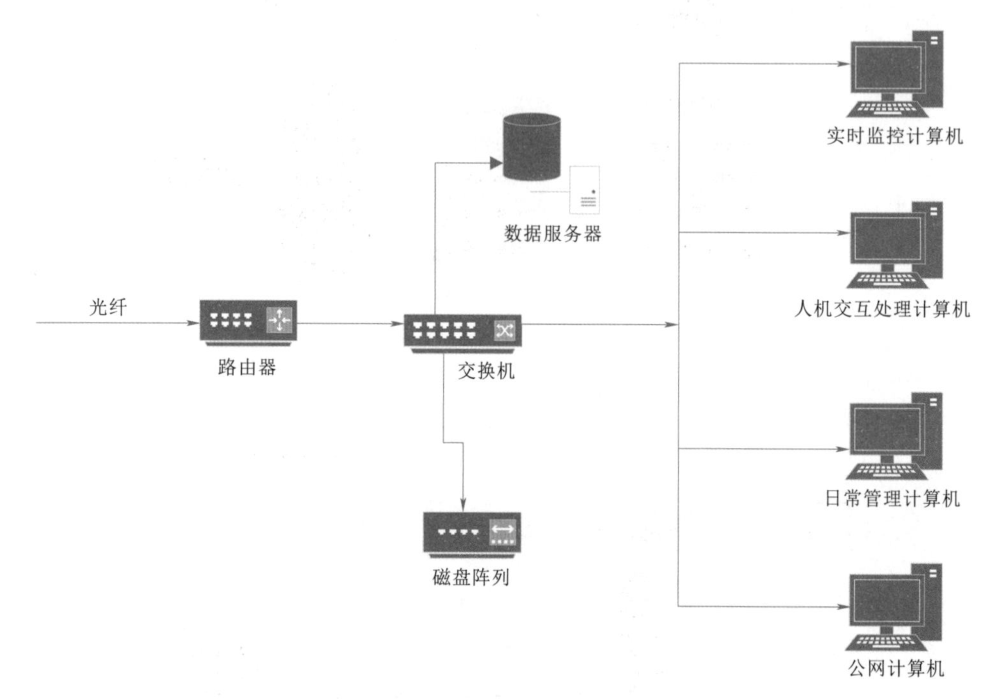

图 5.4-8　台网中心网络拓扑结构图

4. 地震数据处理

台网中心接收到的地震数据按小时分割成地震波形文件，地震分析人员需要从每个小时的波形文件中截取出疑为地震的波形进行分析。通过常用人机交互处理软件对地震事件进行 P 波、S 波、初动方向、最大振幅等参数的标注后计算得出地震事件的关键参数，即震级大小、发震时刻、震源深度、震中位置等，将分析后的地震事件存入数据库，由交互软件统一输出地震编目。

通过地震编目，可进行地震序列时空分析、震源机制解等后续地震分析工作。

(1) 震中空间分布分析。通过地震编目，可以做出地震震中分布图和三维震中分布图。从震中分布图可以分析地震次数、地震的分布情况、地震距离水电站大致的距离等；由三维震中分布图可以分析地震在深度上的分布情况，圆圈代表地震，圆圈越大，震级越大。

(2) 震级、频度与库水位分析。库区地震震级、频度与库水位的关系可以采用地震震级-时间图、地震次数-时间图结合库区水位进行分析。从中分析出水库地震发生的时间分布，以及地震的震级大小、频度与水位的关系，如最大震级的发生时间、地震发生的最高频次及其对应的水位高度等。

(3) 震源深度分析。震源深度分析可以通过震源、深度-时间图进行，从中得出地震震源深度的分布与时间的关系，同时也可得出该区域一段时间内地震震源深度的平均值，以及该区域地震震源深度分布的集中区域。

（4）发震时间间隔分析。发震时间间隔可以由地震编目生成发震时间间隔图进行分析，从图中可以发现监测区域一段时间内的发震高峰期、低谷期和平静期，同时可以对比库区水位、$M-T$ 图等，研究库区地震发震规律。

（5）震中位置迁移。震中位置迁移表示地震震中位置随时间的变化关系，能直观地反映震中位置随时间变化的波动范围和集中区域，便于寻找迁移的规律，有利于对该区域应力场变化趋势进行预测。

（6）监测区地震预测和研究。一个地区在某段时间内，地震震级-频度关系满足古登堡-里克特公式（简称G－R关系）：

$$\lg N = a - bM \tag{5.4-1}$$

式中：M 为震级；N 为累积频度；a、b 为常数，a 值反映平均地震活动水平，b 值反映大小地震的比例。

在一般情况下，b 值相对稳定，但在大地震前 b 值会发生异常变化，通常表现为减小。根据 b 值的动态变化可以预测大地震的发生；此外，根据古登堡公式可以推测出未来一段时间内该地区发生最大地震的震级（即横坐标的截距）。

（7）震源机制解。根据地震观测资料求震源参数的结果，通常称为震源机制解，也称地震的断层面解。求震源机制解的方法有P波初动法、振幅比方法等。

5.4.2　工程实例

1. 台网概述

雅砻江系金沙江最大支流，发源于青海省玉树的巴颜喀拉山南麓，在四川攀枝花江口汇入金沙江，干流全长约1570km，流域面积13.6万km^2，涉及青海、四川、云南3省的26个县（市）。该区内地质构造错综复杂，断裂带纵横交错，断块山、断陷盆地、断裂谷众多。在大地构造部位上，位于由鲜水河断裂带、安宁河断裂带、金河—箐河断裂带和金沙江断裂带所围限的“川滇菱形断块”内部。区内次级断裂构造发育，新构造运动强烈，破坏性地震时有发生。雅砻江干流上共规划建设21级水电站。

本着从流域的全局考虑，按照整体规划、统一设计、分期实施的原则，先期实施了雅砻江中下游流域水库地震监测台网（以下简称“雅砻江台网”）的建设，该地震监测台网由锦屏子台网、官地子台网、二滩桐子林子台网构成。覆盖了锦屏一级、锦屏二级、官地、二滩和桐子林5座水库的库坝区及可能诱发水库地震的库段，是四川省首个按全流域规划建设的水库地震监测台网，于2012年3月结束试运行，正式投入监测。

雅砻江台网在布局上是按照Ⅰ类重点监测区［库首区（坝址下游5～10km和坝址上游20km、水库两侧10km）及水库地震预测震级上限为3.0级以上区域］地震监测下限达到ML0.5级、Ⅱ类重点监测区（除去Ⅰ类重点监测区的水库两侧10km范围）地震监测下限达到ML1.0级的技术要求来设计。目前雅砻江台网台站数量38个，平均台间距为10～15km。雅砻江台网台站分布见图5.4－9。

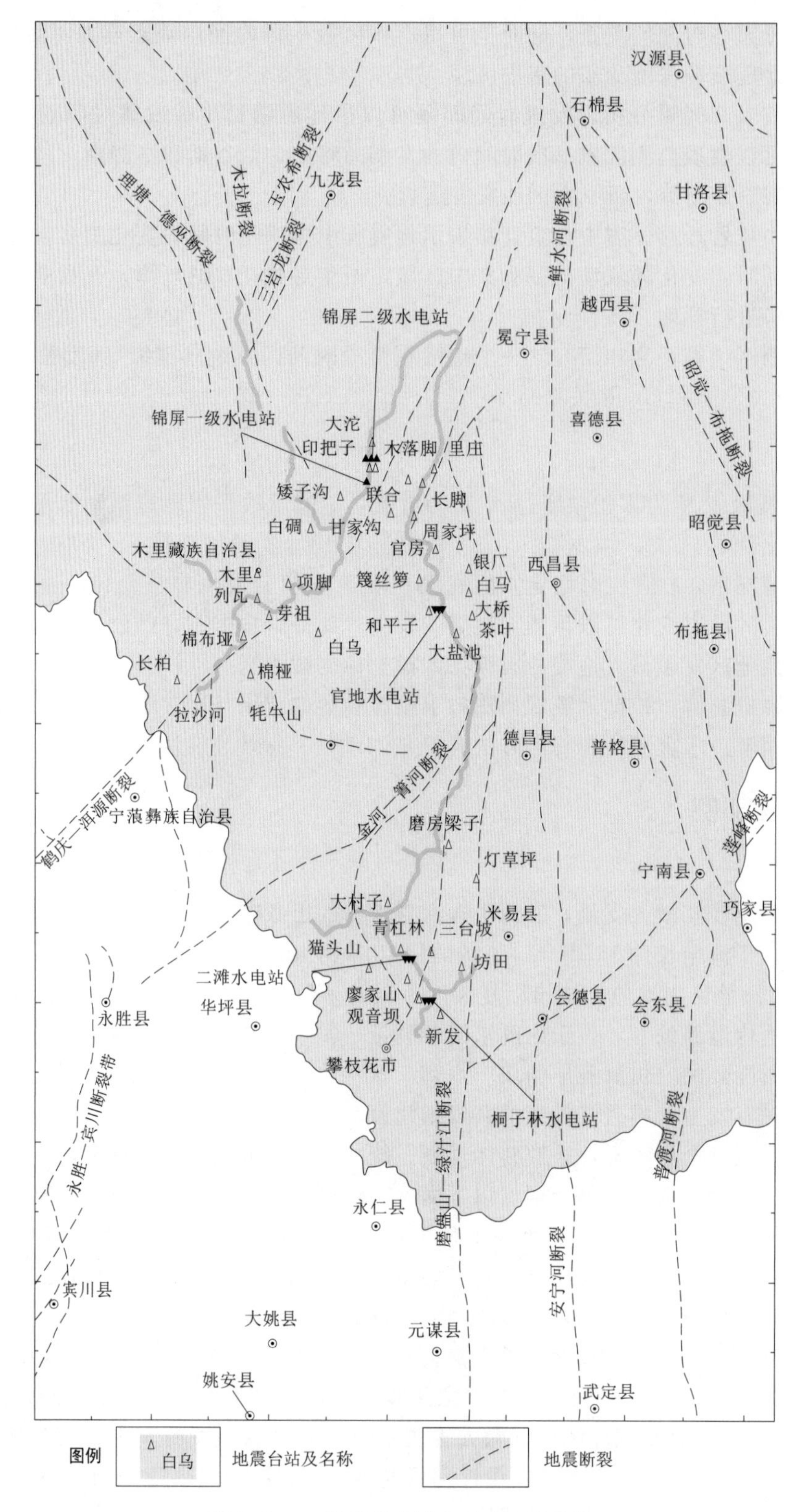

图 5.4-9 雅砻江台网台站分布示意图

2. 台网通信方式及台网技术系统

(1) 台网通信方式。雅砻江台网子台大部分均位于攀西地区高海拔山区，地势偏僻、地形复杂、交通不便，台网采用卫星、CDMA、数传电台、有线光纤通信4种数据传输方式搭接构建地震数据实时传输信息网络，将锦屏、官地及二滩桐子林3个子台网的实时地震监测数据汇聚于成都市雅砻江水电开发有限公司内的台网中心。其中，卫星台站12个、CDMA台站21个（长柏台站采用电信和移动两种通信方式）、数传电台＋SDH（中继）的台站3个、超短波＋CDMA中继的台站1个（牦牛山台）、光纤＋4G VPDN（中继）的台站1个（联合台）。雅砻江台网通信方式见图5.4－10。

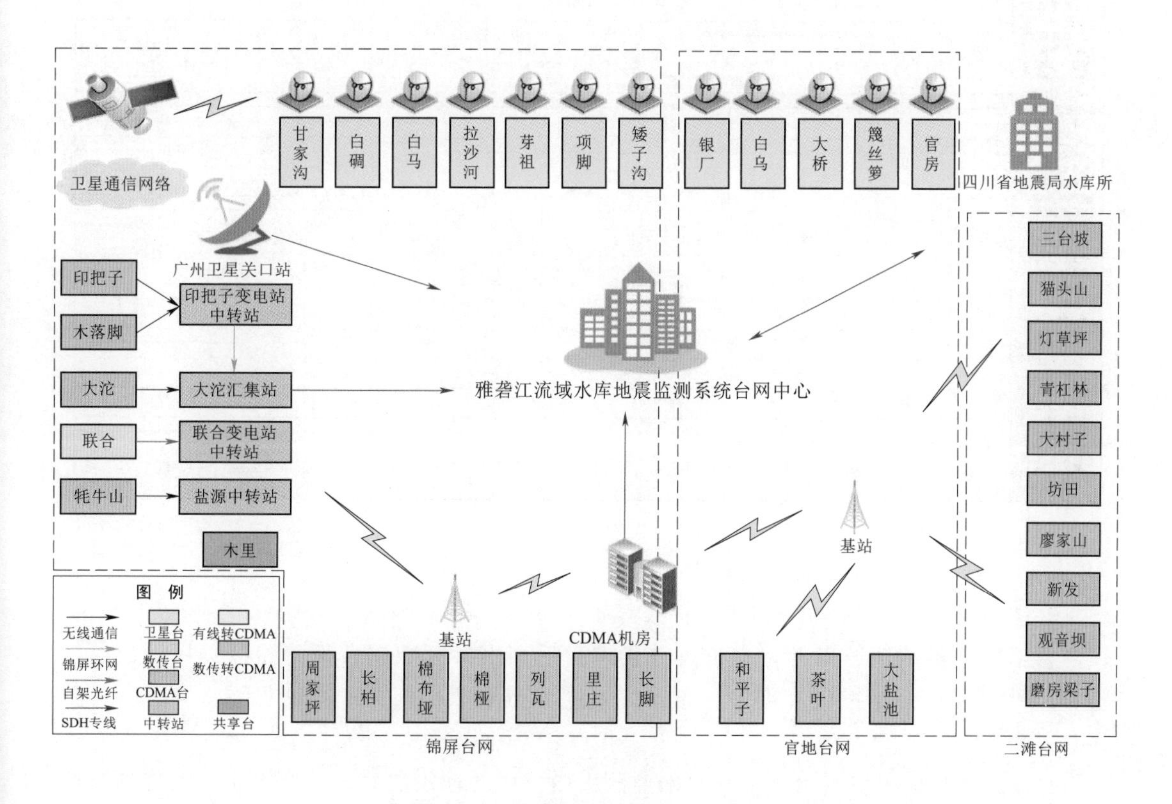

图5.4－10　雅砻江台网通信方式示意图

(2) 台网技术系统。雅砻江台网属于水库地震监测台网，主要以监测地方震为主，兼顾库区外围中强震。故在台站观测系统的配置上主要以短周期地震计为主，同时辅以一定数量的宽频带地震计和强震加速度计。在台网所属的38个测震台站中有36个配以短周期（2s～40Hz）三分向速度地震计；2个台站配以宽频带（60s～40Hz）三分向速度地震计；在靠近水库大坝和厂房的坊田、和平子、周家坪、矮子沟和篾丝箩5个台站还增加了强震加速度计（DC－80Hz），用以弥补微震监测动态的不足。在地震数据的采集上，全部采用了目前国内最流行的24bit数据采集器，可使台站地震观测数据从传统的上传1帧/s提高到现在的1帧/0.2s，增强了地震数据传输的实时性，提高了台网对地震监测的实时性要求和区域内中强地震的监测能力。

雅砻江台网中心采用地震接收分析软件进行接收监测。台网中心技术系统由以交换机为核心的台网网络系统、磁盘阵列、5 台高性能服务器、5 台 PC 工作站和地震接收分析软件组成。全网的台站数据接入通过一台核心路由器实现。台站网络实时监控界面见图 5.4－11。

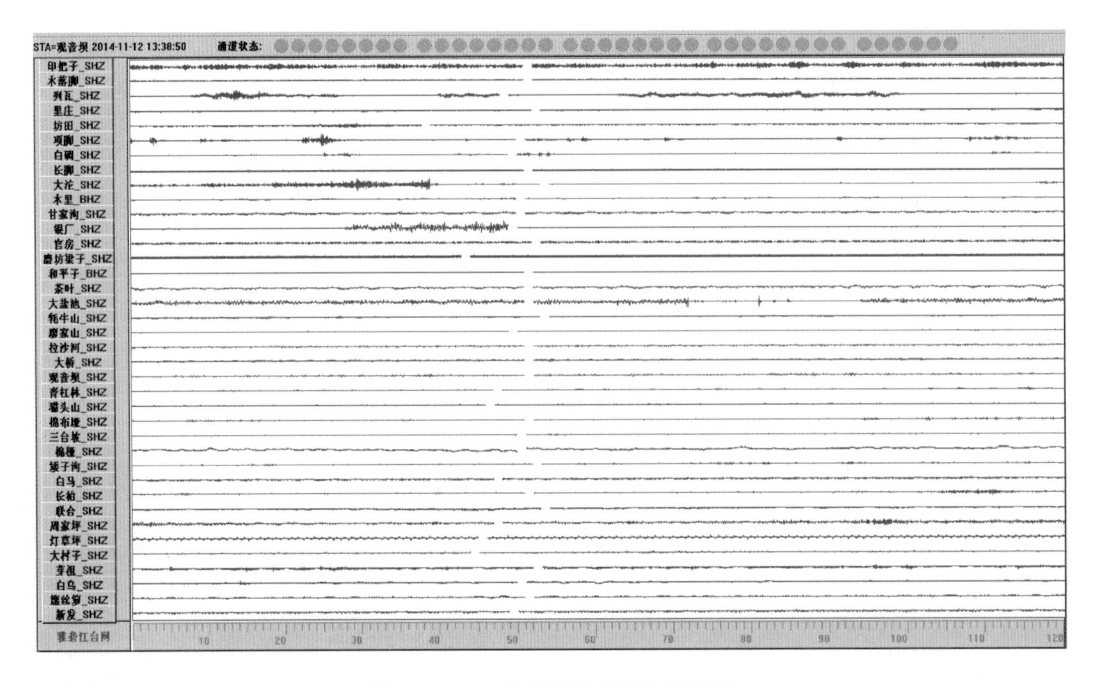

图 5.4－11　台站网络实时监控界面

3. 监测成果

台网监测到的地震事件，在进行分析编目后产出库区地震日报、周报、月报和运行年报。月报和运行年报包含震中分布图、深度分布图等，相关成果图见图 5.4－12～图 5.4－16。

从图 5.4－12 可以看出，某月台网监测区内发生的地震次数、震级大小、地震分布情况等，为后期区域地震发展趋势分析提供依据。

从图 5.4－13 上可以看出，在一段时间内，某台网监测区内地震震源深度大部分在 10km 以内，极少数深度达到 25km，监测区内地震平均震源深度为 5km。

通过某时间段监测到的地震数据进行 $\lg N-M$ 拟合计算，见图 5.4－14，监测区 $a=3.2365$、$b=1.0542$，曲线拟合系数为-0.931，M 轴截距为 3.0，推测未来一段时间内发生的最大震级为 3 级左右。

通过地震频次图及地震 $M-T$ 图（图 5.4－15 和图 5.4－16），可以掌握台网一段时间内地震频次和地震震级分布与水库水位变化的关系。由图可见，地震频次随库水位升高有一定程度的增加，地震震级与库水位的相关关系则不太明显。

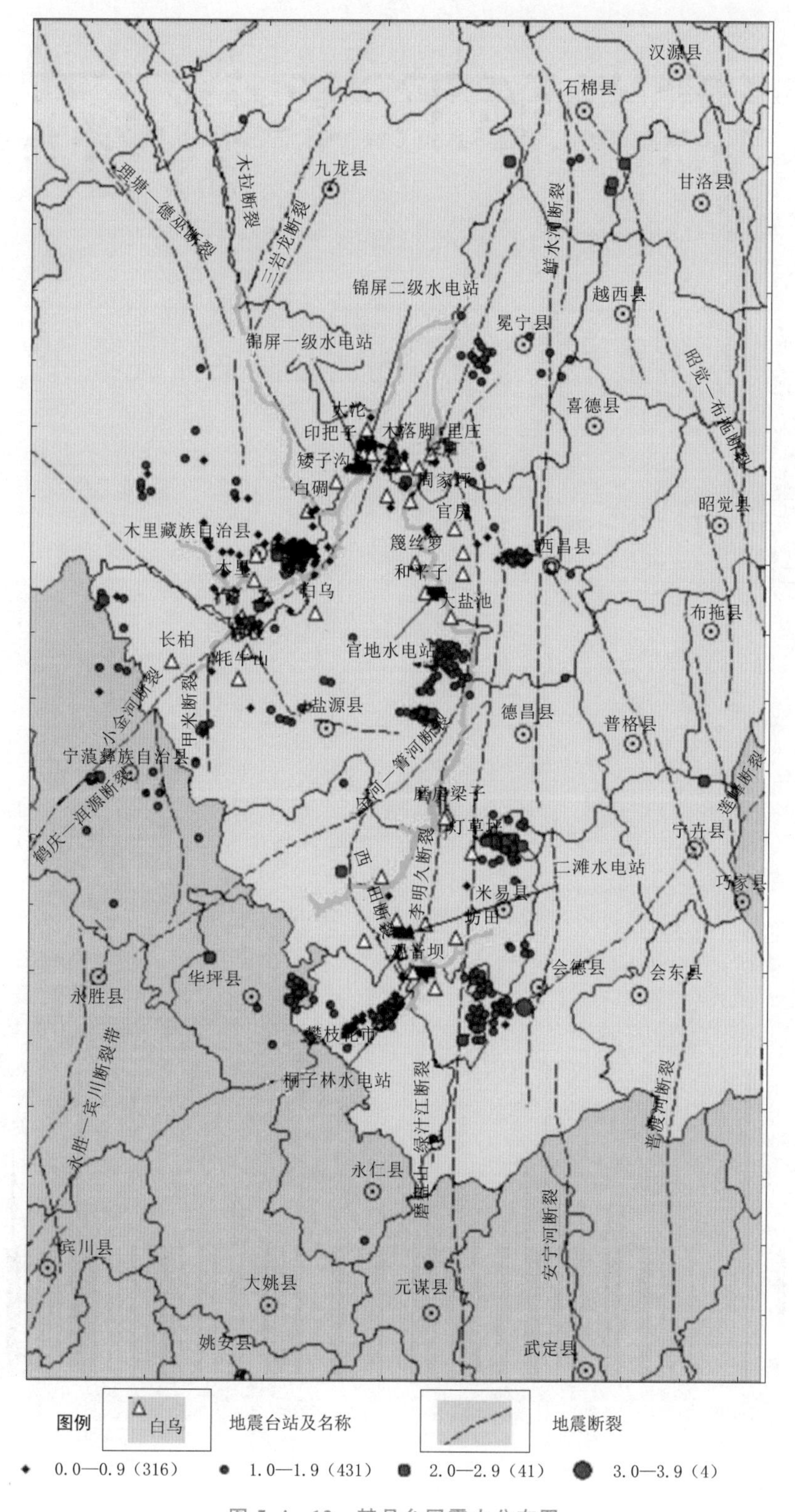

图 5.4-12　某月台网震中分布图

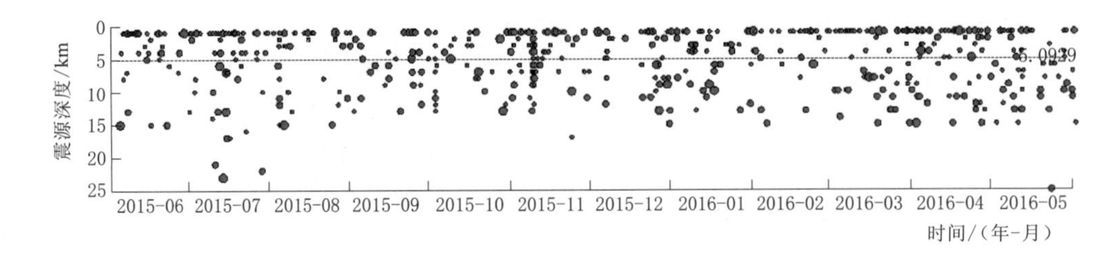

图 5.4-13 台网震源深度分布图

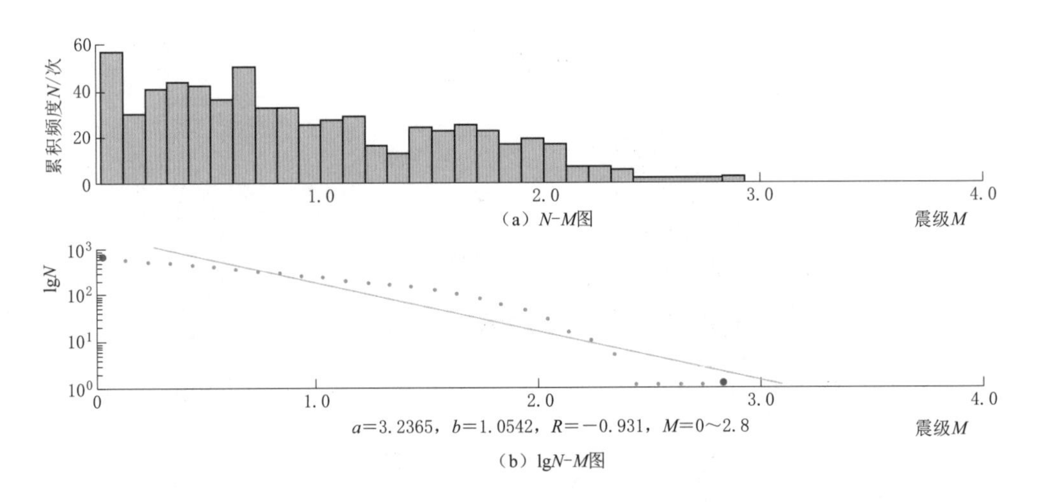

图 5.4-14 台网 $N-M$ 图、$\lg N-M$ 图

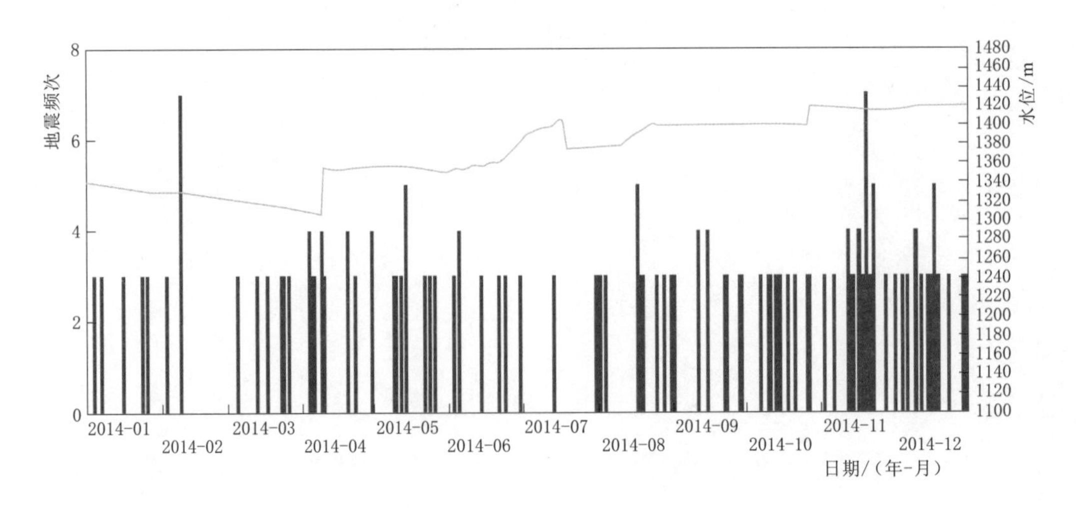

图 5.4-15 台网地震频次图与水位变化图

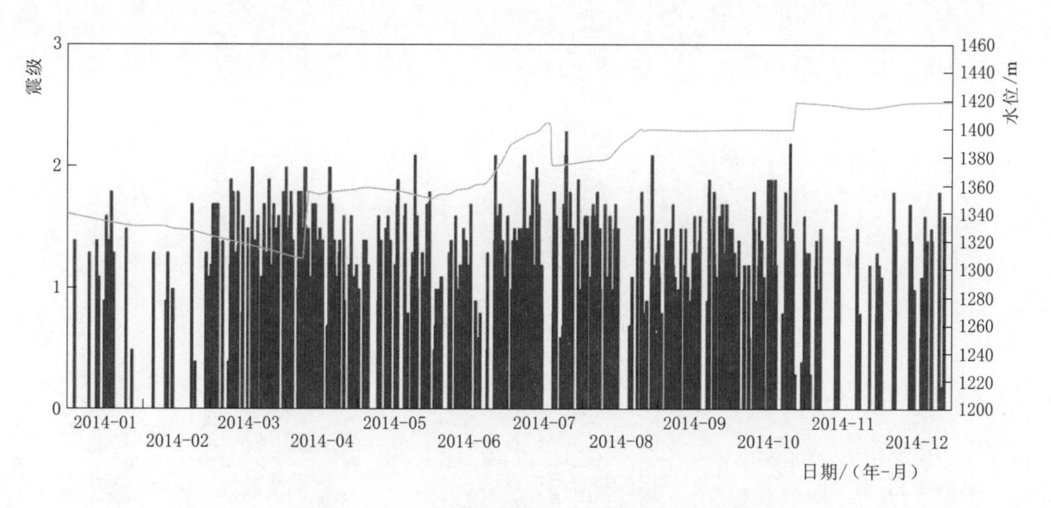

图 5.4-16　台网地震 $M-T$ 图与水位变化图

第 6 章

水电工程地球物理信息技术应用

6.1 概述

6.1.1 地球物理信息技术发展

信息技术（Information Technology，IT）是用于管理和处理信息所采用的各种技术的总称，主要是应用计算机科学和通信技术来设计、开发、安装和实施的信息系统及应用软件，也常被称为信息和通信技术（Information and Communications Technology，ICT），主要包括传感技术、计算机与智能技术、通信技术和控制技术。

新一代信息技术主要包括六个方面，分别是下一代通信网络、物联网、三网融合、新型平板显示、高性能集成电路和以云计算为代表的高端软件。无论是传统的信息技术，还是新一代信息技术都将在水电工程地球物理工作中发挥越来越重要的作用。

地球物理信息技术就是在地球科学信息基础架构（Cyberinfrastructure for Geoscience）下地球物理科学和现代信息技术相结合的技术。地球科学信息基础架构，就是地球科学和现代信息科学技术结合的点，既涉及硬件的、物质的建设，也包括思想方法、思想认识和软件性质的内容。具体而言，地球科学信息基础架构包括三个部分：①资料，包括资料的获取、数据的入库、数据的挖掘等；②模型，就是怎么利用这些资料、怎么解释隐藏在数据背后的物理过程和物理模型；③可视化，也就是将计算结果用形象直观的方法表达和显示出来，以便于人们分析和找出规律。

当前科学前沿创新已经无法离开信息技术，在地球科学方面需要依靠信息基础架构解决前沿问题，以及探索新的发现和创新，包括：①地球物理科技创新和信息网络相结合；②建立地球物理学科数字化数据体系；③高性能计算数字模拟；④网络科技协同研究；⑤地球物理勘探开发技术的应用；⑥物联网开辟新前景等具有战略意义的发展方向。

6.1.2 信息技术在水电工程地球物理探测中的地位与作用

信息技术在水电工程地球物理探测中的应用非常广泛，见图 6.1-1，贯穿于工程踏勘、数据采集、数据处理、反演与解释、成果分析与应用、成果整理与制图等各个环节。

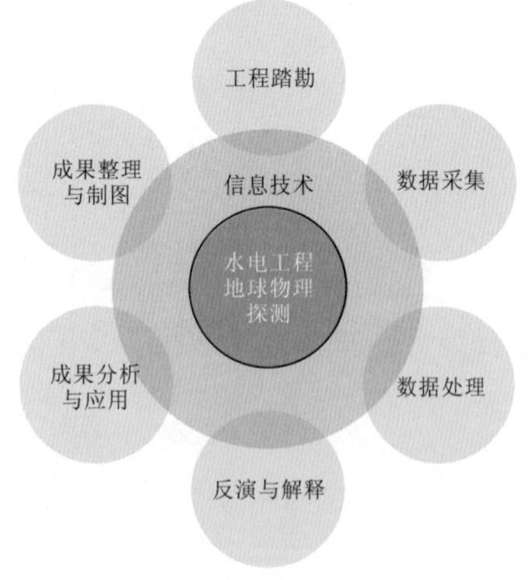

图 6.1. -1 信息技术在水电工程地球物理探测中的应用

6.2　地球物理信息技术

6.2.1　地球物理数据特点

地球物理数据作为地学数据的一种，具有与地学数据共同的特点，这些特点主要包括空间性、综合性、时间性、海量性、多源性等。

（1）数据的空间性、综合性。地学数据描述的客观对象是地球系统的部分，具有明确的空间坐标和空间范围。以地理学和资源科学为例，研究的对象主要为地球表层，数据描述的客观对象可以是地表确定大小的规则单元，也有的是按照各级别的行政区域等。这些对象具有明确的空间坐标和空间范围。这些数据在空间上分布是不均匀的，是对客观对象内部要素特征的综合表述，是一种“统计值”或“综合值”。随着空间比例尺变小或空间分辨率的降低，数据的综合性、概括性、宏观性就更加明显。

（2）数据的时间性。地球系统是个动态变化的系统，但是其变化速度十分缓慢，要想科学地揭示和描述其变化规律，往往需要长时间序列的数据支持，而且是时间序列越长，数据越有价值，如对地球的水平或垂向监测数据、天然地震台站的宽频地震观测数据等。

（3）数据的海量性。地学数据具有特定的空间范围，但是在该范围内随着比例尺变大或分辨率提高，时间序列的变长，数据量会急剧上升。如利用遥感技术获取的地学数据，随着数据分辨率的增大，数据量呈几何级数增长。

（4）数据的多源性。地学数据的获取途径非常广泛，如航天、航空遥感数据，野外考察、长期定位观测数据等。这些数据有的能够反映陆地表面的变化情况，有的可以反映深部剖面的纵向结构。

6.2.2　地球物理信息化的流程

地球物理是地球科学的部分，因此也同样具有上述各种特点。按照从野外数据采集到实现数据应用的具体过程将信息化过程的具体步骤分为以下几个部分。

（1）野外数据采集。

（2）野外数据处理或数据挑选形成原始数据。

（3）制定统一的数据集成规范，将数据按照该规范结构化。

（4）将结构化的原始数据入库。

（5）编辑元数据。

（6）将原始数据、元数据、空间数据等存放在数据仓库中。

（7）在服务器端建立数据服务，提供给应用端。

（8）建立各种数据应用，如数据检索、数据处理、数据可视化。

（9）融合各种数据进行综合性解释。

（10）生成解释结果，发现新的知识。

6.2.3 GIS 技术与地球物理

随着地理信息系统（GIS）的推广和普及，给人们带来一种全新的技术方法和观念，水电工程物探信息的现代化管理离不开 GIS 技术的支持，例如在水电工程物探行业中，各种勘探信息均和空间定位相关，从测量踏勘、工区勘探、施工规划、项目管理到评估分析等 GIS 均能发挥重要作用[45-46]。

1. GIS 技术在地球物理踏勘中的应用

伴随野外勘探工作区域的不断扩展，工作中对基础地理信息的需求也逐步增长，当前地球物理测量不仅是提供物理点放样成果，更多的需求是对工作区域地表环境、地形、地貌的数字化表述和分析能力，具体表现为收集利用工作区域各种电子地图、卫星影像进行前期图上踏勘分析等。这种 GIS 信息分析能力的需求，与现有 GPS 技术发展及地理信息收集能力是相适应的。

现有电子地图、卫星影像应用中涉及到的 GPS 定位精度、坐标基准转换、卫星影像校准与坐标匹配等技术问题，以及不同格式数据之间的相互转换和在同一个软件平台上的集成等技术都已经成熟，使先期踏勘工作可利用以上资源制作虚拟地理信息进行宏观分析。

通过 GIS 软件提供的全方位漫游、特定路线飞行等功能，可以在这一环境中概略掌握工作区域地表的地理特征分布，尤其是对于地理环境较为复杂的工区，过去由于交通条件等限制，工作前往往不能做到全面踏勘，以至部分区域无法做具体的踏勘与量化描述。通过在虚拟现实的工作区域环境中进行数据分析和统计，将数据在实地踏勘中校对后提供量化的地表特征数据，对后期工作的设备配置、资源配置、安全风险评估等起到重要的作用。

2. GIS 技术在水电工程物探检测数据管理中的应用

随着数据库技术和计算机技术的不断发展，对地理信息系统收录的水电工程物探检测及其相关数据采用数字技术建立相应的水电工程物探检测基础数据库，不仅可以实现工程数据管理，同时也可以建立公用数据库，具备检索、查询和提供社会服务等功能。因此，可以建立基于 GIS 技术的水电工程物探检测数据库，并在此基础上研发水电工程物探数据管理、反演与解释、信息提取、可视化与建模、成果分析等应用系统。

6.2.4 水电工程地球物理信息化管理

水电工程地球物理数据的综合管理与成果的三维可视化是水电工程地球物理信息化平台需要解决的两个关键问题。

1. 水电工程地球物理海量数据综合管理

水电工程地球物理数据是一种多源海量数据。按照表现形式的不同，这些数据可以分成图形、图像、文本三大类。这些信息的有机融合可以再现地下地质的物理性质、地质环境现状，为地质环境综合评价及三维可视化提供基础。这些信息具有分散性、多比例尺、种类繁多等特点，如何将这些信息进行整合，实现数据的一体化采集、存储与管理是系统建设成败的关键所在。

水电工程地球物理数据库可划分成图形数据库、属性数据库和多媒体数据库。图形数据库存储地理底图、各专业图件等矢量图形。属性数据库管理各种GIS的属性表和地球物理各专业的属性表。多媒体数据库则包括各种文档、报表、影像及数字景观数据等。每个数据库划分成基础地理、重力、磁法、电法、放射性、地温、综合测井、人工地震等多个专题数据库，每个专题数据库以时间、空间为基础按“要素类”进行分类管理。

地球物理方法虽然众多，但是都是以点或线的形式获取地下介质信息的。因此，勘探点、勘探线是地球物理各方法共同的基础。以GIS作为技术支撑，将勘探点、勘探线作为各专题、各层数据关联、整合的基础，使各专题数据融合成一个整体，可以实现系统数据的多维、多层次的一体化管理。

2. 成果的三维可视化展示

水电工程地球物理成果的三维的可视化表达是系统建设的重要组成部分。其包含两个关键技术的内容：三维结构模型和三维属性模型的建立，其中三维属性模型的构建是相对成熟的技术。

三维结构模型的构建有两个技术基础作为支撑：3D GIS技术和三维可视化技术。3D GIS提供数学和空间分析基础，而三维可视化技术则提供显示平台。3D GIS能从平面和垂向上再现空间实体的空间拓扑关系，在此基础上，能便捷地实现三维空间分析和操作。

3D GIS中最重要的问题在于构建三维数据模型，主要包括数据预处理、三角网的构建、地质面的构建和地质体的构建。

3. GIS+BIM的应用

构建三维模型实现水电工程地球物理成果的三维可视化，不是物探成果三维建模的最终目的。发挥GIS+BIM的优势，通过BIM技术在物探成果三维模型上叠加各种地质、地球物理属性，借助GIS和其他分析工具，进行信息提取、特征分析、预测预报等三维空间和属性的综合分析，使物探解释更可靠，成果应用更深入。

6.3　水电工程地球物理勘察数据三维地质建模与应用

6.3.1　基于综合地球物理成果的三维建模与可视化

目前，地质专业人员在建立三维地质模型时，主要利用钻探成果、地质测绘资料等，地球物理资料仅作为参考。应用三维地质体建模理论和方法，在三维地质建模中引入地球物理成果，实现基于地球物理成果的物性参数及地质推断成果的三维可视化和分析，对于地球物理和地质科技人员具有十分重要的意义，不仅可以提高地球物理成果的应用水平，而且可以提高三维地质建模的精度。以下为基于综合地球物理成果的三维地质建模与可视化流程和方法。

1. 3S、三维建模技术与综合地球物理技术集成

（1）集成的优势。

1）传统的3S技术应用主要侧重于地表，综合地球物理技术的应用使得3S技术从地

表向地下延伸。

2）3S 技术与三维建模技术的应用，极大地促进了综合地球物理技术的发展。

3）将 3S 技术、三维建模技术与综合地球物理技术集成起来，可以实现地表与地下信息的高精度、一体化建模与可视化分析。

目前的三维地质专业人员在建立三维地质模型时使用的主要资料是钻探成果、地表地质测绘、露头、水文资料等。即使引入地球物理资料，也仅作为参考。由于没有很好地利用地球物理解释的成果，数据点比较稀疏，这样建立起来的三维地质模型往往精度不高，与实际相差较大。若能参考钻探、地质、测绘等资料，建立基于 3S 与综合地球物理成果的物性参数及其地质推断解释成果的三维地质模型，将大大提高三维地质建模的合理性和精度。

（2）集成的理由。

1）地球物理专业自身发展的需要。随着计算机技术、三维建模与可视化技术以及地球物理技术的进步，尤其是综合地球物理技术的发展，使得地球物理成果的三维建模可视化成为可能。在 3S、三维地质建模与可视化技术快速发展、应用范围不断拓展的今天，将 3S 技术、三维建模技术与综合地球物理技术集成起来，实现地表与地下信息的高精度、一体化建模与可视化分析，不仅可以提高地球物理解释的精度和广度，而且可以为用户或下序专业提供更直观、实用的基础资料，提高地球物理成果的应用水平，从而大大提高地球物理成果的应用水平。

2）符合土木工程各专业三维协同设计，以及水电工程规划设计、工程建设、运营管理各阶段三维设计的需要。将 3S 技术、三维建模技术与综合地球物理技术集成起来，实现三维建模与可视化分析，正好符合这一需要。

2. 水电工程各专业三维设计平台之间的协同

（1）水电工程三维协同设计现状分析。三维建模、三维设计方面的探索始于 20 世纪 90 年代，地质、水工、施工、机电、地球物理、测绘等专业都在这方面作了不同程度的探索[47]。到目前为止，虽然在水电工程三维建模、三维设计方面取得了较大的进展，然而各专业的三维建模与设计工作基本上是独立发展、各自为政，相互之间缺乏必要的沟通与协调，非常不利于各专业之间的成果共享。鉴于这种状况，目前正按照工程全生命周期管理的思想，着力推进土木工程专业协同设计平台的设计和研发工作。

（2）地球物理专业三维设计平台与其他专业三维设计平台的协同。地球物理专业是水电工程三维协同设计的重要参与者，其三维建模与设计的主要内容包括前期勘察、施工检测、运行监测等阶段的地球物理成果的三维可视化与分析。通过对地球物理、3S 与测量数据、工程地质等资料的集成与综合解释研究，建设面向工程勘察的“基于 3S 与综合地球物理技术的物性参数及推断地质解释的三维模型系统”，实现基于物性参数、推断地质解释成果的三维可视化分析，为地质和其他下序专业提供更实用、更可靠的基础资料。这也是地球物理专业三维综合解释和地质建模的主要目的。

地球物理三维综合解释与地质建模的目标是建立基于地球物理参数或地质推断解释的三维模型，为实现从“地球物理成果＋其他资料（含钻探、地质、测绘等资料）”到“三维地质模型”的转换架起一座桥梁，使得最终建立的地质模型更真实、更符合实际。地球物理专业与其他专业协同的三维平台，特别是与地质专业的协同对于工程勘察来说具有非常重要的意义，不仅可以提高勘察效率和准确度，也可节约勘察成本，符合工程勘察绿色环保的发展趋势，将获得良好的经济效益和社会效益。

3. 基于3S与综合地球物理探测成果的三维建模和可视化流程

在得到各种单一地球物理方法的解释成果数据后，进行综合地质推断解释得出相应成果数据，再采用三维地质建模方法可以实现物性参数和地质推断解释成果的三维建模与可视化。

（1）物性参数三维地质建模与可视化。用于建模的物性参数成果在整个建模范围内要求是同一物性参数。这些成果可以是使用同一种地球物理方法获得的成果，也可以是多种同类地球物理方法的成果进行综合解释得到的成果。例如，波速参数可以通过地震波反射波法、折射波法、面波法、地震波层析成像法等获得。如果是波速成果，同样需要将这些成果转换成同一类型的波速，例如纵波或横波。又如视电阻率可以通过音频大地电磁测深法、高密度电法、电测深法等方法获得。图6.3-1为物性参数成果三维建模与可视化工作流程。

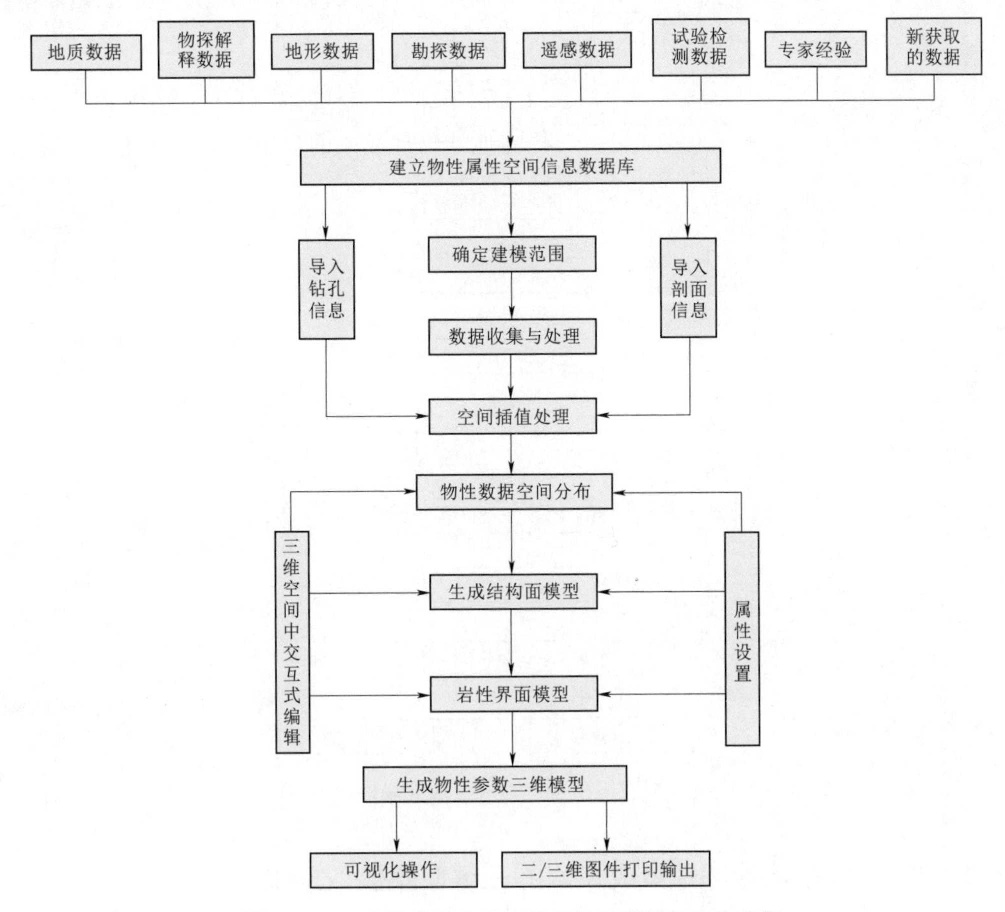

图6.3-1 物性参数成果三维建模与可视化工作流程

（2）地质推断解释成果三维地质建模与可视化。地质推断解释成果是介于地球物理成果与地质成果之间的中间成果，它利用综合地球物理解释数据，结合遥感、测绘、地质、勘探等资料，给出合理的地质推断结论。地质推断解释成果可以是覆盖层厚度，断层宽度、走向、埋深，岩层厚度、走向、埋深，岩性分界，基岩风化分层，卸荷带分布，地下水位线，透镜体等。因此，以地质推断解释成果为基础的三维地质模型是一种介于地球物理成果三维地质模型与工程地质三维模型之间的地质模型。它不仅可以作为地球物理、地质专业人员进行地质分析解释的依据，也可以作为三维地质建模的初始模型或参考模型[48-51]。图 6.3-2 为地质推断解释成果三维建模与可视化工作流程。

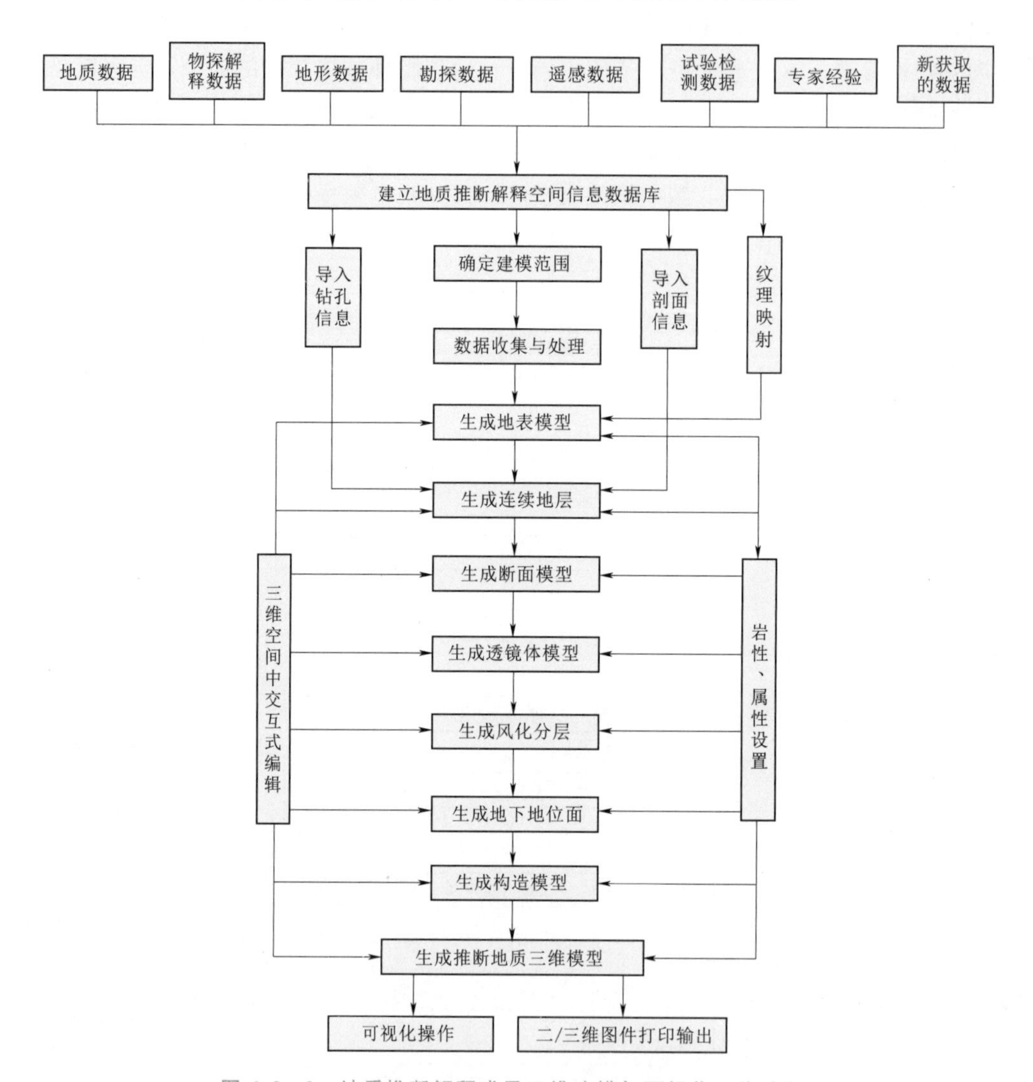

图 6.3-2　地质推断解释成果三维建模与可视化工作流程

6.3.2　基于 3S 与地球物理集成技术的三维地质模型系统

1. 系统框架

（1）地质体三维可视化工程分析与辅助决策系统构成。图 6.3-3 展示了地质体三维可视化工程分析与辅助决策系统构成，清楚地显示基于 3S 与综合地球物理技术的物性参数及地质推断解释三维模型系统是整个系统的基础，而工程分析与安全评估才是最终的发展目标。

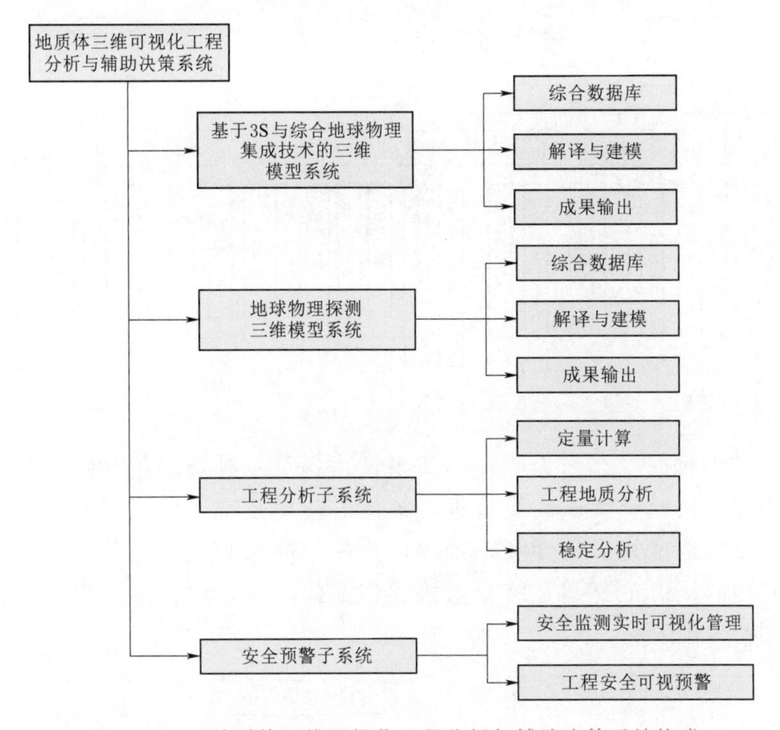

图 6.3-3　地质体三维可视化工程分析与辅助决策系统构成

系统建设需要遵循总体规划、分期建设的原则，其中基于3S与综合地球物理技术的物性参数及地质推断解释三维模型系统的开发是最重要的基础，是第一阶段的工作重点。第二阶段集中在分析方面，包括将基础数据转化为稳定分析的依据，实现在三维地质模型、结构形态、监测布置等几何信息基础上的安全监测数据管理和安全预警。

在上述总体规划中，第一阶段的开发起至关重要的基础性作用，其重要性体现在两个方面：①完成地质建模是分析和安全预警不可或缺的基础，所有岩体工程的分析、评价、决策都不能脱离地质条件，地质模型是现实地质条件的计算机表达；②三维建模采用的技术和数据结构框架决定了后续开发的技术可行性，即第一阶段开发必须在底层技术上为后期工程分析与评价功能的开发提供计算机技术上的保障（另一保证是系统的专业技术能力）。

（2）基于3S与综合地球物理技术的物性参数及推断地质解释三维模型系统的框架见图6.3-4。从图6.3-4可知，系统主要由数据录入与管理、数据处理、成图输出、地球物理综合解释、地表建模、三维地质建模、三维可视化与分析、地球物理异常提取、统计分析等9个模块组成。各模块应该具备的功能已经在图中表达出来。需要特别说明的是，图6.3-4表示的系统为总体规划的部分内容。

（3）基于3S与综合地球物理技术的物性参数及推断地质解释三维模型系统的三大功能模块。图6.3-5表示了该系统开发的三大功能需求，分别为综合数据库、解译与建模、

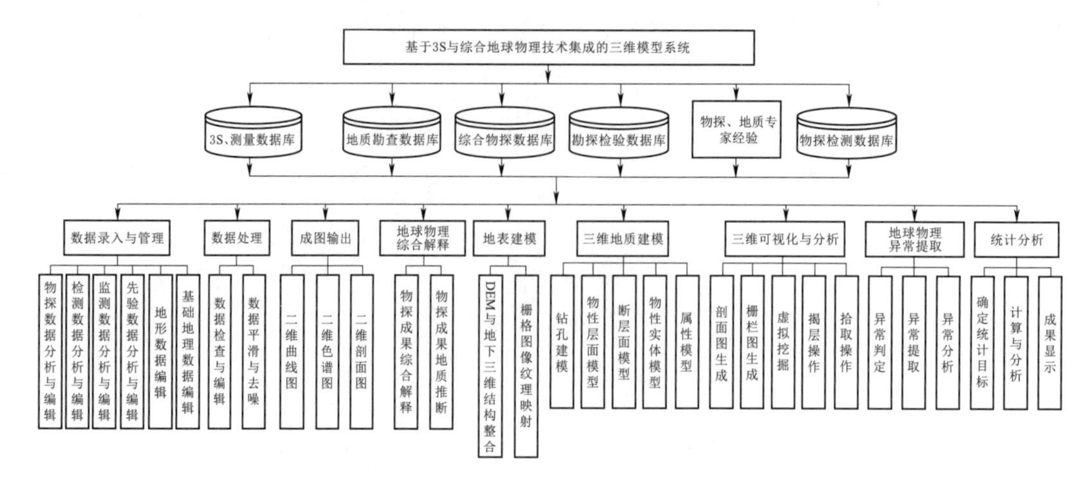

图 6.3-4　基于 3S 与综合地球物理技术的物性参数及推断地质解释三维模型系统的框架

成果与输出，其中数据库起到为建模和成果输出提供基础资料的作用，同时可以为工程分析提供必要的试验和测试成果数据。解译与建模系统开发的重点目标是实现利用数据库基本数据的地球物理解译和三维地质建模。成果与输出包括接口和二维成果图两个部分，其中的接口主要满足跨专业协同作业的需要，而二维成果主要指不同类型的工程成果图。

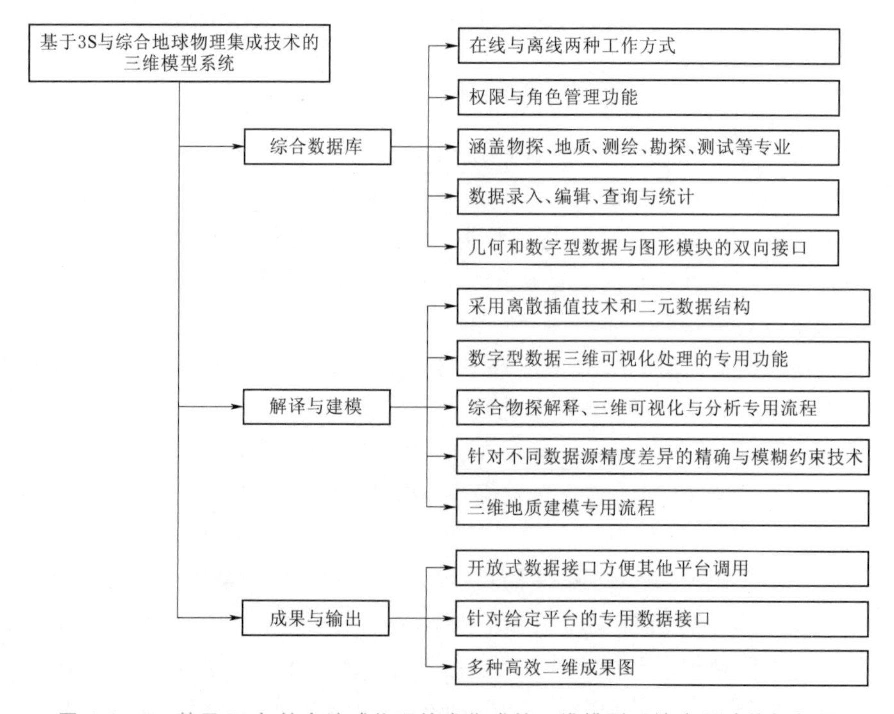

图 6.3-5　基于 3S 与综合地球物理技术集成的三维模型系统应用功能框架图

2. 基础数据与分析

（1）系统开发的技术目标与要求。该系统总体目标是实现三维地球物理解译和地质建模、二维出图，主要是在既往基于勘探成果三维地质建模平台（软件系统）模型基础上增加地球物理综合解译、异常提取、统计分析和综合利用地球物理成果的功能，进一步提高三维建模的合理性和精度。该系统的主要技术要求包括：①采用专门针对地质体的三维建模和信息处理底层技术，即基于非连续数学的离散插值技术和二元数据结构，确保能够充分利用勘探和地球物理成果、快速准确构建任意复杂地质体；②系统建模工作流程与昆明院工程勘察现实工作程序相符，即勘察数据采集与分析（解译）、三维建模和二维出图的基本流程；③系统具备良好的后续扩展开发能力，特别是稳定分析、监测数据分析处理方面的能力。

（2）三维地质模型系统基础数据分析。地下三维地质建模中涉及的地质现象主要有地貌（或地形）、地层、褶皱、断裂、透镜体及侵入体等，为刻画这些地质现象，就需要用到地表数字高程模型（DEM）数据、遥感影像数据、地理信息数据、钻孔数据及剖面数据等。另外，地球物理、地质等各专业专家经验的引入主要是为在综合地球物理解译和三维地质模型建模过程中进行人工干预，使解释成果和三维模型中的地质特征更符合地质规律和实际情况。这对于提高综合地球物理解译和三维地质模型的精度和成果的合理性具有重要意义。

（3）三维地质模型数据组织。在基于3S与综合地球物理技术的三维地质模型建模中，涉及的数据主要有遥感数据、地表数字高程模型（DEM）数据、地表地理信息数据、地球物理数据、勘探数据（钻孔数据）、地质平面数据、剖面数据、地层等值线数据、构造数据（断层数据）等。实际上，在三维地质建模中经常用到的数据均可归结为四种类型的点数据：①空间位置信息，仅有空间 X、Y、Z 三维坐标信息；②空间位置信息＋属性，有 X、Y、Z、V 四维信息；③空间位置信息＋时间，有 X、Y、Z、t 四维信息；④空间位置信息＋属性＋时间，有 X、Y、Z、V、t 五维信息。前两种为静态数据，后两种为动态数据。要将这些数据按照系统设计的地质数据库的数据格式组织起来，实现数据入库，为三维地质建模做好准备。

3. 主要模块及功能

（1）数据库管理系统。系统针对水利水电工程地质工作特点和三维可视化设计了专门的数据库管理系统，不仅具备传统数据库的数据管理、查询、分析等功能，可独立使用，更重要的是，还可以作为三维地质建模和分析的重要基础。数据库结构和功能设计以地质工作需要为出发点，既体现了工程需要，也考虑了实际工作流程的应用方便。其中满足工程需要的综合性资料包含了地质调查、地球物理、测绘、勘探、试验、测试等多个专业方向的基础资料，其中的几何信息可以直接用于创建三维地质模型，测试数据等属性信息用于通过工程地质和岩石力学方法开展地质分析，如岩体质量分级和参数取值等。

水利水电工程地质数据库的主要功能包括数据管理、数据应用、数据库、录入、成果输出、系统设置、程序等。地球物理数据结构见图6.3-6。

（2）三维地质建模与可视化模块。系统专门针对水电工程地质工作特点和三维可视化推广应用的需要设计了单一界面建模流程、覆盖层建模流程、透镜体建模流程、断层错动模拟流程等。综合应用这些工作流程，即可在系统向导下完成地质三维建模。

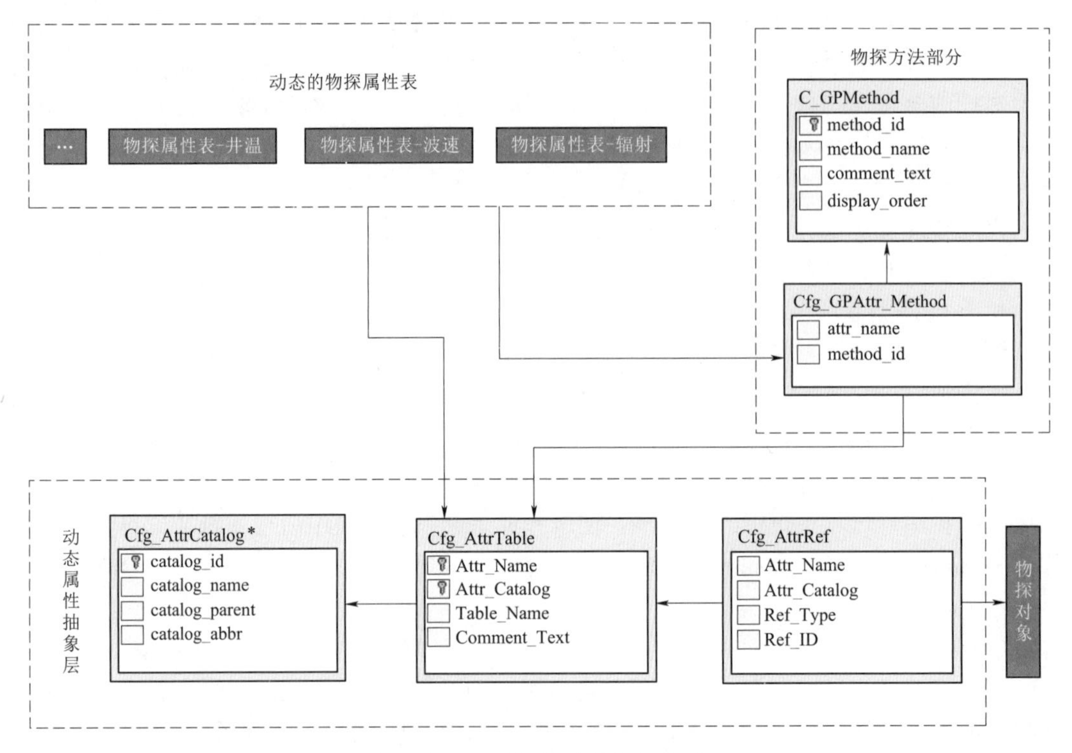

图 6.3-6　地球物理数据结构图

(3) 地球物理成果综合解译与建模模块。以多种地球物理方法的解释成果为基础数据，将这些数据视为点集、线集或面集，并在一些约束条件下实现多地球物理成果的综合解释。通过建立工作流程实现多地球物理成果的综合解释，不同地球物理方法解释得到的成果均可以反映地下地质界面的形态，地质、测量、勘探（钻孔、平洞、地质点等）可以作为精确或模糊约束条件参与地球物理方法的处理与解释。应用综合解释的地球物理成果和一定的地质勘探约束条件建立地质界面的三维模型。为实现这一功能，可采用基于 DSI（Discrete Smooth Interpolation）的模糊平行相似约束综合解译与建模方法。

系统实现的工作流程共分为 6 步：①选择建模需要的对象集（包括地球物理解译得到的点集、线集、面集以及勘探的钻孔、平洞、地质点）；②定义建模范围；③定义不同地球物理方法的解译权重系数；④根据不同地球物理方法解译得到的成果点集、线集或面集构建对应的地球物理曲面模型（DSI）；⑤根据地质、测量、勘探数据构建参考模型（如果没有勘探资料，此步可以跳过）；⑥确定对应于地球物理综合解释成果的一组地球物理模型和参考面。通过以上步骤就可以根据一组不同地球物理方法解译得到的地球物理模型以及勘探数据建立的参考模型，建立基于 DSI 的模糊平行相似约束地质面综合模型。

(4) 三维分析模块。能够对所建的三维地质模型实现一定的分析功能，主要包括两个方面。

1) 特定区域的地球物理统计与分析：①实现对地球物理异常的走向、延伸规模、体积、质量、高阶统计量等的统计分析；②能够对感兴趣区域的物性进行统计分析；③对其他地球物理数据属性的统计分析；④岩体完整程度分析等。

2）工程地质中常用的统计与分析功能：①坡度、坡向分析；②表面积、体积与方量计算；③剖面分析；④开挖分析；⑤虚拟漫游等。

4. 数据来源

系统实现建模的数据来源主要有以下两种形式。

（1）数据库。保存在数据库的数据，如勘探数据、地球物理数据、测试数据等，可以来自服务器，也可以是离线文件。

（2）外部文件。来源于外部的数据文件，主要有以下几类：①AutoDesk 数据，包括 DXF（DWG）数据、3DS 数据；②GoCAD 对象数据；③VRML 模型数据；④WaveFront 对象数据；⑤Itasc 数据，包括 3DEC 模型数据、ItasCad 对象数据；⑥点集数据，包括 ASCII 文件空间坐标数据（*XYZ*）、ASCII 文件空间坐标＋属性数据。

5. 专业接口

由于地球物理三维建模与设计工作的主要目标是为地质、水工、施工等下序专业提供基础资料，因此，在采用软件系统为平台进行地球物理三维解释和地质建模合作开发时必需满足下序专业的需求，如处理好与 GeoBIM、AutoDesk、Inventor 和 Revit 等昆明院已有三维建模平台之间的接口问题。地球物理专业所建三维模型以中间成果的形式提交给其他专业，作为 GeoEngine、AutoDesk 等其他平台三维建模的初始模型。

6.3.3 工程实例

1. 工程概况

某水电站地质条件相对较差，初选了上、中、下三个坝址进行比选评估，为充分利用相关成果，开展了以地球物理探测成果为基础的三维建模工作。现场工作在试验的基础上，针对不同的探测目的制定了相应的综合地球物理探测方案。

（1）上、中坝址右岸一、二级阶地覆盖层探测。由于所探测的一、二级阶地表层为沙土、碎石、卵石、砾石，且覆盖层组成比较凌乱，块石大小不一，结合具体的地形、地质条件，采用了地震反射波法、高密度电法进行探测。

（2）坝址区两岸断裂构造探测。由于对断裂构造的探测深度要求在 300m 以上，结合勘探区地形、地质条件，对于坝址区隐伏断裂构造探测，采用了音频大地电磁测深法为主，高密度电法、地震反射法为辅的综合地球物理方法进行探测。

（3）中、下坝址两岸缓坡覆盖层及堆积体探测。由于勘探区所探测目的体由坡积物、冲积层、洪积物和崩塌堆积组成，组成成分复杂，且厚度不大，结合具体的地形、地质条件，采用了地震反射波法、高密度电法相结合的综合地球物理方法进行探测。

（4）河床冲积层、河床断裂构造探测。由于勘探区为河床，野外工作时间为 9—11 月，江面较宽、水流湍急，不具备开展水上电法工作的条件，且在中坝址河段开展水上地震折射波法工作难度较大，结合实际地质条件，采用了岸边地震折射波法为主、折射层析成像法为辅的综合地球物理方法进行探测。

（5）坝址区基岩岩体完整程度评价。针对这一地质问题，结合勘探区的地形、地质条件，采用了折射层析成像法与天然源面波法相结合的综合地球物理方法进行探测。折射层析成像法得到的是纵波速度，天然源面波法得到的是横波速度。

（6）综合测井。在三个坝址区共完成了15个钻孔的综合测试，测试项目有井径、井温、波速、自然伽马、电阻率测井、弹模测试、全景彩色数字成像共7项。

2. 三维建模

以综合地球物理探测成果为基础，结合地质、测绘、钻探资料，采用地质推断解释与物性参数两种三维建模方法。

（1）地质推断解释三维地质建模过程主要包括以下步骤。

1）地质数据入库。主要实现工程信息录入、工程参数设置、数据入库等，见图6.3-7和图6.3-8。

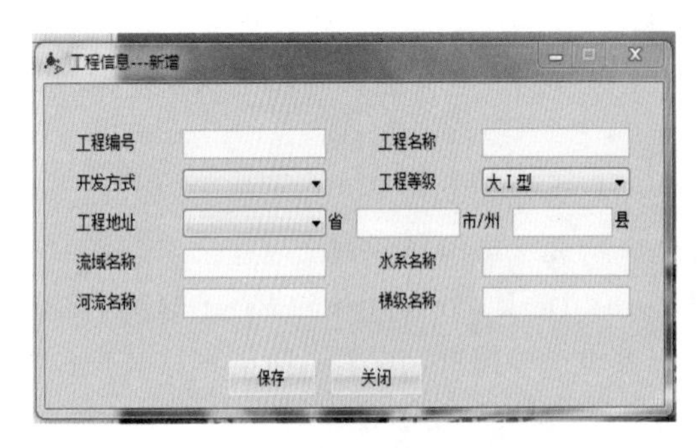

(a) 工程信息

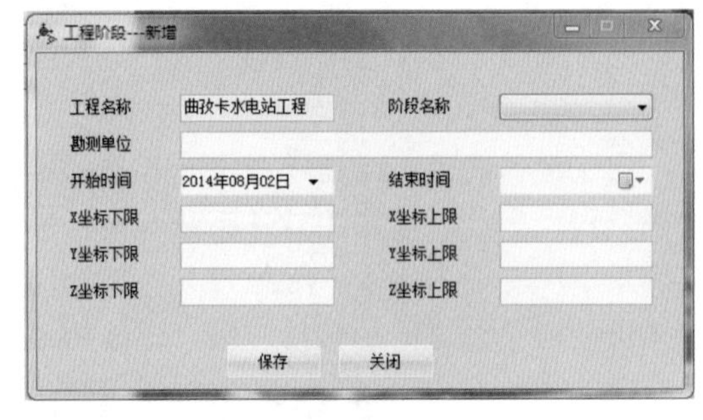

(b) 工程阶段

(c) 工程部位

图6.3-7　工程信息录入过程

2）建立地表面。将地形图、物探剖面测量数据、基-覆界线、地质点数据、遥感图像数据、DEM数据等作为基础数据，应用点集成面方式或单一界面建模流程建立地表面。图6.3-9是利用地表数据生成的地表模型示意图。

3）建立地层面。将地层界面、基岩面高程数据等作为基础数据，应用点集成面方式或单一界面建模流程建立地层面。

4）建立断层面。将多条测线物探解释的断层的分布，结合断层在地表的出露线（如果有），应用点集成面方式或单一界面建模流程建立断层面。

5）属性面的交切处理。将地层面、断层面、水位面、风化面、卸荷面与地表进行交切处理，去掉多余的面片，留下的界面即可生成三维地质模型基本框架——面模型。

6）生成三维地质实体模型。应用立方网技术将三维地质面模型映射成三维地质实体模型。

（2）物性参数三维地质建模的过程主要包括以下步骤。

图 6.3-8　工程参数设置

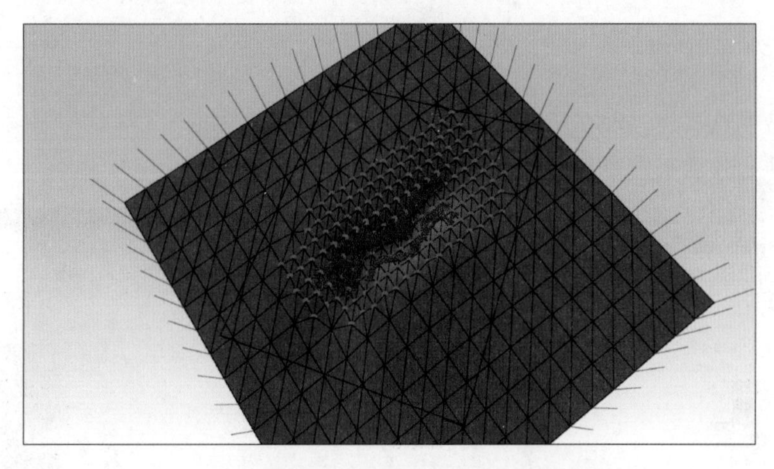

图 6.3-9　利用地表数据生成的地表模型示意图

1）地质数据入库。同地质推断解释三维地质建模“地质数据入库”步骤。

2）建立地表面。同地质推断解释三维地质建模“建立地表面”步骤。

3）建立断层面。同地质推断解释三维地质建模“建立断层面”步骤。

4）构建物性参数立方网，包括导入物性参数数据、建立立方网、设置立方网格属性、立方网属性数据插值。

导入物性参数数据即将整理好的物性参数数据导入系统备用，也可从数据库中将物性参数数据导入系统。

建立立方网时，首先，选择对象名称（立方网名称、被包围对象）用以生成三维体的数据点集；其次，设置 U、V、W 三个正交方向的放大系数（与各方向的长度比例有关）；

最后，设置立方网在 U、V、W 三个正交方向的网格数，见图 6.3-10。设置完成后，点击“应用”即可生成立方网。

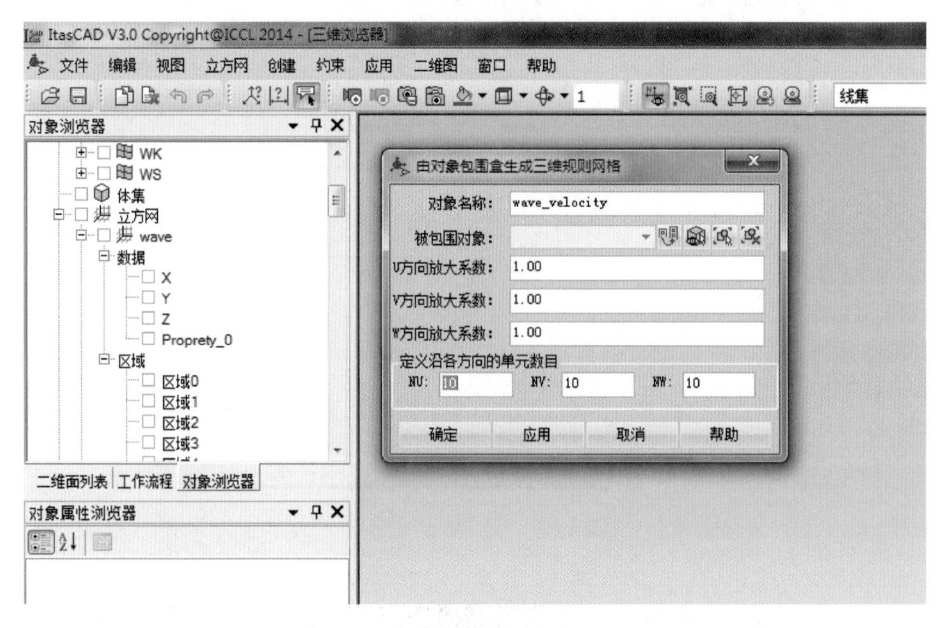

图 6.3-10 创建立方网对话框

设置立方网格属性，即在所建的立方网对象下选中“数据”，点击右键“基于点集”，实现从“点集”传递物性参数给“立方网”，见图 6.3-11。

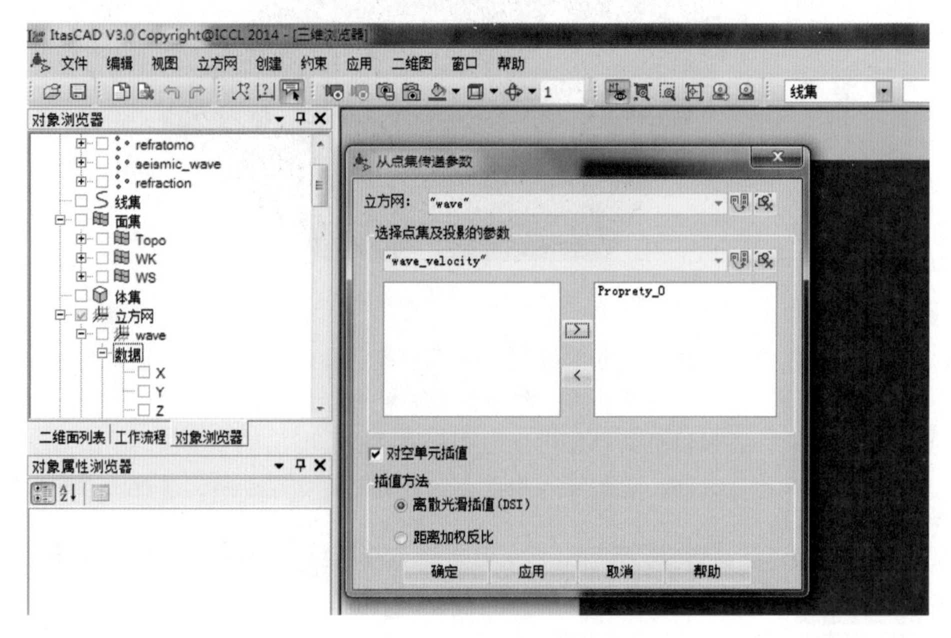

图 6.3-11 立方网属性设置对话框

立方网属性数据插值即应用“约束”菜单的“离散光滑插值”实现由已知点集属性数

据到整个立方网的数据插值，见图 6.3－12。

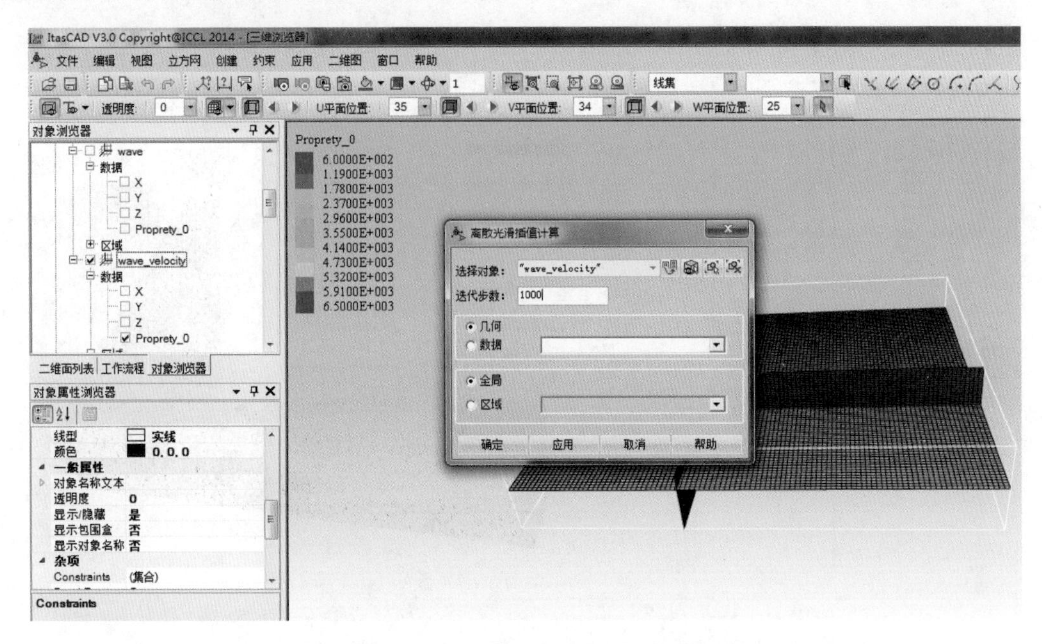

图 6.3－12　立方网属性数据插值对话框

5）生成物性属性模型，包括立方网区域分割、设置空气单元。

立方网区域分割即应用地表面、地层面、分化界面等对立方网进行分割，见图 6.3－13。

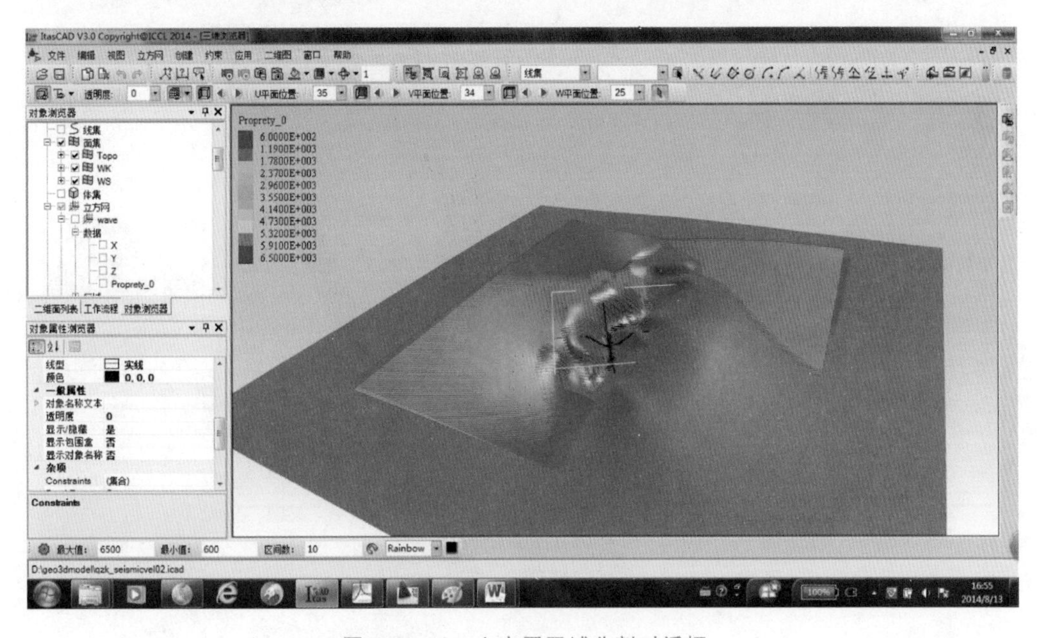

图 6.3－13　立方网区域分割对话框

设置空气单元即将地表面以上的区域设置成空气单元，设置完成即可得到物性属性的三维模型，见图 6.3－14。

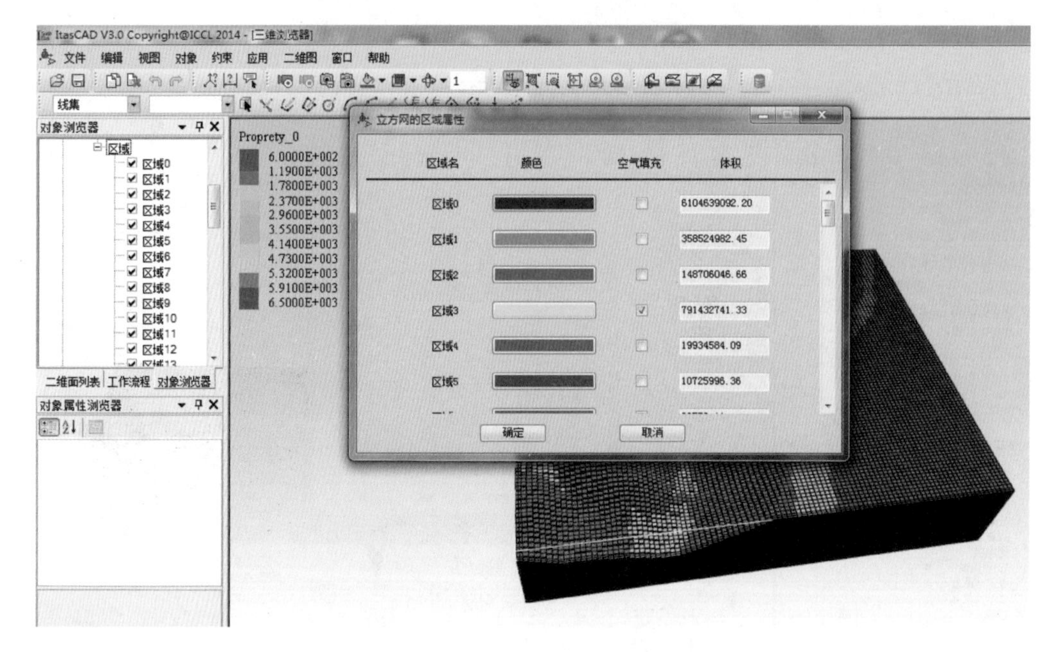

图 6.3-14　立方网区域属性设置对话框

图 6.3-15 是地球物理工作实际情况在三维地表的空间分布情况。图中包含地质、测绘、地球物理、勘探几个专业的基本信息，如基岩边界线、水边线、坝轴线、地表测绘数据、地球物理测线布置、钻孔位置等信息。

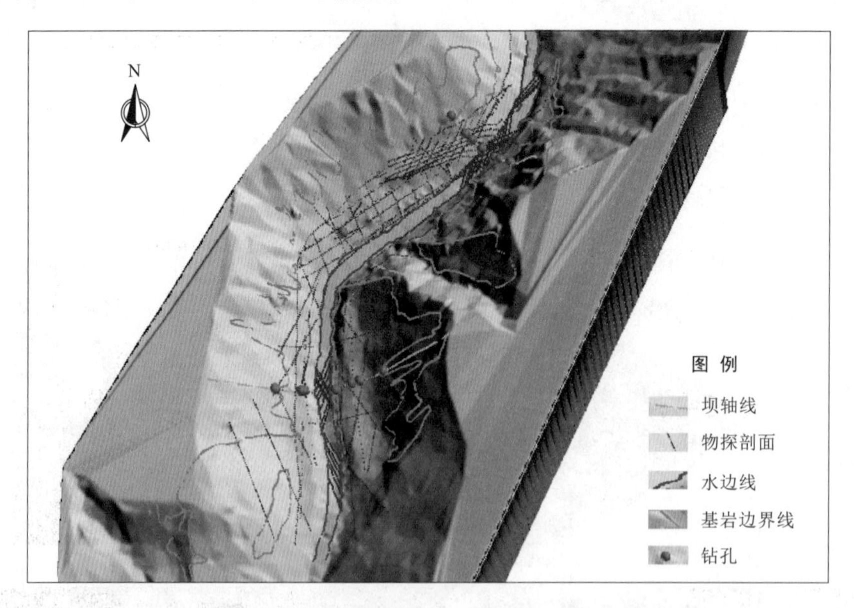

图 6.3-15　水电站地球物理工作布置三维示意图

水电站勘探区基岩面三维图见图 6.3-16。用地表面、强风化面、弱风化面分割以后形成的波速三维模型见图 6.3-17。以综合地球物理成果为基础，参考波速三维模型，充分利用 3S 信息、地质、勘探等已知资料，得出了地质推断解释成果，并进行了地质推断解释三维建模与可视化。模型成果包括三维地质模型、三维地质实体模型，分别见图6.3-18和图6.3-19。

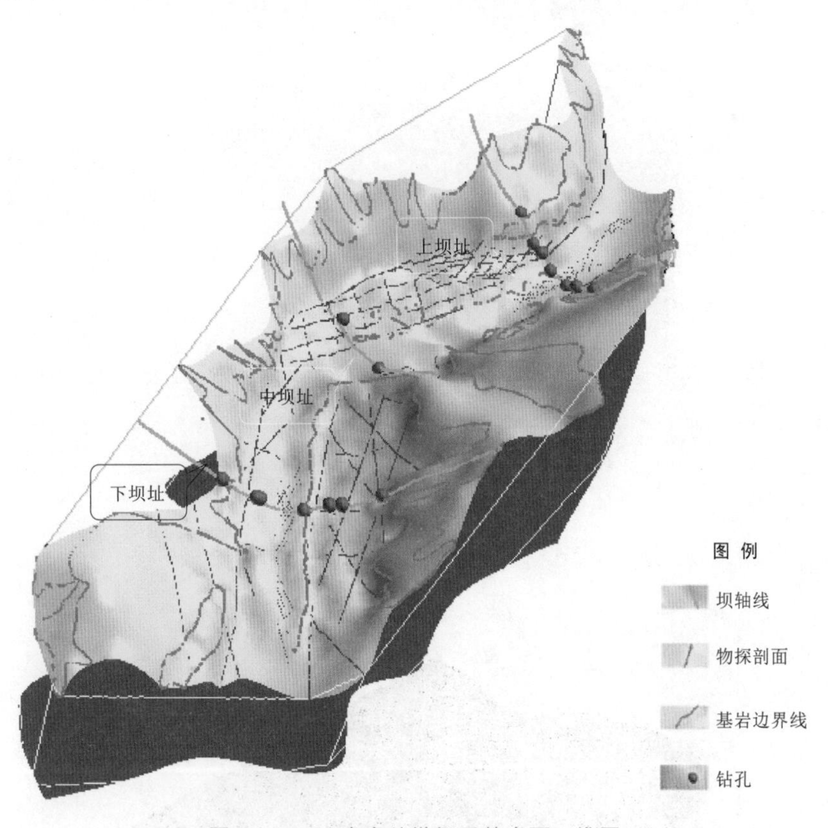

图6.3-16 水电站勘探区基岩面三维图

图6.3-17 水电站地震波速三维模型

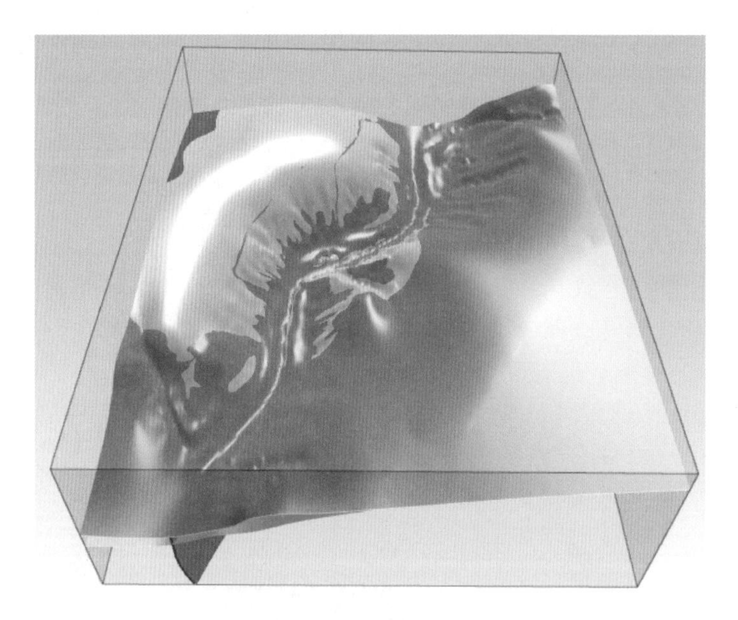

图 6.3-18　水电站三维地质模型

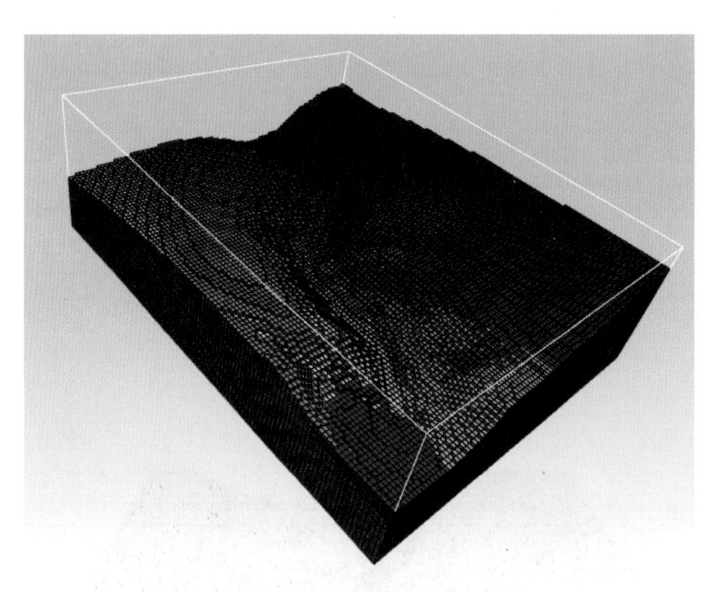

图 6.3-19　水电站三维地质实体模型

6.4　水电工程施工期工程质量检测数据三维建模与分析应用

6.4.1　施工工程质量检测数据三维建模

利用水电站施工期岩土体质量检测、灌浆质量检测、坝体质量检测、支护质量检测、超前预报、微震监测等地球物理检测成果数据开展三维建模，可为施工质量评价、改善设计方案等提供直观而深入的技术依据。因此，近年来，施工期质量检测工作逐渐向三维建模分析技术方向发展，与传统的数据展示与分析方式相比，三维建模分析有着不可比拟的优势，主要表现在以下方面。

（1）相对于二维分析，三维建模分析更加直观、准确。

（2）三维建模分析对多期、多种检测资料的利用更加充分。

（3）三维建模分析与设计、施工等相关信息结合更加紧密。

施工期检测数据只要达到一定的密度，均可以开展相关的三维建模工作。比如坝基检测数据就是比较理想的建模数据，检测孔在坝基上的分布相对较为均匀，相应在检测孔中测试得到的声波、弹模等数据可以用于三维建模工作。三维建模主要包括两种类型：物性参数模型和解释成果模型，两者是紧密结合在一起的，物性参数模型可以分析相关岩土体、人工结构物的物性特征，解释成果模型是在物性参数模型的基础上解释得到关于检测对象的模型。

6.4.2　工程实例

1. 实例 1

某水电站枢纽工程由碾压混凝土双曲拱坝、坝身泄洪系统、地下长引水隧洞及地面发电厂房组成。

采用单孔声波、声波 CT、全孔壁数字成像和钻孔弹模综合地球物理方法对现未开挖至设计高程面的河床坝基岩体进行检测，以评价河床坝基岩体质量。

利用反演计算后声波 CT 的声速值与单孔声速数据，对河床坝基声波速度分布进行三维建模，建模网格为 1m×1m×0.2m，声波速度分布三维模型见图 6.4－1。由此可得到声波速度各高程的平切图、沿坝轴线方向横向截面图、沿拱坝中心线方向纵向截面图，见图 6.4－2 和图 6.4－3。

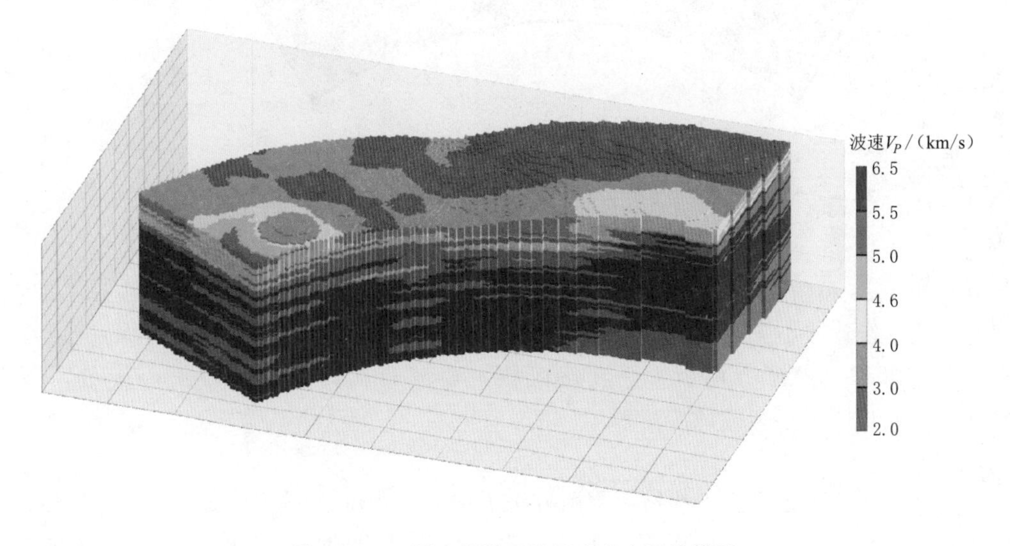

图 6.4－1　河床坝基声波速度分布三维模型

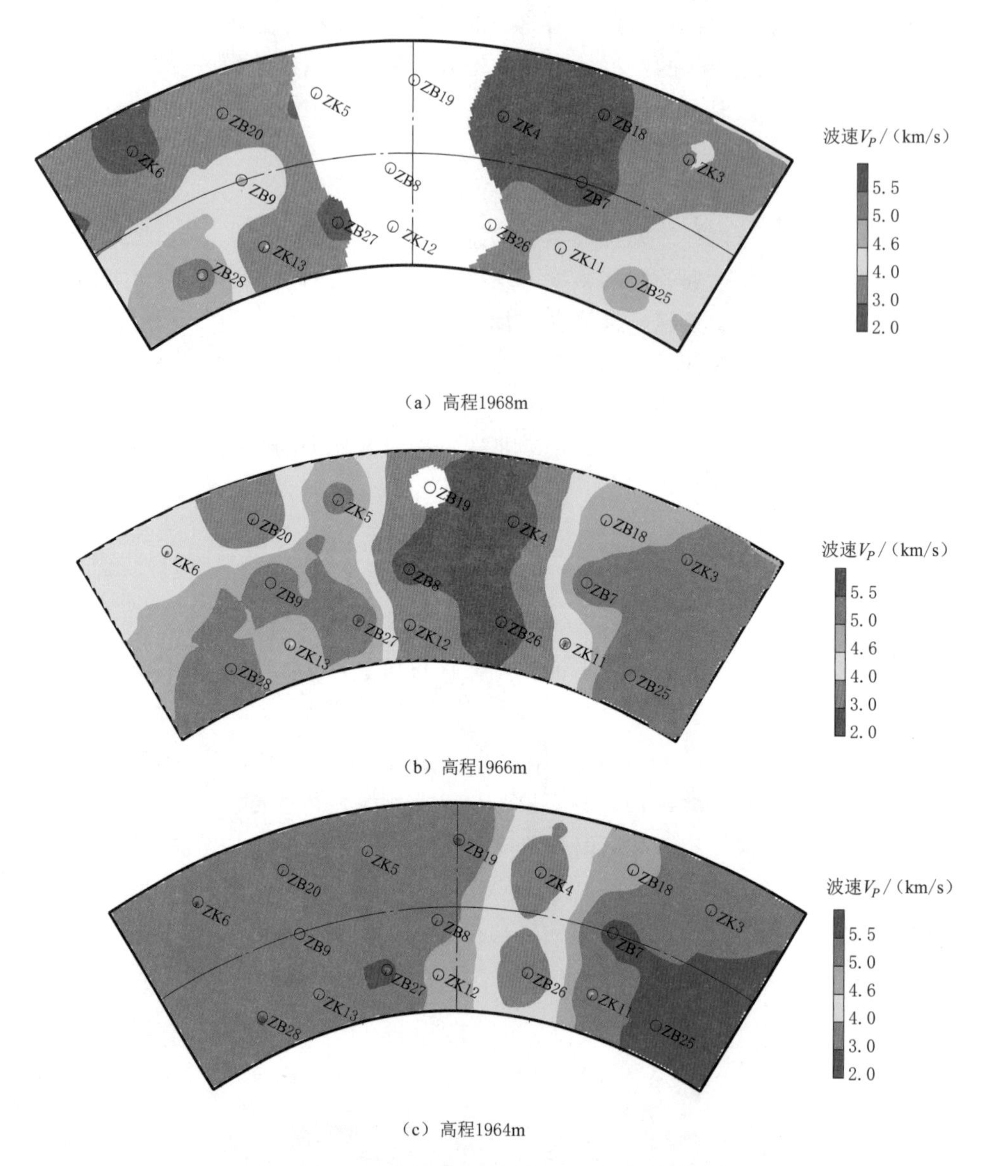

(a) 高程1968m

(b) 高程1966m

(c) 高程1964m

图 6.4-2 河床坝基声波速度分布平切图

注 空白区域内各测试孔孔口高程小于平切面高程，故无测试数据

由图 6.4-2 和图 6.4-3 可得知：河床坝基低波速区域随高程降低而减少。平面上，低波速区域（指波速小于 4.6km/s 的区域）相对集中在左岸靠近拱坝中心线的区域及右岸靠近上游部位。深度方向上，低波速区域主要分布在高程 1964～1965m 处，高程 1964m 下未发现明显连续的低波速带。

2. 实例 2

某水电站坝基优化检测工作物探检测方法采用了单孔声波法、声波 CT 法、全孔壁数字成像和孔内变模测试相结合的综合方法，为大坝建基面的优化设计提供了可靠的数据支持。

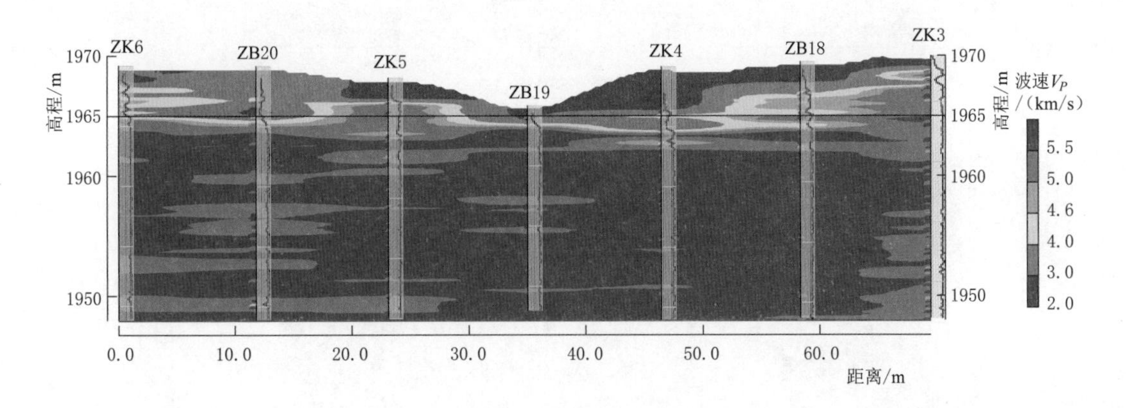

图 6.4-3　河床坝基声波速度分布截面图

单孔声波法主要获取坝基岩体的纵波波速值，分析岩体的变形特征值。

声波CT法获得剖面的波速分布，对声波CT测试数据进行反演计算，获取对应剖面的声速分布图。

综合利用反演计算后声波CT剖面的波速值与单孔声速数据，对该水电站坝基声速分布进行三维建模，建模网格为1m×1m×0.5m，波速分布三维模型见图6.4-4。由此可得到声波速度各高程的平切图、竖直方向的截面图、栅栏图，见图6.4-5～图6.4-7。

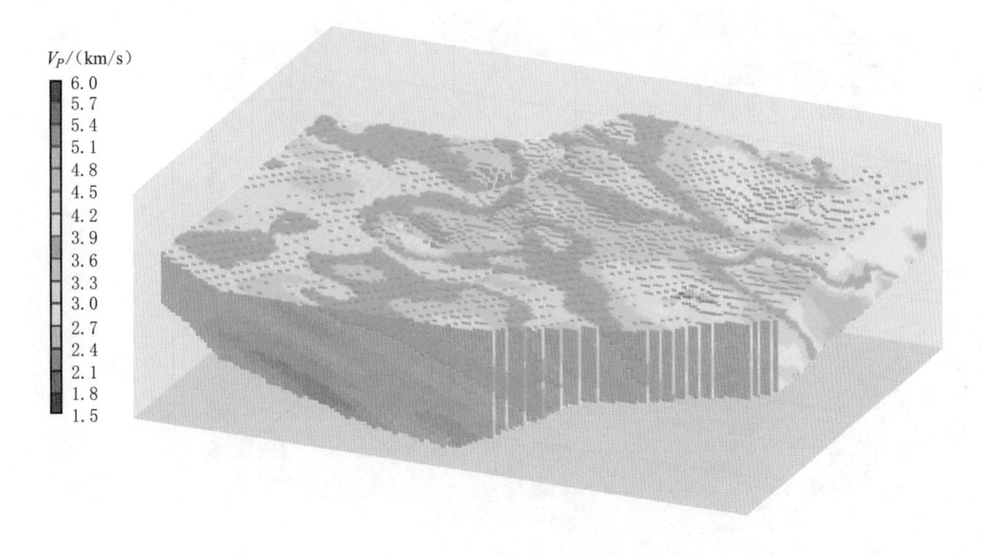

图 6.4-4　水电站坝基（局部）波速分布三维模型

由图6.4-5～图6.4-7可知：河床坝基声波速度呈条带夹层状分布，与河床坝基坝段岩体构造有较好的对应关系。平切图及截面图均未发现大面积低波速带（小于3.0km/s）贯穿。

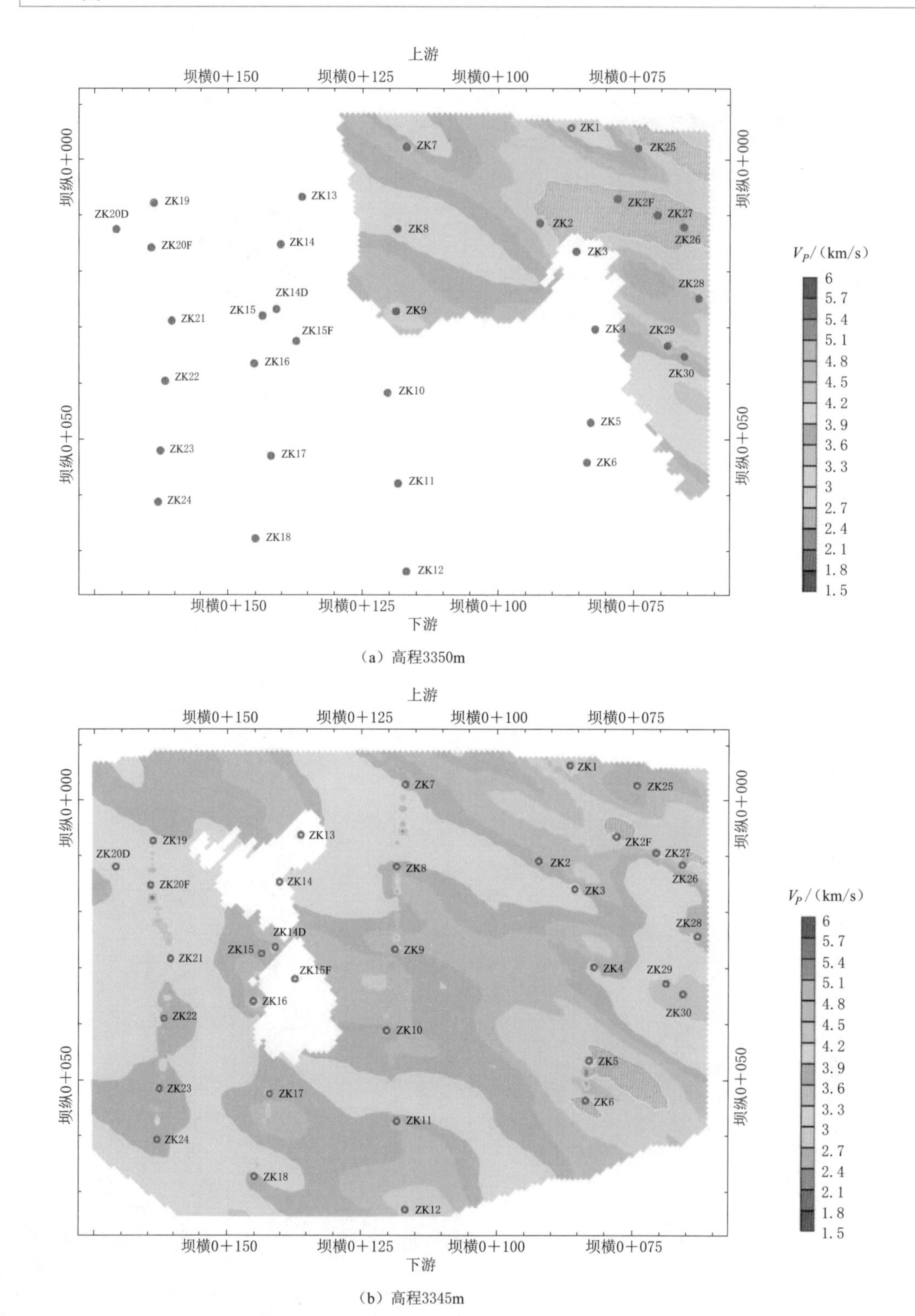

（a）高程3350m

（b）高程3345m

图 6.4-5（一） 水电站坝基声波速度分布平切图

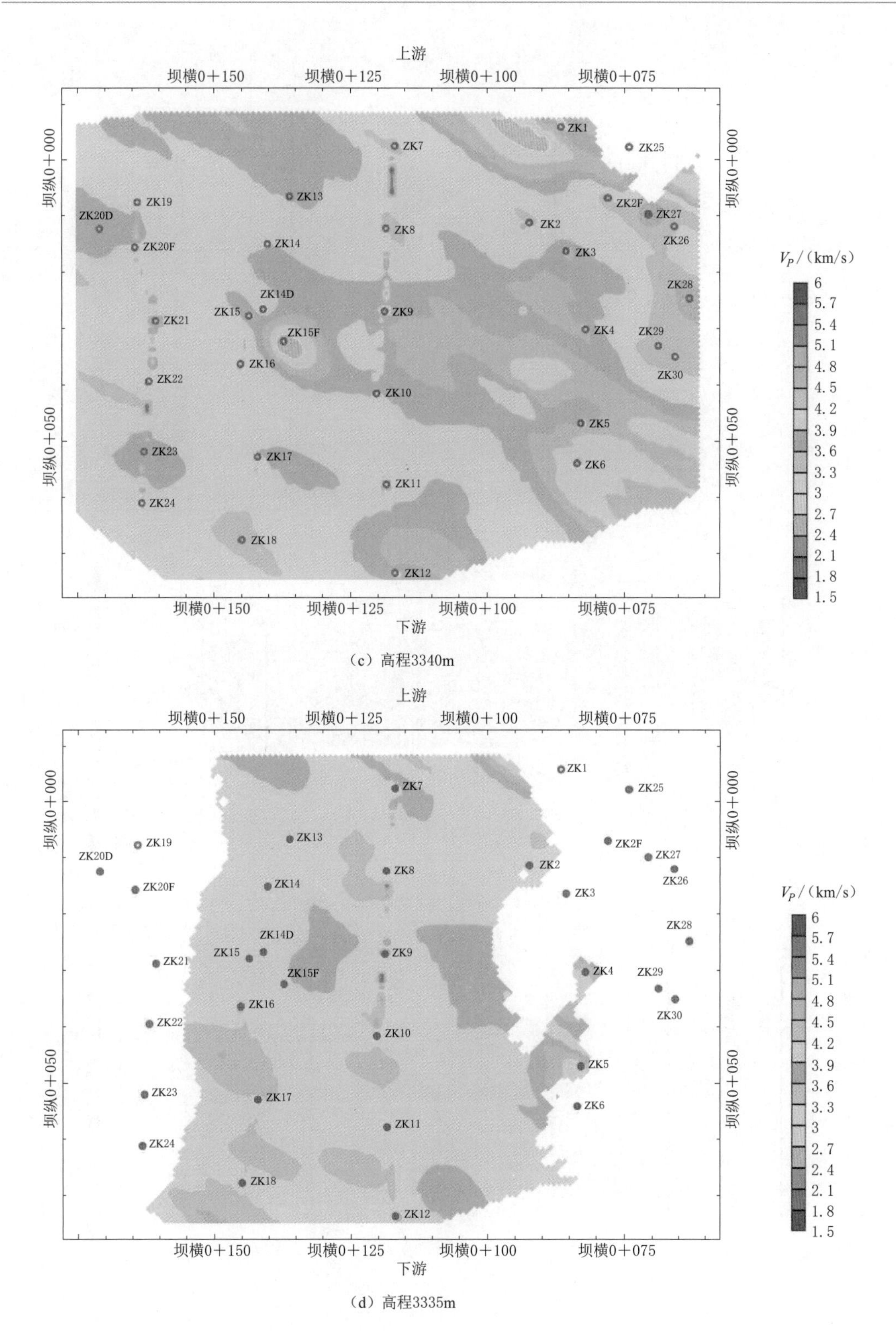

(c) 高程3340m

(d) 高程3335m

图 6.4-5（二）　水电站坝基声波速度分布平切图

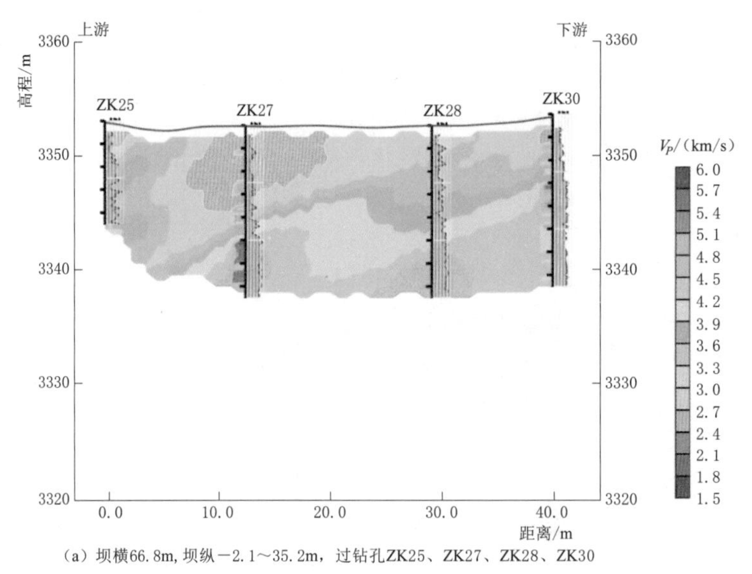

(a) 坝横66.8m，坝纵-2.1～35.2m，过钻孔ZK25、ZK27、ZK28、ZK30

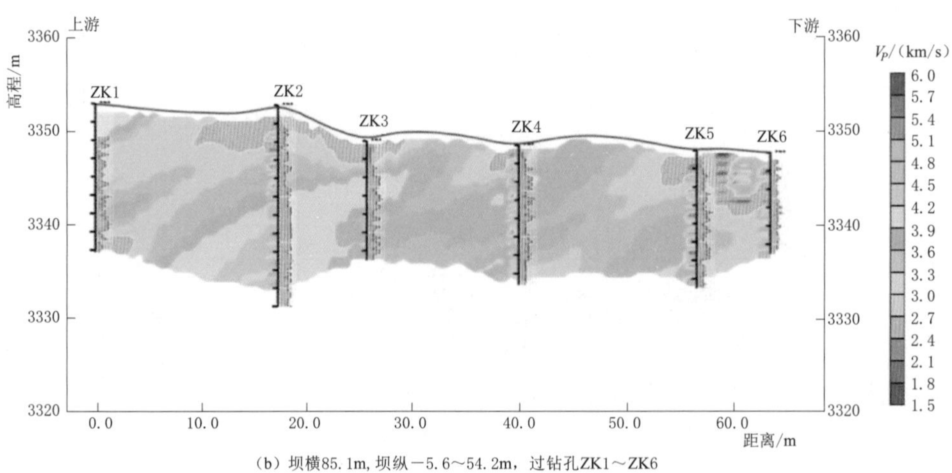

(b) 坝横85.1m，坝纵-5.6～54.2m，过钻孔ZK1～ZK6

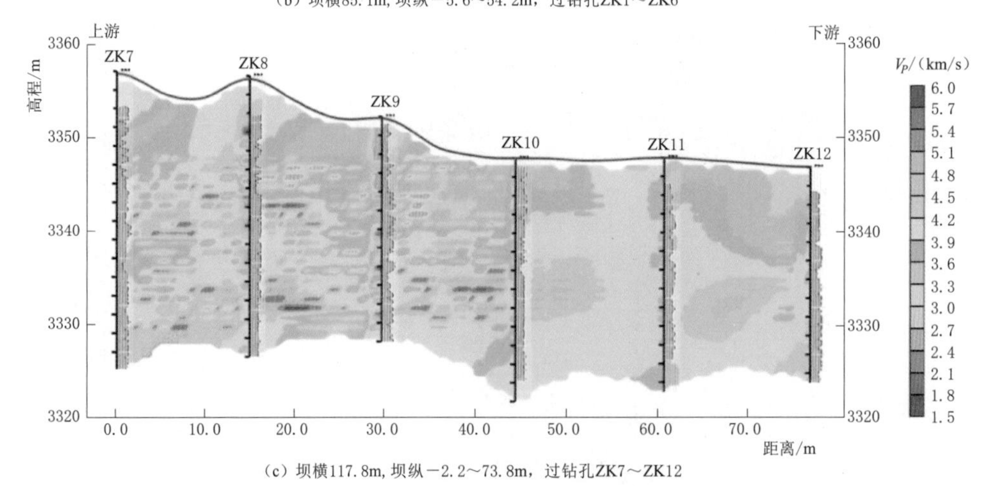

(c) 坝横117.8m，坝纵-2.2～73.8m，过钻孔ZK7～ZK12

图6.4-6（一） 水电站坝基声波速度分布截面图

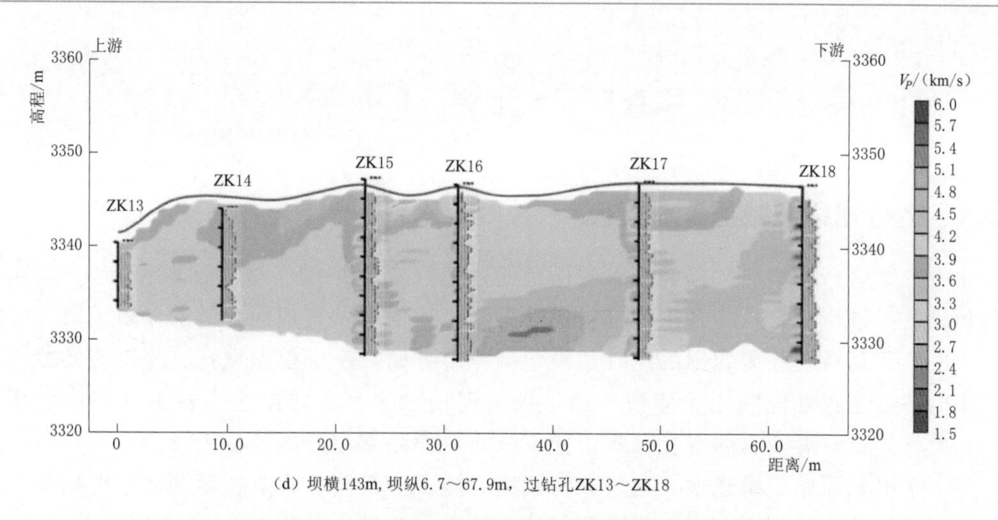

(d) 坝横143m，坝纵6.7～67.9m，过钻孔ZK13～ZK18

图 6.4-6（二） 水电站坝基声波速度分布截面图

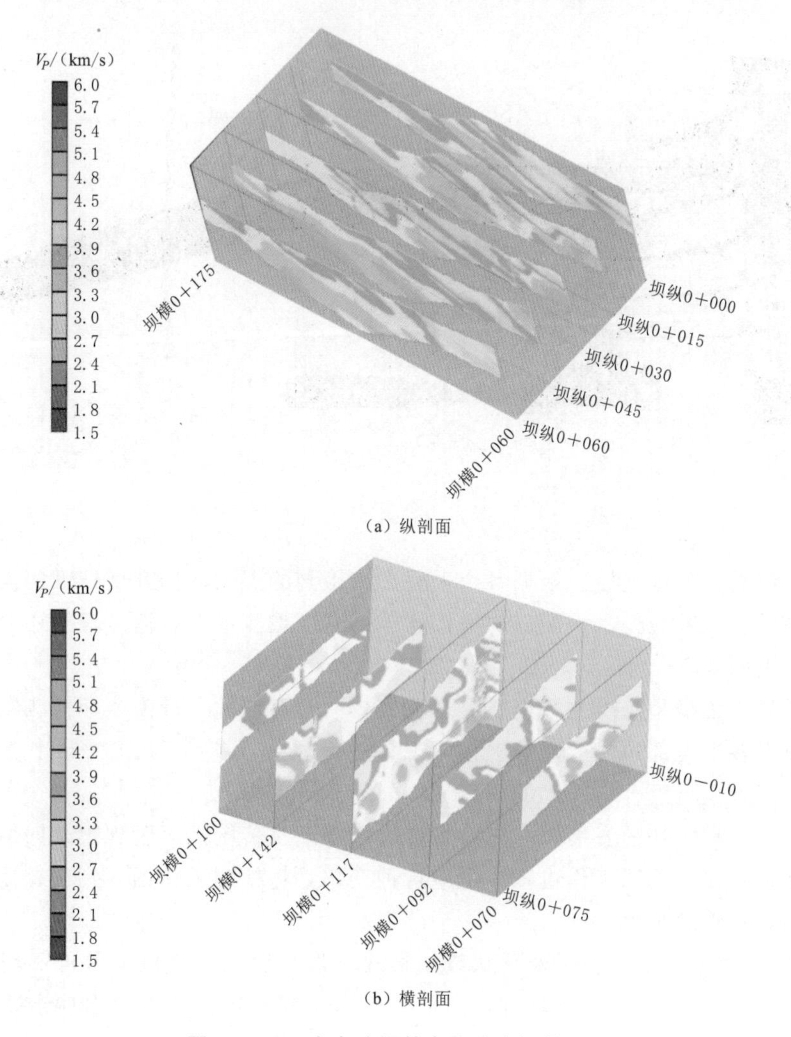

(a) 纵剖面

(b) 横剖面

图 6.4-7 水电站坝基声波分布栅栏图

6.5 水电工程运行期检测数据三维建模与分析应用

6.5.1 运行期检测数据三维建模

水电工程运行期检测数据的三维建模是通过建立工程结构三维表面模型和实体模型，并与检测数据进行融合，为各工程部位的健康状况评价提供直观而有效的分析手段。

水电工程运行期检测数据的三维建模包括两个方面，一是根据设计、施工等初始资料开展水电站各工程部位的原始建模，二是根据现场检测点云数据建立各工程部位现状模型。在此基础上开展两者的对比分析工作，从而对检测部位开展评价工作。

（1）水电站原始三维建模。通过设计图纸、施工资料及验收资料等开展水电站各个工程部位的原始建模，为下一步工程检测对比分析提供基础，见图 6.5-1 和图 6.5-2。

图 6.5-1　某水电站大坝与护坦三维模型图

（2）检测数据三维建模。根据各个工程部位检测的点云数据开展三维建模工作，这些数据包括声呐、三维激光、声波、探地雷达等高密度检测数据，通过建模还原水工建筑物等的现状，见图 6.5-3。

（3）原始三维模型与检测数据模型对比分析。通过原始三维模型和检测数据三维模型对比，能够对各工程部位的变形、破损等现状进行评价，图 6.5-4 为某水电站大坝模型及检测点云三维模型组合在一起的图形。

随着水电工程的快速发展，水电站管理模式逐渐从传统人工管理模式向信息化管理模式转变，运行阶段的检测工作也理应适应这种变化，将检测工作纳入到信息化管理中，建立相应的信息化管理平台。

图 6.5-5 为某水电工程运营现状数据集成管理平台。通过该平台可实现的功能（图 6.5-6）：①多源数字信息融合处理，实现平台内集成分析；②平台内检索缺陷信息（尺寸、规模、性态、发展变化情况等），如可以对裂缝的长度、所处桩号、位置进行统计，

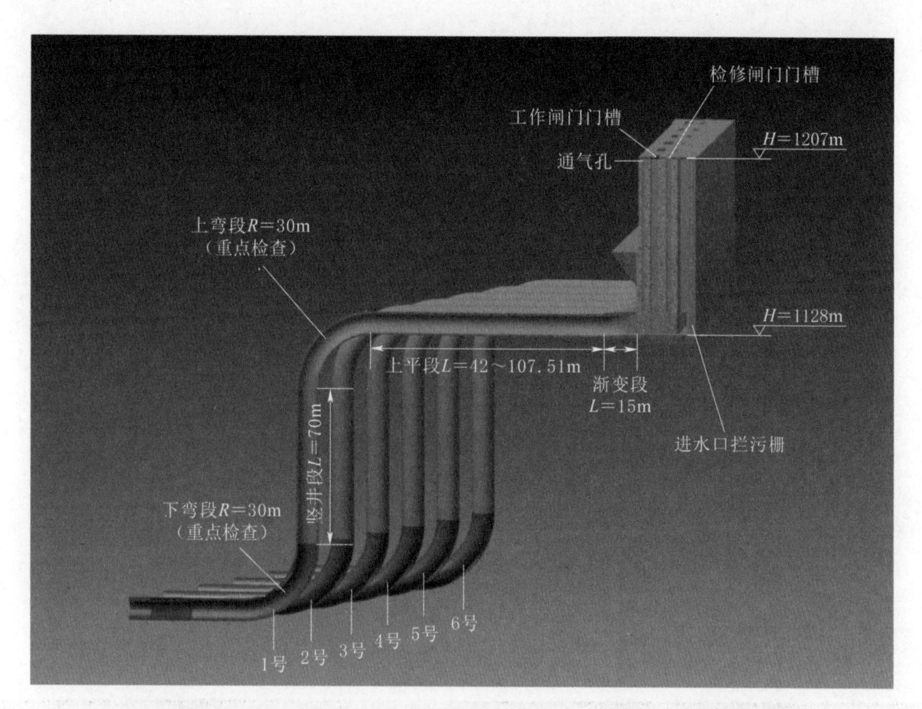

图 6.5-2　某水电站进水口及引水隧洞压力管道三维模型图

图 6.5-3　某水电站引水隧洞衬砌混凝土激光检测表面三维模型

达到对裂缝缺陷探查、统计、编录的目的，见图 6.5-7；③可以三维的视角查看缺陷，也可以进行自主漫游，还可以制作自定义动画，实现对数据的审阅和管理功能，见图 6.5-8。

6.5.2　工程实例

糯扎渡水电站是澜沧江下游水电的核心工程，水电站心墙堆石坝最大坝高 261.5m，

图 6.5-4　某水电站大坝模型及检测点云三维模型组合图

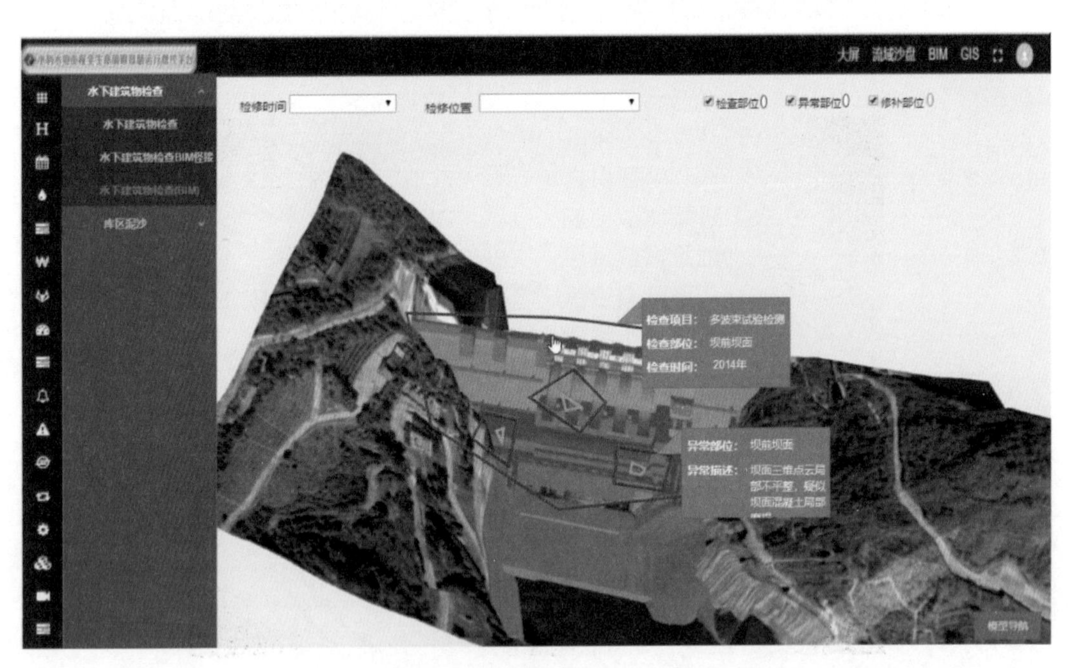

图 6.5-5　某水电工程运营现状数据集成管理平台

居同类坝型世界第三。右岸泄洪洞是糯扎渡水电站的永久建筑物之一，洞身全长 1062m，右泄设计最大作用水头 126m，最大泄流能力 $3257m^3/s$，最大流速 41m/s，是大流量、高流速、结构复杂的特大型水工隧洞。

在运行检查中，发现右岸泄洪有压段的衬砌混凝土出现混凝土保护层崩落、混凝土渗水，以及渐变段中墩前端底部混凝土冲毁等情况。为了对水电站右岸泄洪洞运行状况进行评价，开展了相关的检测工作。检测采用冲击回波法、全孔壁数字成像、钻孔取芯法、三维激光扫描等方法，检测内容包括混凝土缺陷、衬砌厚度、洞体变形等。为了得到更加直观的检测成果，采用三维建模技术开展相关的分析工作。

图 6.5－9 和图 6.5－10 分别为开展检修事故闸门下游左洞洞顶检测、工作闸门上游中墩左侧冲击回波检测的布置图，通过事先建立检测部位的三维模型，使检测工作的布置更加直观，同时对工程部位结构的了解和对已知缺陷情况的理解也更加深刻。

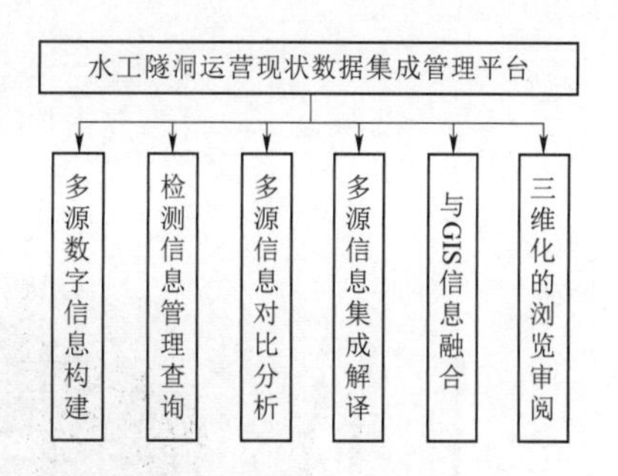

图 6.5－6　某水工隧洞运行现状数据集成管理平台架构

图 6.5－7　多源检测信息集成平台数据库

图 6.5－8　多源检测信息集成平台检测数字信息展示窗口

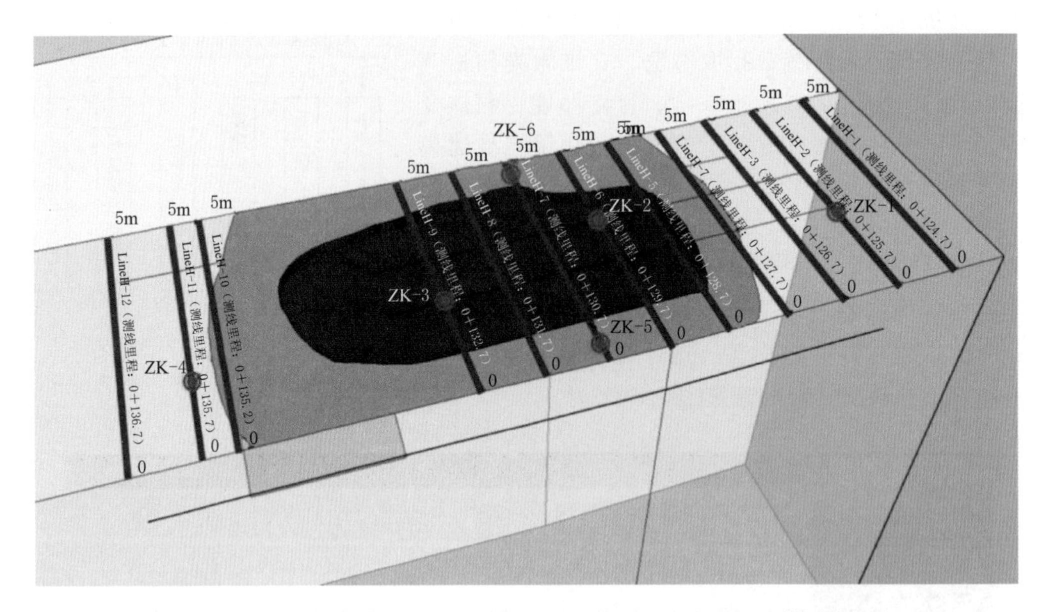

图 6.5-9　检修事故闸门下游左洞洞顶检测工作布置图（横测线）

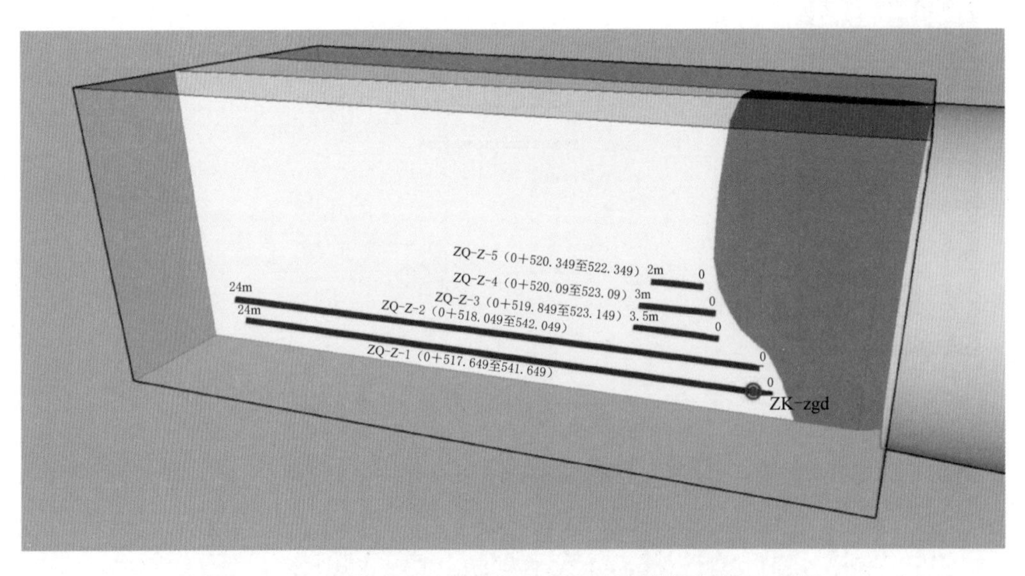

图 6.5-10　工作闸门上游中墩左侧冲击回波检测剖面布置图

检修事故闸门下游左洞洞顶混凝土检测相关结果见图 6.5-11 和图 6.5-12。由图可以看出，混凝土顶板显示为三层介质，分别为底层脱落板块的衬砌混凝土、中部回填灌浆浆液层、顶部衬砌混凝土。中部回填灌浆浆液层中，发育有两个裂缝界面，其一为回填灌浆浆液裂缝，发育深度普遍为 0.3～0.4m，其二为混凝土裂缝，该裂缝面将混凝土完全切割，发育深度不等，在 0.8～0.9m 之间；回填浆液顶部为衬砌混凝土，混凝土厚度为 0.2～0.5m。局部测线发现有小范围的混凝土冷缝，但不存在大面积回填灌浆脱空的情况。

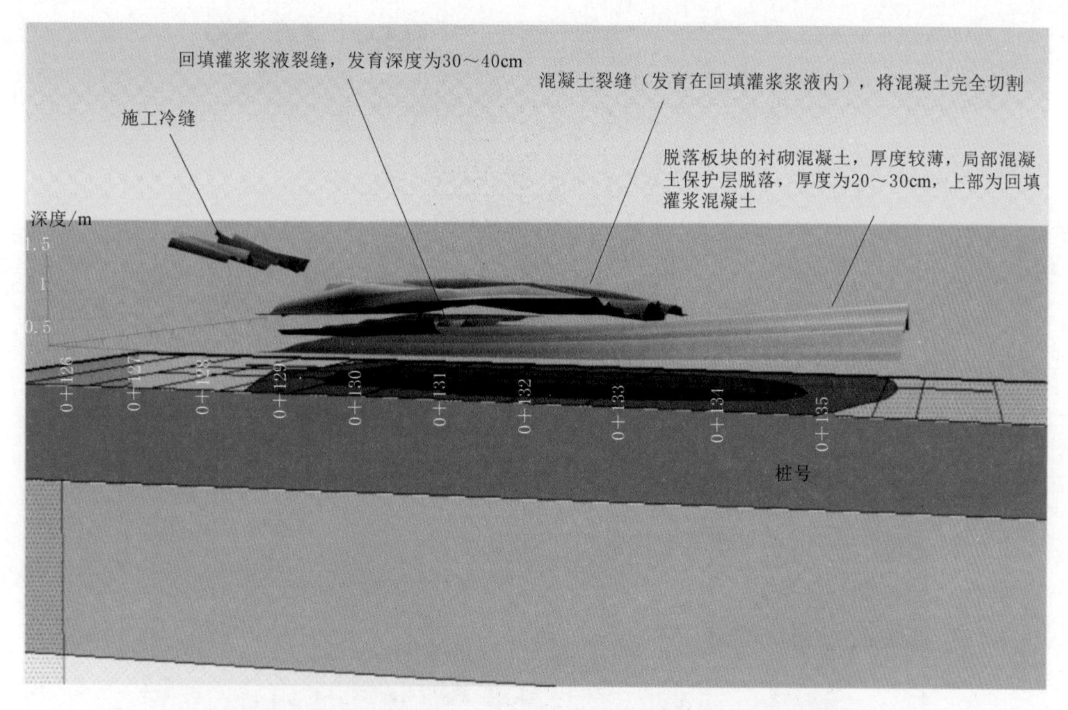

图 6.5-11　检修事故闸门下游左洞洞顶拟合曲面解释成果

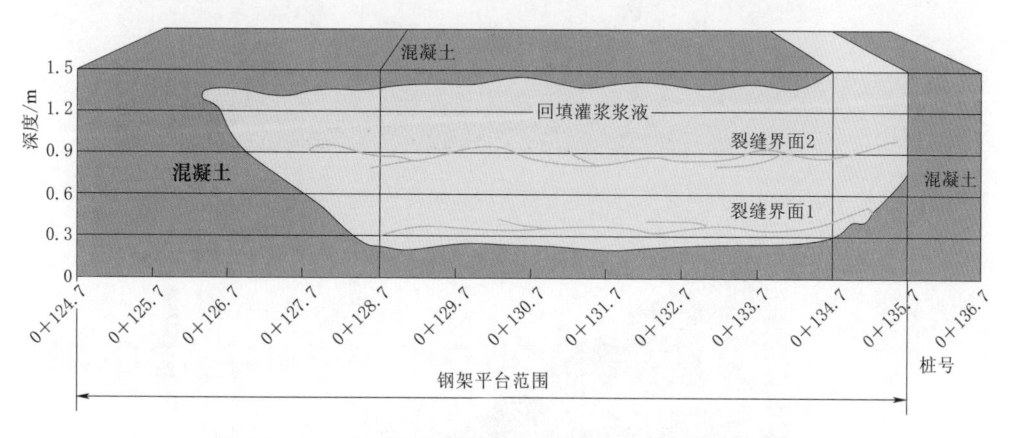

图 6.5-12　检修事故闸门下游左洞洞顶顶板结构简化成果

泄洪洞有压段三维点云图见图 6.5-13，检修事故闸门下游左洞洞顶坍塌范围三维点云图见图 6.5-14，工作闸门上游中隔墩外壁与设计体型偏差分析见图 6.5-15。从这些图可以分析右岸泄洪洞有压段和检修事故闸门下游左洞洞顶混凝土表面缺陷及渗漏情况、工作闸门上游中隔墩上游端缺失及淘刷情况。

从上述案例可以看出，通过三维建模，将检测成果的分析变得更加直观，同时减少了分析差错，设计和施工人员在使用这些成果时也更加方便。

最后说明一点，将水电工程勘察数据、施工期工程质量检测数据和运行期检测数据进行统一的信息化管理，开展数据的综合分析，对运行期安全评价更加有利，也是未来水电工程地球物理信息化发展的方向。

图 6.5-13　泄洪洞有压段三维点云图（带灰度信息）

图 6.5-14　检修事故闸门下游左洞洞顶坍塌范围三维点云图（带灰度信息、去除钢架遮挡）

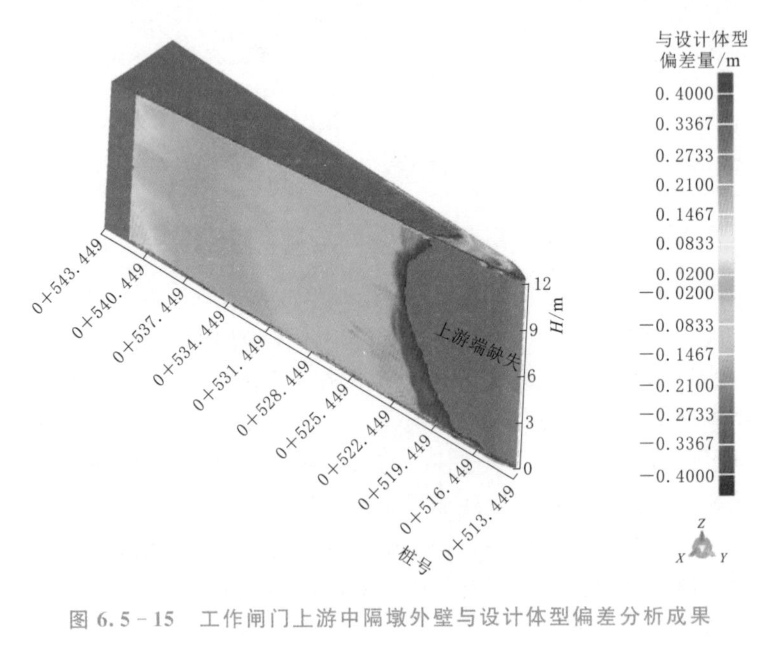

图 6.5-15　工作闸门上游中隔墩外壁与设计体型偏差分析成果

第 7 章

总结与展望

7.1 地球物理探测技术在水电工程建设中的重要作用

中国水电工程应用地球物理探测技术始于20世纪50年代初，近年来随着计算机技术及电子技术的发展，尤其是互联网技术的发展，地球物理探测技术在水电工程建设中的应用变得日益广泛和深入，在各个阶段均发挥着不可替代的作用。

在勘察阶段，地球物理探测技术为水电站设计工作提供基本的地质资料。水电工程中突出的工程地质问题主要有深厚覆盖层、河床冲积层的厚度及其下伏基岩面的起伏情况、断层及破碎带、层间错动及软弱夹层等地质构造、崩塌堆积体、滑坡体的空间分布、岩溶发育情况、岩体完整性评价等，通过选择科学合理的地球物理方法与技术，并结合地质专业，可以很好地解决上述工程地质问题。

在施工阶段，地球物理探测技术为工程质量保驾护航。该阶段地球物理方法技术应用侧重于工程施工质量的检测与评价，如建基面岩（土）体质量检测，锚杆长度及注浆饱满度检测，喷混凝土厚度、混凝土衬砌厚度及脱空检测，混凝土强度与缺陷检测，大坝堆石（土）体密度检测，灌浆效果检测等。

在运行阶段，突出的问题则转变为建筑物（如坝体混凝土、消力池等）冲蚀和裂缝等破损、压力钢管道脱空和内壁冲蚀、坝前及库区淤积、渗漏、岸坡稳定监测等，通过检测对工程运行安全状况作出评价，配合完成缺陷修复和工程定检工作。

由于工程在不同阶段的工作性质不同，地球物理探测的任务不同，所采用的技术方法也有所区别。各种地球物理探测方法均有各自的特长，也都有其方法原理所决定的局限性，且在很多情况下单一方法的资料有多解性，为了取得比较理想的勘测效果，必须针对具体的工作任务，因地制宜，选择几种有效的方法进行综合物探。

地球物理探测方法与技术的应用贯穿于水利水电工程的前期勘察、建设施工、投入运行三个阶段，无论哪一阶段，都以其方便、快捷、高效、经济和高精度、定量化的特点得到了广泛应用，在工程设计方案比较、建基面优化、隐蔽工程施工质量控制、工程运行安全检查与评价、工程缺陷修复等方面起到了至关重要的作用，对工程动态设计、数字工程建设等起到了促进作用。

7.2 地球物理探测技术潜在的应用空间

尽管地球物理探测技术在水电工程中得到了广泛的应用，但仍有很多潜在的应用空间。一方面，有些成熟的方法技术未能充分发挥作用，另一方面现有的探测技术尚不能满足工程需要，需要开展新方法与新技术的试验研究和应用工作，此外探索在互联网背景下的物探成果分析应用将带来新的应用前景。以下举几个例子说明。

隧道地质超前预报技术在交通工程中普遍应用，但在水电水利工程中开展相对较少，尽管水电工程中洞室跨度更大。这与水电水利工程勘察工作深度要求有关，勘探阶段洞室区域（地下厂房、引水洞等）已做了详细地地质勘察，对地质条件有了较全面细致地了解，相比较而言，交通线路工程地质勘察要粗略得多，由于需要施工期间及时掌握沿线地质情况变化，因此普遍采用隧道地质超前预报。但是，水电工程地下洞室中地质条件较差的洞段仍可开展地质超前预报，在传统预报的基础上增加诸如地下水、地温、有害气体、岩爆等预报功能，使地质超前预报工作更加全面、细致、准确。另外通过隧道地质超前预报，动态调整开挖爆破方案、优化支护措施等，在安全前提下节省工期、节约投资，为工程提供更广泛的服务，从这个方面看，超前预报在水电隧洞施工中有进一步应用的空间。

近年来，微震监测技术广泛应用于监测岩体的破裂（岩爆、滑坡）、矿山的塌陷和油田开发等方面，通过对岩体破裂的预警、监测和定位，预报岩爆、滑坡、塌陷的发生及部位，确定裂缝张开、扩展的位置，但在水电工程中针对混凝土裂缝、岩质边坡滑坡的应用实例较少。在微震监测技术不断成熟的同时，加快在水电工程中的应用研究，尤其是大体积混凝土裂缝发生发展监测和岩质边坡稳定监测方面的研究，在未来可能会有比较大的应用前景。

在工程质量检测方面，现有的物探检测技术仍不能满足某些需求，如支护工程中锚索长度和内锚固段注浆密实性检测，有待进行检测方法和设备的研究。有些试验性工作也需要专门研究和开展，如针对某工程大骨料全级配混凝土建立波速与强度的对比关系、钻孔弹性模量与波速的对比关系、岩体各向异性物性特征的对比研究等，这些试验研究对工程具有十分重要的意义，将促进物探检测技术的进一步扩展应用。

随着大数据云计算技术的应用与普及，建立互联网＋地球物理探测与检测的理念，在互联网背景下利用三维 3S 技术，开发基于地球物理探测与检测技术的应用平台，实现现场数据采集与远程传输、成果整理与数据集成、筛选与统计、关联分析、三维展示与应用、预警与辅助决策等三维可视化应用系统（平台），贯穿于工程勘察、施工、运行三个阶段，为工程提供即时性、准确性、客观性、标准化技术服务，为用户提供全方位一站式服务，将有效地推动地球物理探测与检测技术的深度应用与发展。

因此，有理由相信，随着地球物理探测技术的不断发展进步，其在水电工程全生命周期中还有更为广阔的应用空间。除此之外，地球物理探测技术一直与工程建设紧密相关，在抽水蓄能、风电、太阳能等新能源工程领域，以及地下城市空间、环境保护、海洋资源开发等一些新兴领域也将有新的用武之地。

7.3 工程地球物理探测技术的发展方向

地球物理探测技术的应用目前正逐步从传统资源勘探阶段向新能源、城市建设、地质灾害防治及环境保护等领域拓展。相应地，数字化将继续引领探测技术与装备的发展，在大幅度降低野外观测成本的同时，驱动观测向全空间、大规模和密集阵列及动态观测发展，由此带来的四维海量数据将推动数据处理、反演及解释向大数据智能化方向发展。随着数学、物理学、信息科学及仪器制造技术的突破，地球物理探测技术在未来的发展方向可能包括以下几个方面。

（1）分布式数字传感器技术。地球物理探测中将广泛采用具有大动态范围、可完成时延多参数同步测量（比如位置、温度和地球物理响应同步测量）、可实时完成数据处理的数字传感器技术。可以预期，分布式遥测地球物理观测将成为通用模式，极大地提高效率和观测数据的信息量。

（2）大数据技术。随着计算机能力的指数增长，数据融合、数据挖掘、人工智能等新兴技术将深刻改变未来的地球物理探测技术，加速数据采集-处理-解释向一体化和实时方向发展，数据处理和反演解释（定量修改模型）将与观测近乎同步完成，这种技术特别适合于浅地表小规模探测。要实现大数据技术在探测中的实用化，还必须发展基于结构化模型、随机模型、统计模型的地球物理场理论及相应的高维数值模拟技术，并发展可以将多种地球物理数据和地质数据及先验信息进行融合的算法平台，其中应该包括保护有效信息并能压缩冗余信息的数据压缩感知技术、岩土物性导引的信息挖掘和追踪技术、基于广义贝叶斯原理的推理决策技术、基于地质概念和地球物理数据结构的快速动态建模技术等。

（3）传统探测方法的技术发展和无源探测方法的复兴。工程地球物理探测工作需要安全无损的小型场源，但是目前仍缺少可在巨厚第四纪沉积覆盖区探测到100m以下深度的、安全无损的小型震源，也缺少大深度探地雷达发射天线和大深度小型SNMR激发装置，更需要大量研发适合于探测地下10m以内深度及探测人工构筑物内部缺陷的各类小型场源。与此同时，部分区域干扰严重，大功率、安全性低的场源禁止使用，因而变干扰为信号的颠覆性技术值得推广应用，将环境噪声转变为有用信号的干涉地震成像技术已经打开了一扇门，将环境射频干扰转变为有用信号的RMT技术也在快速发展之中。无源探测方法需要更多的理论探索，需要借鉴物理学和信息科学的最新成果，也需要仪器研发机构的紧密合作。

另外，我国山地众多，东部山地植被茂密，西北黄土塬、沙漠及戈壁分布广泛，西南青藏高原大部分为无人区，在这些地区进行工程勘察时传统地球物理技术难以实施。因此发展低空航测、地面遥测的地球物理探测技术也成为重要的发展方向。

（4）地球物理探测工作设计的定量化。传统地球物理探测工作设计基于露头踏勘和收集资料的定性分析，缺少定量化算法，但随着复杂地表和地质结构情况下的地球物理数据模拟技术的进步，工作设计的定量化不仅成为可能，而且将为减小失败风险、节省探测成本、获取先验信息等提供重要支撑。地球物理探测工作设计遵循如下两个原则：①保证可以获取空间和（或）时间分辨率足够完成预定地质任务的地球物理数据；②保证以最少的投入达到①的要求。因此，狭义的地球物理探测工作设计可以定义为：根据预估的地质勘察目标，针对特定的地球物理勘查方法，在投入/收益最小意义上确定最优的观测系统参数。参数主要包括观测范围、空间采样方式、空间采样密度、时间或频率采样率。近年来兴起的优化试验设计理论（属于数理统计的范畴）可以在地球物理探测工作设计中采用，这种设计方法不仅可以确定测点的空间密度，而且可以将每一个测点和场源点优化到特定的空间位置上，如反射地震勘探中的照明分析。这样，优化的地球物理探测工作设计可以表达为：对于已知的地质模型，如何采集数据以使得地球物理反演所获得的地下信息量最大化。这样可以把狭义的地球物理工作设计转化为一个系统的优化问题，使得对于特定的地球物理探测方法可以采用定量的方式完成设计工作。

以上所列举的部分工程地球物理探测技术的发展方向是本书根据目前相关基础科学发展的现状所做的推测，工程地球物理探测技术未来的发展必将既有原有技术的突破，也有新技术的出现，技术的发展带来的是应用领域的拓展，工程地球物理探测技术未来必将在包括水电工程领域的众多领域中不断发展进步。

参 考 文 献

[1] 郭建，王广福，等. 中国地球物理学史［M］. 北京：中国科学技术出版社，2017.

[2] 中国水利电力物探科技信息网. 工程物探手册［M］. 北京：中国水利水电出版社，2011.

[3] 李会中，郝文忠，潘玉珍. 乌东德水电站坝址区河床深厚覆盖层组成与结构地质勘察研究［J］. 工程地质学报，2014，22（5）：944－950.

[4] 邢丁家. 坝基河床覆盖层物理力学特性及分析利用——以四川省大渡河双江口水电站为例［J］. 水电站设计，2010，26（3）：102－103.

[5] 韩连发，李强，林伯余. 峡谷地形下河床深厚覆盖层探测的几点体会［C］//中国水力发电工程学会地质及勘探专业委员会中国水利电力物探科技信息网2012年学术年会论文集，2012，945－950.

[6] 刘恒祥，郝忠友. 深厚覆盖层的探查［J］. 水利技术监督，2014，1：39－42.

[7] 黄玉辉. 深厚覆盖层电测深曲线解释探讨［J］. 新疆水利，2015，2：30－34.

[8] 郝忠友，楚少义，杨嘉明. EH4在探测西藏某水电站坝址深厚覆盖层中的应用［J］. 水利规划与设计，2014，2：24－26.

[9] 沈远超，申萍，刘铁兵. EH－4在危机矿山隐伏金矿体定位预测中的应用研究［J］. 地球物理学进展，2008，23（1）：559－567.

[10] 申萍，沈远超，刘铁兵. EH－4连续电导率成像仪在隐伏矿体定位预测中的应用研究［J］. 矿产与地质，2007，26（1）：479－487.

[11] 傅文杰，刘伟，史永东. EH－4电导率成像系统在探测构造深部延伸中的应用［J］. 甘肃冶金，2008，30（1）：22－24.

[12] 朱金彪. 联合剖面法在隐伏构造调查中的应用［J］. 黑龙江水利科技，2014，3（42）：24－25.

[13] 马静晨，李娜. 三维高密度电法在隐伏构造富水性勘探中的应用［J］. 技术应用，2014，9（1）：43－45.

[14] 胡文寿，张显志. 论工程岩体完整性的评价方法［J］. 西安工程学院学报，2011，23（3）：50－54.

[15] 童建刚，程武伟. 锦屏辅助洞岩体地震波与声波对比检测［J］. 中国水运，2010，10（10）：210－214.

[16] 陈革成. 地震波测试与声波测试的差异及应用［J］. 水利科技，2003（3）：34－36.

[17] 王德刚，胡涛骏，叶银灿. 岩体弹性波测试中不同频率的波速差异研究［C］//2007年第九届全国振动理论及应用学术会议论文集，2007，42－48.

[18] 李茂芳，孙钊. 大坝基础灌浆［M］. 2版. 北京：水利电力出版社，1987.

[19] 王杰，等. 岩土注浆理论与工程实例［M］. 北京：科学出版社，2001.

[20] 谭天元，王波，等. 复杂地质条件隧洞超前地质预报技术［M］. 北京：中国水利水电出版社，2018.

[21] 陈建勋. 隧洞混凝土衬砌质量检测方法［J］. 长安大学学报，2002，22（3）：51－54.

[22] 隋伟，叶远胜，郭霞辉. 探地雷达在水电站隧洞混凝土衬砌质量检测中的应用［J］. 东北水利水电，2008，26（285）：68－70.

[23] 赵华，李才明，杜斌，等. 探地雷达不同参数对数据采集和处理的影响［J］. 四川地震，2008，3（128）：31－35.

[24] 关建武，吴继峰. 探地雷达的应用条件［J］. 地下水，2007，9（29）：135－137.

[25] 张建清，刘润泽，等. 水工混凝土声波检测新技术与实践［M］. 北京：科学出版社，2016.

[26] 杨正刚，尹学林，等. 物探综合技术在大坝混凝土裂缝检测中的应用［J］. 贵州水电，2009，2：

38-41.
[27] 朱正君，廖伟．综合物探方法在大坝碾压混凝土缺陷及渗水检测中的应用［J］．低碳技术，2017，27：94-96.
[28] 李张明，张建清，赵鑫玉．三峡工程地球物理探测技术理论与实践［M］．武汉：长江出版社，2008.
[29] 张建清．水电工程施工质量物探检测方法简介［J］．水利技术监督，2009，1：42-44.
[30] 宇正华，石庚辰．基于短时傅里叶变换谱图的非平稳信号时延估计方法［J］．探测与控制学报，2007，29（6）：19-23.
[31] 刘建才，宁新宝，周彬．用 Hough 变换消除 Wigner 分布的交叉项［J］．南京大学学报：自然科学版，2004，40（2）：251-256.
[32] 赵建虎，刘经南．多波束测深及图像数据处理［M］．武汉：武汉大学出版社，2008.
[33] 田坦．声呐技术［M］．哈尔滨：哈尔滨工程大学出版社，2010.
[34] 李华晔．水库诱发地震研究［J］．华北水利水电学院学报，1999，20（2）：24-29.
[35] 夏其发．水库诱发地震评价研究［J］．中国地质灾害与防治学报，2000，11（2）：32-34.
[36] 周斌．水库诱发地震时空演化特征及其动态响应机制研究——以紫坪铺水库为例［D］．北京：中国地震局地质研究所，2010.
[37] 马文涛．水库诱发地震的震例比较与分析［J］．地震地质，2013，10：914-929.
[38] 夏其发，汪雍熙，李敏．论外成成因的水库诱发地震［J］．水文地质工程地质，1988，1：19-24.
[39] 陈厚群，徐泽平，李敏．关于高坝大库与水库地震的问题［J］．水力发电学报，2009，28（5）：1-7.
[40] 刘建中，刘国华．用微地震监测结果预报水库、矿山有害地震［J］．中国工程科学，2012，14（4）：45-48.
[41] 学峰．基于 3G VPDN 网络的地震观测数据传输系统应用分析［J］．山西地震，2017，3：40-43.
[42] 邵永亮．关于卫星通讯的常见干扰及处理策略探讨［J］．黑龙江科技信息，2016，12：1.
[43] 侯庆香．卫星通信技术的新趋势［J］．新媒体研究，2016，2（2）：17-18.
[44] 薛冰峰．光纤通信的优点［N］．黄河报，2006-03-07（003）.
[45] 吴江南，王根英．浅谈 3S 技术在水利工程地质勘测中的应用与发展［J］．科技资讯，2010，17：68.
[46] 黄雷，冯伟，姜林．GIS 在水利水电领域中的应用研究［J］．淮海工学院学报（自然科学版）．2011，20（SI）：64-66.
[47] 赵攀，田宜平，刘军旗，等．三维地质建模及其在水利水电工程中的应用［J］．工程地球物理学报，2007，4（5）：520-524.
[48] 张敏，杨武年，罗智勇，等．复杂地质体建模与可视化新技术［J］．计算机应用研究，2009，26（6）：2390-2392，2395.
[49] 柴贺军，黄地龙，黄润秋，等．岩体结构三维可视化模型研究进展［J］．地球科学进展，2001，16（1）：55-59.
[50] 杨东来，张永波，王新春，等．地质体三维建模方法与技术指南［M］．北京：地质出版社，2007.
[51] 罗智勇，杨武年．基于钻孔数据的三维地质建模与可视化研究［J］．测绘科学，2008，33（2）：130-132.

索　引

水电工程地球物理探测技术 …………… 2
地震折射层析成像法…………………… 19
射线追踪……………………………… 19
速度模型……………………………… 20
迭代反演……………………………… 20
空间自相关系数……………………… 21
超声横波成像法……………………… 23
合成孔径聚焦技术…………………… 23
微震监测技术………………………… 25
声发射………………………………… 26
线性定位方法………………………… 28
三维实景成像………………………… 30
实景重建……………………………… 30
水下声呐探测………………………… 33
多波束测深系统……………………… 34
侧扫声呐系统………………………… 34
三维扫描声呐系统…………………… 35
二维图像声呐………………………… 36
三维激光扫描………………………… 40
激光三角法…………………………… 41
浅地层剖面探测……………………… 43
水下无人潜航器……………………… 44
综合地球物理方法…………………… 47
可信度系数…………………………… 48
覆盖层………………………………… 54
深厚覆盖层…………………………… 54
非炸药震源…………………………… 67
夯锤震源……………………………… 67
水上非炸药震源……………………… 68
气泡震源……………………………… 68
电火花震源…………………………… 68
隐伏构造……………………………… 77
岩体完整性…………………………… 85
岩体完整程度分类…………………… 85
地震波层析成像……………………… 86
堆积体………………………………… 94
Ⅰ类堆积体…………………………… 97
Ⅱ类堆积体…………………………… 97
Ⅲ类堆积体…………………………… 98
Ⅳ类堆积体…………………………… 98
地表岩溶 ……………………………… 103
地下岩溶 ……………………………… 104
弹性波测试 …………………………… 123
全孔壁数字成像测试 ………………… 123
钻孔弹模测试 ………………………… 123
爆破影响深度检测 …………………… 127
动静对比 ……………………………… 131
松弛带 ………………………………… 135
过渡带 ………………………………… 135
基本正常带 …………………………… 136
岩体灌浆 ……………………………… 141
隧洞超前预报工作 …………………… 151
中长距离预报 ………………………… 152
短距离预报 …………………………… 152
混凝土衬砌质量检测 ………………… 153
微震活动 ……………………………… 164
混凝土坝 ……………………………… 168
土石坝 ………………………………… 169
短时傅里叶变换分析方法 …………… 185
Cohen 类分布分析方法 ……………… 185
Wigner 双谱分析方法………………… 186
土石坝渗漏探测 ……………………… 212
混凝土坝渗漏探测 …………………… 213
水库地震 ……………………………… 233
卫星通信 ……………………………… 234
有线光纤通信 ………………………… 235
台网中心技术 ………………………… 238
信息技术 ……………………………… 248
地球物理信息技术 …………………… 248

《中国水电关键技术丛书》
编辑出版人员名单

总 责 任 编 辑：营幼峰
副总责任编辑：黄会明　王志媛　王照瑜
项 目 负 责 人：刘向杰　吴　娟
项 目 执 行 人：冯红春　宋　晓
项 目 组 成 员：王海琴　刘　巍　任书杰　张　晓　邹　静
李丽辉　夏　爽　郝　英　范冬阳　李　哲
郭子君　石金龙

《水电工程地球物理综合探测技术》

责任编辑：邹　静
文字编辑：邹　静
审稿编辑：王　勤　丛艳姿　方　平
索引制作：肖长安
封面设计：芦　博
版式设计：芦　博
责任校对：梁晓静　王凡娥
责任印制：崔志强　焦　岩　冯　强
排　　版：吴建军　孙　静　郭会东　丁英玲　聂彦环

Chapter 5 Key technology of integrated detection in operation period ······ 193
5.1 Technology for underwater inspection of hydraulic structures ······ 194
5.2 Comprehensive detection technology of reservoir leakage ······ 211
5.3 Geophysical detection technology of reservoir sedimentation ······ 222
5.4 Monitoring technology of reservoir earthquake ······ 233

Chapter 6 Application of geophysical information technology in hydropower engineering ······ 247
6.1 Overview ······ 248
6.2 Geophysical information technology ······ 249
6.3 3D geological modeling of geophysical survey data and its application in hydropower engineering ······ 251
6.4 3D modeling of engineering quality inspection data and its application in hydropower project construction period ······ 266
6.5 3D modeling of detection data and its application in operation period ······ 274

Chapter 7 Summary and prospect ······ 281
7.1 The important role of geophysical exploration technology in hydropower engineering construction ······ 282
7.2 Potential application space of geophysical exploration technology ······ 282
7.3 Prospect of engineering geophysical exploration technology ······ 283

References ······ 286

Index ······ 288

Contents

General Preface

Chapter 1 Introduction ······ 1

1.1 Development history of geophysical technology in hydropower engineering ······ 2

1.2 Current status of geophysical technology in hydropower engineering ······ 6

Chapter 2 New geophysical exploration technology of hydropower engineering ······ 15

2.1 Seismic refraction tomography ······ 19

2.2 Natural source surface wave method ······ 20

2.3 Ultrasonic shear wave tomography ······ 23

2.4 Microseismic monitoring technology ······ 25

2.5 3D real-scene modeling technology of cavern ······ 30

2.6 New technology of underwater inspection ······ 33

2.7 Integrated geophysical method of hydropower project ······ 46

Chapter 3 Key technology of integrated geophysical survey ······ 51

3.1 Integrated detection technology of deep overburden layer ······ 54

3.2 Integrated detection technology of river and terrace covered layer ······ 65

3.3 Detection technology of hidden structure ······ 77

3.4 A new method of rock mass integrity evaluation under the condition of lack of information ······ 85

3.5 Integrated detection technology of accumulation ······ 94

3.6 Integrated detection technology of complex karst ······ 103

Chapter 4 Key technology of engineering quality inspection in construction period ······ 121

4.1 Comprehensive inspection and evaluation of dam foundation rock mass quality ······ 122

4.2 Detection technology of relaxation characteristics of rock mass in high stress area ······ 135

4.3 Comprehensive detection and evaluation of grouting effect ······ 141

4.4 Key technology of comprehensive detection for underground space ······ 150

4.5 Comprehensive detection technology of dam quality ······ 168

4.6 New technology of anchor detection based on time-frequency analysis ······ 185 of China.

As same as most developing countries in the world, China is faced with the challenges of the population growth and the unbalanced and inadequate economic and social development on the way of pursuing a better life. The influence of global climate change and extreme weather will further aggravate water shortage, natural disasters and the demand & supply gap. Under such circumstances, the dam and reservoir construction and hydropower development are necessary for both China and the world. It is an indispensable step for economic and social sustainable development.

The hydropower engineering technology is a treasure to both China and the world. I believe the publication of the *Series* will open a door to the experts and professionals of both China and the world to navigate deeper into the hydropower engineering technology of China. With the technology and management achievements shared in the *Series*, emerging countries can learn from the experience, avoid mistakes, and therefore accelerate hydropower development process with fewer risks and realize strategic advancement. The *Series*, hence, provides valuable reference not only to the current and future hydropower development in China but also world developing countries in their exploration of rivers.

As one of the participants in the cause of hydropower development in China, I have witnessed the vigorous development of hydropower industry and the remarkable progress of hydropower technology, and therefore I am truly delighted to see the publication of the *Series*. I hope that the *Series* will play an active role in the international exchanges and cooperation of hydropower engineering technology and contribute to the infrastructure construction of B&R countries. I hope the *Series* will further promote the progress of hydropower engineering and management technology. I would also like to express my sincere gratitude to the professionals dedicated to the development of Chinese hydropower technological development and the writers, reviewers and editors of the *Series*.

Ma Hongqi

Academician of Chinese Academy of Engineering

October, 2019

river cascades and water resources and hydropower potential. 3) To develop complete hydropower investment and construction management system with the aim of speeding up project development. 4) To persist in achieving technological breakthroughs and resolutions to construction challenges and project risks. 5) To involve and listen to the voices of different parties and balance their benefits by adequate resettlement and ecological protection.

With the support of H. E. Mr. Wang Shucheng and H. E. Mr. Zhang Jiyao, the former leaders of the Ministry of Water Resources, China Society for Hydropower Engineering, Chinese National Committee on Large Dams, China Renewable Energy Engineering Institute, and China Water & Power Press in 2016 jointly initiated preparation and publication of *China Hydropower Engineering Technology Series* (hereinafter referred to as "the *Series*"). This work was warmly supported by hundreds of experienced hydropower practitioners, discipline leaders, and directors in charge of technologies, dedicated their precious research and practice experience and completed the mission with great passion and unrelenting efforts. With meticulous topic selection, elaborate compilation, and careful reviews, the volumes of the *Series* was finally published one after another.

Entering 21st century, China continues to lead in world hydropower development. The hydropower engineering technology with Chinese characteristics will hold an outstanding position in the world. This is the reason for the preparation of the *Series*. The *Series* illustrates the achievements of hydropower development in China in the past 30 years and a large number of R&D results and projects practices, covering the latest technological progress. The *Series* has following characteristics. 1) It makes a complete and systematic summary of the technologies, providing not only historical comparisons but also international analysis. 2) It is concrete and practical, incorporating diverse disciplines and rich content from the theories, methods, and technical roadmaps and engineering measures. 3) It focuses on innovations, elaborating the key technological difficulties in an in-depth manner based on the specific project conditions and background and distinguishing the optimal technical options. 4) It lists out a number of hydropower project cases in China and relevant technical parameters, providing a remarkable reference. 5) It has distinctive Chinese characteristics, implementing scientific development outlook and offering most recent up-to-date development concepts and practices of hydropower technology

General Preface

China has witnessed remarkable development and world-known achievements in hydropower development over the past 70 years, especially the 4 decades after Reform and Opening-up. There were a number of high dams and large reservoirs put into operation, showcasing the new breakthroughs and progress of hydropower engineering technology. Many nations worldwide played important roles in the development of hydropower engineering technology, while China, emerging after Europe, America, and other developed western countries, has risen to become the leader of world hydropower engineering technology in the 21st century.

By the end of 2018, there were about 98,000 reservoirs in China, with a total storage volume of 900 billion m^3 and a total installed hydropower capacity of 350GW. China has the largest number of dams and also of high dams in the world. There are nearly 1000 dams with the height above 60m, 223 high dams above 100m, and 23 ultra high dams above 200m. There are also 4 mega-scale hydropower stations with an individual installed capacity above 10GW, such as Three Gorges Hydropower Station, which has an installed capacity of 22.5 GW, the largest in the world. Hydropower development in China has been endeavoring to support national economic development and social demand. It is guided by strategic planning and technological innovation and aims to promote project construction with the application of R&D achievements. A number of tough challenges have been conquered in project construction and management, realizing safe and green development. Hydropower projects in China have played an irreplaceable role in the governance of major rivers and flood control. They have brought tremendous social benefits and played an important role in energy security and eco-environmental protection.

Referring to the successful hydropower development experience of China, I think the following aspects are particularly worth mentioning. 1) To constantly coordinate the demand and the market with the view to serve the national and regional economic and social development. 2) To make sound planning of the

Informative Abstract

This book is one of *the Series of Key Technologies of Hydropower in China*, a national publication foundation. The book consists of 7 chapters. Chapter 1 introduces the development history and current situation of hydropower engineering geophysics. Chapter 2 introduces the latest geophysical exploration methods, technologies and related concepts of integrated geophysical exploration methods in hydropower projects, which is the technical basis of this book. Chapter 3 introduces the geophysical exploration methods and technologies used in the preliminary survey of hydropower projects. Chapter 4 introduces the engineering quality inspection methods and technologies during the construction period of hydropower projects. Chapter 5 introduces the key detection technologies in the operation period of hydropower projects, focusing on underwater building detection. Chapter 6 introduces the application of geophysical exploration information technology in hydropower engineering. Chapter 7 is the summary and prospect of geophysical exploration technology of hydropower Engineering.

This book is suitable for technicians engaged in geophysical exploration and testing in the survey, design, construction and operation period of hydropower and water conservancy projects. It can also be used as a reference for geophysicists in other industries and teachers and students of colleges and universities.

China Hydropower Engineering Technology Series 

Integrated Geophysical Exploration Technology for Hydropower Engineering

Gao Caikun Xiao Chang'an et al.

中国水利水电出版社
China Water & Power Press
· Beijing ·